中国 ESG 卓越实践（2023）

中国企业改革与发展研究会　编

中国商务出版社
·北京·

图书在版编目（CIP）数据

中国 ESG 卓越实践：2023 / 中国企业改革与发展研究会编. —北京：中国商务出版社，2023. 12
ISBN 978-7-5103-4923-2

Ⅰ. ①中… Ⅱ. ①中… Ⅲ. ①企业环境管理—研究—中国—2023 Ⅳ. ①X322. 2

中国国家版本馆 CIP 数据核字（2023）第 230380 号

中国 ESG 卓越实践（2023）
ZHONGGUO ESG ZHUOYUE SHIJIAN（2023）

中国企业改革与发展研究会　编

出　　版：中国商务出版社
地　　址：北京市东城区安外东后巷 28 号　　**邮　　编**：100710
责任部门：融媒事业部（010-64515164）
责任编辑：云　天
直销客服：010-64515164
总 发 行：中国商务出版社发行部（010-64208388　64515150）
网购零售：中国商务出版社淘宝店（010-64286917）
网　　址：http://www.cctpress.com
网　　店：https://shop595663922.taobao.com
邮　　箱：631229517@qq.com
排　　版：北京天逸合文化有限公司
印　　刷：北京蓝图印刷有限公司
开　　本：787 毫米×1092 毫米　1/16
印　　张：21.5　　**字　　数**：560 千字
版　　次：2023 年 12 月第 1 版　　**印　　次**：2023 年 12 月第 1 次印刷
书　　号：ISBN 978-7-5103-4923-2
定　　价：260.00 元

目录 Contents

探索责任“深度”——中国石化“深地工程”保障国家能源安全

中国石油化工集团有限公司

中国石油化工集团有限公司（以下简称中国石化）积极贯彻落实国家“深海、深地、深空”战略行动，在深地油气领域研究及勘探开发上持续发力，攻克超深、超高温、超高压等世界级难题，不断刷新“深地”纪录，在塔里木盆地成功建成亚洲陆上最深的“深地工程·顺北油气田基地”，胜利济阳页岩油国家级示范区建设高标准推进，“深地工程·川渝天然气基地”再创深度新纪录，为保障国家能源安全、端牢能源饭碗提供了有力支撑。“深地工程推动超深层实现新突破”被国家能源局列入2022年全国油气勘探开发十大标志性成果。目前，中国石化“深地工程·顺北油气田基地”钻探垂直深度超过8000米的井有50口，多口井多项指标刷新亚洲最深纪录。“深地工程·川渝天然气基地”首期探明地质储量1459.68亿立方米，标志着我国又一个超千亿立方米的大型整装页岩气田诞生。

一、背景

“上天、入地、下海”是人类探索自然、认识自然和利用自然的三大壮举，关乎人类生存与可持续发展。2016年，全国科技创新大会上习近平总书记指出“向地球深部进军是我们必须解决的战略科技问题”。我国深层、超深层油气资源达671亿吨油当量，占全国油气资源总量的34%。深层、超深层已成为我国油气重大发现的主阵地，向地球深部进军也成为保障我国能源安全的必然选择。

中国石化把推进深地工程与贯彻落实“四个革命、一个合作”能源安全新战略紧密结合起来，持续加大油气探勘开发力度，开展陆上深层、超深层科研攻关，挖掘油气地质理论、先进勘探技术、工程装备研发等领域的创新潜力，实现了由“打不成”到“打得快、打得准”的跨越，对我国深地矿产资源的勘探具有较强的指导意义，为保障我国能源安全贡献重要力量。

二、责任行动

（一）攻克技术难题，挺进“地下珠峰”

油气资源，是人类赖以生存的重要能源，它们大多数埋藏在地球深处。通常将埋深大于或等于4500米的地层定义为深层。在我国油气勘探开发实践中，埋深超过8000米的地层为超深层。

我国深层、超深层油气资源储量丰富，具有资源丰富度高、规模大、整体储量大等特点，但都存在诸多世界级勘探开发难题。坚硬的金属在 8000 米下，几乎就像“煮熟的面条”一样，一般材料和仪器设备难以发挥作用。要承受 120 兆帕的压力，就好像指甲盖大小的面积上，站了 12 头 8 吨重的大象。为克服种种难题，让这些“沉睡于地底的宝藏”能够为民所用，中国石化不断深化理论研究与技术开发，加大科技攻关力度，已形成配套的深地技术系列。

中国石化形成超深层角度域成像技术，可以实现为地球“CT”扫描，精准识别断裂带；超深层地震精细描述与断裂三维立体解析技术，可以实现断裂带的精细刻画，精准锁定有利区带；走滑断裂带断控储集体地质建模、缝洞体精细雕刻与三参数空间定位技术，可实现断裂带内部储集体结构解析，精准识别地下 8000 米断裂带内部的米级缝洞。

中国石化创新集成硬地层高效破岩技术，实现百天钻穿“地下珠峰”目标。创新研发微纳米封堵与化学胶结固壁协同防塌技术，构建高等级的钻井液体系，能够把破碎地层粘结在一起，实现安全钻进；自主研发国内首套抗温 200 摄氏度、耐压 207 兆帕的高精度随钻测量仪器，成功打破国外技术垄断，做到了“指哪打哪”。

案例 1

挺进地下一万米，亚洲最深井开钻施工

2023 年 5 月，中国石化部署在塔里木盆地的“深地一号”跃进 3-3XC 井开钻。该井设计井深 9472 米，将刷新亚洲最深井纪录。也将再次证明，中国深地系列技术已跨入世界前列，为进军万米超深层提供重要技术和装备储备。

跃进 3-3XC 井深比珠穆朗玛峰的高度还要多 624 米。除了超深井具有的地质结构复杂、高温、高压、高含硫化氢等难题，该井还设计了 3400 多米的水平钻进距离，面临套管下入难、岩屑在水平段易形成“岩屑床”等新问题，施工难度国内罕见，这一长度刷新了亚洲超深层钻井水平位移纪录。中国石化创新运用超深大位移技术，就像站在两米开外喝豆浆，先将吸管插进杯子、再横向延伸，在地层下水平延伸 3400 米后获得丰富的油气资源。

同时，想要在“又深又黑”的地下，通过大位移水平井准确找到油气，还必须给钻头装上眼睛。中国石化采用超深高温高效定向技术，利用高精度随钻测控系统将垂深 7000 米以下信号实时传输至地面，让钻头犹如长了眼睛，随时调整钻头行进轨迹，像“贪吃蛇”一样在 7200 米深的地下快速行进，实现了水平井由短距离到长距离、由长周期到短周期的跨越。

案例 2

中国石化“深地一号”新断裂带获油气突破

2023 年 5 月 2 日，“深地一号”新断裂带再获油气突破，部署在顺北油气田 10 号带的第一口探井——顺北 10X 井测试获得高产油气流，日产气 60 万立方米。该突破证实了顺北 10 号断裂带富集油气。

顺北10X井位于新疆阿克苏地区沙雅县，塔克拉玛干沙漠腹地，井深8591米，成为顺北油气田第50口垂直深度超过8000米的井。顺北油气田中部共有6条断裂带，除了10号断裂带，其余均已实现突破。顺北10X井是10号断裂带的第一口重点预探井，它的突破证实了顺北油气田中部油气区整体含油气、联结成片，对于勘探和开发10号条带规模储量具有重要意义。

突破传统认识，把石油保存下限拓展到8000米以深。传统理论认为地下要有油气，一般都要有原生油藏和优质储盖组合，曾经有专家断言8000米以深是油气勘探的禁区。中国石化科研人员不断深化地质理论创新，形成超深层断控缝洞型油气成藏理论。同时，创新形成“超深层储层立体成像”技术和“缝洞体精细雕刻”技术，断裂识别精度从30米提高至15米，应用在1.4万平方千米的地震资料处理中，目前已经应用这些技术成功部署上百口井，建成超两百万吨产能阵地。

创新形成特深层安全高效钻井关键技术体系。10X井创新应用了钻井提速、轨迹控制等关键技术，采用了致密封堵防漏堵漏技术和微纳米成膜井壁稳定技术，有效实现特深层安全高效钻井关键技术集成和创新应用，大幅提高钻井效率，降低复杂故障，有效保障了钻井顺利施工。

我国陆地深层、超深层油气资源达671亿吨，占全国资源总量的34%，勘探开发潜力巨大。近年来，我国能源企业持续开展陆上深层、超深层科研攻关，挖掘油气地质理论、先进勘探技术、工程装备等领域的创新潜力，并接连取得油气重大突破的丰硕成果，有力保障了国家能源安全。“深地工程推动超深层实现新突破”被国家能源局列入2022年全国油气勘探开发十大标志性成果。

顺北油气田油藏具有超深、高温、高压等特点，储层平均埋藏深度超过7300米，是世界陆上最深的商业开发油气田之一。“深地一号”油气井多项工程指标刷新亚洲纪录，已落实四个亿吨级油气区，累计油气产量当量已突破770万吨，成为近十年塔里木盆地油气勘探的新亮点。

（二）发力探勘开发，探索“入地”之旅

塔里木盆地是我国最大的内陆含油气盆地，储层平均埋藏深度超过6000米。其中，位于塔里木盆地的“深地一号”平均埋深超过7300米，是全球陆上最深的商业开发油气田之一。

2022年8月，中国石化在塔里木盆地成功实施了“深地工程”钻探，工程钻井深度刷新亚洲纪录，达到了9300米，被誉为地下“珠峰”。世界上最深的科学钻井深度有一万多米，钻井足足花费了22年。而中国石化仅仅花费了285天的时间，就钻到了地下9300米。新钻井获得了稳定的高产油气流，为保障我国能源安全贡献了重要力量。中国石化命名顺北油气田为“深地工程·顺北油气田基地”，这是我国第一个以“深地工程”命名的油气项目，顺北油气田基地被誉为“深地一号”。

中国石化不断向地底深处挺进，“深地一号”先后在位于顺北油气田中部的6条断裂带取得油气突破，成功勘探开发顺北油气田这一全球埋藏最深的油气田。2023年3月，位于8号断裂带的顺北84斜井测试获高产工业油气流折算油气当量达到1017吨，成为顺北油气田第22口“千吨井”。2023年5月，“深地一号”新断裂带再获油气突破，部署在顺北油气田10号带的第一口探井顺北10斜井测试获得高产油气流，日产气60万立方米，该井的突破证实了顺北10号断裂带富集油气。

图 1-1　深地工程 · 顺北油气田基地——我国第一个以“深地工程”命名的油气项目，被誉为“深地一号”

案例 3

“深地一号”建设者之歌

这里是中国石化人的主战场，夏季地表温度在 70 摄氏度以上，冬季低至零下 48 摄氏度，环境恶劣、人迹罕至，这里就是我国第二大流动沙漠——塔克拉玛干沙漠。著名诗人艾青曾为“找油人”写下这样的诗：最荒凉的地方，却有最大的能量；最深的地层，喷涌最宝贵的溶液；最沉默的战士，有最坚强的心……

“五一”期间，中央电视台新闻频道推出“挺进地下一万米”重磅报道，采用“现场直播+一线探访+新闻报道”形式，打造出现象级传播产品。《新闻联播》《朝闻天下》《新闻直播间》《新闻 30 分》等多个栏目合计滚动报道 72 次，累计时长超过 200 分钟，央视全媒体矩阵话题阅读量超过 2.6 亿，展示出中国石化落实习近平总书记“向地球深部进军”的具体行动，展现了主题教育实效和保障国家能源安全实绩。

新时代的“找油人”，始终牢记“端牢能源饭碗”嘱托，怀揣“我为祖国献石油”理想，向大漠进军、向深地进军，谱写了一首首闻油而动、协同作战、荡气回肠、影响深远的“深地一号”建设者之歌。

沙漠荒志向不荒，风沙大决心更大。本版选取 5 位代表性人物，讲述他们牢记“端牢能源饭碗”嘱托、坚守保障能源安全一线的“找油”故事，描绘“深地一号”建设者群英图。5 位典型代表的背后是一群群奋战在各个岗位的中国石化人，他们默默坚守在塔克拉玛干沙漠，默默奉献在油气增储上产一线、科技创新前沿，为油田全面高质量发展勇担当、展作为。

石油在地质家的脑海里，而地质认识需要钻井实践来证实。因此，身为中国石化西北油田勘探开发研究院院长，李宗杰满脑子的思绪都沉浸在地下超深层的数字世界中。

2019年，顺北油气田1号、5号带高速建产后，东油西气的资源格局逐渐明朗，是向东持续扩大油区战果，还是向西拓展气区勘探？李宗杰带领团队，立足塔里木全盆地开展区带评价，将目标聚焦在顺北4号断裂带。经过断裂解析和类比评价，他们发现4号断裂带与1号断裂带的成藏背景、断裂发育特征、储层规模具有极大的相似性。

他们在4号断裂带部署的首口探井顺北4井，虽然获得油气新发现，但没有形成规模产能。初战不利，压力如山。

图1-2 李宗杰：用“精细”战胜“失利”

断裂精细解析成为破局关键。当前，国内外走滑断裂带描述精度多为千米级，而顺北团队需要将断裂解析精细到米级。在顺北油气田发现之初，李宗杰带领团队创新形成了大沙漠区超深物探系列技术。在此支撑下，他们发现了走滑断控缝洞型储集体呈现出“栅状”空间结构，揭示出构造破裂成储机制。发现“栅状”成藏密码后，2020年，李宗杰和团队建议部署了顺北41X井、42X井。

作为地质工程一体化科研团队带头人，李宗杰考虑最多的是如何用关键技术为超深钻井创新创效，而超深井轨设计正是其中的关键。他带领团队发展精细雕刻技术，避开复杂地层，设计出最优路线。每当钻头到达指定位置后，他们需要在地震剖面中标定位置，设置合理参数，不断纠正钻头方向。

当大家信心满满等待收获时，顺北41X井酸压测试未形成规模产能，犹如一盆凉水当头浇下。科研团队给出侧钻建议，仍然没有钻遇规模储集体，顺北41X井几乎被判定是一口失利井。

“一颗油砂也能发现大油田。”李宗杰用自己的座右铭鼓舞科研人员士气。他带领团队走进露头、走进机房、走进实验室、走进岩芯库，经过大量取证，坚信这里富集凝析气。经过数十次对比修正，他们模拟出正演剖面，得到了准确的规模储集体分布地质模型，发现油藏内部存在隔层或断层，导致油气藏身的“房间”之间不连通或低效连通。这时，顺北42X井也遇到相似问题，但经过精细设计，侧钻后酸压试获日产千吨油气流，成为4号断裂带首口“千吨井”。再次论证后，李宗杰带领团队提出对顺北41X井加深侧钻350米的设计。

正是这关键的350米，使顺北41X井完成了从低效井到千吨井的逆袭。目前，顺北油气区试获20余口“千吨井”，落实了顺北4号、8号断裂带两个亿吨级的资源阵地。

图1-3 杨敏：一体化模式提效率

走进杨敏的办公室，大幅的顺北油气分布图、塔河油气分布图等各类图纸占据了现实空间，而如何把深埋地下的油气藏拿出来却填满了他的心理空间。

被誉为“深地一号”的顺北油气田，油气藏类型国内仅有，勘探开发难度世所罕见，怎样把探明储量变成油气产量面临很多“禁区”。

作为油田开发首席专家的杨敏，肩上又多了一份责任。2020 年，由于超深高温断裂破碎带高效成井难等“卡脖子”难题，导致顺北油气田钻井周期长达 280 天，单井成本超亿元。为此，油田公司决定在顺北区块推行地质工程一体化联合攻关模式，实现“少井高产”目标。2021 年，公司党委把这块“硬骨头”交给了杨敏。

君子敏于行而讷于言。一辈子和油打交道的杨敏，二话不说就把办公室搬到了“能听到炮声”的生产一线，牵头组建顺北增储上产项目部，探索勘探开发一体化、地质工程一体化运行新模式。

当时，勘探和开发、地质和工程、工程和运行、科研和生产、甲方和乙方各管一摊，现场信息传递慢、指令传达周期长。

为解决这一问题，杨敏带领团队细心梳理各流程，寻找一体化结合点，创建形成了大型整装油田基于构建价值网模型的项目化运营管理的新模式，率先打破专业壁垒和行业界限，推行一体化管井、布井、钻井和完井，形成“你中有我，我中有你”互为支撑的工作格局，为实现“少井高产”打下了坚实基础。在这期间，他也始终守在生产一线，一年中南疆在岗时间超过 80%。

新模式虽然建立了，但新问题还有很多。顺北 4-5H 井就是一只“拦路虎”。这口井地质条件差、储集体分散，就像四个大小不一的杯子分散在四地。在钻达原设计井深 8592 米后，第一个栅发现油气显示。此时完井，虽然只动用一个储集体，但任务目标也算实现了；往下打，可能钻遇新的储层，但是风险将大幅提高。

打还是不打，大家顾虑重重。这时，杨敏说了一个字：“打”。杨敏带领团队先后 5 次研究井眼轨迹优化和控制方案，最终确定调整井深继续加深 458 米。2022 年 1 月，顺北 4-5H 井成功揭穿 3 套缝洞体，日产油气当量达到 1358 吨，较相同条件下邻井提高了 70%，成为顺北 4 号断裂带众多“千吨井”中的“王者”。仅当年就有 20 口井测试产能达千吨油当量，高产井率达 100%。

“五一”期间，顺北 10 斜井喜获日产 60 万方高产，亚洲第一深井跃进 3-3XC 井正式开钻，中国石化西北油田工程技术管理部经理刘湘华正是这两口井的钻井工程负责人。

图 1-4　刘湘华：修筑油气“高速路”

之前，刘湘华曾带领技术团队创出 11 项中国石化钻井施工高指标、新纪录。2021 年 8 月上任伊始，面对“地下珠峰”的世界级钻井难题，他从深入调研学习入手，不到两年时间，走遍了“深地一号工程”每口井的井场。在获得大量钻井数据的基础上，刘湘华带领钻井技术团队，构建了地质工程一体化模式，攻克了 7 项技术难题，为 26 口超深千吨井修筑了一条条油气“高速”通道。

在钻完井工程设计审查中，刘湘华到访过顺北的每一支钻井队，带领团队深入分析钻井油藏地质特征和难题，及时优化工艺技术，积极推广成熟技术，严把设计质量关，将自己 20 多年钻井经验运用到顺北钻井工作中。经过努力，2022 年，西北油田钻完井工程指标再次刷新纪录，平均机械钻速 9.95 米/小时，比上年提升 0.48 米/小时；钻井工程优质率 37.71%，提升 3.49 个百分点。

在刘湘华看来，顺北油气田被中国石化命名为“深地一号”，不只是勘探开发出色，也是工程技术的突破。要实现“少井高产”目标，地质工程一体化是最佳途径，他将不断构建量化高产井技术体系，完善高质量钻完井技术体系，持续破解“卡脖子”难题，为高效勘探开发顺北油气田架起更高速通道。

作为“深地一号”钻完井工程专家，西北油田石油工程技术研究院院长刘练在顺北区块摸爬滚打了数不清的日夜、攻克解决了数不清的困难。

图 1-5 刘练：“练”兵秣马攀高峰

顺北油气田油藏埋深普遍超过 8000 米。越往深处走，压力越大，温度越高，风险也随之呈几何倍数增加。

2022 年 12 月，顺北 21 斜井进入完井测试阶段。刘练和同事们正经历着新冠病毒的折磨，看到油井一切正常，准备回家修养几天。刚刚订好机票，刘练就收到消息，“井口压力突增，从 10 兆帕快速上升到 93 兆帕……”

得到消息的刘练快速调转车头到达井场，准备就绪后开井测试，测试中压力飙升至 134 兆帕，刘练心里“咯噔”一下。各项参数在他脑海飞速运转，“井口设计压力是 138 兆帕，实际安全工作压力应不超过百分之八十，也就是 110 兆帕，现在压力已经 130 多兆帕，油井能不能控制得住，油气能不能平稳释放出来，一切都是未知数……”“这类高压井世所罕见，当时我是现场总指挥，说实话，碰到 134 兆帕的压力，心里还是很害怕的。”刘练回忆道。但很快，紧张感被高强度的工作湮没。为了控制超高压力，刘练和攻关团队四天四夜没合眼，拖着虚弱的身体，抢修设备，抢装阀门、管线，平稳控制了各项流程，引流、点火一次成功，确保了该井测试安全，创造了国内陆上测试压力最高纪录，试获油气当量 1021 吨。截至目前，该井已累计生产原油 8000 多吨、天然气 2000 万立方米。

“八九千米的地下，什么情况都有可能发生，每一个细节都要谨慎！”刘练坚持这个要求。常把平时当战时，战时才能像平时。正因为这样的坚持，在面对顺北 21 斜井突发情况时，大家才有了底气。

无论是最初的顺北 1 号带，还是现在的 4 号带等条带，打出的都是高温、高压、高含硫化氢油气井。而想要管好“三高”油气井，更需要细心、耐心、责任心。刘守朝，中国石化西北油田采油四厂“尖刀”班班长，主要负责的就是这些不好管的油气井管理。

图 1-6 刘守朝：“尖刀”上的“刀尖”

2019 年初，正值顺北油气田开发起步的重要阶段，刘守朝主动报名来到顺北。“顺北条件艰苦，反而让我更想加入。来了就要坚守现场、扎根大漠，管好顺北高压油气井生产和安全。”他说。

刚到顺北，水是从沙漠外拉来的。即使是临时搭建的“冬冷夏热”的铁皮房，也不是每个人都能住上，一半的人要每天来回上百公里颠簸在搓板路上。沙尘暴一天一小场、三天一大场，“一身沙子一身汗”是常有状态。遇到风沙眯着眼、倒着走，顺北石油人早已练就了在沙漠中“盲行”的本领。困难重重，但这对于他们想要管理好“三高”油气井的决心来说，不值一提。

“沙漠荒志向不荒，风沙大决心更大。”这些年，顺北油气田勘探开发的最前沿在哪里，刘守朝的脚步就紧跟到哪里。如今，他所在的班组驻扎在顺北最偏远的地方，管辖的36口油气井中，20多口初期测试日产油气当量达千吨以上。刘守朝也在顺北大漠日复一日的坚守和磨砺中，一步步成为“尖刀”上的“刀尖”，先后获得中国石化劳动模范、新疆维吾尔自治区五四青年奖章、中国技能大赛采油工职业技能竞赛个人金奖等。荣誉是对“深地一号”建设者的褒奖，也为获奖者的人生烙下深刻记忆。

三、履责成效

中国石化通过大兵团联合攻关，在深地油气富集理论、深地技术等方面取得重大突破，陆续推出“深地工程 · 顺北油气田基地”“深地工程 · 济阳页岩油基地”和“深地工程 · 川渝页岩气基地”，深层、超深层油气勘探开发佳绩频传，成为我国深地油气领域的主力军。“深地工程推动超深层实现新突破”被国家能源局列入2022年全国油气勘探开发十大标志性成果。

目前，中国石化“深地工程 · 顺北油气田基地”钻探垂直深度超过8000米的井有50口，多口井多项指标刷新亚洲最深纪录。顺北油气田已落实四个亿吨级油气区，累计油气产量当量已突破770万吨，成为近十年来塔里木盆地石油勘探的新亮点。“深地工程 · 济阳页岩油基地”是我国首个陆相断陷湖盆页岩油国家级示范区，预计到“十四五”末，该示范区将实现页岩油探明地质储量1亿吨，新建产能100万吨，年产页岩油当量50万吨。“深地工程 · 川渝天然气基地”首期探明地质储量1459.68亿立方米，标志着我国又一个超千亿立方米的大型整装页岩气田诞生。

图 1-7　深地工程 · 济阳页岩油基地

图 1-8　深地工程 · 川渝天然气基地

2022年，中国石化深入贯彻能源安全新战略，持续加大油气勘探开发投入，大力实施七年行动计划，积极参与国际能源合作，实现勘探大突破、原油稳增长、天然气大发展。全年，公司境内原油产量3532万吨，境内天然气产量353亿立方米，新增探明页岩气地质储量1459亿立方米，生产页岩气99.1亿立方米，保障国家能源安全的能力和底气显著提升。多管齐下推进新能源产业发展，全力打造“中国第一氢能公司”，成为全球建设和运营加氢站最多的企业，累计建成地热供暖能力超8000万平方米，地热业务遍布全国10个省（直辖市）的60余个城市，成为国内最大的中深层地热能开发利用企业。成功投产我国首套万吨级48K大丝束碳纤维国产线，成为全球第四家掌握大丝束碳纤维生产技术的企业，自主研发生产的碳纤维成功应用于2022年北京冬奥会火炬“飞扬”。

四、展望

“深地工程”将成为深层油气勘探开发的“大国重器”，具有广阔前景。未来，中国石化将继续推进“深地工程”，加大深地油气勘探开发力度，全力提升深部资源勘探开发能力，持续推进深地领域前瞻性、先导性、探索性技术研发和成果应用，为更好端牢能源饭碗提供战略科技力量。

让城市更聪明更智慧——电力大数据赋能城市治理，共建“城市大脑”生态

国家电网有限公司

随着城市数量规模剧增、运行管理日益复杂、大城市弊病凸显等问题产生，社会亟需一套更加高效、精准、智慧的现代化治理方式。城市治理现代化是国家治理现代化的重要表现。党的二十大强调：“坚持人民城市人民建、人民城市为人民，提高城市规划、建设、治理水平，加快转变超大特大城市发展方式，实施城市更新行动，加强城市基础设施建设，打造宜居、韧性、智慧城市。”2016年，杭州发布全国首个“城市大脑”，探索以交通治理为试点的数据治城新模式。2019年，杭州进一步拓展“城市大脑”生态，提出打造“全国数字治理第一城”的宏伟蓝图。“城市大脑”生态亟待社会各界参与共建，政府相关部门对于精准掌握电力大数据，充分挖掘电力大数据的经济、社会与环境价值也提出了更高更多元的需求。而电力大数据在赋能城市治理上，还存在缺乏顶层设计、缺乏交互共享、缺乏合作共创以及缺乏前瞻性管理等问题。国网杭州供电公司根植生态思维、透明理念、合作共赢与风险防范等社会责任理念，创新性构建电力大脑中枢融入“城市大脑”生态体系的顶层设计，以开发电力大数据产品和创新应用场景为抓手，助力城市科学决策与社会民生精益治理，有效提升城市可持续发展能力和企业自身价值。

一、项目大事件

第一，2018年，杭州市印发《杭州市城市数据大脑规划》。国网杭州供电公司首次引入外部数据分析，与政府部门开展数据资源合作，探讨“城市大脑”与电力内网数据交互的技术方案。

第二，2019年，杭州“城市大脑数字驾驶舱”发布并正式上线。国网杭州供电公司完成“城市大脑·电力驾驶舱”设计，进入开发阶段，上线“低碳入住计划”应用及“城市眼·云共治系统”。

第三，2020年，国网杭州供电公司联合杭州市数据局，首次完成电力内网与杭州市政务网的网络连通性测试。以电力大数据计算的企业复工数据在杭州“城市大脑·新冠肺炎疫情防控系统”上线，“人口流动风险”“企业复工”等模块在“城市大脑·电力驾驶舱”上线。

第四，2020年3月，习近平总书记考察杭州城市大脑运营指挥中心时指出，让城市更聪明一些、更智慧一些，是推动城市治理体系和治理能力现代化的必由之路，前景广阔。

第五，2021年至今，国网杭州供电公司与杭州市数据局等政府部门单位合作愈发紧密，构建了“中枢系统+部门（区县市）平台+数字驾驶舱+应用场景”的城市大脑核心架构，指标逐渐细致、场景愈加丰富、能力更加强大。

二、思路创新

国网杭州供电公司通过对电力大脑中枢的全链条利益相关方分析，挖掘出电力大数据在参与城市治理上存在的主要问题，并融入生态思维、透明理念、合作共赢、风险防范等社会责任理念，促进“城市大脑”生态的共建、共享和共创。

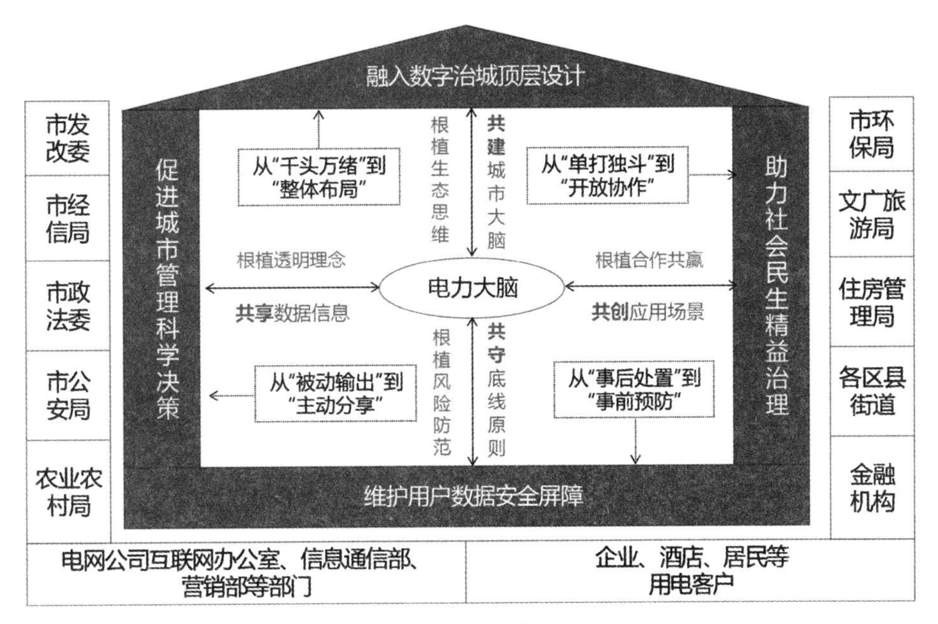

图 2-1　项目总体思路

（一）根植生态思维，顶层设计由“千头万绪”转为“整体布局”

生态思维就是运用生态学的观点与原理分析与解决问题的一种思维方式。生态思维具有系统整体性的认知结构、开放性的思维视野、前瞻性的思维战略与和谐性的价值取向。通过开展社会责任根植项目，国网杭州供电公司进一步融入平台化履责的生态思维，化零为整，主动制定《国网杭州供电公司电力大数据管理与应用方案》，以“一个大脑、两个驾驶舱、四种精准服务”为载体，参与共建杭州“城市大脑”生态。方案充分整合政府、企业、银行、社区等社会资源，推进数据开放和服务应用重点突破，以数字驱动助力“中国特色国际领先能源互联网企业”与杭州“数字治城第一城”的建设。

（二）根植透明理念，信息交互由“被动输出”转为“主动分享”

透明运营就是企业在运营过程中对影响社会、经济和环境的决策和活动应当保持合理的透明度，以保证利益相关方的知情权和监督权。保证企业与政府的透明运营也是构建以大数据为基础的“城市大脑”的基础。通过开展社会责任根植项目，国网杭州供电公司引入透明运营的责任理念，改变以往被动输出的半透明的工作方式，主动规划建立以电力数据为核心的经济社会指标，如复工复产指数、夜间经济指数等，并推动电力大数据与经济社会指标的实时在线化交互，主动向政府有关部门分享基于电力大数据的智慧决策工具，为杭州城市智慧治理打通数据壁垒。

（三）根植合作共赢，场景开发由“单打独斗”转为“开放协作”

合作共赢反映了企业社会责任的本质，因为合作能够充分容纳利益相关方的复杂性和多元化、提升利益相关方的价值认知能力、充分发挥利益相关方的价值创造潜能，进而创造经济、社会和环境的多元价值。通过开展社会责任根植项目，国网杭州供电公司引入合作共赢的责任理念，成立互联网办公室，以电力大数据助力疫情抗击为契机，建立开放的数据合作机制，联合政府各部门、银行机构、社区街道等利益相关方，探索开发电力大数据在赋能城市治理中的各项应用场景，如低碳入住计划、关爱独居老人等，以开放协作的工作机制持续拓宽电力数据的社会价值。

（四）根植风险防范，安全管理由“事后处置”转为“事前预防”

实践社会与环境风险防范理念要求企业对于任何决策的制定以及任何活动的开展，都应树立社会与环境风险意识，评估决策和活动可能对社会与环境造成的消极影响，包括造成消极影响的可能性和程度，形成社会与环境风险的科学预测，并针对可能发生的每一项社会与环境风险制定应对策略与举措。通过开展社会责任根植项目，国网杭州供电公司根植风险防范的责任理念，提前研判“电力大脑中枢”融入“城市大脑”可能涉及的社会与环境风险，主动建立科学规范的数据基础管理体系和安全规范的数据共享开放体系，从流程机制上保证用户的信息安全，防控项目的潜在风险。

三、实施举措

（一）共建城市大脑，融入数字治城顶层设计

杭州市政府以“便民服务”和“治理能力提升”为目标，率先提出城市大脑的建设理念。城

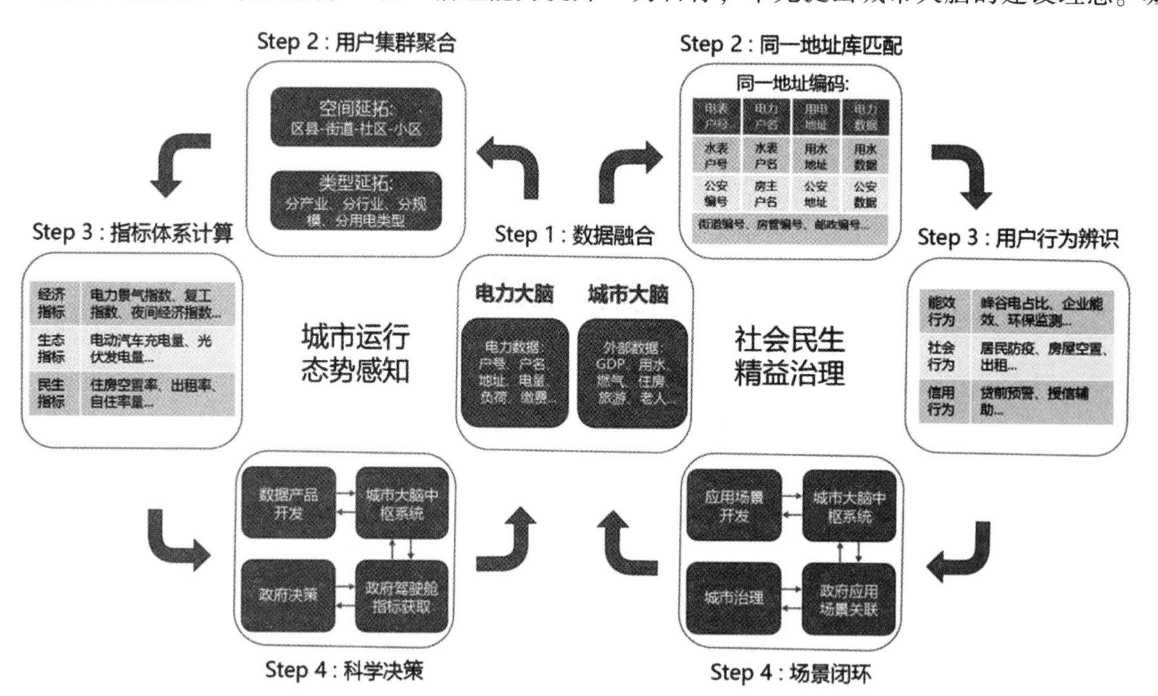

图 2-2　电力大脑中枢赋能城市治理顶层设计

市大脑的核心架构在于构建电力大脑中枢系统，通过统一的中枢协议实现全社会的数据互通和数字化的全面协同，在此基础上进行跨部门的流程再造实现民生直达和惠企直达。国网杭州供电公司通过根植社会责任理念，引入利益相关方参与共同治理，了解各相关方在城市发展和治理各个阶段、各个层面的诉求和影响力，从更宏观层面分析城市治理体系的现状和问题，搭建电力数据融入、履责理念明显、多方互惠共赢的城市电力大脑体系架构。

城市电力大脑形成了参与社会治理的典型范式。该范式是以网省电力公司与省政府间政企专线为通道，以电力大脑中枢的统一指标接口为基础，实现电力系统营销、用电采集、供电服务指挥等业务系统数据与公安、城管、房管、文旅等政府机构业务系统的数据协同。电力大脑中枢参与城市治理的方式分为宏观和微观两种方式。在宏观上，针对城市运行态势感知，通过按区县、街道、社区等空间延拓和分产业、分行业、分规模的类别延拓，实现了经济、生态、民生等电力指标计算，支撑政府科学决策。在微观上，通过统一地址编码方式，实现跨部门的用户匹配，以日电量或每15分钟负荷数据构建用户行为识别模型，实现关爱独居老人、出租房识别、环保停复工等场景应用，提升社会治理精细化水平，释放基层管理承载力。

（二）共享政企信息，促进城市运行精准研判

1. 构建指标体系，生成城市运行电力晴雨表

国网杭州供电公司基于电力系统营销、用采、运检等内部数据，从经济趋势、城市生态、社会民生3个维度出发，构建19种电力数据指标，生成反映城市宏观运行情况的电力晴雨表，帮助政府精准研判与科学决策。

经济趋势方面，通过电力消费弹性指数、获得电力、夜间经济电力指数等8个指标，对比分析各地区经济发展现状，反映各行业发展趋势，为政府验证经济发展趋势提供不同维度的价值参考；城市生态方面，通过光伏发电量、清洁能源占比和电动汽车充电量3个指标，直观反映杭州城市绿色用能随时间的变化情况；社会民生方面，基于电力数据及房屋数据、医疗资源投入等外部数据，计算住房形态空置率等8个指标，通过居民用电规律，分析各地区住房形态，统计教育、医疗、商业等行业的人均用电量，及时、高效地向政府部门反映各地区基层生活配套情况。

表2-1　反映城市运行态势的电力指标体系

类别	指标名称	
经济趋势	电力消费弹性系数	行业售电增速
	度电产值	新增用户数
	获得电力	平均售电增长率
	负荷密度	夜间经济指数
城市生态	电动汽车充电量	清洁能源占比
	光伏发电量	
社会民生	住房形态空置率	电力教育指数
	住房形态出租率	电力商业指数
	住房形态自住率	电力交通指数
	电力医疗指数	电力住房指数

2. 打通数据壁垒，形成信息互通的政企专线

反映城市运行的各项电力指标不仅需要实时精准的电力消费数据，也需要城市 GDP、各行业经济指数、住房信息等数据的实时在线，这就需要着力打通数据壁垒，实现跨区域、跨层级、跨系统、跨部门、跨业务数据联通。国网杭州供电公司主动融入杭州城市大脑建设，按照“范围全覆盖、数据全口径、标准全统一”要求，推进各系统和平台的有效接入，将“杭州能源大数据评价与应用研究中心”与城市大脑贯通多种能源数据，打造全市集中共享的一体化数据中心，形成信息互通的政企专线，在充分保障数据安全基础上，推动各级各部门业务信息实时在线、数据实时流动，破解政策、工作碎片化的问题，使城市大脑中枢系统成为政府内部条块融合的有效载体。

3. 开发数据产品，助力城市治理的科学决策

国网杭州供电公司全力推动核心技术研发与数据深度挖掘、关联关系分析，探索建设决策参考模块，开发“电力消费指数”“企业复工指数”“夜间经济电力活跃指数”等各类电力大数据产品，根据历史数据、同类城市指标等生成辅助科学决策报告，为电力大脑中枢参与城市治理和公共服务创新应用提供支撑。

表 2-2　电力大数据产品辅助科学决策一览表

数据产品	辅助决策	应用成效
电力消费指数	持续跟踪研判地方经济运行及发展趋势	疫情期间持续跟踪杭州不同地区、不同行业复产趋势，为杭州市政府精准扶持提供支撑
企业复工指数	监测企业复工复产情况，助力政府有序复工	覆盖全市 33153 家休眠企业
夜间经济电力活跃指数	监测地摊经济	为政府部门统一指导、有序管理夜间经济活动提供了数据支持
住户人员流动分析	研判区域内人员日流动量和分布，助力社区网格化防疫	试点区域社区工作人员上门次数从 15 万次缩减至 3000 次以下
差异化电费补贴计算模型	辅助政府精准实施对中小企业的临时电费补贴政策	该项目将使余杭企业在“亲清在线”平台上享受“云兑付”金额近 1400 万元
工业增加值电耗分析	高耗能企业监测	覆盖杭州地区全部规上高耗能企业 556 户，涵盖六大高能耗行业
企业的产污、治污、排污设备用电数据远程采集	实现对企业治污设备的远程管理	产品已接入 50 家企业用户，预计下阶段覆盖 137 家企业用户
公租房空置情况分析	辅助政府部门研判地产发展趋势	深度分析公租房 3421 户，识别空置房 176 户

（三）共创应用场景，助力社会民生精益治理

国网杭州供电公司始终践行以人民为中心的发展思想，坚持数据资源“取之于民、用之于民”，突出问题导向、需求导向，主动对接政府经信、商务、公安、环保等部门管理与应用需求，主动回应市民群众与市场主体的期盼，聚焦用户体验，以便民惠民为原则，基于用户用电中的能效行为、社会行为与信用行为分析，构建政策、资源直达基层、直达企业、直达民生的各类应用场景，为居民生活和社会生产提供公共服务，解决具体问题，实现城市资源的优化配置。

1. 典型应用场景 1——低碳入住计划

充分发挥杭州“文化旅游名城”和“互联网之城”的独特区位优势，以“酒店用能”场景为

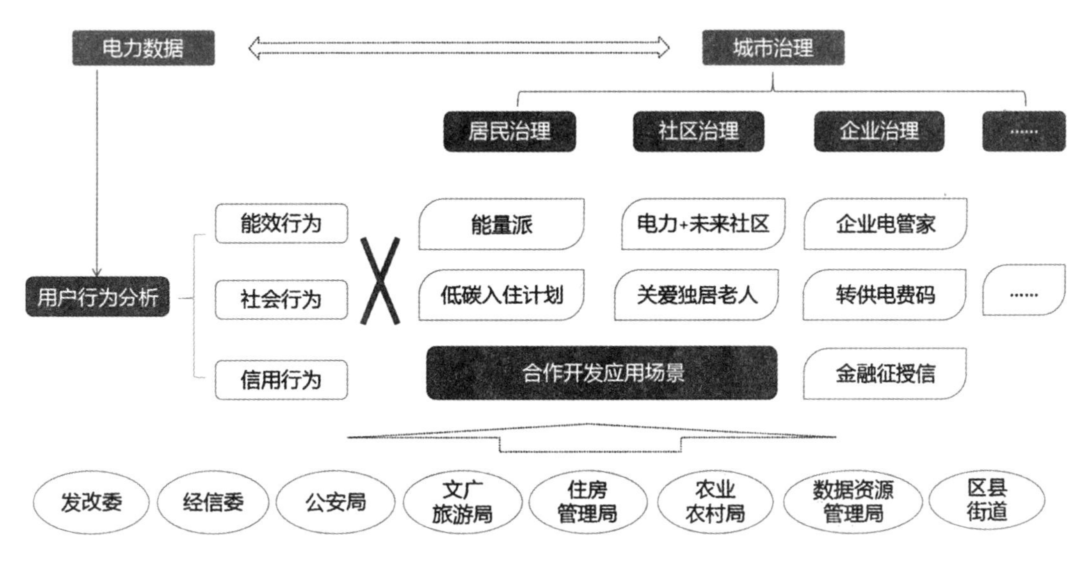

图 2-3　电力数据开发城市治理应用场景矩阵

突破口，通过对酒店各类能耗监测试点改造，推出“电力+旅游”互联网数字化产品“低碳入住计划”，为客户提供入住碳单，引导用户节约用能，并对优质低碳客户提供电费红包、餐饮折扣等相关促销方式，探索社群化服务模式。

图 2-4　酒店客户入住时使用“低碳入住计划”

目前，与浙江省文化旅游信息中心合作为全省 1159 家星级酒店进行能效评估。同时为杭州地区 10 家酒店完成了硬件改造和计划加盟，包括总书记帮扶点——下姜村民宿、杭州地标——洲际酒店、互联网小镇——云栖客栈等。

2. 典型应用场景 2——关爱独居老人

根据杭州社区街道提出的“眼云共治”需求，应用独居老人在营销系统、用电信息采集系统的现有数据，在不增加硬件成本的基础上，对独居老人家庭用电数据进行挖掘，判断老人生活安全状况，有针对性地向平台输出预警和分析信息，供社区及志愿者及时上门提供贴心关爱服务，从而为独居老人提供实时安全服务和保障。

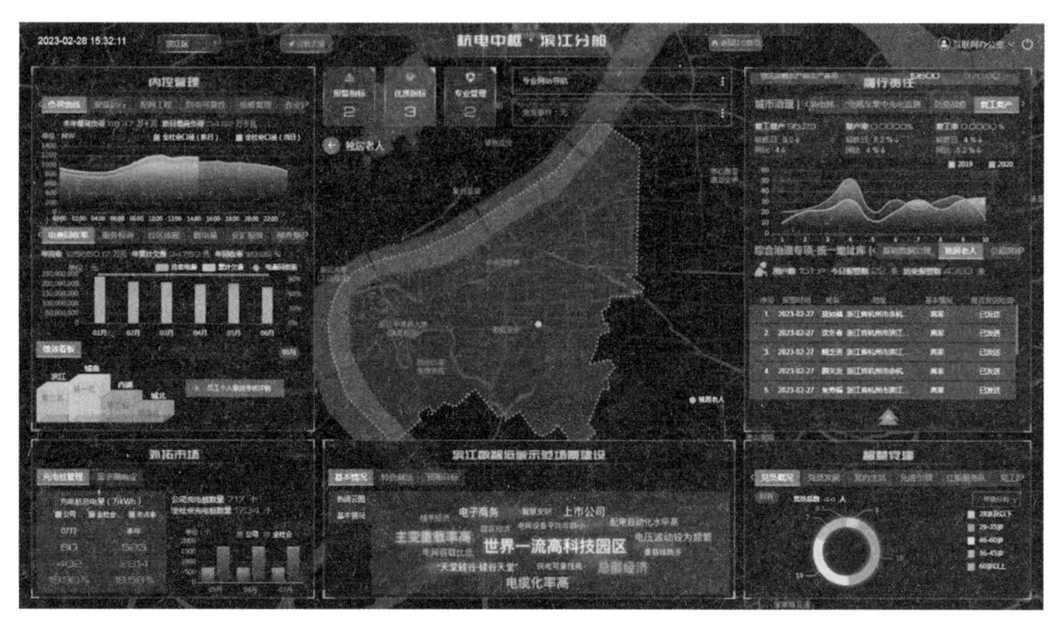

图 2-5 关爱老人系统

通过与杭州市拱墅区小河街道开展合作，分析用户用电负荷曲线，为 1016 户独居老人提供关爱服务，实现对危及老人人身安全状况的预判及预警，通过城市大脑传递给社区服务人员，体现了电力数据的温度。有效减少社区工作人员上门探访次数，从每 3 天 320 余次减少至每天 8~10 次。

3. 典型应用场景 3——转供电费码及阳光掌柜智慧用能平台

国网杭州供电公司全国首创“转供电费码”，将降价政策落实到转供电环节，让中小微企业享受到真金白银的政策优惠；在此基础上深度透视“转供电关系”，搭建“阳光掌柜”智慧用能管理平台，量化分析转供管理关系，为转供电主体与终端用户提供能源管理服务，实现了付费用电清晰、监控预警及时、移动办事便捷三大需求，让转供电用能清晰安全更高效。

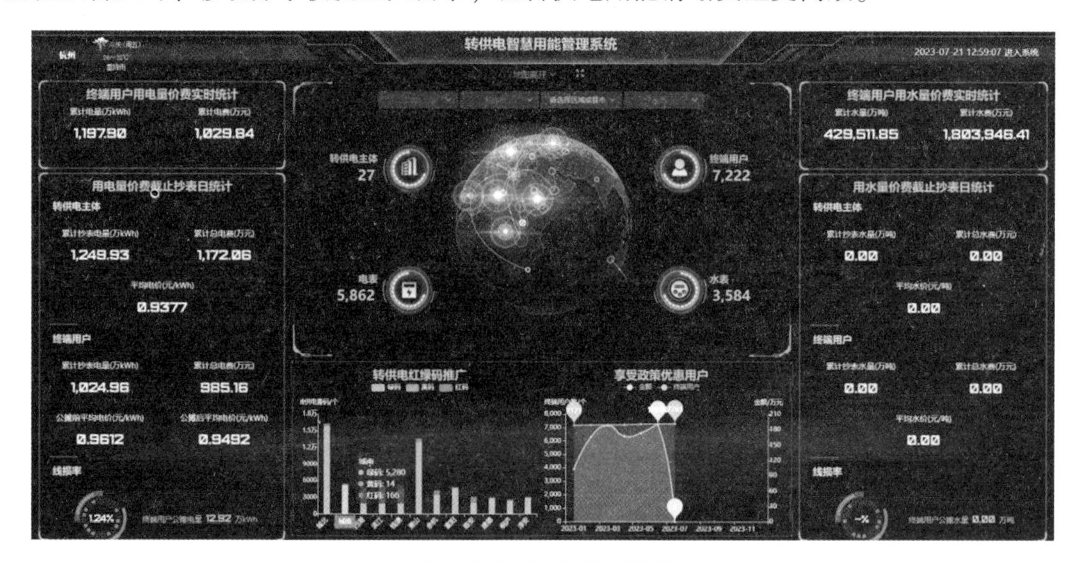

图 2-6 “阳光掌柜”智慧用能管理平台

图 2-7 监测中心大屏

截至目前，杭州共有 7.3 万家小微企业登录“网上国网”申报“转供电费码”。协同杭州市市场监管局疏通转供电环节不合理加价堵点，为小微企业节约电费约 2.45 亿元。“阳光掌柜”智慧用能管理平台在杭州地区已接入项目 27 个，总计接入终端用户 7200 余个，接入水电及各类采集表计超 1 万只，监测用电 4800 余万千瓦时，公平分摊电量 130 余万千瓦时。

4. 典型应用场景 4——环保设备运营监测

实现重点环保管控企业的用电行为监测，对环保设备违规运营自动预警，有效提升生态环境部门对相关企业的监管能力。以用采系统每日 96 点高频召测数据和企业用电设备信息，能精准监测执行减排、停产整改等企业用能曲线变化情况，针对富阳 137 家企业建设污染源监控系统，提升执

图 2-8 供电公司与市场监督部门到企业检查

法检查的针对性以及精准性。进一步分析环保政策发布前后不同时间监测企业的用电数据，结合生态环境部发布的空气质量等数据，实现网格化环境监测。

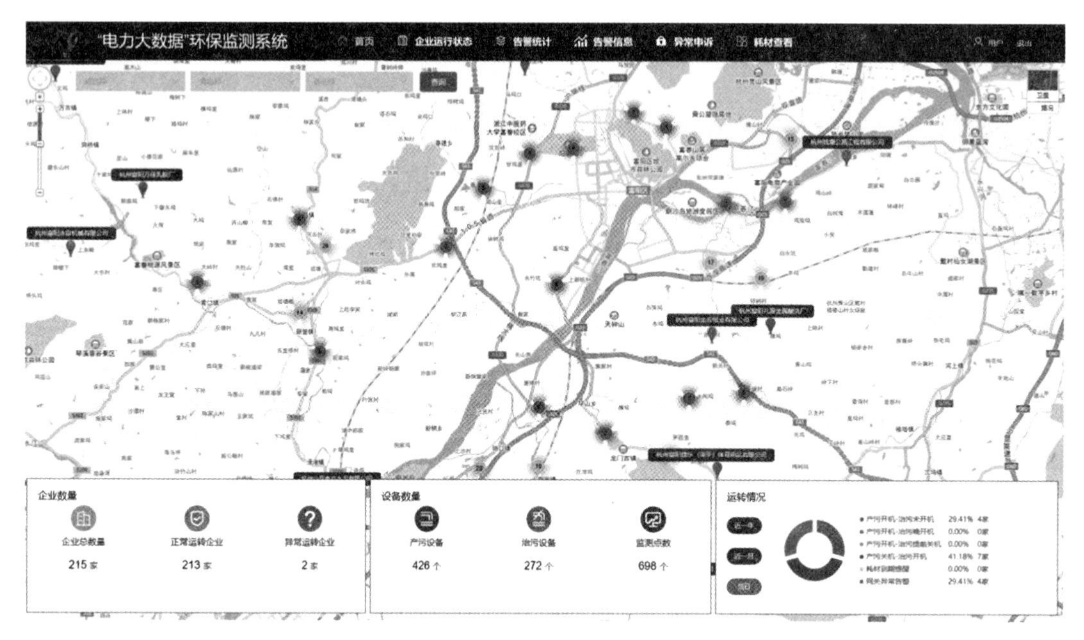

图 2-9　电力大数据+环保监测平台

以杭州润德车轮制造有限公司为例，4 月 21 日该厂产污设备于 8：20 开始运行，治污设备于 8：15 开始运行，产污设备于 19：15 停止运行，治污设备于 19：50 停止运行。属于正常启停情况。

5. 典型应用场景 5——大数据能效提升服务

依托“双碳”数智平台高频度、普适性监测全市重点用能企业，通过能源大数据中心的实时数据分析，精准定位杭州诺邦无纺股份有限公司，以数据驱动挖掘用户能效提升潜力，推动个性化解决方案引流和增值服务落地，全过程服务企业节能提效。

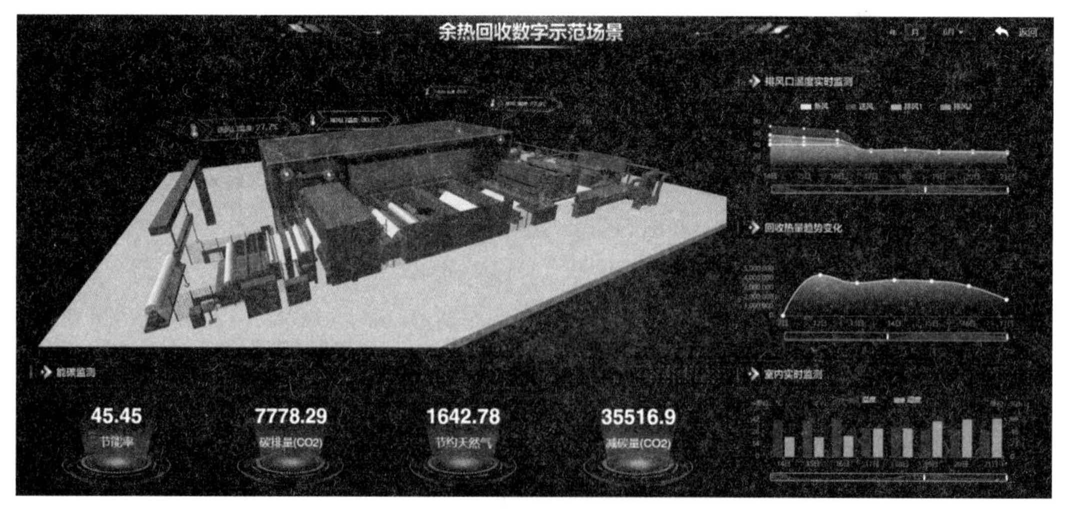

图 2-10　余热回收数字示范场景界面

依托绿色技术交易中心，促进了绿色技术供需的互融互通，为杭州诺邦无纺公司精准匹配到了

图 2-11　工作人员在现场进行能效服务

工业余热回收最适技术方案。联合综合能源公司或社会节能公司合作开展企业节能改造，采用“工业余热三维热交换方案”，利用三维热交换器对排放气热量进行回收改造。

对于该企业，项目总投资 57 万元，企业每年节省 19 万元，投资回收期不到 4 年，每年节省天然气约 4 万立方米，每年减少二氧化碳排放 79.5 吨。

（四）共守底线原则，维护用户数据安全屏障

1. 构建科学规范的数据基础管理体系

国网杭州供电公司持续加强数据基础能力建设，解决数据管理薄弱环节问题，对数据进行全生命周期的资产化管理，规范管理流程，推动数据管理的体系化和常态化，不断提升数据管理的规范化水平，夯实数据管理基础，持续释放价值。

健全数据组织架构。优化数据管理组织体系，成立公司数据管理委员会，决策数据管理重大工作内容和方向。互联网办负责数据归口管理，数据方案落地实施，数据管理制度制定等。各部门承担本专业的数据采集、共享、治理、应用、安全管控等主体责任，并设立数据专员负责联络及数据协同管理工作。

完善数据管理流程。制定公司数据资产管理办法或实施细则，建立一套覆盖数据采集、存储、管理、共享、使用等整个生产运营过程的数据管理规范，保障数据管理全流程的高效、规范、可控。实施分级分类管理，明确各部门职责，形成可靠、高效的数据管理运营机制。

2. 构建安全规范的数据共享开放体系

推进数据贯通共享。推进基于负面清单的数据共享工作流程和机制的建立，按照“以共享为原则，不共享为例外”的要求，按照“最小化”原则，深入参与梳理总部级、省公司级数据共享负面清单，依托数据中台固化数据共享流程并率先试点开展。对负面清单以外的数据，直接提供数据

共享，对负面清单以内的数据，按照相关流程审批后进行数据共享。

推动数据对外开放。积极主动顺应数据开放发展趋势，发挥杭州区位优势，按照数据开放的发展趋势和要求，以城市大脑为抓手探索建立电力数据对外开放策略，编制《数据共享开放管理办法》，在系统内率先推动符合公司理念的对外合作开放机制形成，明确开放边界，拓展数据新业务、新业态、新模式。

四、履责成效

（一）持续贡献智慧工具，助力城市治理体系和治理能力现代化

国网杭州供电公司通过开展社会责任根植项目，以电力大数据为基础工具，以外部视角剖析研判城市治理体系中各个利益相关方的诉求、影响力和关键行为，提出电力数据融入城市大脑、打通数据壁垒、穿透应用场景的社会治理提升方案，搭建多方参与、共建共治的沟通合作协同治理平台。平台通过开发电量看经济、电力看复工复产、工业能效评估提升、环保产污治污监测、公租房空置率分析等电力大数据产品与合作应用场景，为城市管理者提供了丰富的智慧管理工具，使城市决策从“经验判断”向“数据说话”“智慧决策”转变，促进城市治理更聪明智慧、科学高效。截至目前，国网杭州供电公司已经推出 32 项数据产品、15 项政企合作产品，整合指标 382 项、惠及企业 42 万家、惠及百姓 1036 万人。

（二）创造多元综合价值，促进杭州经济社会与环境可持续发展

本项目通过电力数据以多元化应用场景服务城市治理，为经济社会可持续发展创造综合价值。在经济方面，依托“亲清在线”开展企业基本电费补贴，实现补贴商贸 7217 户，共计 2647.6 万元，产生间接经济效益约 4 亿元；依托转供电费码，助力杭州 50 万家小微企业享受总计超 3 亿元的电费减免，使疫情期间各小微企业将有限流动资金投入到带动上下游供应链。在环境方面，推行低碳入住计划、能量派小程序、电动汽车行为优化等应用场景，促进社会公众参与低碳发展；低碳入住计划整合浙江省 1073 家星级酒店经营、用电数据，帮助酒店提升能效管理水平；电力驾驶舱移动端小程序“能量派”，累计社会访问量超 50 万人次。在社会方面，助力杭州 60 个社区对 157476 户居民用户进行疫情防控，试点社区工作人员上门次数从 15 万次缩减至 3000 次以下；电力驾驶舱关爱独居老人场景，联动杭州市小河街道、湖滨街道“云眼共治”平台，服务 1016 户独居老人家庭，累计发现异动 719 次，为街道工作人员提供便利。

（三）赢得社会各界认同，推动能源互联网战略落地与品牌提升

共建“城市大脑”生态，不仅让杭州公司的电力数据走出去，为经济社会发展创造更大的价值，也为国家电网公司落实“四个革命、一个合作”能源安全新战略，建设“具有中国特色全球领先的能源互联网企业”的战略目标提供了落地实践的载体，助力供电企业与政府、用户等利益相关方更深入地互联互通、协同合作，促进电网公司更便捷、高效地获取政府、用户等相关数据，实现电力大数据与经济社会大数据实时在线与互动共享，推动数据价值的共同开发与社会民生的共同治理。同时项目也产生了一大批具有社会效应与品牌传播价值的实践成果，电力战疫、企业复工复

产、转供电费码、低碳入住、独居老人关爱等应用场景受到社会媒体广泛关注，四上央视联播、三上新华社动态清样，并在北京、南京等十余个城市展播，累计获600余次海外媒体、1000余次国内媒体发表报道。项目突破地域壁垒，在“第九届联合国全球契约领导人峰会周可持续发展先锋论坛”专题发布，在“全国首届双创主题日”现场展示，并入选2019 *Business Climate Action Cases*，为国家电网公司赢得了国际声誉。习总书记浙江考察期间，该项目作为杭州城市大脑建设的重点展示内容，电力大数据获得总书记的称赞。

（四）城市大脑世界拓展，为世界提供数字治理的城市范本

杭州作为城市大脑建设先行者，发布《城市大脑建设管理规范》《杭州城市大脑赋能城市治理促进条例》等标准规范和法规条例，将杭州城市大脑方案形成可复制可推广的制度化、法制化成果，为各地推进城市数据大脑建设提供了借鉴。杭州作为城市大脑的典型应用城市，在训练模型上有着丰富的经验，借助在杭州的经验，其他城市可以通过分析样本的数据得出具体指标参数，并相应地构建应用场景，有针对性地解决当地城市治理问题。

五、展望

随着数字经济的不断发展，电力数据作为重要的生产要素，其蕴含的海量信息和潜在的应用价值愈发凸显。国网杭州供电公司将更加有效地实现电力大数据的融合与应用，提升电力大数据在社会治理方面的价值，进一步优化电力大数据顶层设计，构建电力大数据体制机制；进一步融会贯通多元数据资源，搭建高质量的数据管理平台；进一步提升电力大数据开放共享水平，挖掘电力大数据服务社会治理的应用场景与商业模式，推动构建基于电力大数据的社会治理体系，丰富现代化、智能化、科学化社会治理能力。

“雪炭N行动”加快清洁能源转型 助力中国式现代化

国家电力投资集团有限公司

国家电力投资集团有限公司（以下简称国家电投）坚持以习近平新时代中国特色社会主义思想为指引，深入贯彻落实习近平生态文明思想和“四个革命、一个合作”能源安全新战略，高度重视提升ESG（环境、社会、公司治理）绩效。国家电投将社会责任与可持续发展、资本市场实践相结合的ESG目标，积极融入“2035一流战略”，以新能源技术及产业优势为依托，推出“雪炭N行动”，推动ESG理念与产业、资本的深度融合，形成能源强国建设与ESG生态体系构建融合发展的新思路、新路径。国家电投持续构建绿色智慧能源创新发展体系，促进智慧城镇、智慧园区、美丽乡村、共享储能、绿电交通等新技术、新业态、新模式在城镇乡村蓬勃发展，打造了24种综合智慧零碳应用场景和11种综合智慧零碳电厂方案；持续聚焦160个乡村振兴重点帮扶县和832个原国家级贫困县，以示范为引导推动帮扶成效落地，助力乡村产业振兴和农村、农民现代化；计划到2025年，构建5000个村级源网荷储一体化项目，推动构建以可再生能源为主体的新型农村能源体系，在中国式现代化进程中奏响“风光无限、国家电投”的能源新乐章。

一、案例背景

习近平总书记在党的二十大报告中明确强调，要推进美丽中国建设，加快发展方式绿色转型；要积极稳妥推进碳达峰碳中和，加快规划建设新型能源体系，确保能源安全。

能源是国民经济发展的重要物质基础和推动力，能源安全是关系国家经济社会发展的全局性、战略性问题。有效保障国家能源安全，始终是我国能源发展的首要问题。加快新能源革命，推动能源结构转型，对保障我国能源安全，具有重要战略意义。十四五期间，我国城镇用电需求增幅显著，负荷峰谷差为区域用电和电网安全带来巨大压力。在工业大省浙江，2021—2022年最高电力负荷连续突破1亿千瓦，全年有9个月存在电力缺口，工业用能压力显著，高比例新能源、高比例外来电、高峰谷差成为浙江能源供给的显著特征。

习近平总书记强调，全面建设社会主义现代化国家，最艰巨最繁重的任务仍然在农村。推动农村清洁化用能、智慧化用能，是实现乡村振兴战略的重要任务。我国农村能源可开发潜力巨大，蕴藏着丰富的生物质、太阳能、风能、地热能资源，乡村新能源可开发规模超10亿千瓦，可拉动经济超10万亿元，为农村地区直接创造近1000万就业岗位，为每户农村居民年均增收约3000元。推动农村能源现代化是实现农业农村现代化的关键之举。

国家电投坚持以习近平新时代中国特色社会主义思想为指引，深入贯彻落实习近平生态文明思想和“四个革命、一个合作”能源安全新战略，坚决践行“中国3060”碳达峰碳中和承诺。作为全球最大的光伏发电企业、最大的新能源发电企业和最大的清洁能源发电企业，国家电投坚持将ESG理念目标融入“2035一流战略”和“十四五”规划及优化方案。

国家电投心系家国，坚决贯彻落实党中央国务院关于能源安全战略、乡村振兴战略的各项要求，在河南兰考、浙江湖州等地大力推进“雪炭N行动”，建设“综合智慧零碳电厂”，拓展能源清洁低碳发展新思路、新路径，创新能源保障新方式和新渠道，积极投身新能源革命，夯实国家能源安全基石。同时，把新能源技术及产业优势带进乡村，打造富民能源产业链和农村智慧用能体系，以清洁低碳、安全高效的能源供给有力保障了民生福祉持续改善，推动我国农村能源革命。国家电投在践行ESG责任方面的创新作为和责任担当，深刻影响着我国新一轮能源革命进程，取得系列瞩目成效。

二、具体实践

习近平总书记指出：“如果把国家喻为一张网，全国三千多个县就像这张网上的纽结。”县域是我国改革与发展的重要战场，是经济转型发展的新阵地。国家电投根据不同区域用能特点、资源禀赋，因地制宜，设计了城镇乡村型、产业园区型、集群楼宇型以及能源基地型等四大类24种场景、11种综合智慧零碳电厂方案。本案例将以湖州、兰考为例，分别介绍综合智慧零碳电厂如何助力经济高质量发展以及乡村振兴。

（一）能源保供助力经济高质量发展

1. 电力缺口严重制约地方经济发展

浙江地处长三角，经济发展快，总量大，能源保供形势严峻，迎峰度夏、迎峰度冬成为制约经济高质量发展的障碍。浙江省能源结构当前面临高比例新能源、高比例外来电、高峰谷差“三高”特性。2022年，浙江全省迎峰度夏负荷缺口1200万千瓦，峰谷负荷差3800万千瓦，位居全国第一。外来电方面，最大受电电力3350万千瓦，2022年浙江顶峰外购电价格最高达10元/千瓦时。

浙江湖州是“绿水青山就是金山银山”理念发源地，2022年7月获批为国家可持续发展议程创新示范区，同时也是国家绿色金融改革创新试验区，在重大项目安排、体制机制创新、政策突破方面具有先行先试的优势。湖州工业经济基础强，高耗能、高载能企业众多，同时民众富裕，电力需求旺盛。能源消费方面，2022年全社会用电量近360亿千瓦时，全年最高用电负荷达到613万千瓦，电力缺口约130万千瓦，其中第一产业用电3.79亿千瓦时，第二产业用电260.07亿千瓦时，第三产业用电49.95亿千瓦时，居民用电39.29亿千瓦时。

湖州执行浙江省国网电价，大工业用电、一般工商业及其他用电划分为尖峰时段、高峰时段、低谷时段三个阶段；一般工商业用电、大工业用电尖谷电价差超过0.9元/千瓦时，每日“两峰两谷”的电价情况，是建设综合智慧零碳电厂的有利基础。

政策方面，2022年9月出台的《浙江省电力条例》提出，储能发展应当根据提高电力系统调节能力的要求，结合地区资源优势合理布局抽水蓄能电站和各类新型储能项目，引导储能安全、有序、市场化发展；明确完善市场化电价形成机制和电力中长期、现货交易机制，建立健全微电网、存量小电网、增量配电网与公用大电网之间的交易结算、运行调度等机制，为湖州综合智慧零碳电厂建设创造良好政策环境。

2. 综合智慧零碳电厂助力能源保供

国家电投积极响应号召，助力国家能源保供、新型电力系统建设、乡村振兴、“双碳”目标等重大战略实施，面对能源供应的急难险重，从最急最难处入手，千方百计为浙江省谋顶峰、保安全，为浙江省能源保供贡献国家电投力量。

国家电投聚焦地方能源保供需求，因地制宜实施“雪炭 N 行动”，依托湖州市既有资源，稳步推进湖州综合智慧零碳电厂落实落地，打造以“分布式电源+储能+可调负荷”为主的综合智慧零碳电厂，利用“三网融合平台智慧系统”围绕“乡村—城镇—园区”三种形态，构建能源生态圈，按照“湖州示范，全省推广”的实施计划，牵头推进浙江省域综合智慧零碳电厂建设，规划 2023 年累计新增顶峰能力 30 万千瓦、2024 年累计新增顶峰能力 50 万千瓦、2025 年累计新增顶峰能力 70 万千瓦，助力全省能源保供稳价。

湖州示范，浙江推广。湖州市在重大项目安排、体制机制创新、政策突破方面具有先行先试的优势。长兴县又是湖州市所辖的全国工业百强县，中国电池产业之都。国家电投牢固树立客户思维，发挥“三网融合”“县域开发”“大客户合作”等创新优势，深入摸排省级开发园区、高耗能企业、村镇户用等资源，明确“湖州示范、浙江推广”的作战路线，以长兴县“和平储能”项目为起点，带动长兴综合智慧零碳单元建设，继而辐射至湖州市乃至全省。目前，已经形成百万千瓦顶峰能力，助力湖州市和浙江省解决迎峰度夏、迎峰度冬的有序用电难题、地方保供难题，得到浙江省发改委、能源局的高度认可，已经被列入浙江省 2023 年新型电力系统试点项目。

3. 聚合供需资源保障能源供应

截至目前，湖州综合智慧零碳电厂可聚合总容量约 44 万千瓦，为湖州经济平稳运行提供重要保障。“和平共储”项目一期已正式并网运行，成为全国最大的铅碳储能电站，年调峰电量超过 3 亿千瓦时，有力推动电力就近平衡、平抑峰谷，进一步优化能源利用效率，降低企业用能成本。该项目全面投产后，可实现一次充放 100 万度电，能满足 8 万户居民一天的用电，年产值达 3 亿元以上，保障千家万户用能安全，成为拉动地方经济发展新源泉。

图 3–1　湖州和平共储项目

户用储能方面，已投运和平新村户用储能，布置2台40千瓦V2G充电桩和1台V2G专用车辆，实现对湖州市人民政府大楼等公共建筑的可调负荷资源接入，为客户提供多角度能源产品服务。

图3-2　湖州V2G项目

综合智慧零碳电厂，是国家电投为适应当前电力供需形势，从供需两侧解决能源保供的创新发展方式，具有惠及多方的价值成效：

（1）提高调度水平，实现电力调峰、调频、能源保供，保障电网运行安全；提高新能源就地消纳水平，降低电网建设投资。

（2）产业方面，拉动产业投资，推动储能等新产业、新业态发展，实现能源系统智慧运行和供需一体化协同，充分聚合可调资源，优化用能习惯，提高能源利用效率，降低用能成本。

（3）政府方面，对浙江省绿色低碳发展和能源保供稳价工程提供支撑；优化新能源布局，培育产业新动能，提高农村供电服务水平和推动电气化替代；推动乡村数字化，服务社会治理，实现乡村振兴。

（4）企业方面，提升用能管理，挖掘节能潜力，降低用能成本，提高能源利用效率；构建能源生态链，开发能源与用户资源，拓展企业发展空间，提升知名度和经济效益。

（5）社会方面，保障能源安全和推动能源技术发展；优化能源结构，推动绿色发展，助力双碳目标实现；促进招商引资、产业发展，助力生态建设、环境保护、数字乡村和共同富裕。

4. 从示范到推广，为经济高质量发展保驾护航

2023年底，湖州综合智慧零碳电厂将实现30万千瓦顶峰能力，与电网新型负荷管理系统、湖州城市大脑等系统平台打通，构建新型电力系统，参与辅助服务、需求响应等市场交易，并挖掘数据流量价值，跨界引流，实现价值倍增。

按照“湖州示范，全省推广”的开发思路，在湖州综合智慧零碳电厂取得良好效果的基础上，国家电投充分发挥央企担当，积极响应浙江省号召，勇担能源保供社会责任，进一步为浙江省能源电力系统的安全经济运行保驾护航。

目前，国家电投集团综合智慧零碳电厂项目已覆盖全省 11 个地级市。预计到 2023 年末，可从根本上提高浙江省能源保供能力，彰显能源央企的社会责任担当。

（二）以农村能源革命助力全面乡村振兴

1. 新能源革命助力红色兰考实现高质量绿色发展

河南省兰考县是焦裕禄精神的发源地，是习近平总书记第二批党的群众路线教育实践活动联系点，是全国农村能源革命试点示范县。焦裕禄精神是一种以人民的利益为最高原则，亲民爱民、艰苦奋斗、科学求实、迎难而上、无私奉献的精神。国家电投在兰考县的发展，结合焦裕禄精神和 ESG 理念，有效引导资本市场创造兰考经济价值的同时，也关注碳达峰碳中和、科技创新、乡村振兴等社会环境问题，推动兰考环境、社会和经济的可持续发展。

兰考县总人口 87 万，已纳入“郑开同城化”（郑州—开封）建设。2022 年，全县 GDP 完成 426 亿元，城镇和农村居民人均可支配收入分别为 31302 元、18214 元。兰考县农村能源资源禀赋较好，风能、太阳能、生物质能、地热能品类齐全、资源丰富，具备较好的开发价值。2022 年 12 月底，全县可再生能源发电装机达到 116.8 万千瓦，可再生能源发电量 20.5 亿千瓦时，可再生能源发电量占全社会用电量比例达到 95%。

2022 年，兰考县能源消费量总量 39.94 万吨标准煤，全县全社会用电量 21.6 亿千瓦时，碳排放总量 74.46 万吨。从各领域碳排放占比来看，兰考县工业、居民用电、交通、服务业、农业和其他排放占比分别为 41%、28%、15%、7%、5%和 4%。提高工业绿色保障，是推动兰考用能结构转型的关键，国家电投发挥新能源产业优势，助力兰考实现新能源为主体的农村能源革命，推出“雪炭 N 行动”，大力开展光伏、风电、储能、绿电交通建设，推动当地农村能源消费绿色转型，赋能兰考绿色发展。

2.“雪炭 N 行动”助力兰考引领我国农村能源革命

2021 年 9 月，国家电投与兰考县人民政府签订战略合作协议，推动兰考县用能转型、乡村振兴。赋能农村能源革命方面：国家电投统筹当地资源禀赋，制定一揽子整县域屋顶分布式光伏的开发规划，加快推进光伏、储能、氢能、清洁供暖等综合智慧能源项目落地，助力兰考县农村能源革命、乡村振兴。

产业振兴方面：国家电投充分发挥清洁能源央企技术优势、资本优势、平台优势，与兰考县合作建设产业园区，协助地方政府以商招商，导入能源和电力等制造业项目、科技农业产业项目等，力争 3 年期建成 50 亿级以上产业园，助推兰考强县富民。

乡村振兴方面：双方在兰考县农业产业化发展上引入“能源+科技农业+智慧农业”等项目，联合共建碳中和农业科技园，推进现代农业设施项目落地，促进“绿色+乡村振兴+生态”融合发展。

具体实践如下：

（1）打造数字化支撑平台，高效推动县域光伏开发

以农村户用光伏开发建设作为切入点，大力推进清洁能源开发数字化转型和平台生态构建，结

合户用光伏项目特点，确立数字化开发整体思路，搭建“电能光 e 链”光伏开发建设和运维管理在线平台，在短时间内实现“在线签约”和“电费清分”。自主研发的“电能 e 购”电商平台整合供应链上下游资源，实现光伏电站主辅设备的电商化采购配送。“电能光 e 链”与“电能 e 购”无缝衔接，实现一站式全生命周期供应链管理服务和数字化创新突破。

图 3-3　兰考分布式光伏开发

（2）推动政企长效合作，促进兰考经济社会发展

国家电投结合兰考县政府在发展县域经济、推进乡村振兴方面的需求，与兰考县联合共建以清洁能源为主体的“兰考国家电投零碳综合智慧能源示范产业园”，通过开发建设分布式光伏、“一村一杆”风电等项目为产业园提供绿电，实现清洁能源就地消纳。双方合作形成以下可复制的成功经验。

一是建立央企与地方政府长效合作模式。国家电投与兰考县政府所属平台农投公司成立合资企业，分工协作、利益共享。兰考县政府出台政策，农投公司投入园区基建和产业引导基金；国家电投参与联合运营，负责园区综合智慧能源开发。国家电投利用产业链优势招商，引入清洁能源装备制造业上下游企业落地兰考，打造中央企业与地方联合共建产业园区的创新模式，为地方产业实现高起点规划、高质量发展注入强大动能。

二是统筹推进兰考清洁能源资源开发。国家电投发挥清洁能源企业优势，勇担央企社会责任，为兰考县风电和光伏开发制定一揽子计划，提高地方资源开发水平，打造整县域新能源开发样板。目前国家电投正与兰考县开展更深度合作，推动兰考以更高起点参与“郑开同城化”（郑州—开封）建设，启动“郑开同城特别合作区”绿色电力低成本保障规划，为清洁能源装备制造企业提供零碳绿色能源。

三是促进绿电就地消纳生产零碳产品。国家电投在兰考县新能源产业园的建设中，勇于探索，积极推动兰考县新型电力系统，以地方新型电力系统建设聚集清洁能源产业链落地产业园。未来，园区内入驻的企业将使用国家电投直供的清洁能源，既能解决清洁能源就地消纳问题，又可降低入园企业用能成本，同时还可为产品打上绿色零碳标签，提升企业市场竞争力。

图 3-4　兰考国家电投新能源产业园

（3）带动新兴产业落地夯实城乡融合发展基础

一是绿电交通储能一体化推动新型绿色能源网建设。国家电投发挥绿电交通产业优势，在兰考县推动绿电交通储能一体化项目落地，以电动汽车实现移动储能和双向充放电，构建一张新型绿色能源网。

二是打通清洁能源产业发展最后一公里。国家电投发挥平台优势，联合互联网平台企业，通过农村长期驻点、快递驿站等，开展户用光伏的推广、施工、运维，并通过“电能光 e 链”数字化平台，推动地方户用光伏率先迈入电商时代。

三是推动县域实现能源生态融合发展。国家电投发挥产业协同优势，为兰考县引入现代农业企业，推动“清洁能源+”现代农业和生态治理项目落地实施。

（4）搭建农村清洁能源创新载体，为农村能源革命赋能

国家电投牢牢抓住兰考农村能源革命示范县优势，在兰考成立农村清洁能源创新中心（简称“农创中心”），为农村清洁能源领域发展战略和政策制定提供支撑，为创新成果转化提供应用平台，构建农村清洁能源产业发展生态。未来，农创中心还将与焦裕禄干部学院深度合作，为我国农村能源革命培养一大批生力军，助力兰考县打造我国农村能源革命的创新高地、人才培养高地。

（5）发挥清洁能源优势，打造黄河美丽长廊

黄河流域生态保护和高质量发展事关中华民族伟大复兴的千秋大计。习近平总书记强调，黄河流域构成我国重要的生态屏障，也是我国重要的经济地带。2014 年，总书记到兰考县调研时，曾专程前往东坝头乡张庄村考察，叮嘱要因地制宜发展产业促进农民增收致富。

国家电投积极践行习近平总书记关于黄河流域生态保护、推进乡村振兴的重要讲话精神，依托清洁能源产业优势，开展“照亮黄河，打造美丽长廊”系列行动。国家电投打造的兰考黄河大堤亮化工程，设置光伏路灯规划共 1352 盏，较传统照明路灯每年可节省照明用电约 59 万千瓦时，节约电费约 41.45 万元。远期规划实施落地后，不仅能够为兰考提供绿色电能，点亮黄河沿线，还可以为河堤安全保驾护航。

图 3-5　兰考黄河大堤亮化工程

3.“雪炭 N 行动”推动农业农村现代化建设

（1）屋顶光伏助力农民增收致富

国家电投的兰考实践，为我国整县屋顶光伏开发提供了国家电投方案。国家能源局于 2021 年 6 月下发《关于报送整县（市、区）屋顶分布式光伏开发试点方案的通知》，国家电投迅速响应，第一时间与兰考县政府完成签约，共同启动兰考整县屋顶光伏开发项目。

两年来，国家电投在兰考实现户用光伏签约超过 8500 户，并网规模 12 万千瓦，累计发电量超过 1 亿度，累计发放给农村居民共享收益超过 600 万元，惠及农村居民 1.5 万人次。屋顶光伏建设中，农户无需投入资金，每年可增收光伏共享收益 1500~3000 元。

（2）高起点打造绿色产业园推动地方经济发展

国家电投与兰考县政府联手，共同打造以清洁能源为主体的“兰考国家电投零碳综合智慧能源示范产业园”。项目占地 3100 亩，预计总投资 100 亿元，旨在建设清洁能源相关制造业的产业园。项目建设完成后，年税收将达到 12 亿元以上，形成地方经济发展强大造血功能。

国家电投积极提高兰考地方投资企业运营水平。与兰考县成立合资公司，共同推进产业园建设和运营，打造零碳园区，实现全面绿色化，达到零碳排放的目标。还将开发与产业园配套的风电、光伏等能源资源，成为推动地方新能源开发的重要载体，打造央地合作的典范。

（3）综合智慧零碳电厂保障绿色电力供应

兰考综合智慧零碳电厂是国家电投“雪炭 N 行动”在兰考县的示范实践，项目涵盖 33.3 万千瓦光伏，30 万千瓦风电，1 万千瓦的用户侧储能，70 座充电站，100 座光储充车棚，200 个 V2G 充电桩，投运 1000 辆 V2G 车。项目建成后，将提供 22 万千瓦的调峰能力，以及最高 25 万千瓦的顶峰能力，覆盖农村乡镇、工业园区、城市等多种业务形态。

付楼村级综合智慧零碳电厂单元是综合智慧零碳电厂的最小可复制单元，也是首个集风、光、储、充、放（V2G）多元素为一体的村级零碳台区，可独立运营。运营后每年可为村集体直接增收 5.6 万，该零碳台区还为接入农户每年提供 1600 元收益，为农村分布式光伏开发、农村绿电供暖、新能源车下乡等农村用能升级，带动产业兴旺，打造了可复制可推广的样板。

（4）绿电交通储能一体化助力乡村美好生活

国家电投在兰考建成首个省级县域充电示范站，有 38 个充电桩（包含 V2G 充放电桩）、光伏发电设施和用户侧储能设备。V2G 充电桩还可实现将电动车电池储存的电能反向输送给电网，帮助电网调峰填谷，提高电网的稳定性，综合降低新型电力系统的储能成本。

省级充电示范站配套建设休闲区，开设“绿电餐厅”和“绿电咖啡馆”，让居民在快捷充电的同时，还可享受温馨的低碳休闲场所，目前已成为县城网红打卡地，在服务体验上提高用户的满意度和信任度，成为人民对美好生活向往理念的良好实践。

（5）农村清洁能源创新赋能乡村振兴战略实施

国家电投在兰考建立的农创中心，紧扣农村能源革命需求，瞄准清洁能源共性关键技术，创新开发适用于农村的清洁能源技术，确定了首批适用于农村地区推广应用的 16 项技术，助力全面乡村振兴，在总结经验的基础上，编制《中国农村清洁能源蓝皮书》，赋能农村清洁能源开发利用模式推广。国家电投农创中心将紧紧把握兰考县农村能源革命示范县先发优势，在兰考县打造我国农村能源革命的人才培养高地、技术创新高地、产业示范高地，赋能兰考持续引领我国农村能源革命。

4. 全面实施“雪炭 N 行动”，助力实现中国式现代化

（1）城乡能源消费提质行动

立足现有实践成果，接下来国家电投将推动兰考全面实施城乡能源消费提质行动，通过加快农村生产生活电气化，推进城乡清洁供暖促进居民用能低碳化；推进工业用能绿色化，推动农业用能绿色化，加快用能技术升级改造，提高产业用能绿色化；提升电网智慧化水平，促进用能设施智能化，设立智慧化乡村能源服务站，提高现代能源治理智慧化水平，促进农村用能智慧化。预计到 2025 年，兰考全县电能占能源消费比重达到 80%，非化石能源占能源消费比重达到 80%，地热面积达到 1400 万平方米，公共交通清洁能源车辆占比达到 100%，公众绿色出行率达到 95%，配电自动化覆盖率达到 100%。

（2）新型电力系统构建行动

国家电投将在兰考全面实施新型电力系统构建行动，推进风电高质量发展，推动太阳能综合利用，推动多能互补耦合发展，加强新能源高效开发利用；加大电网基础设施建设力度，推动微电网示范项目建设，推动增量配电网建设，增强新型电力基础设施；提升负荷预测与调度技术，提升需求侧响应水平，推进可调负荷资源参与电力调峰辅助服务市场交易，强化负荷侧管理能力；合理配置新型储能设施，推进用户侧储能，推行共享储能绿电供应，加快新型储能建设。预计到 2025 年，建成县域100%新能源电力系统。全县风电装机容量达到139万千瓦、光伏发电装机容量达到58万千瓦、新型储能容量达到35万千瓦，电网消纳能力进一步提升，新能源发电消纳率达到80%以上；到2030年风电装机容量可达170万千瓦，光伏发电装机容量可达73.5万千瓦，新型储能容量达到50万千瓦。

（3）绿电产业园区建设行动

国家电投积极参与兰考绿电产业园区建设行动，积极引进新能源制造业上下游头部企业落地兰考，打造风电光伏设备制造、智能运维、咨询服务等新能源装备产业链；积极抢抓新能源汽车产业加速布局、爆发增长的发展机遇，吸引集聚一批产业链上下游关键企业入驻兰考，培育上下游协同创新、融通发展，构建关键零部件技术供给体系；依托兰考农村能源革命试点建设场景，创新园区能源建设模式，通过智慧能源管理，保障绿色电力稳定供应，降低园区企业综合用能成本，助力兰考绿色产业发展，经济水平全面提升。预计到2025年，园区新能源装备制造和新能源汽车零部件生产年产值将达500亿元以上，年财政贡献额达5亿元以上。

（4）城乡可再生资源循环利用行动

国家电投将持续开展城乡可再生资源循环利用行动，加快推进秸秆、畜禽粪污等农林牧有机废弃物能源化利用、健全生物质原料收—储—运—用体系，鼓励农民积极参与；以资源的高效利用和循环利用为核心，着力实现“资源—产品—再生资源”的反馈式循环发展，满足循环企业的空间拓展需求，引导其产业链的延展深化，发掘其在循环领域的技术潜力，充分发挥循环龙头的带动作用，打造循环经济产业园。预计到2025年，新增生物天然气1000万立方米，全县生活垃圾无害化处理率达到100%，农作物秸秆、畜禽粪污资源化利用率超过95%，建成省级循环经济产业园。

（5）持续打造创新、技术、人才、产业高地

国家电投农创中心将形成机制成熟、运行高效、开放共享、成果丰硕的协同创新格局，创建国内领先、国际知名的清洁能源产业化基地，打造农村清洁能源创新要素聚集、先进技术研发、高层次人才“双创”、科技金融投融资、科技服务示范、产业集群发展六大高地，赋能兰考县在我国新型能源体系建设中持续发挥引领作用，勇立我国农村能源革命潮头。

三、国家电投“雪炭 N 行动”亮点绩效

国家电投“雪炭 N 行动”以“综合智慧零碳电厂”为依托，将相对分散的源、网、荷、储等元素通过智慧系统进行聚合，形成一个对内协调平衡、对外与电网友好互助，并可接受电网调控的新型电厂，实现分布式新能源的就地消纳、就近使用，为能源保供“雪中送炭”。目前，国家电投在河北保定、浙江湖州、江苏苏州、广东深圳以及重庆等多地建设了152个“综合智慧零碳电厂”，建成291个项目，形成顶峰能力近257万千瓦、调峰能力186万千瓦。

在河北保定，国家电投首个“综合智慧零碳电厂”并网投运，项目每年可提供绿色电能1.8亿千瓦时，占唐县全社会用电量12.56%。在浙江，综合智慧零碳电厂已覆盖全省11个地级市、90个区县，资源总容量达396万千瓦，实施效果得到浙江省领导、省发改委及省能源局一致认可，并推动全省推广应用。随着全球规模最大铅碳储能电站——“和平共储”项目落户湖州，国家电投建设综合智慧零碳电厂的战略构想迈出关键一步，该项目全面投产后，可实现一次充放100万千瓦时，能满足8万户居民一天的用电，年产值达3亿元以上。

国家电投“从县出发”，在清洁能源的供给、消费、体制等方面同步发力，在河南省兰考县、安徽凤阳小岗村等地积极探索，为农村能源革命提供了可推广的鲜活经验，为全国各地提供了可借鉴的兰考样板。

如今，焦裕禄的奋斗精神已经转化为建设现代化农村的不竭动力，兰考县见证着农村能源革命的试点成就：自 2017 年试点工作开展以来，全县淘汰薪柴和散烧煤，清洁取暖普及率高达 99%、新能源发电量占比和农作物秸秆资源化利用率都超过 90%、全县生活垃圾无害化处理率逾 94%，村集体和村民收入显著增加。

让老百姓的钱包鼓起来。国家电投以整县户用光伏开发、绿电转化、新能源产业建设为抓手，激活全面推进乡村振兴新动能。在兰考实现户用光伏签约超过 8500 户，并网规模 12 万千瓦，累计发电量超过 1 亿千瓦时，累计发放给农村居民共享收益超过 600 万元，惠及农村居民 1.5 万人次，农户增收光伏共享收益 1500~3000 元/年；通过建设光伏车棚、充电桩和储能设施，为村集体每年增收 5 万多元。

让地方产业强起来。国家电投与兰考县政府联手，共同打造以清洁能源为主体的“兰考国家电投零碳综合智慧能源示范产业园”，预计总投资 100 亿元，项目建设完成后，年税收将达到 12 亿元以上。

国家电投“雪炭 N 行动”创新能源保供新模式、助力农村能源革命，相关成果得到中央电视台、人民网、人民日报、新华社、国资报告、环球网、中国电力报、经济参考报等媒体平台的争相报道，为国资央企探路 ESG 建设、推动实现高质量发展提供新的路径，为探索基于农村能源革命的生态文明建设提供典型范式和实施路径。

四、国家电投“雪炭 N 行动”展望

随着我国可再生能源装机量迅猛增长，城乡居民用电负荷呈尖峰化趋势，保障能源安全和绿色低碳发展成为当前能源行业面临的共同课题。作为保障我国能源安全的“国家队”，国家电投的“雪炭 N 行动”已经被证明是发挥能源央企责任、解决电力供应局部紧张的良好实践，可以为地方政府“迎峰度夏、迎峰度冬”雪中送炭。国家电投已经设立了“雪炭 N 行动”绿色融资低成本资金池，致力于更广泛推广湖州模式和兰考模式。

在河北保定，国家电投通过集中资源加快探索，形成了零碳电厂标准技术方案等一系列成果，有效引领了零碳电厂示范项目开展，该项目未来可提供绿电 17.6 亿千瓦时，顶峰能力 110 万千瓦，调峰能力 200 万千瓦；在江苏苏州，国家电投建成首个接入电网调度平台、直接接受电网调度指令的零碳电厂，到 2025 年将提供绿电 2.8 亿千瓦时，顶峰能力 108 万千瓦，调峰能力 132 万千瓦；在广东深圳，以虚拟电厂拓展建设零碳电厂，已接入深圳电网聚合商平台，到 2025 年将实现顶峰能力 100 万千瓦、调峰能力 120 万千瓦。在用能重点地区，国家电投充分展现能源央企担当，积极履行能源保供的社会责任，为国家经济高质量发展和中国式现代化实现保驾护航。

“雪炭 N 行动”重点聚焦全国乡村振兴重点帮扶县、原国家级贫困县，大力推动农村可再生能源创新融合开发利用，推动农村产业发展，巩固脱贫攻坚成果，助力乡村振兴。

积极打造“零碳富民电厂”。以乡村为基本单元，构建一县一策一电厂产业布局，深度盘活农村闲置土地、立体空间，通过资源发包、物业出租、闲置资源入股等方式，把增值收益留在农村、

留给农民。聚焦 160 个乡村振兴重点帮扶县和 832 个原国家级贫困县，以示范为引导推动帮扶成效落地，助力乡村产业振兴和农村、农民现代化。到 2025 年，预计总投资规模达 8300 亿元，带动产业投资超过 1.2 万亿，资源化利用生物质废弃物 2100 万吨/年、垃圾粪污 5200 万吨/年，年增加税收约 125 亿元，新增当地就业岗位超过百万，农户年均增收 1600～3000 元，村集体年增收 1.2 亿元；零碳能源总贡献相当于 50 台百万火电机组；CO_2年均排放量减少 3.3 亿吨，节省标煤约 1100 万吨，每年潜在碳汇收益合计 160 亿元。

以“雪炭 N 行动”，助力农业农村现代化。一是打造“新能源+生态+农业”新模式。建设智能植物工厂，精准控制植物生长环境，实现蔬菜和农产品全年连续生产；开展低碳农产品的碳足迹认证，培育一批绿色农产品品牌，推动打造现代农业新高地。二是推动农村基础设施建设。以新型能源网络建设为基础，统筹农村道路、自来水、通信网络、物流体系等基础设施建设，积极参与农村养老、教育、医疗等公共设施与公共服务建设，提高乡村基础设施建设水平，让更多农民就地过上现代文明生活。三是促进农村劳动力就业。积极为当地农民提供就业与培训机会，引导当地劳动力在农村能源项目中务工就业，充分激发乡村人才活力。到 2025 年，在全国培训高素质农民 100 万人次，提供 50 万就业岗位。四是推动乡村治理现代化。发挥“三网融合”优势，推动乡村交通、安防、农业、医疗、教育等领域充分融合。

构建能源发展新格局，夯实国家能源安全根基。充分发掘农村可再生能源资源优势，到 2025 年，在全国农村新建分布式新能源 3000 万千瓦、配套储能 600 万千瓦时。构建 5000 个村级源网荷储一体化项目，推动构建以可再生能源为主体的新型农村能源体系，为县域经济社会发展提供坚强能源保障，夯实我国能源安全根基，端牢“能源饭碗”。

推动能源结构绿色转型，助力实现碳达峰碳中和目标。立足农村绿色能源开发利用，推动绿色电力向农民和本地加工企业直接供应，降低农民用电成本；提高农村生产生活电气化水平，开展新能源供电供热，提高绿色能源消费比重，减少农村散煤、天然气等化石燃料消费；实现县域冷、热、电等多种能源形式优化互补，提高能源利用效率。促进县域农村能源结构绿色转型，助力我国“双碳”目标实现。

能源是国民经济的命脉，以新能源为主体的能源强国建设，是国家能源安全的重要保障，是经济社会高质量发展的强大动能，是巩固拓展脱贫攻坚成果、全面推进乡村振兴的重要举措。国家电投主动抢抓新能源革命机遇加快建设能源强国，通过实施“雪炭 N 行动”，打造“零碳富民电厂”和富民能源产业链，首创“智慧能源+美丽乡村”新范式，建立“新能源+生态+农业”新模式，推进能源生产、消费、服务和产业在广大农村协同发展，带动农村基础设施建设和劳动力就业，推动乡村治理现代化，走出了一条心系家国、助力全面乡村振兴的农村能源革命之路，助推中国式现代化早日实现。

黄沙变绿电——国家能源集团形成治沙产业新路径

国家能源投资集团有限责任公司

2023年4月26日，由龙源电力实施的全国首批首个“沙戈荒”新能源基地——国家能源集团宁夏腾格里沙漠新能源基地一期100万千瓦光伏项目全容量并网发电，探索出一条“新能源建设+沙戈荒生态系统保护和修复”新路径。项目每年可提供清洁电能18亿千瓦时，可满足150万个家庭一年的用电量。项目通过扎草方格并在草方格中播撒耐旱植物种子，同时开展大棚种植、沙柳栽植实验，设置生态观测点，开创“板上发电、板间种植、板下修复”新格局，形成光、林、草相结合的林沙产业新模式，实现单位土地资源立体多重应用的新理念。项目采用平单轴支架和微控制器处理技术，实现对太阳的精确跟踪，提升约10%发电效能，大幅提高智能设备配备，有效提高项目新能源送出比例，打造集生态环保、科技创新、科普教育、旅游文化为一体的示范基地项目。本案例详细介绍了宁夏腾格里沙漠新能源基地项目（一期100万千瓦）在工程建设、光伏治沙以及智慧发电方面的尝试探索。

一、背景介绍

(一)“沙戈荒”是能源“绿洲”

“沙戈荒”是沙漠、戈壁和荒漠的简称。我国沙漠、戈壁、荒漠地区主要分布在新疆、内蒙古、青海、甘肃、宁夏、陕西等省份，这些地区植被稀疏、人烟稀少、沙土飞扬、气候恶劣，给人类生存带来持续威胁和挑战，被人们称为“死亡之海”。虽然该类地区不适合人类生存，却是实实在在的能源绿洲，具有国土空间资源丰富、拥有大片生态红线区以外的未利用土地、风能太阳能资源富集、开发运维成本低等特点，技术可开发量占全国比重60%以上。

(二) 助力实现国家“双碳”目标

2021年10月12日，习近平主席在出席《生物多样性公约》第十五次缔约方大会领导人峰会时提出：“中国将持续推进产业结构和能源结构调整，大力发展可再生能源，在沙漠、戈壁、荒漠地区加快规划建设大型风电光伏基地项目。”

2022年3月，国家发展改革委和国家能源局发布《以沙漠、戈壁、荒漠地区为重点的大型风电光伏基地规划布局方案》，计划以库布其、乌兰布和、腾格里、巴丹吉林沙漠为重点，规划建设大型风电光伏基地，到2030年，我国将规划建设风光基地总装机约4.55亿千瓦。

2023 年 3 月，自然资源部联合国家林业和草原局、国家能源局出台了《关于支持光伏发电产业发展规范用地管理有关工作的通知》，鼓励利用未利用地和存量建设用地发展光伏发电产业，在严格保护生态前提下，在沙漠、戈壁、荒漠等区域选址建设大型光伏基地。在“沙戈荒”地区建设新能源大基地项目，可实现高比例新能源开发消纳，符合我国能源绿色低碳转型发展方向和能源供给侧结构性改革要求，助力实现双碳目标。

（三）促进宁夏地区新能源开发消纳

宁夏地区有较为广阔的沙漠、戈壁、荒漠等地带，且风光资源相对充足，在宁夏地区建设大型光伏基地项目有利于解决光伏产业发展存在的土地资源紧张的问题，可有效提升资源利用率和开发效率。2020 年 6 月，习近平总书记视察宁夏，赋予宁夏努力建设黄河流域生态保护和高质量发展先行区的时代重任。宁夏以“零新增”规划煤电为原则，采取新增风电、光伏与存量煤电等多品种发电协调互补，并适度增加一定比例储能，有利于发挥宁夏清洁能源优势，打造高比例新能源开发、综合利用的国家新能源综合示范区，带动新能源全产业链创新发展，促进宁夏产业结构转型升级。

（四）提升湖南省电力保障能力

湖南省作为“中部崛起”、共建“一带一路”倡议实施和长江经济带建设的重要地区，能源刚性需求空间大。然而，湖南省一次能源资源匮乏，处于我国能源电力流的最末端。为保障湖南省能源电力多元化可靠供应和转型，湖南迫切需要引入清洁电力。把宁夏的“绿电”，通过特高压直流输电工程技术，跨区输送至湖南，满足湖南高质量发展的用能需要，具有深远的战略意义。宁夏—湖南特高压直流输电工程是纳入国家“十四五”电力发展规划的跨省跨区输电通道重点项目，也是全国第一条以沙漠、戈壁、荒漠为重点的大型风光基地外送特高压直流通道。丰沛的风光新能源将通过“宁电入湘”特高压直流输电工程，为湖南增加 1/6 的电量，满足湖南的能源电力需求，促进宁、湘两省能源结构调整，有效支撑“双碳”目标。

（五）推动能源开发与生态治理相结合

聚焦西部沙漠、戈壁和荒漠地区，以大型风电光伏基地为牵引，与生态环境保护和修复相结合，集约节约利用土地建设太阳能光伏电站，对于蓄水保土、调节气候、改善生态环境具有重要意义。这种模式既能把西部丰富的阳光转化成清洁能源，又可以降低荒漠治理成本、促进生态改善，极大地提高土地利用价值，实现光伏发电与恢复植被、改善生态双赢，符合国家和宁夏地区生态治理和发展清洁能源的要求。

二、责任行动

（一）项目基本情况

宁夏腾格里沙漠新能源基地项目是国家千万千瓦级“沙戈荒”基地中首个备案、开工、投产的基地项目，一期规模为 100 万千瓦，总投资 53.3 亿元，光伏场区占地面积约 2.8 万亩，配套建设 1 座 330 千伏升压站，1 座 100 兆瓦/200 兆瓦时储能电站。

项目深入贯彻落实习近平生态文明思想，以建设“绿色能源+生态治理”为核心目标，打造集生态环保、科技创新、科普教育、旅游文化为一体的示范基地项目。项目遵循边施工建设、边生态治理的原则，通过草方格固沙等方式，开展多元治沙模式和治沙经济，达到综合治理的生态效益。该项目于 2022 年 9 月 9 日举行开工仪式，2023 年 4 月 26 日全容量并网发电，每年可提供清洁电能 18 亿千瓦时，满足 150 万个家庭一年的用电量。

图 4-1　宁夏腾格里沙漠新能源基地一期 100 万千瓦光伏项目

（二）跑出工程建设新速度

1. 挂图作战对表推进

由于工程建设难度高、时间紧、任务重、施工体量大，龙源电力成立项目保投产领导组，进驻现场，倒排工期，施工节点细化到日，不断优化施工组织方案，科学调配有效资源，从国家能源集团到龙源电力、再到具体实施单位龙源宁夏公司的提前谋划及精心组织充分保障了项目的建设速度。

从项目前期开始，龙源宁夏公司主要负责人就全身心投入到工作中来，亲自带领项目团队协调各方关系，超前编制完成基地项目规划报告，并且多次徒步深入中卫腾格里沙漠进行实地踏勘，摸排光伏可用地 18 万亩，为争取优质的建设土地、电网接入资源打下坚实基础。成立专班，定期组织召开项目推进会，赶进度、盯重点、抓关键、保质量，确保项目高效推进。

项目开工后，项目部每日召开工作例会，每个周末龙源宁夏公司会召开对接会，每周周一龙源电力召开推进会、协调会，加班加点赶进度，常驻基地督质量，紧张有序地推进项目建设。

由于项目施工期仅 4 个多月，且无经验可借鉴，项目管理团队克服了一系列困难。例如，前期对施工和设备车辆预判不足，开工后大批量施工车辆进驻现场，但进场道路最初仅有 5 米宽，导致部分车辆陷入沙地、进场道路瘫痪。为此，公司及时组织人员合力推车，立即启动应急预案，在分时段有序组织各标段的材料运输车辆进场后，对进场道路进行全封闭，调运一切施工机械，经过一天两夜共计 36 小时将 10 公里的进场道路拓宽至 12 米，有效缓解了道路拥堵问题。

图 4-2　项目土地平整施工现场

疫情高峰期间，龙源宁夏公司快速建设疫情防控体系，通过优先安排当地施工人员、提前报备、发放通行证、签订疫情防控承诺书等有效手段，未出现一例阳性病例，最大程度降低了疫情对项目建设的影响。春节期间，核心工程不减速，以详细、科学、高精度的进程表，确保了施工进度。

2. 寻求专业技术支撑

项目建设初期，龙源宁夏公司便联合北京设计院、中卫市林草集团等机构，针对移动沙丘的特点，优化施工时序，先后组织编辑《集中式沙漠光伏建设方案》，为项目建设奠定基础。同时，根据工程建设进度，定期组织北京院、宁夏院的专业技术骨干进驻现场，全程指导施工过程中发现的设计缺陷和遇到的各类问题，优化设计方案，保证设计效果，从而提高工程质量。

图 4-3　工人们在抓紧安装光伏组件

3. 加强承包商管控

按照高标准、严要求，龙源电力在每个项目单元都制定了完备的实施方案，把工期节点、质量控制、安全管理三大目标清楚地写入承包商服务合同约定。因地处沙漠深处，地层结构复杂多变，打桩作业坍塌不成孔，为此施工单位项目部成员每天跑现场、定方案，通过反复试验，3 天时间就摸索出必须用“注水加 6 米引孔机”的精准施工方法。全力以赴抓质量、保安全、促进度，攻坚克难，争先创优，确保总体建设进度按时间节点有序推进，努力打造安全工程、优质工程、精品工程。

图 4-4　施工现场的打桩作业

工程建设新纪录比比皆是：10 天完成 2.8 万亩场地平整，在沙漠地区，交通运输难度非常大，上千车辆奋战十天十夜，才将流动沙丘规整为平整沙地。28 天完成 330 千伏升压站土建工程，60 天完成 330 千伏升压站电气安装。70 天完成 330 千伏送出线路 144 基铁塔组立和 51 公里导线展放。90 天完成 33 万根 PHC 管桩施工、安装组件 120 万千瓦；48 小时内完成 311 台箱变送电、4354 台逆变器的带电工作。

（三）探索光伏治沙新路子

为了让茫茫腾格里沙漠得到充分利用和改造，龙源电力对治沙方式进行了深入探索，使“绿电”和“绿洲”形成了治沙的绝佳拍档。项目将光伏组件中心点提升至距地面 3 米，为在板间种植枸杞、苜蓿、黄芩等经济作物做准备；在光伏板下播撒了 42 吨沙蒿、沙米、沙打旺、木地肤、蒙古冰草等沙生植物草籽，还种植了沙柳、红柳等灌木有效起到固沙作用，从而形成光、林、草相结合的林沙产业新模式，实现“板上发电、板间种植、板下修复”，达到综合治理的生态效益。

宁夏腾格里沙漠新能源基地项目（一期 100 万千瓦）位于腾格里沙漠东南缘，项目全部为流动沙丘分布区，只在沙丘丘间地有零星草本植物沙米、沙蓬、沙鞭等生长，整个项目区内植被覆盖度在 0~5%之间。治沙方案选择至关重要。传统化学治沙方案会在沙地表面建造一层表面固结层，起到防风保水的作用。但化学固沙材料稀缺、价格昂贵，还有可能造成环境污染。物理治沙主要是建设机械屏障在沙面上设置各种形式的障碍物以此控制风沙流向、降低风速，减少沙土流动。生物治沙指栽种特定植被降低近地层风速，它们根系复杂、近地层枝叶浓密固沙、防风能力都很强。

经过认真考察、多方研究、科学决策，宁夏腾格里沙漠新能源基地项目采用了物理+生物多管齐下的治沙方案。基地项目区内场平前全部为流动沙丘分布区，光伏区经场地平整及光伏区安装施工后，光伏区四周采取高立式沙障，内部采用稻草草方格固沙方式，考虑其经过风吹日晒，三年后存在草方格风化、沙丘裸露风险，失去固沙作用，在扎好的草方格中播撒耐旱植物种子，通过风的作用力把种子吹到草方格的四周，通过降雨，种子发芽生长形成植物草方格达到永久固沙效果，有效提高植被覆盖度，达到生态治理的目的。

根据项目区域特点，明确以下治沙原则：

（1）因地制宜、因害设防的原则。根据项目建设情况，科学分区，坚持因地制宜、因害设防的原则，合理布局治沙措施，注重工程措施与植物措施的合理搭配，做到“标本兼治”。同时，结合工程建设特点及同类工程的治沙经验，选用合适的措施类型。

（2）生态与主体工程并重的原则。以控制和治理风沙、保护和改善生态环境为主要目标，在服务主体工程的同时，要严格保护周边的生态环境；治沙措施布设中，在保证主体工程正常运行的前提下，要尽可能以植物措施为主，工程措施为辅。

（3）经济合理的原则。措施类型的选择，要从工程的实际出发，在保障有效治沙功能的同时，减少建设期的投入和运行期的维护费用。方案选择的植物种要尽量选择治沙作用突出、较为廉价、易于购买的本地乡土植物种。

1. 物理治沙——沙障+草方格

宁夏腾格里沙漠新能源基地项目（一期 100 万千瓦）外围可划分为四个区域，如下图所示。

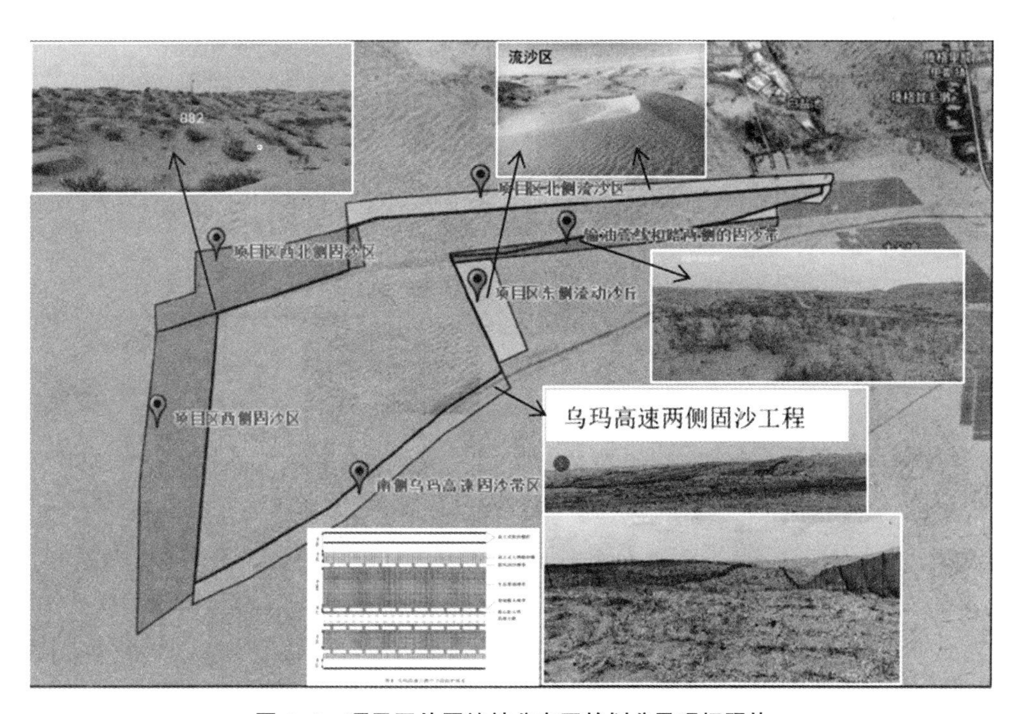

图 4-5　项目区外围植被分布区的划分及现场照片

项目在光伏方阵外围 1.2 米至 1.8 米的高立式沙障形成了聚沙堤，减少风沙流，降低外部输沙量，保障固沙植物的存活率。

图 4-6　层峦叠“障”的腾格里项目

将光伏组件中心点提升至距地面 3 米，增大地面耕种空间，为地表治沙、植被种植留足空间。半隐蔽式草方格底部深入沙地 20 厘米至 25 厘米，保证露出地面的部分自然坚立稳固，有效起到固沙作用，还能阻滞外来流沙。

图 4-7　项目铺设的草方格

具体治沙工作实施如下：

（1）在光伏区外围 A 标段北侧、B 标段东侧区域设置尼龙网密目高立式沙障，与主风向垂直布置，防止外部流沙侵蚀设备区域。

（2）光伏区五个标段在光伏区本体内部及沙障以内设置草方格沙障进行固沙。采用人工或机械施工，将稻草中间段按压到沙中，保证顶部宽度在5~6cm之间，压实两侧细沙，提高稳定性。

图4-8 工人铺设草方格

完成草方格扎设后，立即开展草籽播撒，播撒采用人工播撒的方式，确保扎设的每个草方格根部草籽播撒均匀。选用耐旱且牛、羊喜食的木沙米、蒙古冰草等共计五种植物草籽作为种子播撒。

（1）草籽采购

要求各标段施工单位到实力雄厚、业绩突出的种子公司购买种子，确保草籽质量，光伏区域共计播撒42吨种子。

（2）草籽处理

播撒前，将五种草籽等比例进行混合，采用杀虫剂、保水剂、复合肥料、微量元素、抗旱剂等植物生长调节剂对种子进行丸衣化处理，确保种子在萌发过程中免受鸟类的啄食，同时起到抗旱的作用，以提高种子的成苗率。

（3）播撒时间

根据当地季节气候特点，在降雨时段播撒，以提高草籽成苗率。

（4）安全保障措施

草籽播种前场区外围沙障全部施工完成，且所有硬质围栏完成施工，确保牛、羊、骆驼等牲畜不进入项目区域，以免对草方格及草籽造成破坏。

2. 生物治沙——播撒荒漠植物的种子

就地将花棒、沙拐枣等荒漠植物种植到光伏治沙场区，进一步巩固固沙成果。

3. 其他治沙探索——沙柳栽植、大棚种植和生态观测点

为满足沙漠地区气候差异化要求，宁夏腾格里沙漠新能源基地项目（一期100万千瓦）为探索

图 4-9　在光伏板下种植的作物

图 4-10　在光伏板下种植作物幼苗

防沙治沙生态治理方案，为后期生态治理、防沙治沙提供有利经验，通过沙柳栽植、大棚种植、设置生态观测点等多种渠道，为后续生态光伏项目提供可靠依据。

（1）大棚种植实验

在项目驻地北侧选取两处 5×20m 地块建设薄膜温室大棚，为确保实验效果，直接在原始沙地中掺和农家肥，提高沙地营养，种植西红柿、辣椒、茄子、蘑菇等蔬菜进行实验，定期适量浇水保证其成活，为后期光伏产业发展“光伏+农业”示范项目奠定基础。

图 4-11　嘉宾及媒体记者参观项目实验花卉、蔬菜及蘑菇大棚

（2）沙柳栽植实验

邀请经验丰富的专家进行全程指导，在光伏区原始地貌共计 20 亩区域选用 20～30cm 沙柳枝，栽植外漏 5～10cm，进行沙柳枝自发芽栽植实验，在场区道路两侧种植 600 棵成品沙柳苗，通过试验不同种植方式下的成活情况，为后期“光伏+生态治理”示范项目积累经验。

（3）设置生态观测点

生态观测点采用华为 9 寸球机 800 万星光级红外球型摄像机，距离地面 10 米，系统使用太阳能光伏板供电，以无线传输方式至后台，通过手机 App 等方式实时观测和提取影像图片资料，监测项目温度、湿度等数据变化，满足对现场生态可视化监控要求，为项目生态修复探索提供数据和影像资料支撑。

图 4-12　项目生态观测点

（四）建成智慧发电新效率

龙源电力在负责实施宁夏腾格里沙漠新能源基地、筑牢生态屏障的同时，积极打造智能化发电示范项目。在提升发电量方面，除高效组件、逆变器核心设备外，光伏区桩基础采用 B 型 PHC 预应力管桩，A 标段采用平单轴支架形式，其余四个标段采用固定可调支架模式进行建设，全面提升发电量水平。

应用三维工程设计软件，在光伏组件布置、结构设计中，完成优化设计，高效对比多种支架形式的发电量、工程造价、施工难度，提升项目经济性。最终采用 80%固定可调支架和 20%平单轴支架和针对性场平方案，提高项目发电能力并降低项目整体造价，大幅提升了项目整体效益，用实践持续助力设计数字化转型。

将项目按照积极打造智能化发电示范项目的建设思路，分为 6 个标段开展设计，平单轴支架通过风速传感器数据及时调整倾角，做好大风期间的支架安全性保护；采用微控制器处理技术，利用高精度倾角传感器和太阳运行轨迹相结合的方式，实现对太阳的精确跟踪，可提升约 10% 发电效能。

图 4-13　平单轴光伏支架

积极建设电网友好型发电场站，同时大幅提高智能设备配备，实现动态环境管控、全站智能监控、预警的功能，有效提高项目新能源送出比例。同时大幅提高智能设备配备，实现动态环境管控，全站智能监控、预警的功能有效提高项目新能源送出比例。

三、履责成效

（一）实现发电效益、生态效益、社会效益多赢

宁夏腾格里沙漠新能源基地一期项目已并网，每年可提供清洁电能 18 亿千瓦时，可满足 150 万个家庭一年的用电量。因光电场选址及用地条件均较为复杂严苛，光伏电站运维难度大，运维成本以及风险相对较高，具有流动性的沙丘如果遇到沙尘暴，对电站的破坏不言而喻。通过开展多元治沙模式和治沙经济，在防风固沙的同时，降低电场的运营风险，为电场正常运营维护增添保障，实现经济、社会、环境效益的三融合。

（二）创新探索出新路径新模式

项目运用“板上发电、板间种植、板下修复”开发思路，扎草方格并在草方格中播撒耐旱植物

种子，通过2.6万亩草方格铺设及草籽播种的方式防风固沙。在草方格中播撒的种子已经冒出绿芽，板间实验的蔬菜、花卉长势良好。同时开展大棚种植、沙柳栽植实验，设置生态观测点，形成光、林、草相结合的林沙产业新模式。下一步，还将通过生态观测点监测草籽、灌木等林草长势，积极开展农产品种植实验，为生态修复和沙地农光互补提供数据支撑。

(三)“新能源+”融合发展示范效应初步显现

作为沙戈荒大基地项目的先行者，龙源电力通过宁夏腾格里沙漠新能源基地一期项目探索出的“新能源建设+沙戈荒生态系统保护和修复”发展模式，为今后的沙戈荒大基地项目建设提供新能源+融合发展的新思路、新路径、新示范。项目屡次获CCTV1新闻联播、CCTV13朝闻天下、新华社、宁夏新闻联播报道，同时获宁夏日报、中卫日报等报刊刊登。

四、展望规划

“双碳”目标提出至今，国家层面已基本构建起了支撑经济绿色低碳转型的“1+N”政策体系。能源领域行业作为碳达峰重点领域，相继推出一系列政策举措，明确了要加快以风电光伏为主的可再生能源发展速度，创新新能源开发利用模式，加快推进以沙漠、戈壁、荒漠地区为重点的大型风电光伏基地建设。

龙源电力将持续谋划大基地项目开发，不断创新探索新能源+融合发展模式，坚持将ESG理念切实融入每个项目的全生命周期中。面向未来，作为新能源行业的领军企业，龙源电力将以ESG为驱动，持续创新探索，为提高国家能源安全保障能力、推动能源清洁低碳转型、实现行业的可持续发展、如期实现碳达峰碳中和目标任务贡献力量。

构建“三能六绿”发展模式，为生态文明建设贡献“移动力量”

中国移动通信集团有限公司

生态文明建设是关系中华民族永续发展的根本大计。中国移动作为中央直属国有特大型骨干企业，始终将绿色发展作为重要指引，在连续14年开展“绿色行动计划”基础上，2021年升级提出“C^2三能——碳达峰碳中和行动计划”，创新构建“三能六绿”发展模式，以“节能、洁能、赋能”为领域设置，以“绿色网络、绿色用能、绿色供应链、绿色办公、绿色赋能、绿色文化”为路径设置，实施8项重大工程和25项重点任务，实现4G/5G基站站点级节能技术应用比例超过99%、5G基站综合单站能耗较建设初期下降60%、绿色能源建设规模超1亿峰瓦、建成能源综合利用示范点超100个、每TB信息流量助力社会减排115千克二氧化碳，探索出了充分发挥新一代信息技术优势、实现企业与社会共同节能降碳的绿色发展模式，从自身降碳、行业引领、社会赋能等多个层面为我国生态文明建设贡献积极力量。

一、背景

（一）人与自然和谐共生是中国式现代化的本质特征之一

党的十八大以来，以习近平同志为核心的党中央以前所未有的力度抓生态文明建设，谋划开展了一系列根本性、开创性、长远性工作，推动我国生态文明建设发生历史性、转折性、全局性变化，在实现世所罕见的经济快速发展的同时，取得了举世瞩目的绿色发展奇迹，为全面建成小康社会增添了绿色底色和质量成色。生态文明战略地位显著提升，体现为：在“五位一体”总体布局中，生态文明建设是其中一位；在新时代坚持和发展中国特色社会主义基本方略中，坚持人与自然和谐共生是其中一条；在新发展理念中，绿色是其中一项；在三大攻坚战中，污染防治是其中一战；在到21世纪中叶建成社会主义现代化强国目标中，美丽中国是其中一个。

党的二十大擘画了全面建成社会主义现代化强国、以中国式现代化全面推进中华民族伟大复兴的宏伟蓝图。党的二十报告明确提出“人与自然和谐共生”是中国式现代化的基本特征之一，“促进人与自然和谐共生”是中国式现代化的本质要求之一，“推动绿色发展，促进人与自然和谐共生”是新时代新征程的重要任务之一。

（二）数字技术在助推绿色发展过程中能够发挥重要作用

2020年9月，习近平主席向世界庄严宣布，我国二氧化碳排放力争于2030年前达到峰值，努力争取 2060 年前实现碳中和。“双碳”目标的确立，体现了我国践行人类命运共同体理念的大国担当，表明了我国走绿色低碳高质量发展之路的决心。

“双碳”目标的实现要求建设绿色低碳循环发展的现代化经济体系、构建清洁低碳安全高效能源体系、形成绿色生产方式和生活方式，这为经济加速转型升级提供了倒逼机制。在 2023 年 7 月召开的全国生态环境保护大会上，习近平总书记指出，“我国经济社会发展已进入加快绿色化、低碳化的高质量发展阶段，生态文明建设仍处于压力叠加、负重前行的关键期。必须以更高站位、更宽视野、更大力度来谋划和推进新征程生态环境保护工作，谱写新时代生态文明建设新篇章。”

从全球范围来看，各主要经济体实现碳达峰碳中和主要有能源结构转变、节能减排和生态补偿三种途径，节能减排是参与主体最广泛、实施方式最便捷的途径。实现节能减排的关键是采用新技术、改造旧工艺，数字技术在此过程中能够发挥重要作用。2019 年，全球移动通信系统协会（GSMA）等国际权威组织研究指出，信息化助力社会减排的二氧化碳量是自身排放的 10 倍以上。2022 年，美国无线通信和互联网协会（CTIA）联合国际知名咨询机构埃森哲（Accenture）研究指出，5G 等技术能够帮助美国实现 2050 年减排目标的 20%。

习近平总书记高度重视数字技术的节能减排作用，在中央政治局第三十六次集体学习时强调“要紧紧抓住新一轮科技革命和产业变革的机遇，推动互联网、大数据、人工智能、第五代移动通信（5G）等新兴技术与绿色低碳产业深度融合，建设绿色制造体系和服务体系”，在全国生态环境保护大会上强调要“深化人工智能等数字技术应用，构建美丽中国数字化治理体系，建设绿色智慧的数字生态文明”。

（三）中国移动在生态文明建设中具有独特地位

2021 年，中共中央、国务院发布《关于完整准确全面贯彻新发展理念做好碳达峰碳中和工作的意见》，在碳达峰碳中和政策体系中发挥统领作用，是“1+N”中的“1”，是党中央对碳达峰碳中和工作进行的系统谋划和总体部署。该意见明确提出要“提升数据中心、新型通信等信息化基础设施能效水平”。

2022 年，工信部发布《信息通信行业绿色低碳发展行动计划（2022—2025 年）》提出：到 2025 年，信息通信行业绿色低碳发展管理机制基本完善，节能减排取得重点突破，行业整体资源利用效率明显提升，助力经济社会绿色转型能力明显增强，单位信息流量综合能耗比“十三五”期末下降 20%，单位电信业务总量综合能耗比“十三五”期末下降 15%，全国新建大型、超大型数据中心电能利用效率（PUE）不超过 1.3，存量数据中心 PUE 普遍不超过 1.5，5G 基站能效提升幅度超过 20%，遴选推广 30 个以上信息通信行业赋能全社会降碳典型应用场景。

中国移动通信集团有限公司（下文简称“中国移动”）作为中央直属国有特大型骨干企业，是全球网络规模最大、客户数量最多、品牌价值领先、市值排名前列的通信和信息服务提供商，在促进全社会绿色发展方面能够发挥重要作用：一是中国移动运营规模庞大的 5G 通信网络、算力网络、智慧中台等新型信息基础设施，自身的低碳运营具有直接减排效果。二是中国移动能够带动广阔纵深产业链发展，积极推动绿色低碳发展具有显著的行业示范带动效应。三是中国移动连接、服务规模庞大的个人、家庭和政企客户，运用 5G 等新一代信息技术服务客户的过程，能够产生助力客户实现生产生活方式绿色化转型的赋能效果。因此，中国移动能够在自身降碳、行业引领、社会赋能等多个层面参与生态文明建设。

二、责任行动

中国移动长期致力于绿色发展。早在 2007 年，中国移动即开始全面实施“绿色行动计划”。我国“双碳”目标确立后，中国移动于 2021 年将“绿色行动计划”升级为“C^2三能——碳达峰碳中和行动计划”，创新构建“三能六绿”发展模式。“C^2”即“C×C”，体现了信息技术对经济社会节能减排的杠杆作用，也展示了实现“双碳”目标需要把握的级联递进内在关系。行动计划以“节能、洁能、赋能”为行动主线，持续推行绿色网络、绿色用能、绿色供应链、绿色办公、绿色赋能、绿色文化等实现路径，将绿色低碳发展理念贯穿公司生产经营各环节，体系化推进企业自身及经济社会的绿色发展。

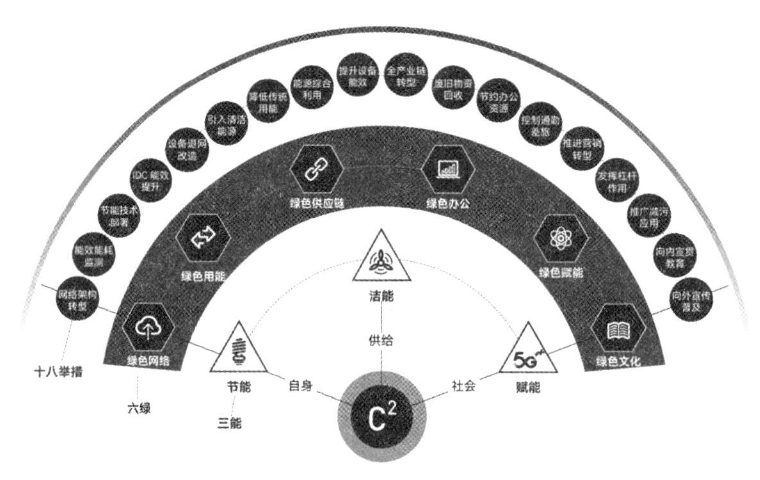

图 5-1 C^2三能——中国移动碳达峰碳中和行动计划

（一）明确治理举措

1. 健全组织制度保障

成立由集团公司党组书记、董事长为组长的碳达峰碳中和（节能减排）工作领导小组，落实能源节约、生态环境保护、碳达峰碳中和工作的主体责任，切实加强组织保障和统筹协调。所属单位均相应成立领导小组，设置专职机构，配备专职人员，有效保障工作顺利开展。

2. 制定碳达峰碳中和行动计划

2022 年，结合国家双碳“1+N”系列政策文件精神，不断拓展完善“C^2三能计划”，设置“绿色覆盖”“低碳算力”“机房焕新”“风光无线”“绿智园区”“行业赋能”“移碳有我”“移绿回收”等 8 项重大工程。

3. 深化目标责任考核

编制印发年度工作要点和考核办法，部署“绿色 IDC（互联网数据中心）”“机房焕新”“极简站点”“屋顶光伏”“设备能效验证”“项目节能审查”“内部碳核查”等七大节能降碳专项行动，强化 5G、数据中心节能降碳，科学分解考核指标，将考核结果纳入公司 KPI，作为对相关领导和人员综合考核评价的重要内容之一。

4. 强化日常监督检查

一是建立“C^2三能计划”通报机制，统筹跨部门协同，加强考核监控，鼓励先进、鞭策后进，确保各项举措有效推进。二是组织全集团节能降碳专项检查，内容涉及基站节能功能应用落实情况，数据中心能源资源利用、能耗能效管控、绿色低碳运行情况，绿色能源建设情况，能源综合利用示范点部署情况等，针对发现的问题全面部署整改，促进节能措施落实到位。三是开展“内部碳核查”专项行动，委托第三方核查机构核查所属单位的能源计量、统计与监测，以及二氧化碳排放数据的规范性、真实性、准确性。

（二）打造绿色网络

1. 加强绿色低碳科技攻关

攻关绿色节能技术。成立集团级战略研发项目，开展多层级节能技术及绿色能源技术攻关，探索研究能量信息一体化的理论基础及双网融合调度等关键技术，研发绿色节能产品，推进信息基础设施的高效用能。

搭建绿色创新平台。打造“中国移动—清华大学”信息能源联合实验室创新平台；建设协同创新基地“双碳”实验室，开展能量信息化技术攻关。

打造两个节能图谱。《中国移动低碳节能技术图谱》覆盖无线网、传输承载网、数据中心、配套等四大类200余项节能技术；《中国移动设备节能分级标准图谱》覆盖无线网、核心网、传输承载网、IT及数据中心、业务平台和配套等六大类160余种设备。

2. 引领5G基站节能降耗

深化节能技术部署。印发《中国移动无线网络节能技术应用指导意见（2022年版）》，持续推动设备级、站点级、网络级等多种软硬件节能技术部署。全年新增5G基站C-RAN（基于集中化处理的绿色无线接入网构架）比例达到77%，适用场景下亚帧静默、通道静默、深度休眠/浅层休眠等节能技术部署比例达到99%，5G基站纳入智能化节能管理超过99%。2022年，5G节电约23.9亿千瓦时，新增5G单站能耗同比下降12%。

开展两个专项行动。一是“设备能效验证”专项行动，将设备能耗现网测试数据与设备采购测试数据对比，实现设备能耗闭环管理。二是“极简站点”专项行动，编制《“极简站点”专项行动技术手册》，通过4G、5G同步C-RAN化，实现网络结构极简的物理站点累计超过27万个；通过基站设备室外化、配套设备极简化，实现去机房、去空调、节能降耗，累计改造站点超过6万个。

探索开展创新实践。中国移动在浙江杭州、江苏苏州与节能新技术公司合作开展浸没式液冷基站试点，分别实现单站及BBU（基带处理单元）集中机房的所有设备全浸没式液冷运行，运行PUE（电能利用效率）接近1.2。

3. 提升数据中心能效水平

建设超低PUE数据中心。中国移动承担国家发改委全国一体化大数据中心体系绿色节能示范工程，在内蒙呼和浩特数据中心B09机楼，以自研产品为核心，采用工业化数据中心设计理念，结合预制化、标准化微模块，综合使用磁悬浮相变冷却空调、氟泵空调、间接蒸发冷却空调、液冷等制冷技术，并搭建AI智能检测平台，利用光伏发电、余热回收等技术，力争将PUE控制在1.15以

图 5-2　安徽移动打造低碳 5G 基站

下，为行业打造高可靠、高能效、低碳数据中心提供可借鉴的样板示范。

开展两个专项行动。一是“绿色 IDC（互联网数据中心）”专项行动，发布《中国移动绿色数据中心评价标准 V2.0》，评价涵盖五大气候区的 42 个省级以上数据中心，评选出能源高效利用、零碳低碳运行、绿色运维管理三个专项领域的“领跑者”，针对不足整改提升，形成“比学赶帮超”良好态势，引导数据中心能效管理与绿色化水平不断提升。二是“机房焕新”专项行动，提升存量数据中心、核心机房能效水平，整体运行 PUE 同比下降率超过 5%，全网数据中心和存量核心机楼实现 100%能耗能效在线监测。

责任行动

2022 年，江苏移动从“数据中心、核心机楼、5G 基站、资源运营”四个维度，全方位积极实施网络节能精细化运维、AI 节能管控、高耗能设备焕新等绿色实践活动。首创标准普尔评级体系和 COLD 节能工作法，攻关水冷 AI 调优实现精准赋冷，系统及构架优化降低配电损耗；推进 5G 基站软节能、硬关断、空调 AI 自适应管控、机房节能改造，提升基站能耗运行效率；打造资源运营平台，精细化资源管理，推进资产清挖并实施老旧设备退网。老旧高耗能设备清退改造项目经江苏省节能量交易中心认证成功获得三张节能量证书（8671 吨标准煤），成为全国通信行业首家也是唯一一家获得节能量证书的单位，南京、苏州、无锡三大园区数据中心悉数入选“国家绿色数据中心”名单。

2022 年，河南移动推进“云管端”协同，着力搭建绿色网络。端：结合 AI 管控手段，搭建立体化、数智化主设备节电管控体系；成立能耗管控攻关团队，加强“AI+数智”节能管控，提高能耗系统使用率；全力打造数据中心，实现数据中心能耗采集监控全部纳管。管：对绿色供应链体系各环节展开深入研究，打造全生命周期绿色供应链体系，通过供应商侧编码和公司内多重

图 5-3 江苏移动机房板式换热器随气温变化启动

编码互译，实现精细化管理，降低供应商成本，引导产业链数字化转型。云：实现能耗数据全量采集，完成主设备的业务量能耗模型和空调风量、温度、能耗关联模型等各类模型构建，持续推动节能措施场景化、数智化演进。

（三）推进绿色用能

1. 建设零碳/低碳基站、数据中心

开展“屋顶光伏”专项行动，在气候条件适宜地区，自建小型风力、分布式光伏等可再生能源发电装置，全场景建成光伏发电系统容量超 1 亿峰瓦。建设零碳低碳基站近 2 万个。建设省级以上零碳、低碳数据中心超 40 个，能源综合利用示范点超 100 个。

2. 引入绿色电力

14 个省公司通过省电力交易中心交易太阳能、风能、水能发电等绿色电力超过 30 亿度，其中，内蒙古、四川、湖南、甘肃、福建、辽宁等公司交易量超过 2 亿度。

责任行动

中国移动在北京围绕“绿色奥运”目标，打造规划、建设、运行和维护全生命周期“低碳”基站体系，基站累计节约电量近 4000 万度，减少二氧化碳排放超过 2 万吨，助力实现北京冬奥会“零碳排放”目标。

中国移动在江苏盐城建设绿色能源海域基站，为风电企业提供近海覆盖，推动智能化改造，同时已建成的 11 个基站全部使用风电企业绿电，每年可减少碳排放近 200 吨。

中国移动在云南建设“零碳”5G 应急通信方舱（一体化机柜），基于风光互补发电技术，实现电力自给，单站年均发电量超过 8000 度，减少碳排放近 5 吨。

中国移动在宁夏中卫参与政府主导的跨省电力交易新疆绿电，打造零碳低成本绿色数据中心，2022 年减少碳排放超过 6 万吨。

（四）打造绿色供应链

1. 带动供应链节能环保评估

落实国家绿色低碳产品和服务认证管理，将绿色节能技术评测结果纳入采购评分，覆盖一级集中采购目录中移动通信网络设备、传输网设备、IT 硬件设备、电源及动力环境等有源设备 98 种，占比超 90%。

对空调、开关电源、UPS（不间断电源）等高耗能产品采购设置全生命周期耗电评审，从源头控制高能耗、高排放设备进入网络，大幅降低在网高耗能设备的运行电费。

发布《供应商合作指南》，明确要求合作供应商必须遵守社会责任、环境保护等方面的法律法规。将 ISO14000（环境管理系列标准）认证作为供应商资格审查、动态量化考评及综合实力考量评价标准，2022 年累计核验超过 1200 次。

深入供应商生产实地，向供应商传递“绿色、高效、优质”的生产经营理念，对于部分重点产品，在甄选供应商阶段了解其生产效能情况，现场对运营状况、质检实力、环保能力等关键管控环节开展评估，核实环保措施落实情况。

2. 推进包装绿色化

推广绿色包装，以金属托盘、环保纸箱、金属周转架等环保材料或可循环利用材料代替主设备传统的木材包装，采用再生纸材料替代终端设备使用的胶类不可降解材料，并进一步缩小包装尺寸。2022 年主设备绿色包装应用比例达到 85%，节材 26.8 万立方米。

3. 推进物流无纸化

改变纸质单据签收模式，31 省公司全部实行物资交接过程的扫码认证，实现“一码到底”线上管控，累计实现 41 类产品的物资扫码管理，累计扫码 1.7 亿件。

4. 推进采购流程线上化

应用数字化采购理念，设计电子化招标、评标签约模式，推动招标文件、应标模板标准化、在线化和自动化，实现从公告、发标、投标、评标到合同签约全流程在线电子化操作。依托中国移动采购与招投标系统、在线视频和远程监控，提高采购效率。

5. 完善废旧物资回收利用

通过开展“低效无效资产清理”“跨省调拨”以及“降本增效打榜赛”等活动，推动所属单位针对工程项目余料、闲置物资以及网络升级带来的拆旧物资构建共享机制，推进物资实现合理顺畅有序的跨公司、跨组织、跨属性、跨项目调拨，最大限度做到物尽其用、变废为宝，实现全集团物资逆向物流流程规范化，物资共用共享制度化，资源回收再利用常态化。

（五）倡导绿色办公

1. 节约办公生活资源

办公区域节约用电、用水，杜绝“长明灯”“长流水”等现象；提倡无纸化、电子化办公。

2. 降低通勤差旅排放

倡导员工采取步行、共享单车、公共交通、新能源汽车等绿色出行方式降低通勤排放。借助云视讯、网上大学等信息化手段，大力推行线上会议、线上培训，降低差旅排放。人均差旅碳排放同比下降27%，人均通勤碳排放同比下降8%。

3. 推进营销绿色转型

向客户提供7×24小时无间断的绿色便捷服务，减少用户出行，降低社会能耗，线上用户渗透率达到65%，成为用户办理移动业务的主要渠道。推广在线营销人员居家坐席共计393万人天，减少办公场所水、电、暖消耗，同时减少员工786万次上下班通勤。

（六）深化绿色赋能

深化信息技术与千行百业融合创新，支撑全社会“上云用数赋智”，助力全社会节约资源、提高效率、减少排放、保护生态。

1. 赋能产业绿色转型

中国移动充分发挥信息化技术降碳杠杆作用，推进高耗能行业低碳变革，助力企业节能减排，在减少“碳足迹”（人类活动产生的温室气体排放）的同时，做大“碳手印”（人类主动减少温室气体排放）。截至2022年底，累计打造覆盖装备制造、家电、汽配、光伏、食品加工等多领域5G智慧工厂案例2000余个，5G智慧矿山项目300余个，5G智慧电力项目400余个，车联网前装连接数超过3500万，落地车路协同标杆项目300余个，为国家电网、南方电网等单位服务5G智慧电力项目400余个，建立北京、四川、广东等全国20余个城市级救援体系，升级急救车1800辆。

责任行动

中国移动助力宁德时代打造智慧工厂，通过5G+机器视觉、物流调度、自动巡检等关键环节9大应用、上千条生产线、上万个5G终端，打造全国范围自主化5G全连接工厂，每年减少碳排放近3000吨。

2. 赋能城乡智慧发展

依托在全国各地广泛分布、省市县乡村五级贯通的信息基础设施，中国移动贯通海量、实时、多维度数据资源，应用新一代信息技术深化数据要素汇聚整合、挖掘利用、分析研判、统筹调配，加强数字政府、智慧城市、智慧社区、数字乡村等领域的应用集成创新，实现更为高效和更为精细的社会治理。截至2022年底，为超过200个地市、1500个区县提供政务信息化解决方案，打造了“数字甘肃”“数跑龙江”“数字沈阳”等数字政府标杆。在全国开通智慧社区超过8万个，为1300万人提供服务。信息化服务覆盖35.3万行政村，落地5G智慧农业示范项目500余个。

3. 助建绿色生态环境

开发智慧环保行业环保大数据平台、5G+人居环境治理、水环境治理等细分场景的可复制可推广的解决方案，在 17 个省份实现智慧环保项目落地。

盐碱地生态修复。中国移动在吉林白城大安市，助力全国首个袁隆平院士盐碱地整治概念工作站开展盐碱地改良、土壤灌溉、智慧种植工作，基于 5G 技术部署高光谱视频回传、5G 无人农机自动驾驶、5G 无人机自动巡航等应用，实现自动化喷灌、长势分析、播种、收割等 5G 农业智能化应用。

生物多样化保护。中国移动在山东东营市黄河三角洲，助力东方白鹳繁殖栖息地保护，借助 5G+VR 实时对白鹳的生活环境、数量、种群分布等关键信息进行监测。在长江流域助力“十年禁渔”，搭建部署一张张智能化“防控网”“监管网”，形成全天候、全方位的“千里眼”。

图 5-4　山东移动借助 5G+VR 技术实时监测白鹳的生活环境、数量、种群分布等关键信息，辅助相关部门探索保护东方白鹳新模式

生态区综合治理。中国移动在福建推动 5G 上山下水入林，打造智慧河道、智慧水务、智慧山林与智慧候鸟平台，为三明全市 2000 多名河长、1700 多名河道专管员提供一体化、全覆盖、动态式管理，推动三明市河长管理标准化获批全国首个河长制国家级社会管理和公共服务综合标准化试点；实现尤溪九阜山保护区森林火灾事件“零发生”；促进明溪观鸟经济发展。

城市环境监测。中国移动在北京发挥物联网+大数据优势，助力垃圾分类、扬尘监测、餐饮油烟监测，为政府部门交付提供可视化平台系统+多种智能监测设备，为 64 辆垃圾清运车安装车载称重设备，2 辆清扫车安装道路积尘负荷监测系统，2000 余家餐饮企业加装油烟净化监控设备。

城市水务管理。中国移动在深圳依托 5G 技术，提升城市水务全时空监测预警能力，打造覆盖深圳水务的源、供、排、污全域实时监测系统，建成全国首个全地下 5G 智慧水质净化厂，实现全城自来水可直饮，打造雨水无内涝城区。

4. 探索实践碳普惠公益

中国移动与江西省政府携手面向公众开展“碳普惠”业务，支撑绿色低碳应用场景搭建与平台运营，牵引全民低碳生活。将“双碳”战略落实与数字经济发展有机结合，政企协同打造“政府

‘绿宝碳汇 App’+中国移动（江西）App+用户绿色权益+生态伙伴共享”模式，“绿宝碳汇”App主要涵盖绿色办公、出行、生活、公益四大类低碳场景，包括绿色出行、零碳会议、移动绿色业务办理等 14 项低碳应用场景，与 10 余个绿色生态伙伴实现了绿色行为数据贯通。截至 2022 年底，“绿宝碳汇”累计碳积分 4.2 亿个，实现碳减排超过 9 万吨。

（七）创建绿色文化

1. 加强教育培训和人才培养

一是组织集团所属单位积极参加政府绿色低碳、碳达峰碳中和专题培训；二是在中国移动网上大学面向全员开设“碳达峰碳中和在线学习专区”，开发上线碳达峰碳中和政策解读、绿色低碳理念知识、“C^2三能计划”行动纲要及工作部署等视频课程；三是针对专业条线管理人员开设“2022年节能减排专题培训”，全面提升工作能力，系统培养人才队伍。相关培训覆盖全部所属单位，累计学习人次 25.4 万，累计学习时长 9.9 万小时。

2. 开展节能周和低碳日活动

一是联合国家节能中心共同举办“绿色低碳、节能先行”全国节能宣传周和“落实‘双碳’行动，共建美丽家园”低碳日活动。二是积极参加国家节能中心第五届“讲好节能故事”作品征集活动，报送视频作品 30 部、摄影作品 413 幅。三是携手中国信息通信研究院、中国通信企业协会等单位共同发布《“推动信息通信低碳发展　赋能经济社会绿色转型”倡议书》，向社会展现行业绿色低碳形象和赋能社会减碳巨大潜能。四是组织所属单位创新策划 130 余项特色活动，在自有媒体和社会媒体发表低碳主题文章 1700 余篇次，37.9 万员工参与碳排放盘点，24.7 万员工参与新互动低碳打卡。

图 5-5　中国移动员工深入社区开展“低碳环保我在行、绿色生活新风尚”绿色环保公益活动

3. 提升最佳实践示范效应

建立内部创新争优揭榜挂帅机制，通过定期张榜的方式，面向全集团挖掘优秀节能降碳技术方案和管理举措，评选出“节能、洁能、赋能” 11 个标杆案例并予以表彰推广。

4. 积极参与绿色创建工作

中国移动总部积极响应国家发展改革委绿色生活创建行动倡导，参与北京市绿色创建活动，获评北京市首批“绿色创建活动推进单位”，在入选的 41 家单位中位列首位，彰显了在绿色发展领域的示范引领作用，助力营造社会良好生态文明建设氛围。

三、履责成效

中国移动基于“三能六绿”发展模式，通过管理创新与技术赋能多措并举，在推动自身、供应链减碳与全社会绿色发展中成果丰硕。

（一）绿色发展成效显著

中国移动深化技术创新部署实现自身生产运营“节能”。大力加强自身无线网络节能，坚持打造绿色低碳数据中心，2022 年，通过各项技术实现单位电信业务总量综合能耗同比下降 13.6%，单位电信业务总量碳排放同比下降 15%，年总计节电量 64.3 亿度，相当于减少温室气体排放量 366.7 万吨。

融入国家能源转型大局实现能源消费“洁能”。探索适合通信系统的智能系统方案，累计自建分布式光伏超过 1 亿峰瓦，建设零碳低碳基站近 2 万个，年均交易绿电 30 亿度。2022 年，全集团化石能源及制品消耗同比下降 8%，仅占能源消费总量的 1.7%，范畴一直接碳排放占比仅为 0.7%。

推动信息技术应用为经济社会减排降碳“赋能”。深化信息技术与千行百业融合创新，赋能产业绿色低碳转型，建设智慧工厂、矿山、电力、港口，赋能低碳环保生活和城乡绿色智慧发展，支撑全社会“上云用数赋智”，赋能生态多样化保护，促进人与自然和谐共生，2022 年，助力社会减排超过 2.6 亿吨二氧化碳。

（二）推动建立行业绿色标准

联合产业界运营商、主流供应商、高校和科研机构，在中国通信标准化协会牵头成立“绿色 5G 基站产业及标准推进委员会”（CCSA TC624），促进绿色 5G 关键技术研发、产业推进工作。充分发挥产业链链长作用，提出《中国移动 5G 设备节能新工艺、新材料、新器件技术建议》，引导供应商加大节能技术研发力度。

联合华为、中兴通讯、新华三、浪潮集团等产业链合作伙伴代表在北京举行“C^2 三能——中国移动碳达峰碳中和行动计划”发布会，发布行动计划白皮书，将绿色低碳发展理念贯穿于生产经营各环节、产业链上下游各企业，作用于经济社会各领域。

（三）赢得社会一致好评

2022 年，连续第七年获评 CDP（全球环境信息研究中心）全球应对气候变化“领导力”级别企业，并荣获“CDP 2022 环境领导力奖”。

2022年，入选国资委“央企ESG·先锋50指数”，并在426家参与评级的公司中排名第三。

2022年，获评《财资》“环境、社会责任及企业管治大奖”金奖。

2022年，获评《财经》杂志中国百家上市公司“双碳”领导力表现“优秀”等级。

2022年，集团总部获评北京市首批“绿色创建活动推进单位”。

2022年，与华为公司合作的“Green 5G项目”荣获GSMA GLOMO（全球移动通信系统协会全球移动大奖）“最佳促进气候行动移动创新奖”。

2022年，《5G+AIoT绿色健康城市社区建设与应用》荣获国际电信联盟2022年信息社会世界峰会（WSIS）冠军奖、住建部智标委优秀社区平台一等奖、中国通信企业协会“ICT”中国最佳解决方案等国内外奖项15项。

2022年，中国移动开展无纸化项目约4万个，减少纸质文件数量约1.2亿张，减少碳排放量约240吨，相关应用成果荣获凤凰卫视和世界自然基金会颁发的2022“碳中和行动者”应对气候变化大奖“年度行动突破奖”。

2022年，中国移动8个数据中心入选工信部年度国家绿色数据中心名单，占全国通信领域入选数量一半以上；13个数据中心入选中国通信企业协会《2022年大数据中心高质量发展企业案例集》，入选数量居所有参选单位之首；中国移动信息港1号地数据中心顶置空调节能改造工程获得中国制冷学会“2022年数据中心高效冷却典型工程奖”。

2022年，面向全集团挖掘的优秀节能降碳技术方案和管理举措，其中1个案例入选国资委《2022年中央企业绿色低碳实践案例集》，3个案例入选国资委中国大连高级经理学院《2022年度碳达峰碳中和行动典型案例》。

2022至2023年，中国移动连续两年获Wind（万得）ESG最高等级“AAA”评级。

2023年，中国移动荣登中央广播电视总台“中国ESG上市公司先锋100榜单”“中国ESG上市公司科技创新先锋30榜单”榜首，获得“典范”和“五星佳”级最高评价。

2023年，《企事业单位“物资超市”盘活解决方案》荣获国际电信联盟2023年信息社会世界峰会（WSIS）冠军奖，这是国内企业在本次峰会获得的唯一大奖。中国移动成为国内唯一一家三次获得最高项目奖的单位。

2023年，在工业和信息化部指导、中国信息通信研究院主办的首届“新绿杯”信息通信行业赋能碳达峰碳中和创新大赛中，中国移动的申报项目数量、获奖数量均位于运营商首位，获得一等奖2项、二等奖6项、三等奖12项、优秀奖42项，集团公司获得“最佳贡献奖”荣誉。

四、项目意义

中国移动作为全球网络规模第一、客户规模第一、收入规模第一、创新能力领先、品牌价值领先、公司市值领先、盈利水平领先的大型信息服务企业，实施“C^2三能”行动计划，践行“三能六绿”发展模式，对企业发展和社会进步都有重要意义。

（一）率先转型发展模式，有力推进全集团绿色发展

中国移动自2007年就开始推行“绿色行动计划”，并在2021年迅速响应国家“双碳”目标，升级发布“C^2三能”行动计划，将绿色发展作为公司高质量发展的重要内容，将节能降碳作为生产

经营的重要维度，持续有力推动全集团各单位绿色转型发展。

中国移动通过规模化部署节能设备、持续推广基站和数据中心最佳节能实践标杆、着力探索新技术在生产运营中的应用、积极创建绿色办公环境营造绿色文化，使绿色发展理念深深扎根中国移动各个生产运营环节，持续、广泛、深入地为全社会绿色发展作出积极贡献。过去 8 年间，中国移动累计节电相当于减少温室气体排放 1296.8 万吨，相当于塞罕坝森林同期（2015 年—2022 年）核证林业碳汇量的 1.8 倍。

（二）积极发挥产业引领作用，带动产业链绿色发展

中国移动充分发挥移动信息现代产业链“链长”的产业引领作用，将绿色发展模式向产业链推广，带动产业链合作伙伴持续深化绿色发展理念、不断加强绿色技术研发应用，形成了绿色技术、绿色产品、绿色方案、绿色运营不断创新、“比学赶超”的良好氛围，为通信和信息服务行业绿色发展水平整体提升做出了积极贡献。

中国移动通过在设备采购环节设置节能技术测评，推动上游供应商将节能技术应用于设备开发过程，使得绝大多数设备和包装持续向绿色化方向改进。通过联合华为、中兴等合作伙伴共同研究推广绿色标准，使得整个供应链不断走向绿色化。

（三）积极应用推广新技术，促进全社会绿色发展

中国移动系统打造以 5G、算力网络、智慧中台等为重点的新型信息基础设施，创新构建“连接+连接+算力”新型信息服务，推动新一代信息技术深度融入经济社会民生，为全社会绿色转型发展提供了有力技术支持。

中国移动通过创新打造智慧绿色工厂、环境治理解决方案等数智服务，为能源、交通、制造、建筑等重点行业提供了绿色智能化解决方案，助力传统行业转型升级。通过广泛支持生态环境数据的采集、监测、挖掘与分析，助力政府提升环境监测治理能力。上述实践，促进各行各业在数字化、智能化的技术“底座”上，携手探索绿色转型发展的智慧路径。

五、未来展望

下一步，中国移动将坚持“创新、协调、绿色、开放、共享”新发展理念，深入推进信息和能量融合创新，持续落实“C^2三能计划”，进一步拓展“三能六绿”发展模式，着力构建“连接+算力+能力”新型信息服务体系，促进经济社会发展绿色转型，协同推进降碳、减污、扩绿、增长，以实际行动应对气候变化，助力国家积极稳妥实现绿色发展战略目标，为建设美丽中国贡献“移动力量”。

制造业蝶变——中国铝业打通“绿铝”产业链

中国铝业集团有限公司

云南铝业股份有限公司（以下简称云铝股份）前身为云南铝厂，始建于1970年，1998年改制上市，2019年正式进入中铝集团。

作为中铝集团在云南省“绿色铝”企业的代表，云铝股份及其下属企业在环境、社会与管治及履行社会责任方面，勇挑铝行业绿色发展重担，争当行业碳达峰、碳中和的排头兵、引领者、主力军，着力构建节能减排、清洁生产、循环利用为一体的绿色发展模式。围绕价值创造，深入实施节能减排，打造绿色循环经济、改变用能结构，推进绿色制造、生产绿色产品、发展绿色产业，做强做专绿色铝、铝合金核心主业，做优做精氧化铝、阳极炭素、石墨化阴极配套产业，做细做实赤泥利用、铝灰利用、电解危废利用、再生铝等资源综合利用产业，推进公司整体加入ASI铝业管理倡议组织，形成绿色铝一体化产业高质量发展格局。

云铝股份深耕环境友好型企业，推进绿色发展提速升级，树立了“有责任、负责任、可持续”的企业新形象，助推企业商业成长，“绿色铝·在云铝”的品牌价值和影响力日益提升。

一、背景

（一）铝工业绿色低碳转型发展的要求

中国是铝工业大国，产量和消费居世界前列，近年来，我国经济已由高速增长阶段转向高质量发展阶段，国家实施供给侧结构性改革，不断淘汰落后产能和关停违规、环保不达标产能，以设置产能上限方式严控新增电解铝产能，优化了电解铝行业格局，有效改善了市场供需状况，铝行业持续保持良好运行态势。

在国家大力推进生态文明建设，推动包括铝行业在内的传统产业绿色化发展，实施碳达峰、碳中和战略的大背景下，我国铝行业进入绿色低碳转型发展新时代，碳足迹、碳排放将得到广泛关注，铝产业链向西南地区具有绿色低碳能源优势的地区转移趋势将更加明显。同时，随着铝消费观念和消费结构的转变，尤其是作为新兴领域的汽车轻量化、轨道交通、新能源和新能源汽车领域铝需求量将持续增长，未来绿色清洁铝制品需求将大幅增加，将推动铝行业加速向绿色低碳高质量发展。

作为我国绿色铝发展的重点铝企业和中铝集团铝板块战略单元的重要一员，融入国家战略，顺应时代潮流，坚定不移走绿色发展之路，是云铝股份高质量发展的迫切要求和必然选择。云铝股份紧紧抓住国家“双碳”战略机遇以及云南省打造“绿色能源牌”“中国铝谷”的政策机遇，主动扛起使命与担当，围绕中铝集团“建设世界一流优秀有色金属集团”目标，奋力打造绿色铝一流企业标杆，打响“绿色铝·在云铝”品牌，奏响强企报国的时代强音。

（二）利益相关方的期望

1. 日趋严格的合规管理和供应链风险管控

随着国际、国家等机构出台了一系列合规的法规及指引，远离不合规供应企业，与合规企业建立商业关系，并有效管控供应链企业风险，避免因供应链管控不到位，受到客户或相关监管机构严厉处罚。

2. 市场竞争增值条件，下游客户需求越来越高

面对日益激烈的市场竞争，加入 ASI 并通过标准认证是开发优质客户，拓展高端市场的增值条件。目前，云铝股份下游客户如厦门厦顺、中铝瑞闽等企业提出了 ASI 铝的需求，其中厦顺需求量约 5000 吨/月，当前主要依赖进口俄铝。

3. 提升公司治理水平，争创一流企业

多年来，云铝股份始终坚持走绿色低碳发展之路，准确把握铝行业发展规律，着力打造绿色、低碳、清洁、可持续的“绿色铝材一体化”产业模式，绿色铝品牌优势逐渐显现，致力于成为国际国内众多企业绿色铝的首选供应商。

（三）实际运作过程中遇到的难题

全面推进 ASI 认证是融入全球高端铝供应链和价值链、构建与国际接轨的标准体系的需要。在当前铝产业链产能普遍过剩、过度竞争的市场环境下，ASI 认证被当成是国外组织对中国企业所设置的贸易壁垒。云铝股份已通过多个管理体系认证，ASI 作为新导入的体系，如何与现有的多个管理体系形成合力真正为企业所用，为各管理体系找到明确的价值定位，这一难题有待解决。

二、责任行动

（一）用好绿色基因

能源是发展铝产业最重要的基础条件，位于云南省昆明市东郊阳宗海畔的云铝股份，拥有得天独厚的绿色清洁能源优势、区位优势，成立伊始，绿色就已深植于云铝股份的发展基因。多年来，云铝股份紧紧抓住国家“双碳”战略机遇，按照中铝集团“11336”内涵式发展战略，深入贯彻落实云南省委、省政府打好“绿色能源牌”建设“中国绿色铝谷”战略，充分发挥云南绿色清洁能源独特优势，不断加快在绿色新能源使用上谋篇布局，逐年提升新能源电量使用比例，基本实现绿色能源贯通企业生产全流程。

1. 大力发展利用清洁能源

绿色电力交易是贯彻落实国家“双碳”战略的重要举措。云铝股份积极参与南方区域绿色电力交易，充分利用碳排放量仅为煤电 20%的清洁“绿电”生产绿色铝，绘就企业绿色底色。通过合作经营、成立合资公司等多种方式，加快推进分布式光伏发电项目建设，大力推进分布式光伏、新能源运输车辆替代等绿电新能源项目建设，建成了云南省首个大型分布式光伏样板房示范项目，并被云南省确定为“用户侧分布式能源+储能示范样板项目”。建成投运云铝阳宗海、云铝溢鑫 83 兆瓦厂内分布式光伏项目。2022 年 12 月 30 日，云铝股份与国家电投云南国际达成合作协议，联手在所属 6 个企业建设的 131 兆瓦分布式光伏项目于 2023 年 6 月底建成并网，持续增加云铝股份产业发展的“含绿量”，为分布式光伏就地消纳服务绿色低碳铝发展探索了新路，树立了典范。与国家电投云南国际合作，成功开发国内首例光伏发电直流接入电解铝生产用电技术，直流直供提升了绿色能源使用效率，为国内绿电转化和新型电力系统提供了经验和示范。云铝股份获得了云南电网公司、昆明电力交易中心颁发的绿色电力消费凭证和绿色电力证书。“绿色用电凭证”既是企业在国内碳排放核查的重要依据，也是出口产品在国际碳足迹认证的重要环节。“绿色用电凭证”的开具，为实现碳达峰、碳中和目标提供了能源支撑。2022 年，云铝股份绿色用能占比在 88.6%以上，充分实现绿色能源助力铝产业链低碳发展。

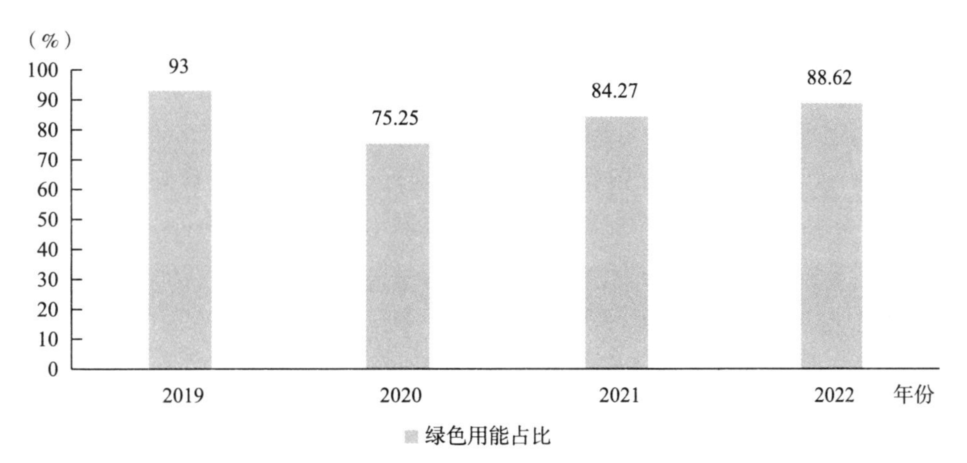

图 6-1 绿色用能占比

2. 切实做好碳排放管理

根据云南省生态环境厅关于碳排放报告的相关要求，云铝股份严格落实下属企业温室气体排放管理，率先在国内铝行业开发建设了“LCA 产品全生命周期评价体系”，编制完成了生命周期评价报告和产品碳足迹报告，制定低碳评价标准，引领行业绿色发展。同时，压实碳排放管理，组织云铝文山、云铝润鑫等 7 家下属企业编制完成温室气体排放报告，并积极配合第三方单位开展碳排放数据核查和复查工作；组织各下属企业编制完成《碳达峰行动方案》，通过“双碳”为主题的“云铝大讲堂”、产品生命周期评价专题培训以及碳交易员培训等活动，逐步在各下属企业培养起一批碳排放专业管理人员。

作为国内企业中首批获得产品碳足迹认证的企业之一，云铝股份主要产品碳足迹水平处于全球领先，成为行业绿电新能源利用典范。组织人员编制完成《绿色低碳产品评价规范——电解铝产品》和《绿色低碳技术评价规范——电解铝技术》，联合郑州有色金属研究院编制完成《低碳产品评价方法与要求——电解铝》等低碳评价标准。

3. 全力推进 ASI 认证

2022 年 5 月 26 日，铝业管理倡议 ASI 官网公布，云南铝业股份有限公司整体加入铝业管理倡议 ASI，成为 ASI 正式会员。2022 年底，公司已经完成云铝本部以及 7 家企业的 ASI 绩效标准

（PS）和监管链标准（CoC）外部审核，审核范围包括铝土矿开采、氧化铝精炼、铝冶炼、铝重熔/铝精炼、熔铸、半成品加工，成为国内第一家全产业链通过 ASI 认证的铝企业。

ASI 认证为公司可持续发展提供保障。ASI 目前在全球有 270 余家参与者，包括有代表性的铝土矿开采、氧化铝、铝冶炼、零部件制造等以及部分行业协会和其他支持者。云铝股份的很多优质客户和合作伙伴都是 ASI 成员，全面认证 ASI 后，云铝股份水电铝绿色供应链优势将更加凸显，可满足更多客户对 ASI 铝产品供应链的要求，受到更多客户青睐。

（二）成就绿色事业

云铝股份准确把握铝行业发展规律，建成了集“铝土矿—氧化铝—炭素制品—电解铝—铝加工”为一体的完整产业链，打造生产源头减量化、综合利用价值化、终端处置绿色化的示范模式，有效发挥整体协同效应，减少中间环节碳排放，推动绿色低碳发展。

1. 推进全流程绿色制造

云铝股份不断加强生产现场精益化管理，全流程着眼、细小处着手，把绿色制造理念贯穿到生产全流程，实现更加低碳环保的生产与发展。在铝土矿开采和氧化铝生产方面，通过矿山复垦稳步推进生态修复；进一步提高赤泥综合利用率，在减轻环保压力的同时变废为宝，大力发展循环经济。在电解铝和合金生产上，组织实施“电解槽分区控制”等工艺技术降低电力消耗和烟气排放浓度；攻克“绿色短流程生产工艺”难题，显著降低碳排放。在后端危废处置上，依托云铝领先行业的“铝灰无害化处理技术”等具有自主知识产权的工艺技术和生产线，后端产生的固废实现 100% 无害化、资源化处置。

2. 健全完善绿色铝产业链

近年来，随着云南省电解铝去产能、能耗双控、完善电解铝阶梯电价等政策相继出台，一系列政策倒逼企业必须加快铝产业结构优化升级，推进产业集群化发展，提升企业铝产业链产值。云铝股份准确把握发展目标和重点，始终把优化产业结构摆在首要位置，加快延链补链步伐，在做强做优产业发展上取得新突破。通过实施昭通、鹤庆、文山三大绿色铝项目，云铝股份产业规模及技术装备水平显著提升，拥有了西南地区总量最大的高品质原铝资源。围绕优质水电铝资源开展延链、

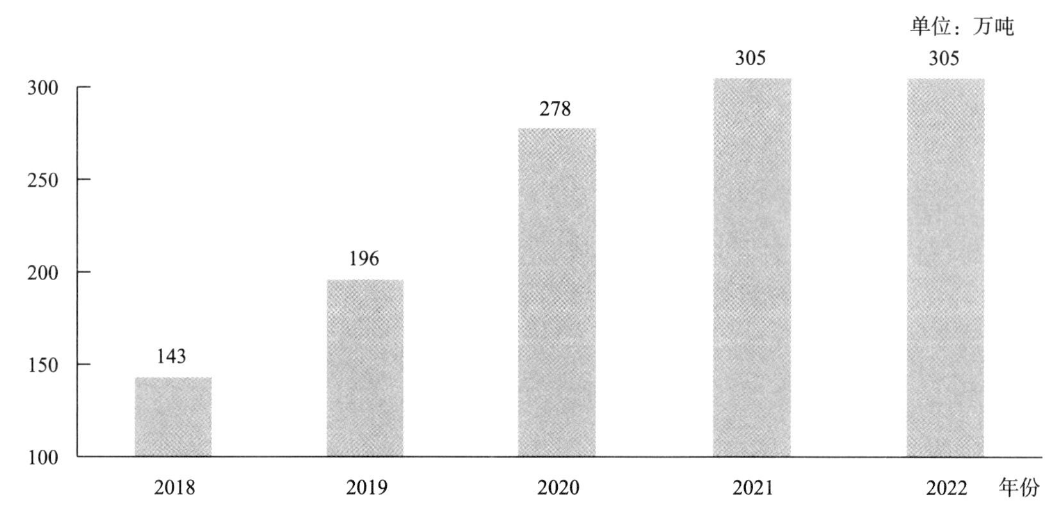

图 6-2　绿色铝产能规模情况

补链、强链，五个产业园区已集聚数十家下游铝加工企业协同发展，实现100%合金化，并就地加工，形成了以电解铝为核心、上下游一体化发展的“1+N”绿色产业链。同时，加大电解铝原铝合金化规模，大力推进扩大铝的应用和向中高端产品升级，将原铝液直接生产成铝合金产品，研发并产业化生产出了多种高端铝合金新产品，不断减少金属烧损和能源消耗，降低碳排放量。

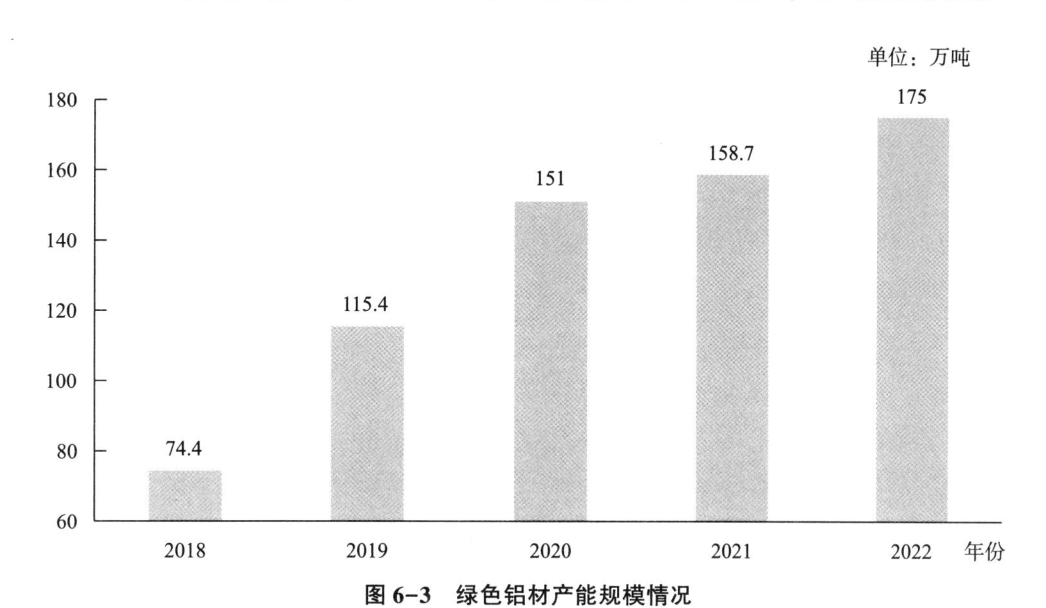

图 6-3　绿色铝材产能规模情况

3. 持续推进研发绿色产品

云铝股份集聚绿色能源、绿色技术优势，专注于绿色产品研发，持续优化公司产品结构，增强整体盈利能力和市场竞争力，在轨道交通、航空用铝材、锻造轮毂、IT等铝消费新兴领域破冰前行，在新型高端铝合金熔铸技术，超薄铝箔、动力电池用铝箔、变形铝合金、铝合金焊材、资源化利用和循环经济等领域着重发力，主打产品铝板带箔、铝合金扁锭等已覆盖国内主要消费市场，超薄铝箔产品远销欧洲、东南亚等市场，企业在国内外的市场竞争力不断提升，成为行业内具有重要影响力的绿色铝材产品供应商。开展免热处理压铸铝合金、泡沫铝、铝锌合金及铝钛硼丝等新产品研发，研发生产应用颗粒熔剂、阳极抗氧化涂层均实现创效。

4. 着力推进数智化转型

近年来，云铝股份以勇立潮头的姿态和只争朝夕的状态，大力推进智能工厂建设，推进绿色产业转型升级。云铝文山、云铝溢鑫等4家所属企业成为云南省智能制造示范企业，建成覆盖公司及所属企业的大数据中心，公司智能制造水平得到持续提升。云铝文山依托工业互联网平台，实现数据集中存储和分析，成为行业智能工厂标杆。云铝溢鑫实施数字孪生工厂建设，成为国内第一家电解铝数字孪生工厂，实现数据和模型驱动生产过程全要素管控。同时，加快推进数字化建设各项任务，推进公司ERP系统建设，第一批次6家企业已成功上线运行，拓展公司办公平台运用，实现招标项目立项、调研、对标、采购审批等重要环节线上协同管理。公司智能制造水平持续提升，实现智能化生产作业和精细化生产管控，构建数智化绿色制造体系。

（三）筑牢绿色根基

云铝股份着力构建节能减排、清洁生产、循环利用为一体的绿色发展模式，积极布局绿色能源和循环经济，开展节能降碳项目和全流程节能项目改造，基本实现绿色能源贯通公司生产全流程。

1. 大力发展循环经济

依托科技创新，推动铝行业工业污染物防治和减量化、无害化、资源化技术推广，率先研发、建成国内首条铝灰资源化利用生产线，实现规模化生产，彻底解决铝行业危险废弃物（铝灰）资源化利用问题，被中国有色金属工业协会评定为国际领先技术；率先建成国内首条铝电解槽大修渣协同无害化、资源化处理生产线，解决多年困扰行业发展的危险固体废弃物填埋对环境造成污染的难题，推动铝行业工业污染物防治和减量化、无害化、资源化。2022 年公司工业固体废物实现 100% 安全处置，一般固废综合利用率 23. 17%，危险废物综合利用率 88. 58%。赤泥依托赤泥选铁、赤泥烧砖等项目实现综合利用，脱硫石膏外卖利用实现综合利用。

2. 抓严抓实污染防治

云铝股份严格遵守环境保护方面各项法律法规要求，落实“持证排污、按证排污”的主体责任，坚持以文化为引领，以标准化管理为抓手，设立企业年度环保目标，层层压实治理责任，全面管控环境风险。每年确保环保投入，用于环保设施的提升、改造、运行、固废资源化综合利用、矿山复垦等，重点实施云铝源鑫阳宗海炭素煅烧、成型、焙烧工序环保设施的提标改造，加强生产设施密封、增设收尘设施、提高烟气收集能力，持续提升无组织排放管控能力，积极推行节能环保一体化清洁生产，实施了一批节能、节水、减排改造项目，率先建成全流程二氧化硫烟气治理产业化应用示范系统，实现超低排放。先后建成了包括生活污水处理、生产废水处理、工业废气污染治理、固体废弃物综合治理及污染源自动检测系统在内的多（台）套环保设施，实现废气排放达标率100%、固废安全处置率 100%，实现废水“零排放”。

3. 大力实施节能降耗

绿色发展，节能先行。聚焦节能绿色技术，云铝股份及所属企业每年评审、修订能源管理制度，制定本企业的节能目标、方案并考核，全力保证节能降耗目标的顺利达成。通过技术创新推进各生产环节减碳，率先淘汰落后产能，引进高效、低耗的大型预焙技术，电解主流槽型逐渐由 300 千安提升到 400 千安及 500 千安，拥有的“低温低电压铝电解新技术”“铝工业脱硫新技术” 等自主核心技术被列入国家科技支撑计划并得到广泛运用。按照人无我有，人有我优，人优我精，人精我特的思路，持续突破一批关键核心技术，依托国家发改委“绿色铝高效低耗大修槽节能技术集成应用示范（400 千安、500 千安）” 项目，实施降低阳极系统压降、石墨化阴极技术、阳极抗氧化涂层、燃气焙烧启动等专项节能改造技术，电解铝的核心技术指标吨铝交流电单耗处于行业领先水平，获全国电解铝行业能效“领跑者” 称号。

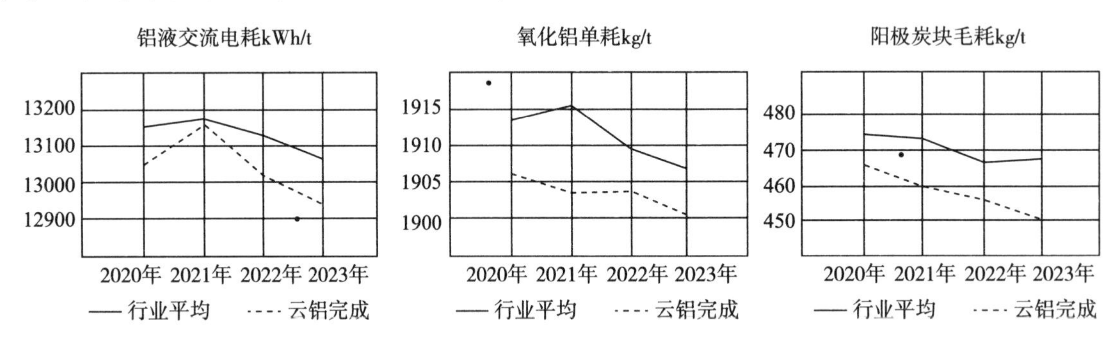

图 6-4　电解铝行业能效对比

4. 提升自主科技创新能力

云铝股份建立了完善的科技创新体系，为绿色低碳发展提供坚强有力的支撑。公司长期坚持绿色铝一体化产业链的建设，加强电解铝节能及危废资源化综合利用等技术的开发与应用，搭建起“云南省绿色铝基新材料重点实验室”“‘科创中国’绿色铝基新材料创新基地”等多个省级科技创新平台。中铝“电解铝大修渣、炭渣处置与综合利用技术中心”“电解铝铝灰处置与综合利用技术中心”“电解铝智能制造技术中心”和“铝合金技术中心”4个领域技术中心落户云铝。公司拥有8户高新技术企业、7户省级企业技术中心、5户国家知识产权优势企业、5个院士专家工作站、3个省级创新团队、3个省级工程技术研究中心，形成了较完整的科技研发与成果转化的科技创新体系。近年来，成功开发应用了“铝灰绿色协同利用高有机物铝土矿的关键技术及应用”“高端铝合金焊接材料关键技术开发与应用”“铝电解节能降碳工艺装备新技术开发及产业化”等一批国际领先、国际先进的科技创新成果。截至2023年上半年，公司及所属各企业拥有有效专利567件，其中发明155件，实用新型409件，外观设计3件。

（四）践行绿色担当

云铝股份全力融入国家生态文明建设，以“双碳”工作为引领，持续推进生产方式和生活方式绿色低碳转型，唱响绿色发展的主旋律，践行绿色责任、传播绿色文明，让绿色成为企业高质量发展的“最亮底色”。

1. 节约水资源

云铝股份始终落实水资源管理各项制度，全面节约和有效保护水资源，以水资源优化为抓手，推动铝行业绿色发展。公司各所属企业生活污水、生产废水、初期雨水，均配套建设相应的治理设施，并保持正常运行；生活污水、初期雨水、生产废水经处理达到《城市污水再生利用城市杂用水标准》《城市污水再生利用工业用水标准》。通过净化处理达标后，生活污水用于冲厕、厂区绿化，初期雨水和生产废水用于脱硫，实现水资源循环利用，零外排。2022年，云铝股份先后有三家电解铝企业获得省级“节水型企业”，一家获全国重点用水企业水效“领跑者”称号。

2. 加强生态保护

多年来，云铝股份认真践行“树环保典范、建花园工厂、做文明员工、创一流企业”的发展方针，将生态文明与绿色工厂建设融合推进，把绿色发展的底色铺好，坚持不懈植绿造绿、养绿护绿，推进厂区绿化、美化。截至目前，厂区绿化面积约为168万平方米，绿化率达90%以上。同时，严守生态保护红线，将生态文明与绿色工厂建设融合推进，坚持不懈植绿造绿、养绿护绿，全力实施矿山复垦及矿山保护、治理工程，开展生态绿色矿山建设，形成“绿色生态、固碳储能”的可持续发展模式。2022年，云铝股份全资子公司云铝文山矿山复垦率100%，达到了“开发一片矿山，归还一片绿地，造福一方百姓”的效果，成为矿山复垦典范。

3. 培育绿色文化

云铝股份通过发起“厉行节约　反对浪费”倡议、组织开展“六五”环境日和全国低碳日系列宣传活动、号召员工低碳出行等方式，宣传环保理念，开展环保教育。举办碳达峰、碳中和“云铝论坛”，开展环保设施公众开放日活动，推进“节约一度电、多产一吨铝”专项活动。积极推进绿色办公，通过张贴节电节水标识、推广办公无纸化，以及开展“每人每天节约一度电”专项活动等方式，提升员工环保意识，共建绿色办公环境。

4. 擦亮“绿色铝”品牌

总结提炼公司绿色发展成果，组织参加位于 2022 年南博会绿色能源展、广州的 2023 年工业绿色发展成果展，展示公司绿色低碳特点和良好企业形象。开设“绿色铝 · 在云铝”“绿色云铝”等宣传专栏，向外界展示公司品牌形象。借助“央媒”和行业媒体力量，2023 年配合人民日报社完成《云铝绿色发展：一家绿色工厂的升级之路》《数字技术助力产业升级（新时代画卷）》宣传刊发，引发良好反响。《人民日报》评论部在《在绿色转型中实现新发展》一文中点赞云铝股份创新铝灰资源化利用技术，带来丰厚的经济收入，受到社会面的热切关注，加强“绿色铝 · 在云铝”品牌宣传。

三、履职成效

（一）凭借对绿色发展的不懈追求和努力，云铝股份积极推进各绿色铝产业基地经济发展，延链补链强链效果加速凸显，有效弥补自身发展短板，产业结构得到优化，云铝股份“3+3”园区经济模式基本形成。云铝股份建成了集“铝土矿—氧化铝—炭素制品—铝冶炼—铝加工”为一体的绿色低碳完整产业链，产业分布于云南省昆明市、曲靖市、昭通市、红河州、文山州、大理州等六个州市。经过多年的发展，已经形成年产铝土矿 264 万吨、氧化铝 140 万吨、绿色铝 305 万吨、阳极炭素 80 万吨、石墨化阴极 2 万吨、铝合金及加工 175 万吨的绿色铝材一体化产业规模。截至 2023 年 6 月，公司总资产约 367 亿元。

（二）云铝股份统筹推进改革发展、科技创新和产业升级，科学防范化解各种风险，深入开展全要素对标降本增效，公司成本竞争力大幅跃升，电解铝和铝合金产品产销量双双创出历史新高，各项生产经营目标任务圆满达成，持续保持质量、环境管理、职业健康安全等各项国际标准体系有效运行，扎实开展管理优化，企业发展效益显著提升。2022 年全年实现归属于母公司股东的净利润 45. 69 亿元，同比增长了 37. 07%，净资产收益率 22. 32%，股东分红持续增加，实现经营业绩“四连增”，创历史最好水平。2023 年上半年，云铝股份积极克服能效管理降用电负荷及产品价格同比下降等不利影响，实现营业收入 176. 70 亿元，利润总额 21. 64 亿元，归属上市公司股东的净利润 15. 15 亿元，保持了生产经营工作稳中向好的态势。

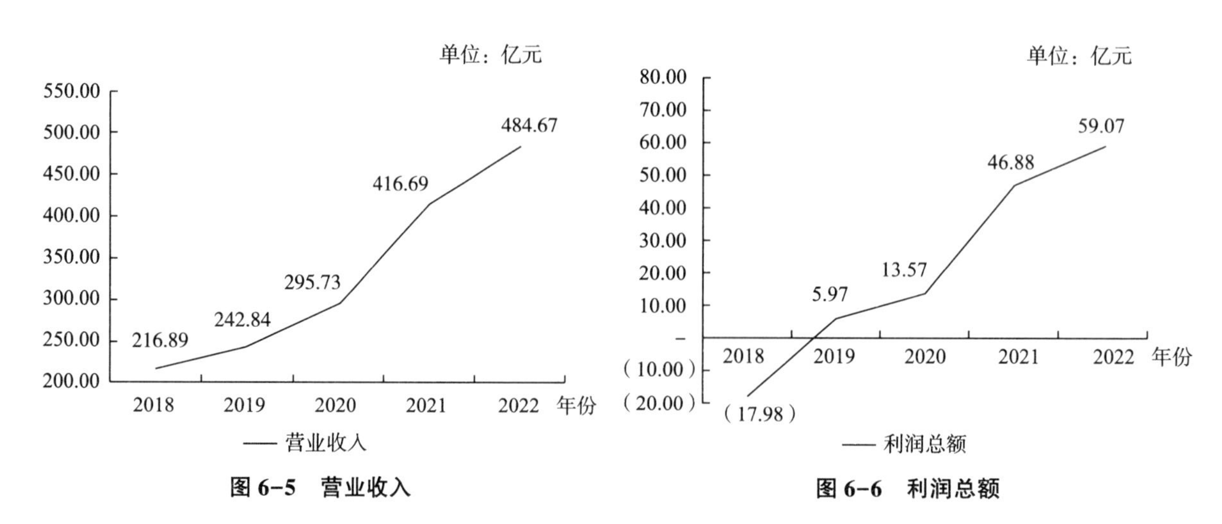

图 6-5　营业收入　　**图 6-6　利润总额**

（三）云铝股份与一批国际知名企业建立了稳固的上下游关系，成为马可迅在中国的唯一合格供应商，云铝浩鑫成为全球领先的消费品包装企业安姆科的合格供应商，与10余家行业头部企业建立战略合作伙伴关系，大客户直销占比达59%以上，其中A356铝合金产品占据国内市场最大份额，“绿色铝·在云铝”的品牌影响力正转化为企业的价值创造力。云铝股份已成为我国重要的绿色铝材一体化头部企业，竞争力不断增长，2022年，云铝股份在所有A股上市公司中位列第353位，A股铝行业上市公司中第2位，云南省上市公司排名第7位，云南省所有企业销售收入排名第9名。

（四）云铝股份矢志不渝走绿色低碳发展之路，做大做强做优“绿色铝材一体化”产业链，成为铝行业绿色发展典范，荣获全国有色行业、中国西部省份工业企业中唯一一家“国家环境友好企业”和国内电解铝行业首家“工业产品绿色（生态）设计示范企业”，入选首批国家级“绿色工厂”，首批“科创中国”创新基地，获评首届“ESG金牛奖·双碳先锋”，并蝉联六届全国文明单位。

（五）云铝股份分布在云南的六个州市的7个工厂通过ASI绩效（PS）标准V3（2022）和监管链（CoC）标准V2（2022）认证，垂直一体化的业务涵盖了铝土矿开采、氧化铝精炼、铝冶炼、铝加工的铝价值链。通过独立的DNV第三方审核，推动公司践行可持续性的承诺，特别是在涉及治理、环境、社会等关键问题上，按照ASI标准要求公司梳理并建立相应的方针、政策、行为规范、管理制度和文件记录共一百余份，以确保满足相关可持续性的准则要求。满足客户对良好实践的期望，建立良好的客户关系，加入ASI并进行标准认证是与客户建立供应链合作关系的必要资质，也是开发优质用户、拓展高端市场的重要条件。目前，公司各产品下游均有客户提出ASI铝的需求，如厦门厦顺、中铝瑞闽等企业。加强合规管理并管控供应链风险，ASI认证可有效规范企业的采购行为，并管控供应链风险，能做到与合规企业建立商业关系，远离不合规和有问题的企业，避免供应商方面的负面事件或者变动给企业带来经营风险。

四、展望

绿色发展是时代的旋律，结构调整是企业的命题。云铝股份将担起主要企业职责使命，坚定绿色铝一流企业标杆的目标定位，凝聚广泛共识，强化战略执行，以“领跑者”的姿态，在争创一流中走在前、做表率、树标杆。

面向未来，云铝股份将加快推进绿色生产方式贯穿全产业链，完善碳排放管理体系，提升碳资产管理水平，突破节能降耗关键技术瓶颈，构建以电解铝为核心，上下游一体化发展的“绿色”园区价值链，做行业绿色发展的领跑者，扩大“绿色铝·在云铝”品牌影响力，让发展底色更绿，价值创造能力更强，打造绿色铝一流企业标杆，谱写云铝绿色低碳高质量发展新篇章。

让减碳更“标准”——中国建筑推动建筑产业绿色化转型

中国建筑集团有限公司

中国建筑集团有限公司（以下简称中国建筑）不断推动 ESG 理念与经营管理相融合，围绕“贯彻新发展理念服务国家战略的重要载体”“适应中国特色现代资本市场的重点举措”“推动企业实现高质量发展的重大课题”三方面认识 ESG 的意义与价值。特别是在促进建筑产业绿色化转型部分，结合启动碳达峰“个十百千万”工程、主导国家绿色建造领域标准、树立“双碳”发展观等工作，系统介绍公司责任行动、履责绩效以及未来展望。公司在 ESG 理念指导下，开发了碳排放监测与管理综合服务平台，计划有序开展碳排查有关工作。其中，公司建设的上海璀璨城市零碳建筑展示中心，是中国首个模块化零能耗建筑，其光伏每年可发电 12.4 万千瓦时，减少碳排放 52 吨。全球首个“光储直柔”建筑——中建绿色产业园，将屋顶太阳能光伏发电装置产生的电能储存起来并实现柔性使用，运行一年来已经实现节电超 10 万千瓦时。

一、中国建筑简介

（一）中国建筑基本概况

中国建筑于 1982 年 6 月经国务院批准成立，2023 年是组建 41 周年，是我国建筑行业唯一一家由中央直接管理的国有重要骨干企业，也是我国市场化经营最早、专业化发展最久、一体化程度最高、全球规模最大的投资建设集团。经营业绩遍布国内及海外一百多个国家和地区，主营业务涵盖房屋建筑工程、基础设施建设与投资业务、房地产开发与投资业务、勘察设计业务和境外业务，并拓展新能源等创新业务。据不完全统计，在我国，中国建筑投资建设了 90%以上 300 米以上摩天大楼、3/4 重点机场、3/4 卫星发射基地、1/3 城市综合管廊、1/2 核电站，每 25 个中国人中就有一人使用中国建筑建造的房子。

公司位列 2023 年《财富》世界 500 强第 13 位，最新公布（2023 年）的中国企业 500 强第 4 位，稳居 ENR“全球最大 250 家工程承包商”第 1 位，是上证 50 指数、富时罗素中国 A50 指数、MSCI 中国 A50 互联互通指数中的建筑企业优秀代表。

（二）中国建筑改制上市

21 世纪初期，中国建筑面临着企业层级多、经营管理链条长、运营效率低等挑战。用股权多元化、重组改制、整体上市推动央企治理现代化，成为中国建筑义无反顾的选择。

2009年7月29日，中国建筑成功在境内A股市场实现整体上市。上市募集资金501.6亿元人民币，成为当时A股历史上第四大IPO、当年全球最大IPO，以及全球资本市场有史以来建筑与房地产行业最大IPO项目。同时，也是国有重要骨干企业中第一家整体上市企业。

上市以来，中国建筑主要以上市公司中建股份为平台开展经营管理活动，中建股份的资产总额、营业收入、净利润占中国建筑指标比重均超过99%。公司借助资本市场力量实现了跨越式发展，用优异业绩回馈股东支持。2009—2022年，公司年新签合同额从4000多亿元增长至3.9万亿元，年营业收入从2600亿元增长至超2.06万亿元，归母净利润从57亿元增长至509.5亿元，年均复合增长率均超17%，从营收规模上看相当于再造了近8个中国建筑。

同时，公司自2006年首次进入世界500强榜单后，持续大幅提升排名，改制上市对公司跨越式发展起到了重要推动作用。

（三）中国建筑主要特征

一是央企控股上市公司属性。中国建筑是国资央企控股上市公司，必须贯彻落实“两个一以贯之”，坚持党的全面领导，牢牢把握企业发展政治方向，全面落实国资监管和上市公司监管要求，完善中国特色国有企业现代公司治理。中国建筑致力创建世界一流企业，确立“一创五强”战略目标。

二是接受资本市场多重监管。中国建筑作为A股上市公司，本身是整体上市，旗下还有中国海外发展（00688.HK）、中国建筑国际（3311.HK）等7家境内外上市公司，公司规范运作需要接受多重资本市场的监管。

三是立足于充分市场竞争市场。中国建筑从事的建筑地产主营业务，属于充分市场化竞争的领域，企业内部靠市场化机制运作。公司在建项目2.5万个、上市公司股东40万户，产业链上下游单位多、服务客户多，一举一动备受关注。

这些特征构成了中国建筑做好ESG工作的出发点和着力点，可以理解为我们为什么这么关注企业可持续发展、关注ESG。

二、ESG的意义与价值

（一）是贯彻新发展理念服务国家战略的重要载体

ESG符合中国式现代化内在要求。ESG所倡导的经济繁荣、环境可持续、社会公平的价值内核，与我国高质量发展、共同富裕、生态文明、“双碳”等战略高度契合。开展ESG实践，积极服务中国式现代化建设是中国建筑作为央企的使命担当。

ESG为企业战略落地提供有效载体。ESG形成基于企业社会责任和可持续发展理念的完整评价体系，具有很强的指导性、逻辑性和实践性。中国建筑规模庞大，需要全面、完整、可衡量的管理系统来服务国家战略和实现战略目标，ESG恰好为此提供了有效载体。

（二）是适应中国特色现代资本市场的重点举措

ESG为企业获取资本市场红利。ESG评级是资本市场评估企业价值、做出投资决策的重要工具，影响企业融资渠道、成本和品牌形象。中国建筑长期保持高位运行，做好 ESG 不仅有利于吸引境内外投资资金，还有利于开展绿色融资和提高资本运作效能。

ESG 助力企业落实市场监管要求。2022 年，国资委、生态环境部、证监会、上交所和深交所等国家部委和监管机构均发布 ESG 相关管理政策，加强了上市公司 ESG 信息披露的制度建设。国资委要求中央企业力争 2023 年实现 ESG 报告全覆盖。未来企业将需要对外披露财务和 ESG 两份报告，这也为企业评价和同行对标提供统一的度量衡。

（三）是推动企业实现高质量发展的重大课题

ESG 助力完善中国特色现代公司治理。随着国企改革进一步深化，国有企业更加注重完善公司治理，特别是处于公司治理核心地位的董事会建设。中国建筑持续保持公司治理和管理体制合规高效。我们深刻感受到 ESG 强调的董事会坚持独立性、有效性原则和发挥对战略管理、风险防控等事项决策作用，与国资委和《公司法》关于加强董事会建设、完善现代企业治理的理念高度一致。

ESG 助力企业持续实现商业成功。ESG 是全社会寻求可持续发展的积极探索，也是企业抓住机遇和平衡目标的独特视角。中国建筑面临转型挑战，需要巩固优势、培育增长点，推进改革创新和防范风险。通过开展 ESG，可以将 ESG 理念融入改革发展，提高工作质量，持续创造价值。

ESG 助力加快建设世界一流企业。ESG 管理是评估上市公司价值的重要因素，也是企业参与全球竞争的新切入点。海外业务是中国建筑重要业务板块之一，提高国际竞争力、影响力是创建世界一流企业的重要内容，因此需要主动研究、适应、运用国际 ESG 准则，掌握更多话语权和主动权。

三、聚焦“双碳”目标，促进打造绿色低碳新名片

（一）责任行动

规划“双碳”顶层设计。中国建筑聚焦国家“双碳”目标，成立碳达峰碳中和领导小组和工作小组，启动碳达峰“个十百千万”工程，发布《碳达峰行动方案》，提出碳达峰战略目标与战略路线；全面规划碳达峰具体实施路径，确定碳达峰九大任务，即强化绿色发展顶层设计、开展节能降碳增效行动、加强低碳建设投资运营、提升绿色勘察设计水平、推进绿色建造方式变革、加大低碳业务转型力度、加快绿色低碳科技创新、布局绿色金融与碳交易、打造建筑领域碳圈生态。设立

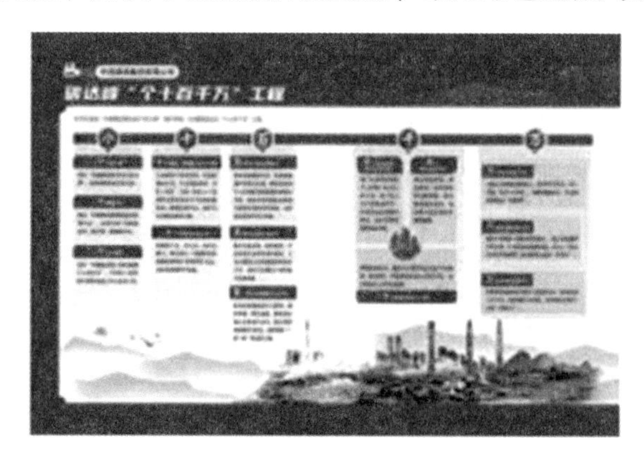

图 7–1　中国建筑碳达峰行动方案

独立的绿色低碳研究机构，主导国家绿色建造领域标准，参与制定绿色建筑、近零能耗建筑、零碳建筑、零碳社区等多项国家标准，引领行业绿色低碳发展。

培育绿色低碳文化。中国建筑树立“守正创新、协同联动、厉行节约、善用资源、低碳生活、简约适度、关注民生、热心公益”中建“双碳”发展观，总结提炼出绿色低碳文化，纳入到企业文化手册《中建信条》与行为规范手册《十典九章》中，让绿色低碳理念内化于心、外化于行，推动全体中建人成为绿色低碳的实践者、推动者、先行者，主动将绿色低碳生产生活方式融入生产经营全过程各领域，引领全球投资建设企业塑造绿色价值观。开展“厉行节约　勤俭办企”专项行动，增强全员厉行节约意识、勤俭办企作风，在全系统树立节约风尚，2022 年百元收入管理费 1.51 元，同比下降 15.6%，助力建设节约型社会。

开发碳排放监测与管理综合服务平台。中国建筑加强能耗与碳排放监管能力建设，坚持以数字化赋能节能减碳，开发碳排放监测与管理综合服务平台，探索构建涵盖集团总部、子企业及项目在内的三级节能降碳监管体系，并在全产业链予以推广应用。碳排放监测与管理综合服务平台作为监测碳排放的重要数字化工具，内置数据监测与管理两大系统，具备人工填报、在线监测、碳核算、绿色建材库、低碳技术库、碳资产管理等六大功能，能够准确计算与分析全系统的碳排放，精准实现碳排放的信息化、数据化、可视化，为碳排放的内部管理分析提供重要决策依据，为绿色低碳技术改进提供方向，为企业进入国内和国际碳交易市场提供依据。子企业中建一局自主研发的碳数据监测管理平台可对建筑原材、施工建造、建筑运维三方面的碳排放进行统计和实时监测，用户可根据企业实际架构进行监测管理平台再优化，实现对企业各层级的碳排放精细化管理。中建八局开发的绿碳管家系统 CMS-CE1.0，可实现项目施工碳排放整体预估、过程碳排放实时监测、碳减排技术量化比较等功能。

图 7-2　中国建筑绿色低碳行为倡议书

推动碳达峰行动工程。中国建筑应用节能低碳创新技术，投资超低能耗办公项目，打造节能降碳改造项目，建设绿色低碳能源项目，运营低碳零碳园区项目，支撑中国建筑碳达峰目标顺利实现，为我国建筑领域节能减碳提供有益经验。建设的上海璀璨城市零碳建筑展示中心，是中国首个模块化零能耗建筑，其光伏每年可发电 12.4 万度，减少碳排放 52 吨。建设的内蒙古中海河山大观项目，是内蒙古自治区首批次超低能耗建筑示范项目，也是燕长城以北、严寒地区第一个落地的大规模超低能耗住宅建筑项目，项目将外墙保温、气密性处理、冷热桥处理及能源供应方式等技术相结合，实现 90%以上的节能效果。

图 7-3　中国建筑上海璀璨城市零碳建筑展示中心项目

打造绿色低碳新名片。中国建筑践行绿色发展理念，加快探索绿色建造、智慧建造及工业化建造等新型建造方式，对传统业务进行改造提升，努力引领建筑领域低碳发展，全力打造绿色“中建品牌”。全球首个“光储直柔”建筑——中建绿色产业园，将屋顶太阳能光伏发电装置产生的电能储存起来并实现柔性使用，运行一年来，已经实现节电超 10 万度。湖南安化抽水蓄能电站项目，设计年发电量 26 亿千瓦时，装机规模全国第二。我国最高最大的模块化建筑群——北京亦庄蓝领公寓项目封顶。中国建筑发展环保产业，投资建设运维一体化实施的华中地区最大固废循环经济产业园核心项目——武汉千子山循环经济产业园生活垃圾焚烧发电项目。改善生态环境，创新研发两大治沙“神器”，采用“4233”生态修复治理施工模式，推进内蒙古乌梁素海流域生态修复。

图 7-4　中国建筑绿色产业园项目

（二）履责绩效

中国建筑牵头编制 10 余项国家和行业绿色建造标准，参与制定了多项政策性文件，研发形成超低能耗、零碳建筑等系列创新产品，在行业内推广 100 多项绿色施工技术，大力推动建筑废弃物减排与资源化利用，基本形成涵盖建造全过程的技术研究体系和全产业链应用服务能力。中建西南院研发了新型保温隔声墙体材料产品、节能降噪产品体系，赋能绿色建筑技术。中建科技打造的中建绿色产业园，被生态环境部列为低碳试点示范案例。中国建筑国际香港有机资源回收中心二期工程获联合国工业发展组织 Global Call 2022 全球冠军奖。

（三）未来展望

未来，中国建筑将坚持全集团一盘棋，强化顶层设计和各方统筹，加强集团政策部署的系统性、协同性。坚持因地制宜、因类而异，根据各主营业务模式特点，科学推进节能减排要求。坚持科技创新，开展核心技术攻关，强化技术供给保障。坚持模式创新，开展绿色金融等新兴业务，强化供给侧调整。坚持改革创新，完善推进绿色转型发展的体制机制，开展碳达峰改革专项工程，强化体制机制优势，在打造绿色新中建的同时，加快形成创新业务增长点。坚持稳中求进，力争在行业率先达峰，并辐射带动上下游产业，成为绿色低碳建造的先行者、推动者、引领者。

四、ESG 的探索和实践

中国建筑以“拓展幸福空间”为使命，以建设世界一流企业为牵引，致力“一创五强”战略目标，落实“一六六”战略路径，落实新发展理念，坚持高质量发展，始终重视 ESG 工作，持续推进 ESG 工作与公司战略管控、经营管理的融合。在 ESG 方面具体的探索和实践情况总结如下。

（一）凝聚思想共识，把握 ESG 管理五要素

中国建筑经过多方座谈研讨形成思想共识，为系统谋划、整体推进 ESG 奠定了基础，我们将之概括为“ESG 管理五要素”，指引具体工作的开展。

1. 做好价值创造是 ESG 基础

企业只有先实现了价值创造，之后才能够有条件、有力量去做好 ESG 工作。ESG 理念侧重企业长期价值增长，企业实现商业持续成功、持续创造稳健价值，这是从根本上践行 ESG 理念。

2. 明确战略规划是 ESG 牵引

ESG 是一项着眼长远的工作。为此，要通过制定 ESG 专项规划，明确目标路径举措，持续有效推动 ESG 与公司战略目标的融合，才能推动公司 ESG 与产业、资本的深度融合。

3. 构建治理体系是 ESG 关键

ESG 工作牵一发而动全身，不仅要有计划、有目标，还需要有政策、有行动、有绩效、有考核。通过构建完善的治理体系、管理体系和执行体系，才能做到分工明确，科学决策，高效执行。

4. 做好工作实践是 ESG 核心

引用市场上经常提到的两句话，来说明做好工作实践的核心作用。一是 ESG 工作是靠做出来的，不是靠写出来或者推介出来的；二是 ESG 工作不仅需要超越自我，还需要超越平均，也就是说不仅需要比过去好，还要比同业竞企强。我们需要通过制定 ESG 关键议题，加强重点领域突破，将 ESG 实践与经营管理深度融合。

5. 深化信息披露是 ESG 手段

ESG 信息披露是我们 ESG 工作对外的成果展现，对外直接关乎企业品牌形象、影响公司 ESG 评级和资本市场投资决策，对内通过 ESG 信息披露的机制，能够检讨 ESG 工作实践的真实成效，倒逼管理提升。

（二）强化顶层设计，健全完善组织机制

良好的 ESG 治理架构是企业 ESG 有效管理的基础。通常，企业 ESG 治理体系分为“治理层—经营层—执行层”，以此为基础建立 ESG 管治架构。中国建筑具体的做法如下。

治理层：公司董事会统筹公司 ESG 事宜，董事会战略与投资委员会履行 ESG 治理层职责，负责关注 ESG 发展趋势，对公司 ESG 战略和目标进行研究并提出建议；审议公司 ESG 管理提升举措并决策、ESG 报告以及 ESG 相关重大事项等。

经营层：品牌建设和社会责任工作领导小组履行 ESG 经营层职责，负责审议研究公司 ESG 工作计划、ESG 工作报告，评估 ESG 管理体系运行情况，审议研究公司 ESG 管理提升举措等。

执行层：通过明确各业务层次、各职能部门、各岗位人员的工作职责，以 ESG 工作组协调机制落实 ESG 具体事宜。

（三）明确目标路径，发挥战略引领作用

中国建筑将 ESG 融入公司战略规划中，实现“三位一体”发展，具体体现如下。

“一创五强”总体战略目标。即“创建具有全球竞争力的世界一流企业，致力于成为价值创造力强、创新引领力强、品牌影响力强、国际竞争力强、文化软实力强的企业”。“一创五强”涵盖的 33 个指标中，ESG 是其中之一，占比权重还不低。可以说，ESG 管理目标与“一创五强”目标一脉相承、具有契合点，公司在“一创五强”战略目标的引领下，逐步健全 ESG 战略规划与管理体系，更好发挥引领带动作用，有效推进战略落地。

“一六六”战略路径。为了实现战略目标，我们对目标实现的路径和举措进行了明确，即“一个提高、六个塑强、六个致力”的战略路径。其中，“一个提高”即提高政治站位；“六个塑强”聚焦主责主业，立足夯实集团经营基本盘，着力塑强全产业链竞争优势；“六个致力”聚焦经营管控，重点从企业治理、资本资产、科技创新、组织机构、人才智力、低碳数字六个方面着手。ESG 所涵盖的社会、环境和治理均体现在“一六六”战略路径的重要内容中，为公司提升 ESG 管理，推动 ESG 倒逼管理提升、助力管理变革、促进战略落地提供了有效路径。

“十四五”战略规划。在“一创五强”总体战略目标的指引下，明确阶段性具体目标。在 24 个主要指标中，ESG 是其中之一，并明确了 2025 年要达到的具体目标值。“十四五”战略规划的制定及稳步推进，为我们开展 ESG 实践以及明确 ESG 阶段目标、强化 ESG 举措奠定了基础，有力支撑保障了公司 ESG 工作高质量开展。

（四）强化价值创造，不断提高企业价值

公司持续夯实 ESG 工作的基础，不断强化价值创造能力，为国家、社会和股东持续创造稳健价值。上市以来，公司主要业绩指标保持了中高速增长，盈利能力稳定，企业价值不断得到提高。2022 年，公司完成营业收入 2.06 万亿元，实现归属于上市公司股东的净利润 509.5 亿元，基本每

股收益 1.23 元，在稳增长、稳就业、防风险等方面贡献力量。公司上市 13 年来，公司营业收入、归母净利润年均复合增长率均超 17%，净资产收益率 ROE 持续稳定在 14%左右高位区间。坚持每年进行现金分红，现金分红率从上市之初的 15.18%，逐年攀升并稳定在 20%左右，累计分红 800 多亿元，是上市时募资的 1.6 倍。公司超越自我、持续突破的价值创造，正是做好 ESG 管理工作的集中成果表现，也为深化 ESG 提供了基础和平台。

（五）提升治理水平，奠定可持续发展基础

在公司治理维度，中国建筑坚持在完善公司治理中加强党的领导，健全“各司其职、各负其责、协调运转、有效制衡”的公司治理机制。2022 年，公司入选国有企业公司治理示范企业，连续 11 年成为上证公司治理指数样本股。2023 年，公司获评中央企业改革三年行动重点任务考核 A 级。

1. 推动董事会职权规范科学

公司坚持把国家最新的法律法规和监管要求融入以《公司章程》为中心的基本制度中，把党的领导融入公司治理各环节，构建“四制度五清单”制度体系，加强董事会授权管理与评估优化，保障落实董事会职权。

2. 保障董事会运行成熟高效

公司坚持独立董事占多数的董事会成员结构，战略与投资委员会增加审议可持续发展重要事项相关职责；以议案管理为核心，制定《董事会议案管理办法》，落实议案的党组前置研究、合规性审查、重大信息披露等闭环管理机制；通过独立董事专题沟通会、务虚会、专题调研等方式机制，有效保障了董事会决策的独立性和科学性。

3. 推进风控合规全覆盖

公司推进法律、合规、风险三位一体建设，完善健全涵盖《全面风险管理、内部控制与质量环境职业健康安全体系管理规定》在内的制度体系，开展风险辨识评估工作，排查化解各类风险隐患。一体推进“三不腐”，加强反腐败斗争。建立健全依法治企第一责任人制度，提升国际化经营的法律保障能力。

（六）推动绿色发展，积极履行环境责任

在环境维度，公司坚持以习近平生态文明思想为指导，落实“双碳”战略，围绕做强做优做大绿色低碳专业细分领域补链、强链、拓链，把绿色发展作为公司结构调整、转型升级的抓手，助力美丽中国建设和全球生态安全。

1. 将生态环保深度融入公司发展战略

公司坚持以绿色建造、智慧建造、新型建造为导向，促进建造方式变革，努力实现企业高质量发展与生态环境保护协调推进。开展“厉行节约，勤俭办企”专项行动，倡导简约适度、绿色低碳的工作方式，提升精细化管理水平。

2. 健全环保管理体系

秉持“建筑与绿色共生，发展和生态协调”的环境管理方针，新建、修订《生态环境保护工作责任管理规定（试行）》等一系列管理制度，夯实组织保障和体系保障，落实施工管理“四节一

环保”（节能、节地、节水、节材和环境保护），提高资源利用效率。

3. 增强节能环保新技术的研发与应用

成立“绿色低碳发展研究中心”，探索搭建施工碳排放数据库和统计监测平台，构建基于 BIM+互联网+物联网集成的智慧建造平台。做好“零碳”光储直柔技术、光伏墙面一体化和储能技术、光伏遮阳系统技术研发。坚持推进建造技术绿色化，做好绿色示范引领，助推行业环境管理水平提升。

4. 积极打造绿色低碳建筑

公司秉承绿色发展理念，积极打造高品质绿色建筑，主导制定绿色建筑、零碳建筑、零碳社区等多项国家标准。

（七）推进负责任发展，持续践行社会责任

在社会维度，公司以“为利益相关方拓展充满幸福感的发展空间”为己任，助力中国建筑在全球范围内开展负责任的投资建设。

一是在员工权益保护方面，公司不断完善培养体系，为员工设置合理发展渠道，建立各专业领域高潜人才库；坚持平等雇佣原则，建立健全企业民主管理制度，加强职代会作用，保障员工权益；推动薪酬市场化改革走深走实，成功实施为期十年的股权激励计划，注重员工关怀。

二是在投资者权益保护方面，公司健全投资者保护机制，落实中小投资者累计投票制度，充分发挥独立董事在保护投资者特别是中小投资者合法权益的积极作用；以投资者需求为导向，构建“强制性+自愿性”的信息披露管理体系，发布国际版定期报告；创新业绩推介方式，设置“中国建筑投资者关系”公众号平台，借助新媒体助力投资者保护工作。

三是在安全发展方面，公司秉承“生命至上，安全运营第一”的安全理念，弘扬“我安全，你安全，安全在中建”的安全文化，构建中国建筑“1312”安全生产治理模式，有效防范各类生产安全事故，推进安全生产治理体系和治理能力现代化。

四是在乡村振兴方面，公司持续助力乡村振兴，积极参与交通、水利、电力、机场、通信网络等重大基础设施建设，2022 年向定点帮扶和对口支援地区投入无偿帮扶资金 1.6 亿元，惠及人数 11 万多。

五是推动就业与供应链协同发展。公司 2022 年招收应届大学生 3.2 万名，为 230 多万农民工提供就业机会。全年为小微企业和个体工商户减免房租超过 7 亿元，与上下游 60 万家企业共同营造良好市场环境，共享可持续发展机会。

（八）做好市场交流，完善 ESG 信息披露

对外信息披露是上市公司最鲜明的特征。公司在夯实内功的基础上，坚持以投资者需求为导向，统筹做好 ESG 相关信息披露，展现公司良好形象。

1. 加强投资者双向交流

公司坚持投资者导向，不断倾听 ESG 专业投资者声音。现在 ESG 概念基金运行表现很好，资本市场认可 ESG。为此，一方面，公司通过对外沟通交流，更好展现公司在 ESG 领域相关实践和取得成绩，加强投资者对公司认可，合理引导市场预期。同时，资本市场为公司改革发展提供了很好

的角度参考，公司可以了解投资者对公司ESG的关注点，学习资本市场ESG投资运行逻辑，以此反哺公司自身ESG工作，促进公司理念转型、管理转型和业务转型。

2. 加强ESG内容披露

虽然公司尚未发布专门ESG报告，但是公司依托年报、半年报等定期报告，以及公司已经连续13年发布的《可持续发展报告》，参考上市公司ESG指引与评级标准，提炼ESG核心数据指标，融入现有报告框架，满足投资者需求，为未来逐步加大ESG信息披露比重、发布ESG专题报告做好准备。同时，加强ESG信披国际化实践，印发公司英文版年报，披露ESG相关信息。

3. 健全ESG信息披露机制

在现有信息披露体系机制基础上，公司积极探索适合ESG特点的信披机制。一是强化ESG信息全周期管理机制。ESG需要一份报告，但又不仅仅是一份报告，还需通过ESG信息披露促进管理升级，全周期管理作用和价值体现更为明显。二是搭建ESG数字化管理平台。通过ESG数字化平台，打破信息孤岛，实现信息生成、抓取、整合、发布的贯通，充分挖掘和展现公司价值。

以上是中国建筑近年来开展ESG的工作实践和探索。同时，近期ESG重点工作推进情况如下。

一是系统开展现状诊断。公司聘请专业机构，通过调查、访谈、研讨等方式，开展ESG现状诊断，对公司进行一次全面及时的“体检”，从而科学设置ESG分阶段工作目标，从宏观层面和微观层面思考管理提升举措，为公司未来更好深入开展ESG提供重要支撑。

二是探索建立中建ESG指标体系。不同机构制定的ESG标准，在议题设置、指标内容上均存在差异，也有各自视角。中国建筑立足于建筑、地产行业特性，结合指标的重要性、可得性、适宜性，综合评判选定适宜的关键议题和指标。中国建筑的做法考虑主要包括加强国际标准接轨、从结构化内容出发、对标全球最佳实践、强化内部协同分工。

三是探索设定中建ESG指标目标值。如果说确定了ESG指标体系是明确了我们朝向哪个方向前进，那么科学合理地设定ESG各指标的目标值，则是指导我们以什么样的速度前进以及到达怎样的位置。中国建筑具有管理跨度大、区域分布广、业态丰富等特点，正在综合考虑发展战略、内外环境、业态分布、国别区域等因素，设定具体的、可衡量的、可分配的、现实的ESG各指标目标值。

通过上述实践和探索，中国建筑的ESG工作也获得了监管机构、行业协会和资本市场的高度认可。荣誉奖励有：公司入选央视“中国ESG上市公司先锋100”榜单并获评“领先”等级（2023年）；入选国资委指导的“央企ESG先锋50指数”（2022年、2021年）；入选福布斯2022中国ESG 50榜单；获评中国上市公司ESG最佳实践案例（2022年）；多篇案例入选国资委《中央企业上市公司ESG蓝皮书》《中央企业社会责任蓝皮书》《中央企业海外社会责任蓝皮书》。协会任职有：董事会秘书薛克庆被聘任为中国上市公司协会ESG专业委员会副主任委员。在评级方面：中证指数ESG评价AAA级，Wind ESG评级为BBB级，MSCI ESG评级为B级。

五、ESG工作的思考与体会

ESG是一项战略性工作，引领性、系统性、专业性都很强，涉及监管机构、评级机构、投资者、企业管理者等各种角色，涉及理念认识、管理变革、业务执行等管理过程，需要坚持不懈、系统发力、久久为功。通过实践探索，中国建筑对 ESG 工作面临的困难挑战，以及争做优秀 ESG 实践案例有以下认识和体会。一是抓好顶层设计，做好一把手工程。二是体现国际接轨，突出中国特色。三是立足发展实际，实现融合互促。四是抓好专项规划，力促目标实现。五是信息披露，塑强市场形象。

ESG 工作是一项十分复杂的系统性工程，本案例内容基于阶段性的认识，不一定是最佳答案。而且，随着国家 ESG 工作的推进，新的政策、新的举措还将会出现，不断迭代升级。中国建筑将坚持做好 ESG 工作，协调各方资源统筹推进、共同努力，持续攻坚、久久为功。

美丽中国新希望——华润集团“千万工程”推进乡村振兴

华润（集团）有限公司

华润希望小镇项目是华润集团深入学习推广浙江“千万工程”经验的生动实践，而刚刚落成的南江华润希望小镇则是“千万工程”从浙江走向全国的一个生动案例和有益探索，是实现农村环境整治、全面推进乡村振兴、建设美丽中国的示范样板。

党的二十大擘画了全面推进乡村振兴的宏伟蓝图，并指出全面建设社会主义现代化国家，最艰巨最繁重的任务仍然在农村。作为一家红色央企，华润始终坚持以习近平新时代中国特色社会主义思想为指导，全面贯彻落实党的二十大精神，深入贯彻落实习近平总书记关于“三农”工作的重要论述，扎实推进乡村发展、乡村建设、乡村治理等重点工作。自 2008 年开始，华润便提出利用企业和员工捐款到贫困地区和革命老区的乡村建设华润希望小镇，切实学习推广浙江“千万工程”的有益经验，15 年来，华润已累计捐资超 12 亿元，以“环境改造、产业帮扶、组织重构、精神重塑”为四大愿景，在全国建成了广西百色、湖南韶山、江西井冈山、陕西延安、四川南江等 12 座希望小镇，并正在规划和建设甘肃康乐、内蒙古阿尔山、山东沂蒙等 5 座希望小镇。17 座华润希望小镇直接受益农民超 3000 余户，10000 余人，辐射带动小镇周边县域 600 余万人脱贫致富奔小康。

一、华润希望小镇建设模式

华润希望小镇项目作为华润集团切实学习推广浙江“千万工程”的有益经验的实践，一直以来都秉持“政治性、公益性、非商业模式”的属性，按照“环境改造、产业帮扶、组织重构、精神重塑”为四大愿景开展项目建设，也形成了一套基本的建设模式。2017 年，党的十九大报告提出了乡村振兴的国家战略，明确指出要按照产业兴旺、生态宜居、乡风文明、治理有效、生活富裕的五大总要求，加快推进农业农村现代化。自 2017 年底开始，华润联合中国社科院企业社会责任研究中心，结合希望小镇建设经验，对乡村振兴进行了政策比较研究，发现希望小镇的四大愿景全面响应了乡村振兴的五大总要求。

（一）以环境改造为基础，实现希望小镇生态宜居

乡村振兴，生态宜居是关键，必须要加强农村资源环境保护，大力改善水电路气房等基础设施，统筹保护建设山水林田湖草，保护好绿水青山。华润对希望小镇统一开展的环境改造主要聚焦在“和谐的民居改造”“生态环保的市政基础建设”和“功能齐备的公共配套设施”三大方面。完善的教育、卫生、养老等市政及公共配套弥补了乡村基础设施严重匮乏的短板。在民居建设过程中

华润实施了“改厨、改水、改房、改厕、改圈、改院”六大工程；在改造市政基础设施时，华润本着生态环保的理念，对乡村水、电、路、气进行彻底改造，并通过三格化粪池、生态湿地等设施低成本、高效益地解决了农村排水难的问题。在公共配套设施方面，华润除了捐建希望小学、幼儿园、卫生院、党群服务中线、村民文化站、健身广场以外，还在有条件的希望小镇为村民改建新建了祠堂、公屋等专门的公共活动场所，方便村民集会和婚丧嫁娶使用。通过环境改造，乡村的人居环境彻底改变，希望小镇村民享受到了城市文明所带来的舒适、卫生与便利，在小镇内基本实现了生态宜居。

（二）以产业帮扶为抓手，实现希望小镇产业兴旺、生活富裕

乡村振兴，产业兴旺是重点，华润主要通过建立“企业+合作社+农户”的基本模式，利用华润多元化经营的资源优势，帮助希望小镇村民成立润农农民专业合作社或者乡村民宿酒店，并以合作社和乡村民宿酒店为龙头，充分发掘每个小镇的资源禀赋，因地制宜地发展现代特色农业和特色乡村旅游业。回顾华润在探索希望小镇产业帮扶工作的十余年时间里，总结形成了一些经验。

第一阶段是探索开展“小镇管理+农业种养殖”帮扶模式。从捐建的第一座希望小镇百色希望小镇到第六座希望小镇金寨希望小镇，华润的产业帮扶工作主要聚焦在第一产业，帮助希望小镇所在村发展特色农产品种植业和养殖业，各小镇纷纷成立华润希望小镇润农专业合作社，以新型村集体经济组织开展农业生产，探索合作新模式。

第二阶段是以扶贫酒店和帮扶车间为龙头，探索小镇产业融合发展的帮扶模式。从第七座希望小镇——井冈山希望小镇开始，项目建设首次尝试配建乡村旅游酒店，以此作为乡村旅游龙头，同时带动当地村民发展民宿、农家乐等产业，积极探索“酒店经营+民宿发展+小镇管理”的新模式。凭借华润物业多年积累的丰富酒店管理经验，物业以“米兰花酒店”作为乡村示范酒店的品牌，开始了新阶段的乡村建设模式。在第八座海原希望小镇，通过发掘海原剪纸、回绣等非遗手工艺产业，希望通过发展剪纸、刺绣手艺产业帮助村民创业致富。将希望小镇的传统农业、历史民俗、非遗文化、红色文化、自然生态有机融合，推动生产要素跨界配置，实现希望小镇一二三产业融合发展的新模式。截至目前，红安、剑河、延安希望小镇田园综合体模式受到社会公众的普遍认可，节假日期间红安、剑河小镇日接待游客过千人。在华润的持续帮扶下，村民的收入得到了大幅提升，产业兴旺、生活富裕的目标已基本实现。

（三）以组织重构为依托，实现希望小镇有效治理

乡村振兴，治理有效是基础，必须要加强农村基层组织建设，坚持自治、法治、德治相结合，确保乡村社会充满活力、和谐有序。

华润每建设一座希望小镇，都会将希望小镇原来的村委会升级为新型的农村社区居委会；在小镇润农农民专业合作社的章程中，明确规定合作社的一部分利润将用于希望小镇集体开支，乡村民宿酒店所产生的利润也都会留存在地方，为希望小镇社区居委会开展公共服务、行使管理职能提供稳定的经费来源，润农合作社和乡村民宿酒店也成为小镇特有的集体经济组织。

在华润希望小镇建设过程中，华润非常注重培育当地的经济带头人和基层优秀党员，支持他们成为润农合作社和乡村民宿酒店的骨干，提升他们的综合素质，支持他们参加村“两委”的选举，这种党（村支部）、政（村委会）、企（润农合作社或扶贫酒店或物业公司）三位一体交

叉任职的方式，成为华润提升小镇民主自治能力的有效途径。通过华润的帮扶，把真正政治意识强、综合素质高的“乡村经济带头人”扶持成为村“两委”的领导人，真正实现村民“自治”。

每个希望小镇建设伊始，华润都会从下属单位抽调7~8名优秀青年员工组成项目组，全面参与小镇建设。环境改造建设任务完成以后，华润还会继续派出产业帮扶小组，继续帮助村民发展特色产业。十多年来，华润累计派出160余名建设项目组和产业帮扶小组成员，培养了一支扎根农村、懂农业、爱农民的新时代上山下乡队伍，这些华润员工长年和小镇村民同吃同住同劳动，成了一支带不走的扶贫大军。在当地政府的支持下，华润项目组和希望小镇的村“两委”紧密配合，乡村民主自治的治理能力和治理结构日益稳固，基本实现对小镇各项事务的有效治理。

（四）以精神重塑为目标，实现希望小镇乡风文明

乡村振兴，乡风文明是保障，必须加强农村思想道德文化建设，弘扬优秀传统文化，培育文明乡风、淳朴民风、良好家风。在扎实推进产业帮扶工作的过程中，华润还注重物质文明和精神文明一起抓。

在百色希望小镇，华润支持村民制订了《居民社区公约三字经》，用村民喜闻乐见的方式宣传社会主义核心价值观。

华润还十分注重保护发展农村优秀传统文化，高度重视对公屋、祠堂的保护性修缮，并以公屋、祠堂、文化站为基地，通过树乡贤、立乡约、整乡风、塑乡情，大力倡导以乡贤文化为核心的优秀农耕文化，充分发挥乡约、家训等凝聚人心、教化群众的重要作用。在金寨希望小镇，华润对已荒废多年的徐家大院进行了保护性修缮，对徐氏家训进行了发掘整理并张贴在徐家大院最显著的位置。修葺一新的徐家大院不仅将整个徐氏家族的46户宗亲凝聚到了一起，也成为小镇开展公共事务、村民活动的场所。

在剑河、红安、延安等希望小镇，华润为小镇建设了村史馆，从而提升乡村凝聚力，通过唤醒记忆、增进乡情，积极增强同村村民的使命感和认同感，形成合力、建设家乡。

在华润和当地政府的积极引导下，希望小镇村民已经开始自觉摒弃赌博、迷信活动等不良生活习惯，乡风文明、积极健康的生活方式逐渐成为小镇村民精神生活的主流。

二、南江华润希望小镇基本情况

南江华润希望小镇是华润集团在全国捐建的第12座希望小镇，也是四川省唯一一座希望小镇，该项目凝聚了四川省、香港特区政府、香港中联办、华润集团的共识与力量。2018年7月至10月，经过多次赴巴中市南江县实地考察，最终从南江县长赤镇龙泉村、北极乡芭蕉溪村、桥亭镇凤凰村和银堡村、光雾山镇大坝村等希望小镇建设备选点，选定了长赤镇龙泉村，成为第十二座华润希望小镇所在地，也是华润在乡村振兴新阶段建设中，以新的更高标准参与的国家乡村振兴项目。该项目规划面积约620亩，建设总投入约1.5亿元，惠及村民132户411人，将辐射带动周边村民2000余人致富奔小康。

图 8-1　龙泉村发生了前所未有的可喜变化，风景美如画

三、南江华润希望小镇主要成效

南江希望小镇项目 2022 年 1 月 24 日正式开工建设，2023 年 6 月 27 日全面竣工落成。华润坚持规划先行的建设理念，充分考虑了南江希望小镇的山形地貌、村庄发展水平和现状，聘请了重庆大学褚冬竹教授团队完成了项目规划方案。项目经过一年多的建设，昔日的村庄发生了巨大的变化。

（一）小镇人居环境得到显著改善

在民居建设方面，华润为村民新建民居 26 栋、改造民居 94 栋；在公共建筑方面，新建了党群服务中心、龙泉书院、张氏祠堂、群众体育设施等公共配套设施；捐建了米兰花酒店、希望茶庄、农耕文化艺术馆、乡村餐厅、青年旅社、民宿为主的第三产业服务配套设施建筑；在基础设施方

图 8-2　环村柏油马路提升了整个村落的形象和功能

面，高标准建设了长达 3 公里的环村柏油马路，配套建设了室外给排水、室外强弱电、污水处理设备、太阳能市电互补路灯、汽车充电桩、低碳电力储能设备等公共设施，全面提升了小镇的人居环境。在华润的帮扶下，南江希望小镇也成为首个全村通管道燃气的村庄，小镇村民们也都用上了干净安全的清洁能源。

（二）小镇产业发展基础扎实

乡村振兴，产业兴旺是重点。南江希望小镇产业帮扶实施主体和受益主体必须是村集体及村民，这是华润在新阶段推进乡村产业帮扶工作的宗旨和目标。为实现南江小镇村集体经济创收、村民收入增加的产业帮扶目标，华润还引导村集体和村民共同成立了专业合作社，助力小镇产业的可持续发展。

结合南江华润希望小镇的自然资源禀赋，形成了第一产业强基础、第二产业做纽带、第三产业促发展的帮扶模式，其中第一产业包括了五个方面的工作，一是开展了 300 亩川佛手中药材种植；二是栽种 150 棵桃子树、200 棵柿子树作为经济水果作物并兼具营造乡村旅游观赏性景观；三是引进 20000 尾良种中华鳖开展高经济价值的水产养殖，通过培育扩群，在未来形成一定规模，将中华鳖进行品牌化营销；四是建设了 100 亩高标准农田，开展地域标识产品——翡翠稻米的种植；五是建设了 8 亩川茶示范性茶园。通过以上农业项目的组合，既可实现巩固地方粮食安全，丰富农业生产内容的目的，也达到了拓宽经营渠道、提高农业种养殖高附加值的目的。第二产业主要开展以药材粗加工、长赤麻饼等农特产品包装销售为主的帮扶项目；第三产业则紧紧围绕小镇周边 4A 级景区的旅游资源，建设了一座极具特色的米兰花酒店，并以此为龙头，依托啤酒精酿坊、希望茶庄、青年旅社等项目组合，带动地方村民开展民宿和农家乐等配套项目，有效带动村集体经济创收，实现村民收入的持续增长，在华润的持续帮扶下，南江希望小镇村民的人均年收入从 2020 年的 14387 元增长到了 2023 年初的 16910 元，增幅达 17.5%。“出的门多，遭的罪多。还是在家就业好。”52 岁的村民张茂祥以前经常外出打工，吃过不少苦。现在，他被村里聘为技术员，看护养殖村集体的甲鱼池，不仅每个月有 4000 多块钱的收入，更重要的是能照顾家里了。

图 8-3　甲鱼养殖基地

图 8-4 在龙泉村新建成的乡村米兰花酒店

（三）乡村治理举措和效能有效提升

华润希望小镇提出的“组织重构”不是打破框架的另起炉灶，而是以治理有效为目标开展的乡村治理探索。

1. 有效探索了组织重构新的实现形式和运行机制

首先，华润按照党、政、企三位一体的新型管理模式，组织龙泉村两委相关人员和村集体经济组织人员交叉任职，目的是打造一个新型的乡村管理团队。其次，华润通过建设党群服务中心、祠堂等公共建筑，为乡村的有效治理提供了活动空间，通过组织各类体现“软实力”的活动，号召和团结广大村民，让更多村民参与村落的治理工作，从而实现村落的“自治、德治、法治”。

2. 持续推进“轮值镇长”和“红色管家”帮扶模式

华润组织旗下业务单元“华润怡宝”作为南江希望小镇结对帮扶单位，继续实施针对已建成小镇的“轮值镇长”帮扶模式，该模式的工作原则是由华润怡宝选派一名年轻骨干担任“轮值镇长”进驻小镇现场开展建成后的管理和运营工作。在南江希望小镇，华润将继续推进旗下万象生活“红色管家”进驻小镇开展物业管理服务，通过红色管家党建加物管为主的“三联五共”社区物业工作模式，巩固和扩展小镇建成后的成果，不断提升乡村治理体系建设和治理能力的水平。

（四）小镇村民精神风貌持续改善

华润希望小镇的建设不仅关注人居环境的提升，而且非常注重精神文明建设。华润通过对祠堂的保护性修缮，号召村民按照树乡贤、立乡约、整乡风、塑乡情来重塑理念，大力倡导以乡贤文化为核心的优秀农耕文化，充分发挥乡约、家训等凝聚人心、教化群众的重要作用。在华润和南江县人民政府的积极引导下，希望小镇文明乡风、良好家风、淳朴民风正在逐步形成。

2023 年 1 月 31 日，近千名张氏宗亲在修缮一新的张氏祠堂隆重举行了祭祖活动。祭祖活动不仅体现了村民间团结奋进的精神面貌，也让更多在外打拼的乡贤们看到了家乡的变化，也吸引了更

图 8-5　万象生活“红色管家”物业服务队成为乡村治理的有力抓手

多村民愿意回到家乡、建设家乡。据统计，目前已有 126 位村民参与南江希望小镇的项目建设工作，有 45 位村民参与小镇产业帮扶项目工作。

图 8-6　张氏宗亲在修缮一新的张氏祠堂隆重举行了祭祖活动

经过华润的持续帮扶，南江希望小镇人居环境得到了彻底改善，产业帮扶成果初见成效，“山水康养古村”的建设目标已基本实现。未来，华润将基于村落的自然禀赋与历史传承，重塑龙泉古村印象，延续红色记忆，发扬耕读文化，紧密对接国家乡村振兴目标与理念，将南江希望小镇打造成宜居宜业和美乡村的示范样板。

四、华润希望小镇建设成效显著

（一）提升了华润品牌的知名度、美誉度

希望小镇建设直接受益农民群众超过 3381 户，约 12460 人，辐射带动小镇周边 10 万余人脱贫致富奔小康。华润希望小镇的建成，为华润集团展示社会责任履责、乡村振兴成果，宣传华润形象、参观接待提供了平台，截至 2023 年 8 月，华润希望小镇共接待内外部来访团体 4000 余批次、80000 多人次。其中，省部级及以上领导来访团体 60 余批次、1000 余人次。小镇提升了华润品牌知名度，赢得了良好的品牌美誉度。

（二）成为华润红色教育基地

希望小镇选址其中一个重要因素是该地区曾为党和国家做出突出贡献，拥有重要的红色故事，例如井冈山、遵义、延安、西柏坡、韶山等都是党和国家发展史中的重要印记，在那里所发生的革命事件、红色故事都已成为党和国家宝贵的精神财富。将希望小镇的红色资源打造成为集团党史学习教育基地，集团及下属企业在小镇开展党建教育活动，深入了解希望小镇各项帮扶工作成效，了解集团扎实推进扶贫工作，助力国家乡村振兴战略，已成为华润党史学习由理论转化为物质和精神成效的重要表现。

（三）成为集团社会公益成果的展示平台

希望小镇在国家脱贫攻坚阶段发挥了十分重要的作用，帮助所在村、镇、县完成脱贫。还将十年的希望小镇建设经验总结成册，在延安希望小镇发布了《华润集团乡村振兴白皮书》。希望小镇还成为华润下属单位开展社会责任实践的平台，如华润医药健康乡村项目，邀请国内权威专家到小镇开展义诊；华润怡宝百所图书馆进小镇；华润银行深入小镇所在地小学开展助教支教，以此为纽带，让华润客户增强了对华润文化的认同，间接推动了业务发展。

（四）华润希望小镇项目获得党和国家高度认可和社会广泛赞誉

2021 年 2 月 25 日在北京召开的全国脱贫攻坚总结表彰大会上，“华润集团剑河希望小镇项目组”获得了由中共中央、国务院颁发的“全国脱贫攻坚先进集体”荣誉称号。

凭借华润希望小镇项目，华润在 2018 年和 2020 年连续两次荣获“中华慈善奖”，并从 2017 年开始连续七年蝉联中国企业 300 强（国企 100 强、民企 100 强、外企 100 强）社会责任发展指数总榜单第 1 位。

华润希望小镇项目不仅提升了村落的人居环境，而且也得到了社会各界的认可。2014 年 1 月，西柏坡希望小镇荣获第三届居住建筑特别奖入围奖作品；2015 年 5 月，百色华润希望小镇荣获了“全国文明村镇”“自治区文明村屯”“自治区清洁乡村 · 百佳村屯”“美丽百色 · 最美乡村”等称号；2017 年 8 月，井冈山华润希望小镇成功入选江西省第一批特色小镇。

五、结语

华润希望小镇是华润集团充分利用企业多元化经营的资源优势，积极履行社会责任的创新之举。但相对于全国众多落后乡村而言，华润希望小镇也仅是乡村建设的一个缩影，发挥好希望小镇的建设示范作用，有助于带动广大地区改变乡村面貌，全面实现乡村振兴的总目标。华润将继续深入学习贯彻习近平总书记关于乡村振兴的重要论述，按照国资委的统一部署，进一步强化政治担当，激发奋斗力量，在乡村振兴大背景下不断创新华润希望小镇的建设，在增进人民福祉中积极作为，争取到2035年，在国家基本实现社会主义现代化、华润迎来百年诞辰之际，在全国建成约30座华润希望小镇，为实现第二个百年目标即社会主义现代化强国贡献华润的力量！

保护长江新思维——中国节能环保实践“生态环境治理+”综合解决方案

中国节能环保集团有限公司

中国式现代化是人与自然和谐共生的现代化，推动指导企业把环境、社会责任和治理能力（ESG）与生态建设融合的现代化。中国节能环保集团有限公司（以下简称中国节能）聚焦节能环保主责主业，贯彻落实党的二十大重大决策部署，将ESG理念深度融入企业高质量发展进程，已成为ESG的坚定践行者和积极实践者。

推动长江经济带发展是关系国家发展全局的重大战略。作为长江经济带污染治理主体平台企业，中国节能坚决贯彻落实习近平总书记的重要指示，发挥自身节能环保全产业链优势，全力推动长江大保护高质量共治共建共繁荣，探索ESG多重价值协同最大化，历经5年取得一系列成果，是中国节能推行ESG理念的重要体现。

中国节能坚持以治理领航，构建多元化多主体战略生态圈，与沿江27个省市签订战略合作协议，累计在长江经济带投资实施各类节能环保、清洁能源及绿色发展项目超650亿元，撬动绿色金融类项目投资总额超3000亿元；主动以环境筑基，打造“生态环境治理+”综合解决方案，2022年环保总投入8.2亿元，累计发电近300亿千瓦时，在长江经济带投资建设运营固废处理、市政水处理、工业污水处理项目近270项；积极与社会共创，切实履行社会责任，生态产品价值实践为农民增收超20亿元，创造营业收入591亿元，同时向定点帮扶地区投入无偿帮扶资金超9500万元，帮助购销农产品3000余万元。

实践证明，ESG对于经济、环境、社会协同发展具有长期正面效应。中国节能将持续发挥央企力量，助力长江经济带高质量发展，为支持中华民族永续发展奉献不竭动力。

一、背景

（一）中国式ESG建设共享绿色发展内核

党的二十大报告指出，中国式现代化是人与自然和谐共生的现代化。必须坚持绿色发展，坚持尊重自然、顺应自然、保护自然，牢固树立和践行“绿水青山就是金山银山”的理念，站在人与自然和谐共生的高度谋划发展。

ESG理念强调多重价值取向和经济、环境、社会价值的协调发展，与党的二十大一系列重大决策部署高度契合。ESG作为国际主流可持续发展理念的重要体现，能够有效引导资本市场的重要参与主体在创造经济价值的同时，聚焦环境、社会、治理综合绩效而非单纯财务绩效的企业评价体系，关注碳达峰碳中和、科技创新、乡村振兴等社会环境议题，推动经济社会可持续发展。

ESG 理念与国家战略高度契合，中国式 ESG 建设迈入新纪元。在“双碳”战略的大浪潮下，关注 ESG 发展已成为全球共识性的重要理念。作为有责任有担当的中央企业，在追求企业经济发展利益的同时，越来越需要综合考虑环境、社会以及企业治理能力等因素，为推动构建人类命运共同体和可持续发展贡献力量。

中国节能将践行 ESG 理念深度融入服务国家重大战略，砥砺前行，助力中华民族永续发展。作为唯一一家以节能环保为主业的中央企业，中国节能“节约资源，保护环境”的发展宗旨，“满足人民群众日益增长的优美生态环境需要”的发展使命，以及致力于“加快成为世界一流的节能环保健康产业集团”的发展愿景，均与 ESG 内涵高度统一。中国节能始终坚持以习近平生态文明思想为指导，积极践行“绿水青山就是金山银山”理念，以“让天更蓝、山更绿、水更清，让生活更美好”为己任，争当生态文明建设主力军，形成了节能与清洁供能、生态环保、生命健康三大主业，绿色建筑、绿色新材料、绿色工程服务三大业务以及强大战略支持能力的“3+3+1”产业格局。中国节能坚持用 ESG 理念驱动企业高质量发展，用绿色发展成果检验 ESG 理念，努力打造碧水蓝天、建设生态文明、服务民生大众，为实现美丽中国目标、共建清洁美丽世界作出应有贡献。

（二）长江大保护高质量共治共建共繁荣

长江是中华民族的母亲河，也是中华民族发展的重要支撑。推动长江经济带发展是以习近平同志为核心的党中央作出的重大决策，是关系国家发展全局的重大战略。2016 年以来，习近平总书记先后在重庆、武汉、南京主持召开推动长江经济带发展座谈会并发表重要讲话，对长江保护修复作出系统部署，为新时期长江经济带高质量发展勾画了蓝图、指明了方向。

作为一家以节能环保为主业的中央企业，积极参与共抓长江大保护是中国节能义不容辞的责任。2018 年 5 月，国家推动长江经济带发展领导小组办公室（简称推长办）明确中国节能为长江经济带污染治理主体平台企业。2019 年 1 月，推长办印发《关于支持中国节能环保集团在长江经济带中发挥污染治理主体平台作用的指导意见》（简称《指导意见》），明确支持中国节能发挥污染治理主体平台作用，全面参与共抓长江大保护工作，并对中国节能明确提出开展生态环境系统治理、创新污染治理投融资模式、强化污染治理创新技术支撑、探索生态产品价值实现机制以及探索全产业链发展模式的五大任务要求。

5 年来，中国节能举全集团之力投入长江大保护，先行先试，积极探索创新协同实现经济、环境、社会价值最大化的综合解决方案。作为长江经济带污染治理主体平台企业，中国节能积极践行 ESG 理念与发展原则，高质量共治，坚持以治理领航，依托科学稳健的治理体系压实治理平台责任管理，打造战略生态圈，与央地、兄弟央企、金融行业以及价值链一道助推长江经济带沿岸发展；高质量共建，主动以环境筑基，充分发挥节能环保全产业链优势，打造“生态环境治理+”综合解决方案；高质量共繁荣，积极与社会共创，切实履行社会责任，延伸人与自然和谐共生价值边界，为长江经济带高质量发展贡献央企力量，书写长江大保护的美好新答卷。

图 9-1 “长江大保护高质量共治共建共繁荣”ESG 协同效益

二、责任行动

（一）共治：以治理领航，共抓长江大保护走深走实

习近平总书记强调，中央企业、社会组织要积极参与长江经济带发展，加大人力、物力、财力等方面的投入，形成全社会共同推动长江经济带发展的良好氛围。

长江经济带依江而建，覆盖沿江 11 省市，人口规模和经济总量占据全国“半壁江山”，是我国经济重心所在、活力所在。因此，长江大保护责任主体多、治理难度大、资金需求高、建设运营周期长，仅靠单打独斗难以完成长江大保护的任务。

打铁还需自身硬。中国节能以治理领航，积极内化 ESG 理念、加强组织领导、夯实工作机制，形成集团优势合力，确保共抓长江大保护各项工作落到实处。

立足自身，辐射更广泛的战略生态圈。中国节能搭建开放性投融资平台，持续扩大主体平台多

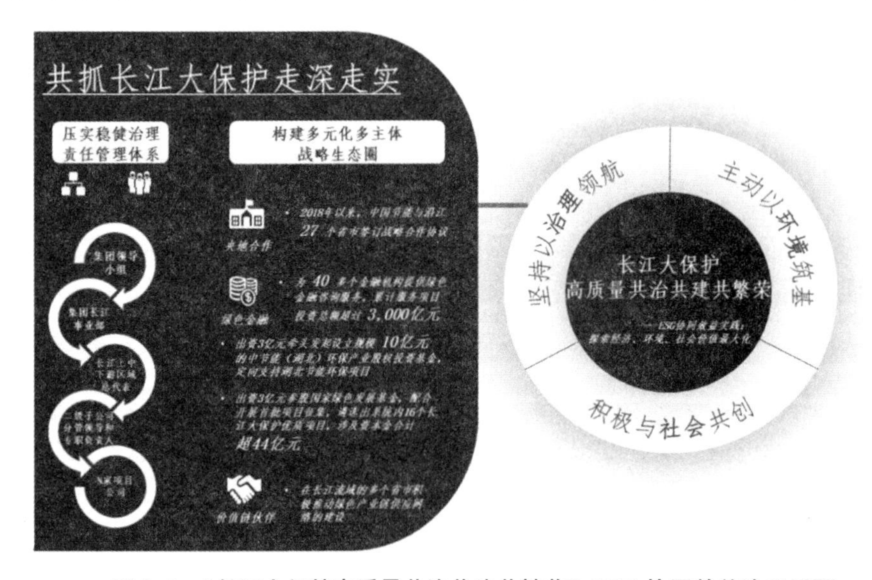

图 9-2 “长江大保护高质量共治共建共繁荣”ESG 协同效益治理层面

元化多主体合作生态圈，带动社会资本广泛参与长江大保护，有效缓解地方政府环保资金压力，形成可持续的污染治理商业合作模式。

1. 压实稳健治理责任管理体系

中国节能将 ESG 理念注入成为企业改革的新鲜血液，夯实治理基石，并将其运用至长江经济带这一特殊场景，量身打造专项工作机制，以卓越治理为长江大保护各项工作顺利推进保驾护航。

内化 ESG 理念。长江大保护作为中国节能内化实践 ESG 理念的旗舰行动，中国节能将科学治理模式全面贯彻于长江大保护工作部署。对此，中国节能党委书记、董事长宋鑫表示：“中国节能充分发挥自身污染治理全产业链优势和资源集聚能力，积极探索出一套市场化、可持续的系统治理创新模式，为推动长江经济带环境污染治理发挥央企担当。”

图 9-3　中国节能党委书记、董事长宋鑫出席 ESG 全球领导者峰会并发表主旨演讲

加强组织领导。中国节能肩负起“长江经济带污染治理主体平台”的使命，成立由集团公司主要领导任组长的长江经济带污染治理主体平台领导小组，专门新设长江保护事业部、综合解决方案中心，建立长江上中下游区域市场开发管理中心，配齐专职区域总代表，形成“集团领导小组+集团长江事业部+长江上中下游区域总代表+二级子公司分管领导和专职负责人+n 家项目公司”的工作网络，汇聚集团优势合力。

夯实工作机制。集团公司明确工作目标任务，建立针对性的考核制度体系，形成集团总部统筹、各级企业落实，一级抓一级、层层抓落实的工作机制和责任体系，并定期召开推进会、专题会、现场会，强化重点任务、重要环节督导检查，进一步压实长江大保护各项工作。

2. 构建多元化多主体战略生态圈

立足于卓越治理基石，中国节能最大限度地调动一切积极因素，凝聚各方合力、实现优势互补，构建多元化多主体战略生态圈。

锚定长江经济带央地合作。2018 年以来，在国家推长办的大力支持下，中国节能与沿江 27 个省市签订战略合作协议，按照“一城一策”“一域一策”的原则，快速布局长江经济带环保市场，在湖州、咸宁、衡阳、毕节等城市开展先行先试，扎实推进示范城市项目建设，与地方政府持续加强合作。中国节能采用组建平台公司等新型商业模式，盘活地方环保存量资产，将增量资金定向投入污染治理，极大地缓解了地方政府环保资金压力，有效解决地方环境治理需求，形成可持续的污染治理合作模式。在湖北黄石的土壤污染治理先行示范区试点，面对不同种类的工业污染，中国节

图 9-4　长江大保护系统治理青年突击队座谈会

能“对症下药”，在热脱附设备满负荷运转情况下，每天可处理污染土 1000 吨，处理能力国内领先。在湖北鄂州城区污水处理厂区，建设国内首个商业化运营污泥碳化项目，污泥日处理量可达 60 吨，单套设备处理能力居全国第一、亚洲第二。

铸就绿色金融核心竞争力。中国节能具有良好的绿色金融研究积累与行业合作优势，推动绿色金融服务向纵深发展。集团公司坚持以智力输出聚焦行业影响力提升，为发改委、生态环境部、中国人民银行、银保监会等国家部委累计提供 20 余项政策研究成果和近 10 项标准规范，积极承担《国家绿色技术推广目录》《绿色债券支持项目目录（2021 年版）》等数十项国家政策研究，编制发布我国第一个自愿性气候投融资分类标准《气候投融资项目分类指南》，联合承办联合国气候变化大会第 27 次缔约方会议（COP 27）“中国角”气候投融资主题边会等，有效发挥央企绿色低碳转型

图 9-5　国家开发银行与中国节能签署开发性金融合作协议

引领示范作用。以国家政策顶层设计为引领，集团公司持续为地方政府、金融机构和企业提供绿色认证服务，为广州市等 7 个地区制定了绿色认证方法，并开展了超过 500 个项目/企业的认证工作；为中国建设银行等 40 多个金融机构提供了绿色金融咨询服务，累计服务项目投资总额超过 3000 亿元。同时，中国节能已与世界银行（WB）、亚洲开发银行（ADB）、法国开发署（AFD）、德国国际合作机构（GIZ）等 10 多家国际机构开展了深入的绿色金融领域合作。

创新污染治理投融资模式。中国节能通过推动资本集聚和优化配置缓解地方政府环保资金压力，与湖北高投、湖北地方国企合作，出资 3 亿元牵头发起设立规模 10 亿元的中节能（湖北）环保产业股权投资基金，用于定向支持湖北节能环保项目；出资 3 亿元参股国家绿色发展基金，积极配合开展首批项目征集，遴选出系统内 16 个长江大保护优质项目，资本金合计超 44 亿元，有效助力绿色发展基金发挥长江大保护引领作用。

图 9-6　中国节能党委副书记、总经理刘家强出席博鳌亚洲论坛 2023 年年会

引领行业绿色转型。中国节能在长江大保护项目中采取的一系列战略举措惠及供应链绿色发展。长江大保护的综合治理投入不仅为中国节能带来了更多市场机遇、实现正向经济价值创造，更带动价值链上下游伙伴共同推动价值链绿色转型升级，抢占节能环保的市场新机遇，为当地带来良好效应，正是 ESG 理念协同实现经济、环境、社会综合价值最大化的最佳体现。目前，中国节能在长江流域的多个省市积极推动绿色产业链供应网络的建设，充分利用污染治理全产业链优势，深度参与生态环境治理和环保产业，探索农业、光伏、渔业等互补模式，促进产业协同发展，同时也为改善供应链的环境影响和可持续性做出持续性贡献（见表 9-1）。

表 9-1　治理层面关键绩效表

序号	关键指标与绩效
1	2018 年以来，签订战略合作协议的沿江省市达 27 个
2	累计在长江经济带投资实施各类节能环保、清洁能源及绿色发展项目超 650 亿元
3	为 40 多个金融机构提供了绿色金融咨询服务，累计撬动绿色金融类项目投资总额超 3000 亿元
4	中节能（湖北）环保产业股权投资基金规模 10 亿元
5	参股国家绿色发展基金，出资 3 亿元、遴选系统内长江大保护优质项目 16 个、所选项目资本金合计超 44 亿元

续表

序号	关键指标与绩效
6	为发改委、生态环境部、中国人民银行、银保监会等国家部委累计提供绿色金融相关政策研究成果 20 余项、标准规范近 10 项
7	提供绿色认证服务的企业/项目超 500 个

（二）共建：以环境筑基，打造“生态环境治理+”综合解决方案

习近平总书记强调，当前和今后相当长一个时期，要把修复长江生态环境摆在压倒性位置，共抓大保护，不搞大开发。

长江全长 6300 多公里、流域面积 180 万平方公里，约占我国国土面积的 18.8%，水资源量约占全国总量的 35%。长江流域以水为纽带，山水林田湖草浑然一体，是我国重要的生态安全屏障和生物基因宝库。过去不合理的人为开发利用活动一度导致长江流域生态功能退化严重，环境风险隐患较多。

长江污染治理，问题在水里，根源在岸上。中国节能主动以环境筑基，坚持从生态系统整体性和长江流域系统性出发，为区域生态环境治理提供“菜单式、定制化”综合解决方案，探索生态环境质量提升与产业经济发展协同推进的一体化治理路径，实现长江流域生态环境表现全面提升，将长江经济带打造为生态优先绿色发展主战场。

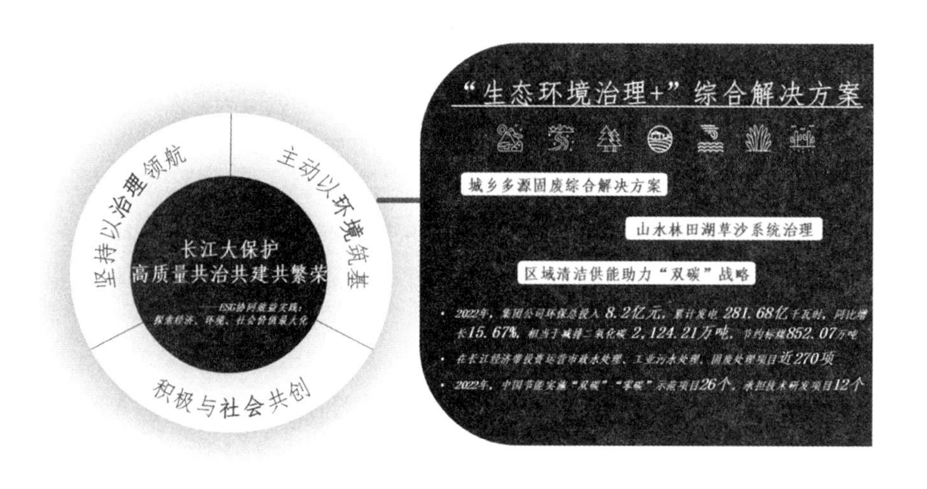

图 9-7 “长江大保护高质量共治共建共繁荣”ESG 协同效益环境层面

1. 创新城乡多源固废综合解决方案

针对长江经济带固废集中处理设施不足、处理脱节和城乡协同处置难、乡镇固废处理经济性较差而易被忽略等问题，中国节能创新打造出“两园一链”固废综合解决方案，全面保障城乡固废处理各个环节不遗死角、不留盲区，实现了固废处理的系统化、整体化、集约化，达到了投资节省、土地节约、财政支出降低的最优化，为环保事业注入了新的活力。

打造“两园一链”固体废弃物综合解决方案。该模式以干湿垃圾分类为基础、以智慧环境物流链为驱动，通过集约式综合固废治理产业园（大园）将大量的生活垃圾集中处理，同时协同处置餐厨固渣、建筑垃圾、工业固废等各类城市源固废，产出电能、热能等清洁能源产品；通

过分布式有机固废治理生态园（小园），以非焚烧的方式将不适合长距离运输的农业源有机固废妥善处理，产出有机肥、饲料等资源化产品；通过智慧环境物流链（一链）实现“两园”的内外连通，有效防止了二次污染，统筹处理不同县域的城乡固废，实现各类固废在系统内部循环利用。

探索经济、环境、社会综合价值最大化。目前，该模式在湖北咸宁、贵州毕节等地成功实践，每年处理固废近 80 余万吨，提供绿电超 2 亿千瓦时，副产有机肥 2 万吨；与独立建设处理设施相比，该模式能够节省投资 30%以上，节约土地资源 50%以上，并降低政府财政支出 20%至 30%，具有显著的经济效益和资源节约优势。中国节能在长江经济带拥有固废处理项目 40 个，投资金额超过 150 亿元，日处理生活垃圾 2.68 万吨/日。依托已有大型固废处理项目，中国节能不断向周边区域辐射，在成渝、长江中游、长三角布局建设固废大型集中处置中心，在其他地区布局“两园一链”小循环，打造长江经济带固废保底处理工程。

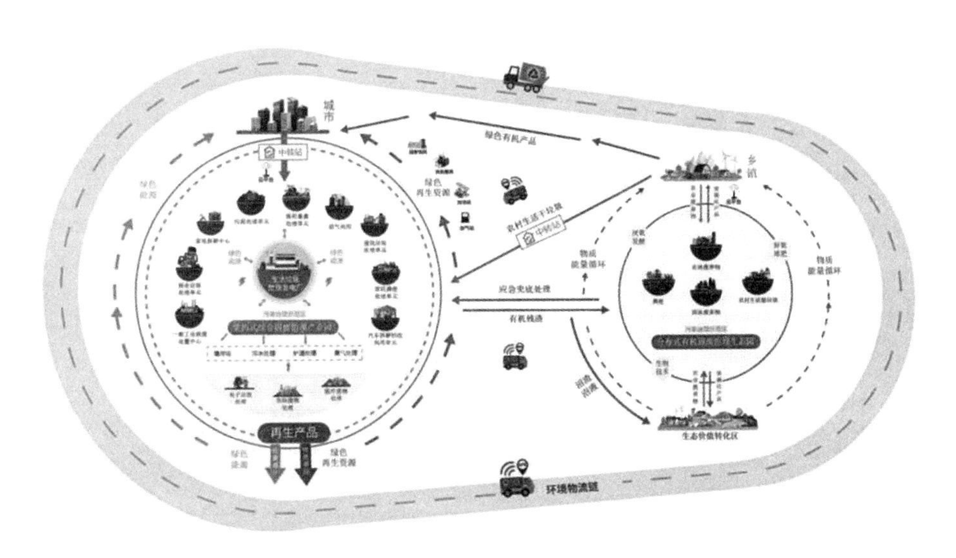

图 9-8　中国节能毕节市“两园一链”示意图

2. 统筹山水林田湖草沙系统治理

中国节能深刻知晓“山水林田湖草是一个生命共同体”的科学内涵，在长江经济带多地打造山水林田湖草沙生态修复综合治理项目，平衡各生态要素关系，实现生态、社会和经济效益共赢。

亮点实践

咸宁探索山水林田湖草沙系统治理“嘉鱼模式”

作为长江大保护首批试点城市，中国节能在咸宁市嘉鱼县率先启动山水林田湖草沙系统治理模式探索，打造嘉鱼县滨江生态环境提升示范工程。

嘉鱼县涉及长江岸线 128 公里，是山水林田湖草沙系统治理的典型案例。由于历史原因，项目区域多种污染因子交织叠加，单一污染源治理很难有效解决环境问题。

图 9-9　湖北省咸宁市嘉鱼县滨江生态提升示范工程

为此，中国节能按照“中医整体观”的系统思维，采用“源头控污、系统截污、全面治污、生态修复”四位一体的实施方案，通过统筹矿山生态修复、水环境综合整治、岸线生态修复、污水处理厂提标改造和生态环境智慧监管等多个治理子项，实现一体化设计和系统化施工，完成固废处理 50 万吨，清淤 150 万立方米，新增绿化面积 100 万平方米，退耕还湖 20 万平方米，恢复河滩湿地超过 30 万平方米，为全流域滨江生态系统修复提供样板。

图 9-10　马鞍山采石场矿山生态环境修复项目

该工程对周边环境带来了重大改善，治理后的水质由最差的劣五类提升到三类，新增绿化面积 95 万平方米，恢复河滩湿地 30 余万平方米，年减排二氧化碳约 2.5 万吨；助力当地种植和养殖等绿色产业和文旅产业的发展，推动周边地价提升近 30%，让居民共享生态产品价值实现所带来的红利。“嘉鱼模式”被作为山水林田湖草沙系统治理的生动实践和典型案例在 2021 年建党百年成就展中展出。

积极推广山水林田湖草沙系统治理模式。基于咸宁经验，中国节能积极协助地方政府开展系统治理方案编制和系统治理工程实施。近年来，集团公司在赤水河流域、贵州武陵山区、云南洱海、湖北荆州等地拓展山水林田湖草沙系统治理模式，多个项目获批中央预算内投资支持。贵州武陵山区、云南洱海、湖北荆州等地项目先后入选国家“十四五”第一批、第二批山水林田湖草沙一体化保护和修复工程。

3. 区域清洁供能助力“双碳”战略

长江流域处于全球气候变化高度敏感带。2022 年夏季，长江流域遭遇 1961 年以来最严重的气象干旱与极端高温，对生态、社会经济、产业与企业造成重大影响。

应对长江流域气候变化，既是响应党中央“长江大保护”号召，也对经济安全、产业稳定、企业可持续富有现实而紧迫的意义。中国节能坚决响应国家“双碳”战略部署，充分发挥自身“政策—产业—技术”全链条优势，积极为长江经济带绿色低碳转型发展贡献力量。

亮点实践

贵阳落地“中天·未来方舟可再生能源集中供能系统项目”

中国节能在贵阳开展的中天·未来方舟可再生能源集中供能系统项目，采用创新的河水、污水源热泵区域供能技术，为超过 860 万平方米的建筑区域提供能源，现已成为南方地区最大的可再生能源集中供能项目，西南地区首家大型绿色供暖社区。

图 9-11　中国节能贵阳中天·未来方舟可再生能源集中供能系统项目

该项目依托贵阳母亲河——南明河的优势，通过分布式供能理念，利用河水、污水、空气等，实现多能互补和管网互联互通，降低对传统能源的依赖，可降低能耗约 30%左右，每年节约标煤约 4.2 万吨、减排二氧化碳约 10.8 万吨，有效支撑地方政府节能减排任务。

全国政协委员、中国节能党委书记、中国节能董事长宋鑫指出，区域集中供能是一种先进的市政基础设施，能显著提升综合能效，是现代城市建设中具有标杆意义的绿色低碳能源方案，社会效益明显，项目公益性属性强，技术上可实现零排放、零污染，避免城市“热岛效应”；经济上可减少开发企业配套设施投入，降低系统建设投资，具有综合节能环保效益、良好的收益能力和抗风险能力。

全面助力“双碳”目标。中国节能构建“1+3+3”碳达峰碳中和战略部署，先后成立碳达峰碳中和事业部、中节能碳达峰碳中和研究院，编制发布《碳达峰碳中和行动方案》《中国节能员工绿色低碳行为倡议》；开展《中央企业“碳达峰碳中和”案例研究》和《中央企业应对“双碳”目标减污降碳措施研究》课题研究工作，协助国资委、人民银行等单位开展涉碳重大课题研究，协助地方和部分央企制定“双碳”行动方案和相关政策标准等，作为香港国际碳市场委员会首批成员参与国际国内碳资产交易；支持参与《国家重点推广的节能技术目录》《国家重点推广的低碳技术目录》《绿色债券支持项目目录》等编制工作；重点实施绿色清洁供能服务行动、减污降碳协同增效行动、智力标准供给提升行动等一系列碳达峰行动，组织实施绿色电力倍增工程、节能减污降碳增效工程、区域综合解决方案示范工程等碳达峰重大工程，其中推动节能降碳项目落地相关工作在中央企业负责人会上获得张玉卓书记充分肯定。2022 年，中国节能实施“双碳”“零碳”示范项目及承担技术研发项目近 40 项（见表 9-2）。

表 9-2　环境层面关键绩效表

序号	关键指标与绩效
1	在长江经济带拥有固废处理项目 40 个、投资金额超过 150 亿元、日处理生活垃圾 2.68 万吨/日
2	“两园一链”固体废弃物综合解决方案每年处理固废近 80 余万吨、提供绿电超 2 亿千瓦时、副产有机肥 2 万吨，与独立建设处理设施相比，节省投资 30%以上，节约土地资源 30%以上，降低政府财政支出 20%至 30%
3	在长江经济带投资运营市政水处理项目 180 余项，处理规模超 860 万吨/日，其中市政污水处理规模达 480 万吨/日
4	在长江经济带运营工业污水处理项目 50 余项、日处理规模达 100 万吨/日
5	2022 年，“双碳”“零碳”实施示范项目及承担技术研发项目近 40 项

（三）共繁荣：与社会共创，延伸人与自然和谐共生价值边界

中国节能致力于全面助力长江经济带成为人与自然和谐共生的美丽中国样板，强化创新技术支撑、探索生态产品价值实现机制、积极履行社会责任，将绿色实践贯穿于长江经济带沿岸综合治理行动，实现了环境、经济与社会效益的有机统一。

图 9-12　“长江大保护高质量共治共建共繁荣”ESG 协同效益社会层面

1. 强化创新科学技术支撑

中国节能充分发挥长江经济带污染治理主体平台“领头雁”作用，加强环保低碳技术研发、综合治理技术应用和产学研合作，为长江大保护提供技术支撑。

加快创新平台建设。中国节能制定了《促进科技创新工作的指导意见（试行）》，努力构建节能环保领域的技术创新“策源地”，为产业升级和高质量发展注入强大科技创新动力。集团公司加快国家环境保护工程技术中心、顺义科技创新基地建设，筹建固体废弃物集中协同处置与循环利用工程研究中心，新设立坝道工程医院中节能生态修复分院，筹备成立中节能科创公司，持续加强长江经济带固废等污染治理技术研发及应用；联合16家单位发起成立“共抓长江大保护科技创新联盟”，牵头47家单位组建“中国环保品牌集群”，与15家高校、科研机构以及有关协会签订战略合作协议，强化产学研合作和综合治理技术集成应用。2022年，中国节能研发总投入达16.63亿元，总科技人员人数达到4941人，新增发明专利164项。

科技成果广获认可。集团公司持续加大科技创新资金投入，科技成果产出稳步提高。中国环保成功申报发改委重大技术装备攻关工程小型垃圾焚烧装备关键技术攻关及产业化项目；中环水务研究编制《智能化低碳水厂示范工程工作方案》，通过再生水回用工程、分布式光伏发电项目、智能化项目建设，打造智能化低碳标杆项目，减碳量可到50%以上；中节能实业研究编制《绿色近零碳示范产业园区建设工程工作方案》，通过可再生能源综合利用、设备能效提升、智慧化运维系统改造升级等措施，实现运行阶段碳中和；中节能大地修复工程技术公司在工业污染场地土壤修复、垃圾填埋场治理、地下水修复等方向开展了科技创新及孵化，承担建设了国家环境保护工业污染场地及地下水修复工程技术中心，成为行业内技术类型全面、综合实力强的科技型公司。

2. 探索生态产品价值实现机制

“绿水青山就是金山银山”绝不仅仅止步于“生态环境治理+”综合解决方案的实现，更重要的是探索市场化、可持续的生态价值转化路径，加快建立生态产品价值实现机制，让低碳绿色转型发展获得合理回报。

积极探索生态产品价值实现机制。集团公司专门成立中节能生态产品发展研究中心，顺利完成国家发改委委托的“生态产品交易机制研究”课题，提出了建设我国生态产品交易体系、实现供需精准对接的制度设计；承担了住建部委托的“城市生态系统固碳释氧功能研究”等多项研究任务，3年间累计完成部委和省市政府委托的生态产品价值实现咨询服务20余项。

打造生态产业链，支持当地经济发展。中国节能创新探索“生态+产业”市场化价值实现模式，持续发掘现有产业项目的生态效益。中国节能在长江流域十余个省市积极探索，为江西省、贵州省提供生态产品交易顶层设计、生态资源价值评估、生态产品交易平台建设服务；为贵州清镇、安徽黄山、河南潢川等地量身打造生态产品价值实现示范基地；依托健康产业资源和技术优势，帮助浙江千岛湖、云南大理州、江西九江、安徽安庆等沿江各地发掘松竹梅等生态资源价值，其中，产业化后的松花粉实现了35倍的价值增值，通过线下1200余家品牌连锁店和电商平台进行销售，累计为农民增收超过20亿元，创造营业收入591亿元，实现了高值化的开发路径，形成了企业、社会、环境的多赢局面。

3. 共创共享社会美好价值

积极履行社会责任，不仅是中央企业的使命，也是全社会对中央企业的殷切期望。中国节能在

图 9-13　长三角生态绿色一体化发展示范区嘉善东部区域水生态修复项目

“生态环境治理+”综合解决方案中有机嵌入对社会议题的关注与思考，在服务民生、乡村振兴与精准帮扶等方面积极作为，与时代的发展同频共振，不断延伸人与自然和谐共生的美好价值边界。

在绿色实践中勇担社会责任。中国节能总结长江大保护以环境治理促进社会履责的优秀实践，辐射全国，把履行社会责任转化为企业发展的内生动力，着力构建一个“出资人放心、客户满意、利益相关方共赢、社会赞誉、员工幸福、生活更美好”的中国节能。在抗击疫情方面，集团公司积极响应党中央号召，周密部署、坚决落实疫情防控工作，旗下涉及医废危废处置、垃圾处理、水处理的 98 家企业、1.4 万余名员工全力投入疫情防控服务保障，特别是紧急驰援武汉筹建千子山医废应急处置中心的英雄行为得到党中央表彰。在助力乡村振兴方面，中国节能精准聚焦产业、人才、

图 9-14　中国节能紧急驰援武汉建设抗击新冠疫情重大应急保障工程——湖北武汉千子山医疗废弃物处置中心项目

生态、文化和组织“五大”振兴，向定点帮扶地区投入无偿帮扶资金超过9500万元，帮助购销农产品3000余万元，并将旗下风力发电、光伏发电、智慧照明、环卫服务等优质企业引入帮扶地区，引领当地产业绿色转型发展，为帮扶地区乡村振兴贡献了中国节能力量（见表9-3）。

表9-3 社会层面关键绩效表

序号	关键指标与绩效
1	成立“共抓长江大保护科技创新联盟”，包括16家联合单位
2	牵头47家单位联合组建“中国环保品牌集群”
3	签订战略合作协议的高校、科研机构以及有关协会共15家
4	2022年，研发总投入16.63亿元
5	2022年，科技工作人员数4941名
6	2022年，新增发明专利164项
7	3年间累计完成部委和省市政府委托的生态产品价值实现咨询服务20余项
8	在浙江千岛湖、云南大理州、江西九江、安徽安庆等地发掘松竹梅等生态资源价值，线下销售品牌连锁店和电商平台1200余家，累计为农民增收超过20亿元，创造营业收入591亿元
9	向定点帮扶地区投入无偿帮扶资金超9500万元
10	帮助购销农产品3000余万元

三、履责成效

5年来，在国家推长办的指导下，在自然资源部、生态环境部、国资委等的大力支持下，中国节能在城乡多源固废综合解决方案、山水林田湖草沙系统治理、服务“双碳”战略、生态产品价值实现等多个领域取得了积极成效。

2019年4月，推长办在湖北咸宁召开中国节能长江经济带污染治理主体平台工作推进现场会，国家发展改革委及沿江11省市发展改革委负责同志，咸宁、湖州、衡阳、毕节市政府负责同志，中国节能、国家开发银行、中咨公司、中国农业发展银行有关同志与会。中国节能汇报了长江大保护总体工作进展情况、咸宁等4个城市试点工作进展情况，与会各方对中国节能发挥长江经济带污染治理主体平台作用中取得的成效表示充分的肯定与赞赏。

中国节能党委书记、董事长宋鑫表示，“中国节能积极服务国家重大战略，不断优化绿色主业，全面助力“双碳”目标；同时不忘强化使命担当，在绿色实践中承担社会责任。在长江大保护项目实践期间，集团公司坚持系统治理，强化创新驱动，累计在长江流域实施各类节能环保、清洁能源及绿色发展项目超过650亿元。”

中国节能旗下众多企业遍地开花，在环境、社会及治理三大范畴屡创佳绩，取得丰硕成果。在环境范畴，集团公司被授予国家环境保护工业污染场地及地下水修复工程技术中心、中央企业节能减排监测中心等多项资质，在工业固废处置、生物质固废资源化及污水处理等领域多次获评国家科学技术进步奖一等奖、二等奖。其中，中国环保位列“中国生活垃圾焚烧行业综合实力十强企业”“固废十大影响力企业”，中环水务、中节能国祯均跻身“水业十大影响力企业”；中节能实业公司连续三年位列“绿色生态城区发展运营商领先品牌”榜首；万润公司入选2023年国家级绿色工厂名单。

图 9-15　中国节能党委书记、董事长宋鑫出席 2023 第二届中国气候投融资国际研讨会

在社会范畴，中国节能高标准履行社会责任，主动加强信息披露，连续 11 年发布社会责任报告，连续 7 年获得中国企业社会责任报告评级专家委员会“五星级”评价，更参与编创国内首部《中国企业社会责任报告指南之节能环保行业报告编写指南》。中国节能社会责任案例屡次入选国务院国资委、国务院扶贫办等重要课题，获得责任金牛奖之绿色环保奖、精准扶贫奖、责任管理・先锋 30 强等多项责任荣誉，并荣获“全国五一劳动奖状”重要荣誉，多次得到人民日报、新华社、经济日报、国资报告等权威主流媒体的高度关注和广泛报道。

在治理范畴，中国节能着眼对标提升，在绿色治理中争创世界一流。集团公司深化国企改革，贯彻落实党中央、国务院决策部署和国资委党委工作要求，中国节能国企改革三年行动 68 项改革任务与 89 项改革措施全部完成，实现国企改革三年行动任务完成度 100%，圆满完成国企改革三年行动收官工作，为新一轮国企改革深化提升行动奠定了坚实基础。2022 年，集团公司作为中央企业 ESG 联盟的副理事长单位，积极参与中央企业 ESG 活动，牵头完成国资委《央企控股上市公司 ESG 专项报告编制研究》；中国环保在国资委“双百企业”专项考核中获评标杆；太阳能公司入选国资委国有企业公司治理示范企业。

中国节能立足于节能环保主业，以自身实际生产运营持续为社会贡献积极环境影响，实现 ESG 理念落地，助力天更蓝、山更绿、水更清、环境更优美，为人民群众生态环境获得感、幸福感、安全感不断提升而不懈奋斗。

四、展望

新时代新征程上，中国节能将进一步发挥 ESG 影响力，致力于成为绿色产业高质量发展领军者以及低碳零碳负碳原创技术策源地，着力提升技术创新能力、智力供给能力以及示范带动能力，力争成为国家实现碳达峰碳中和的重要参与者、突出贡献者和积极引领者；继续发挥主体平台作用，贯彻落实《“十四五”长江经济带市场区域布局专项子规划》中的“构建网格化市场体系、创新投融资模式、强化创新技术支撑、推动生态产品价值实现、壮大环保产业”等五项重大任务以及“开发实施固体废弃物治理工程、水处理及水环境治理工程、系统治理工程和碳达峰碳中和工程”等四项重点工程；积极服务地方政府，引领上下游价值链绿色转型，为各利益相关方创造更大价值，为把长江经济带打造成为我国生态优先绿色发展主战场注入源源不竭的节能力量。

展望未来，中国节能将全面贯彻落实党的二十大重大决策部署，主动践行 ESG 理念，坚持科技创新驱动，做强做优做大节能环保主业，开创节能环保健康领域具有国际竞争力的世界一流企业新局面，为促进人与自然和谐共生，为中国式现代化的高质量发展增添一抹绿色的鲜明底色。

为产业装上“绿色引擎”——中国化学技术创新赋能“双碳”目标

中国化学工程集团有限公司

中国化学工程集团有限公司（以下简称中国化学）坚持以习近平新时代中国特色社会主义思想为指引，深入践行ESG理念，不断增强实现经济、社会和环境效益共赢的战略共识和行动自觉。一方面将“两山”理论转化为企业发展使命，主动服务国家生态环保战略，助力生态文明建设，围绕“双碳”加速环保产实业布局，实施了30余个生态环保工程和实业项目；另一方面以自主研发的核心技术创新赋能光伏产业发展，成功开发出冷氢化等系列技术，彻底解决了多晶硅生产高耗能、高污染、高成本问题，推动国内多晶硅生产成本相比2006年降低了95%以上，综合电耗降至约60千瓦时/千克。本案例从技术创新、环保产业两个方面，阐述中国化学助力我国实现“双碳”目标的具体实践。

一、案例背景

习近平总书记在党的二十大报告中强调，中国式现代化是人与自然和谐共生的现代化。中国式现代化的本质要求之一是促进人与自然和谐共生。深刻理解和切实把握人与自然和谐共生的现代化，对于牢固树立和践行“绿水青山就是金山银山”的理念，站在人与自然和谐共生的高度谋划发展，具有重要意义。同时强调，要把促进新能源和清洁能源发展放在更加突出的位置，积极有序发展光能源、硅能源、氢能源、可再生能源。我们必须从国家发展和安全的战略高度，审时度势，借势而为，找到顺应能源大势之道。

中国化学坚持以党的二十大精神和习近平生态文明思想为指引，深刻把握“双碳”承诺和自主行动关系，高度重视ESG绩效，聚焦主责主业，积极打造绿色低碳产业优势，切实将社会责任与可持续发展的ESG理念融入战略发展全过程。在深耕工业固危废处置、工业废水零排放、三水共治、国土空间生态修复、基础设施配套和水利等生态环保工程和产实业领域的基础上，在多晶硅技术等新材料领域持续创新，开发出多项国际先进技术，打破了西方发达国家对先进工艺的垄断，填补了我国多项技术空白，为推进我国新一轮能源革命和助力建设美丽中国探索出了一条以技术赋能推动可持续发展的新思路、新路径。

二、具体实践

（一）造“绿色引擎”创新多晶硅技术

中国化学始终以“国之所需”为导向，思考自身对国家战略以及光伏行业的贡献，秉承“科技引领”的理念，中国化学“勇闯无人区”，钻研解决行业乃至世界遇到的技术难题，用技术突破引领行业发展，着力打造光伏产业新格局。

作为光伏产业链的上游原材料环节，多晶硅在中国的发展经历了从依赖进口到领先全球的自主发展之路，大致可以分为五个阶段。

第一阶段是2006年之前，国内多晶硅年产量不足百吨，严重依赖进口；第二阶段是2006—2010年，由于全球太阳能装机量迅速提升，多晶硅产能不足，价格迅速上涨。随后全球产能释放，供给恢复，叠加金融危机影响，多晶硅价格急速下滑；第三阶段是2010—2012年，欧债危机导致全球光伏装机大幅下滑，多晶硅供给过剩。同时，国外产能向中国低价倾销，国内企业抗风险能力不足，大多数企业倒闭；第四阶段为2012—2014年，中国启动对欧美韩进口多晶硅的“双反”调查，并裁定存在倾销，国内多晶硅产业发展环境得以改善；第五阶段是2015年至今，中国光伏装机量持续扩大，需求增长，借助自主技术优势，国内多晶硅企业竞争力显著增强，中国多晶硅产量稳居全球第一，形成了明显的产业优势。

2006年以前，我国光伏产业“三头在外”：关键原料在外，关键设备在外，市场在外。在国家明确大力发展光伏产业的战略与政策指引下，中国光伏产业迎来了发展机遇，但是多晶硅生产技术成为制约中国光伏产业发展的“卡脖子”问题。

“核心技术、关键技术，化缘是化不来的。”实现多晶硅生产技术自主化，在那个年代已经成为行业的共识。面对制约多晶硅量产的“卡脖子”难题，中国化学在2006年着手多晶硅技术开发，凭借在有机硅、三氯氢硅合成等硅材料方面积累的丰富经验，成功开发出冷氢化等系列技术，实现了多晶硅技术及生产设备的自主化、国产化，解决了光伏产业发展的“卡脖子”问题。

2007年12月，由中国化学设计的我国第一套使用冷氢化技术的多晶硅生产装置在江苏中能建成投产，标志着中国化学冷氢化技术首次投入应用。该项目创造了当时的“三项世界第一”，即同类规模项目建设施工周期最短、单位产品规模投资最少、技术创新水平最高。从此，正式结束了国内多晶硅千吨级以上无法量产的历史。

1. 项目概述

十多年来，在第一、二代冷氢化技术的基础上，中国化学多晶硅团队不断改进优化，成功完成三、四、五代冷氢化技术的开发。攻克了多晶硅生产中副产物四氯化硅有效转化为三氯氢硅的世界性难题，独创的大型高效冷氢化流化床反应器，其单程转化率高达28%，超出国外技术20%以上，单台年处理能力达35万吨/年，超出国外技术50%以上；开发了还原及尾气回收热能利用、四氯化硅与氢气混合汽化、多级耦合精馏等节能降耗技术，技术水平国际领先。

（1）开发热量耦合技术

实现精馏装置从零耦合到多塔耦合的升级换代，精馏装置从原有的11塔精馏，逐渐变为9塔精馏以及最新的7塔精馏流程，设备投资降低60%以上。从零耦合逐渐升级为两塔耦合、三塔耦合和四塔耦合，蒸汽单耗从1.60吨/吨TCS降低至0.51吨/吨TCS。同时产品品质不断提高，从十年前的太阳能级一级、二级品，提升至电子级一级、二级品。

（2）实现渣浆回收和高沸处理技术从无到有跨越

通过分析渣浆和高沸物的组成以及性质，优化设计方案，成功开发了渣浆回收和高沸处理技术，实现了氯硅烷回收率98%以上，高沸回收率90%以上，使得每吨产品原料硅耗从2.4吨降为1.05吨，降低56.25%；氯耗从3.5吨降为0.19吨，降低94.5%。实现了原料端成本的大幅下降。

（3）实现颗粒硅技术产业化

继 2006 年与协鑫科技旗下江苏中能合作，以改良西门子法生产棒状硅，建成当年全国最大多晶硅项目后，中国化学与协鑫科技再次共同进军多晶硅的另一条制备技术路线——采用硅烷流化床法生产 FBR 颗粒硅，该技术是未来多晶硅技术的一个重要发展方向，中国化学也利用自身工程化优势帮助协鑫科技将颗粒硅生产基地从徐州扩展到了乐山、包头以及呼和浩特等地，助力协鑫科技四大颗粒硅生产基地落成。

2. 实践意义

（1）助力国家战略新兴产业发展

多晶硅技术创新突破是中国化学坚定践行“碳达峰十大行动”的生动实践。当前，全球正处在能源转型期，新能源被明确列为国家战略新兴产业，以光伏为代表的新能源正成为能源行业向清洁低碳转型的主力军。局部冲突、国际摩擦的加剧使得传统能源价格再度攀升，格外凸显光伏发电的重要性。在“双碳”目标视域下，行业预测到 2050 年中国光伏发电占比将达到 39%，国内光伏市场前景非常广阔。随着数字化经济及新能源汽车、智能家电等行业的快速发展，对芯片的需求日益增长，高纯晶硅作为芯片的基础原料，也将保持稳步增长。

回到光伏产业而言，中国光伏目前已形成“一头在内、一头在外”的发展格局：国内生产、国外销售。全球光伏产业 85%以上的产品均由中国出口，无论是产业链塑造，还是技术创新，中国已经实现了由“跟跑”到“领跑”的跨越。

以全球光伏行业龙头通威集团为例，中国化学自 2013 年起，承揽了通威集团所有多晶硅项目，助力通威集团多晶硅产能从 3000 吨增长至百万吨级，成为全球光伏行业首家世界 500 强企业，书写了中国及全球光伏行业发展史上的重要里程碑时刻。中国化学深耕多晶硅领域，数十年如一日地科研创新，为解决光伏上游原材料产能、成本与环保、质量等问题做出了突出贡献与努力，绘就出中国化学助力新能源产业蓬勃发展的一幅生动画卷，成为助力实现“双碳”目标的“隐形冠军”。

截至 2022 年底，中国化学累计完成近 200 万吨多晶硅产能的工程设计和部分总承包项目建设，正在设计的多晶硅产能超过 150 万吨，累计承担设计的多晶硅项目总产能占全国总产能的 95%以上，占全球多晶硅产能的 90%以上。为中国光伏作为全新“中国名片”屹立世界舞台做出了突出贡献，也为世界共享可及的清洁能源迈出了重要一步。

（2）促进光伏企业降本增效

作为长期在多晶硅领域深耕的中央企业，中国化学始终把巩固光伏产业来之不易的成果作为己任，多晶硅团队坚持“面向市场、面向客户、面向项目”的创新理念，把市场需求、客户痛点、项目难点作为技术创新的最大关切，将提高品质、降低成本、创造价值贯穿技术创新始终。

从 2009 年起，以“节能降耗、挖潜消瓶、提高效率”为目标，持续推进技术方案优化，努力提高装置的性价比。独创的大型高效冷氢化流化床反应器，其单程转化率高达 29%~32%，超出国外技术 30%以上，单台年处理能力高达 40 万吨，超出国外技术 50%以上，核心设备全部实现国产化。第五代冷氢化技术及衍生的专有装备的成功应用，将冷氢化反应器直径扩大到 4.5 米，首次将单套冷氢化装置处理能力提升到全球最大的 35 万吨/年，单套装置产能提升到 5 万吨/年，整体生产成本降低 95%以上，再创国内最佳、国际领先水平。

2021 年，四川永祥 2.5 万吨多晶硅项目荣获国家优质工程奖，该项目单体装置为国内首套吨成本 4 万元以下的万吨级生产装置，标志着多晶硅低成本产品由千吨级到万吨级的规模跨越。2022

年，中国化学多晶硅技术助力通威集团云南、内蒙两地实现全球首套20万吨/年多晶硅装置落地。首次采用第五代冷氢化技术的新疆新特多晶硅技改项目2022年建成投产以来，不但短期实现满负荷运行，装置投资降低10%以上，而且四氯化硅转化率、能耗等关键指标均优于国内同类装置。中国化学助力协鑫科技四大多晶硅生产基地的落成，使其颗粒硅市场份额迅速增长到15%左右，同时，硅烷流化床法生产颗粒硅技术实现成本大幅降低，万吨投资额降低10%以上。

随着多晶硅生产成本的不断降低和质效的持续提高，光伏产业链整体利润向下传导将带动终端电站收益率提升，多晶硅团队通过技术赋能，用先进高效技术推动光伏产业发展，让清洁低碳、安全高效的绿色能源实现普惠，为产业高质量发展作出了中国化学贡献。

（3）助力环境生态保护

推动多晶硅产业节能降碳。应对气候变化是高质量发展和绿色发展的应有之义，作为绿色发展的积极推动者和坚定践行者，中国化学积极发挥产业链上游引领力，以技术为切口，倡导并推动价值链中的利益相关方零碳转型，通过关注终端产品全生命周期碳排放，以降低产品碳足迹为抓手，在技术研发与咨询服务初步环节植入绿色方案、绿色设计，推动全价值链减排。

在技术与工程服务过程中，通过装置规模的合理放大以及系统充分的整合优化，最大限度降低多晶硅生产企业的各类能耗与有害物排放量。每吨多晶硅的硅耗由之前的1.3吨降至1.05吨、氯耗由0.5吨降至0.3吨、电耗由12万度降至6.5万度、水消耗240吨降至80吨，助力光伏终端产品实现“渔光互补”“牧光互补”等多场景应用，为多晶硅企业绿色、可持续发展提供了值得信赖的技术与工程化服务保障。

中国化学深刻认识到，在实现业务高质量发展的同时，将企业发展与国家战略、社会需要紧密结合起来，是发展道路上必须持续回应的问题，我们也将持续携手各利益相关方共同努力，实现企业、社会和环境的平衡发展，共创地球和人类社会可持续发展未来。

打造闭式循环绿色工厂。中国化学积极响应国家工信部《“十四五”工业绿色发展规划》，将绿色设计、绿色产品管理等融入研发、设计、建设全流程，打造绿色工厂。将绿色低碳环保理念纳入工程设计，优先选择对环境造成影响最低的方案作为设计重要考量，评估各技术路线的环境效益，提升生态化设计能力，增加产业链绿色属性。中国化学多晶硅团队将闭式循环理念融入绿色工厂建设技术流程，在传统制造流程中强化“回收”环节。闭式循环模式下，工艺设计、材料选择、回收处理都要做到绿色低碳。中国化学建设的多晶硅项目，工艺物料全厂实现闭式循环，生产污水达到了“零排放”，工艺废气经集中处理后，采用“多级洗涤”处理工艺后达标排放，生产废水经一系列工艺单元处理后以蒸馏水形式返回系统，整个生产过程无生产废水排出，实现了产品资源消耗最低化、生态环境影响最小化，切实为多晶硅企业的绿色环保高质量发展保驾护航。

（二）建清洁世界　修复苦竹溪生态

“共抓大保护，不搞大开发。”这是习近平总书记对于长江大保护的谆谆教导和殷切嘱托。长江和长江流域是我国重要的生物基因宝库和生态安全屏障，是中华民族生生不息、永续发展的重要支撑。然而，由于多年来的无序利用和过度开发，长江一度不堪重负，生态环境恶化，可持续发展面临极大挑战。习近平总书记对此痛心疾呼：长江病了，而且病得还不轻！他指出：“绝不容许长江生态环境在我们这一代人手上继续恶化下去，一定要给子孙后代留下一条清洁美丽的万里长江！”

2016年1月，在重庆召开的推动长江经济带发展座谈会上，习近平总书记为长江治理开出了治本良方，提出要“共抓大保护、不搞大开发”，走“生态优先、绿色发展”之路。这是总书记为推动长江经济带发展立下的规矩、划定的红线。总书记多次深入系统阐述这一重要导向和理念，统一思想，凝聚共识，各地区各部门坚决贯彻、落地有声。

如今，长江经济带共抓大保护格局已基本确立，包括中国化学工程在内的企业、政府，大家共同努力，投身到长江大保护这一功在当代、利在千秋的伟大工程中去，生态环境保护和修复已经取得了积极成效。

1. 项目概述

重庆苦竹溪生态修复项目是中国化学承建的涉长江大保护综合性生态修复项目，总投资约11.47 亿元。

苦竹溪又名长生河，为长江一级支流，地处广阳湾智创生态城的产业腹地，发源于巴南区鹿角场，由南向北纵贯茶园地区，在广阳湾汇入长江。该项目依托于广阳岛独具特色的江河景观和自然生态资源，构建城市生态脉络，实现城市与自然生态和谐共生，建立生态缓冲区，联通湖、河、库、塘，隔离城市组团；开展流域全面综合治理，保持滨岸多样自然生境，保障河流生态流量，营造城市水清岸绿的生态环境，高标准、高起点、高定位从顶层设计去生动表达山水林田湖草生命共同体观念，从实施上实现山清水秀、林美田良、湖净草丰的规划愿景，以“天人合一”的价值追求和“知行合一”的人文境界将苦竹溪规划建设成山水林共生、产城景一体、业游居相宜的生态文明思想的践行区，助力长江经济带和城市发展的示范区，增进民生福祉的引领区。

（1）设计策略

以海绵城市建设理念为指导，统筹水安全保障、水环境改善、水生态修复、水空间融合、智慧管理等目标，系统构建以河道水环境改善和水生态修复为核心的综合治理体系。

（2）空间布局

生态门户区——上游段，作为连接外部的门户区，通过优化山水格局，开阔湖面，重构链湖湿地，与林泽湿地、青翠岛屿、清幽竹湾相映成趣，打造自然生态城市名片。生态智创区——中游段，轻微梳理沿线地貌，实现滨河步道全线贯通，结合各类户外陈展节点及休闲场地，感受山地河谷风光和生态巴茅野趣，结合周边地块功能打造智能创新与生态互动的城市智创空间。自然科普区——下游段，运用生态技术使各类生境得到自然恢复，同时设置生态湿地、入江口竹溪科普中心等，增设场地科普教育功能，真正达到回归慢享的自然生态，体验生态与科技的完美融合。

（3）生态修复

水生态修复。通过分析建设区域内现状水生态基底，识别生态适宜性与生态价值区间，通过保护、修复和建设水生态，增值区域自然资本，实现生态文明建设目标。项目因地制宜，针对高、中、低生态适宜性区域采取不同实施策略。

岸线生态修复。按“整体规划、分级修复”为设计思路，以留为主，以改增营为辅，最大限度地保留现状长势良好、景观价值高的植物群落，通过针对性改造，适当增补高价值的乡土、彩叶、观花树种，营造片区植物景观风貌等修复手段，提高整体林相、季相、景相的变化。根据规划设计范围内植被类型和群落分布，分析主要修复的生境植被类型，以“生态优先、科学修复、绿色发展”的原则，构建“河滩—消落带—草甸—湿地—林地”的多维立体生境。

2. 实践意义

如今，苦竹溪生态修复项目正在如火如荼展开，在全长约 9.7 千米的河道，方圆约为 2.25 平方公里的生态修复区域内，正在实施水安全保障工程、水资源利用工程、水环境提升工程、水生态修复工程、岸线生态修复工程、智慧信息化工程。

（1）生态系统治理下的减排降碳效益

通过实施系统性生态系统治理，苦竹溪流域将形成减排降碳的生态低碳体系，流域周边配合城市运营将形成较为先进的生态低碳理念、较为领先的生态低碳技术和较为成熟的生态低碳运维系统。从生态低碳理念看，将从传统末端治理灰色设施为主，转变为现代系统治理绿色设施为主，切实改变流域周边城市传统的流域生态和环保理念，发挥治理综合效益；从生态低碳技术看，将构建海绵系统治理措施体系，实现源头减排+过程控制+末端处理降低灰色设施规模的综合治理措施体系，切实用好技术，从工程实施上实现实实在在的减排；从生态低碳运维看，通过精细化、智慧化的管理，切实提高管理效率，提升管理水平，降低运行能耗，切实注重运维全过程的管理，从管理上实现减排目标。预计在生态系统治理下，将实现年消减 COD 1660 吨、节能效果折合约 750 吨标准煤的减排降碳目标。

（2）生态环境导向下的城市开发效益

通过实施系统性生态系统治理，苦竹溪流域将形成以生态环境为导向的城市开发系统，体现苦竹溪经济发展价值。基于生态适宜性评价与周边用地价值评价，区域生态环境导向开发价值显著提升，并以此进行生态节点打造和区域联动开发，以点带线，以线带面，以较少的投入，最大化提升流域生态环境与土地价值，促进周边产业发展。

一是重构生态格局：通过环境治理、生态系统修复、生态网络构建，为城市发展创造良好的生态基底，带动土地价值提升。二是整体提升高品质城市环境：通过完善公共设施、交通能力、城市布局优化、特色塑造等提升城市整体环境质量，为后续产业运营提供优质条件。三是产业升级及高端人才聚集：通过人口流入及产业发展激活区域经济，从而增加居民收入、企业利润和政府税收，最终实现自我强化的正反馈回报机制。

（3）生态治理责任与企业经营成果双促进

一是生态治理责任担当。长江大保护—重庆苦竹溪生态修复项目是中化学生态环境有限公司坚决践行习近平生态文明思想，坚决扛起生态保护重大政治责任，积极推进长江经济带绿色发展的生动实践，是公司牢记国之大者的实际体现。二是企业经营成果显现。该项目的实施将为公司带来约 10 亿元左右的产值收入，一方面，进一步为公司在生态环保工程领域提高项目综合实施能力，增厚业绩积累；另一方面，对公司进一步进军环保产业、实业领域，进一步加强在区域业务布局、产业实业导入具有极其重要的意义。三是企业品牌知名度不断提升。2023 年 5 月，国务院国资委宣传局、改革局与国企改革专家联合新华社、央视、经济日报等 10 余家央媒举办“走进新国企 · 改革赋能新发展”媒体采访活动，走进苦竹溪生态修复项目部实地探访，挖掘国企改革新动能，探寻公司改革带来的新成效、新变化，公司改革发展实践和生态环境保护显著成果得到国资委高度认可，擦亮公司品牌形象。

三、展望未来

作为生态文明建设的支柱产业，生态环保工程和环保产业是打赢污染防治攻坚战的中坚力量，

“十四五”以来，随着节能环保、循环经济理念的持续普及，国家对于环保领域的支出逐年增长，生态环保工程和环保产业成为国民经济新的增长力量。加上国内“碳达峰”“碳中和”相关工作持续推进，国家对于环境治理、节能减排、资源循环利用高度重视，相继出台了《财政支持做好碳达峰碳中和工作的意见》《工业领域碳达峰实施方案》《关于加快推动工业资源综合利用的实施方案》等有关政策，重点鼓励和扶持行业的高质量发展。生态环保工程和固废危废资源化利用的发展仍然拥有较为乐观的行业前景。目前，光伏发电在世界能源结构中占有越来越重要的地位，预计到 2050 年，全球近五成的用电量将来自光伏发电，发展作为新能源产业和信息产业重要基石的多晶硅产业，将是我国国家能源安全的重要保障。

中国化学将多点布局持续深化，打造企业 ESG 生态环保产业体系，牢固树立和践行绿水青山就是金山银山的理念，坚持山水林田湖草沙一体化保护和系统治理，持续深入打好蓝天、碧水、净土保卫战，积极稳妥推进碳达峰碳中和，为企业发展开辟广阔的市场空间。致力于加快光伏与相关产业耦合，把“光伏—储能”作为重要的研究和产业布局方向，以氢能行业中电解水制氢成套技术的开发及应用、高效储氢技术开发与应用，实现光伏产业与氢能、电池等产业的耦合，形成一体化发展格局，促进相关行业协同发展，逐步搭建“光伏—储能”的整体解决方案，有效助力国家构建新型电力系统。同时，积极开展绿氢与煤化工耦合技术研究，以及 CO_2 捕集技术、资源化利用技术研究，助推煤化工“源头减碳、过程降碳、末端固碳”。

着眼未来，中国化学将持续聚焦提升国有企业核心竞争力、增强国有企业核心功能，切实发挥好科技创新、产业控制、安全支撑作用。立足工业工程领域，服务和融入新发展格局，推动现代化工业体系建设，保障石化工业安全和绿色发展，聚焦主责主业，打造“工业工程领域综合解决方案服务商”和“高端化学品和先进材料供应商”，建设集研发、投资、建造、运营一体化的具有全球竞争力的世界一流工程公司，在“双碳”目标的大背景下，展现中国化学助力行业绿色化、低碳化、高端化发展的央企担当。

变废为宝，点“穴”成金——中盐集团开拓盐穴综合利用新模式

中国盐业集团有限公司

中盐盐穴综合利用股份有限公司（以下简称中盐盐穴公司）作为国内盐穴综合利用的开拓者、主力军，坚持以习近平新时代中国特色社会主义思想为指导，将企业绿色转型发展与ESG实践相结合，在江苏金坛盐矿建成亚洲第一座盐穴天然气储气库、世界首个非补燃盐穴压缩空气储能电站、国内首个城市燃气企业商用地下盐穴储气项目，积极探索盐穴储气、储油、储能等先进技术，把盐穴综合利用作为服务“双碳”战略的重要抓手，为国家能源安全贡献力量。目前，金坛在建和已建成的地下盐穴约100个，形成天然气库容约18亿立方米，比地面储罐节约占地约87.88%；国家示范项目“江苏金坛60 MW盐穴压缩空气储能电站”电换电效率达到60%，发电全过程无燃料消耗，所有技术和设备均实现全国产化，发挥应急、调峰、保供作用。金坛盐矿的开发模式经历了从采卤制盐到盐穴造腔的转变，以绿色低碳方式推动企业转型升级，实现从传统制盐企业向现代储能高新科技企业的转变，推动盐穴综合利用成为中盐集团“十四五”期间战略新兴业务，打造盐行业现代产业链链长和原创技术策源地。

在新时代新征程上，中盐盐穴公司主动围绕国家发展战略，结合盐行业实际，以江苏金坛盐矿为起点，开发利用盐穴，建成储能基地，积极创造行业价值，履行中央企业社会责任，构建经济效益、社会效益、环境效益三位一体的新发展格局。

一、背景

习近平总书记指出，“绿水青山就是金山银山”。国有企业深入学习贯彻习近平生态文明思想，要推进发展方式绿色低碳转型，履行社会责任，服务双碳战略，实现经济效益和社会效益相互促进，加快推进人与自然和谐共生的现代化。

近年来，中央提出“六稳六保”政策，保粮食能源安全是国家安全的重要内容，加强能源储备建设是实现国家能源安全的重要保障。井矿盐开采后形成的盐穴具有密封性好、安全性高、地面空间占用小的特点，在欧美被广泛用来存储天然气、石油等能源，盐穴综合利用对于我国加强能源储备建设意义重大。盐穴保护与利用是盐业企业履行社会责任的重要内容，盐穴综合利用可以减少地面塌陷等隐患，保护矿区环境；可以有效利用盐穴空间，增加企业盈利点，促进企业绿色转型，保障国家能源安全。

经过几十年的发展，中国现有2000多座盐穴，而且每年随着井矿盐的开采还在增加，但是真正利用起来的只有江苏金坛盐矿部分盐穴。江苏金坛盐矿总面积为60.5平方公里，矿体品位高，是我国东部地区综合指标最佳的大型盐矿，开发较早，可建单体 20 万~50 万立方米的盐穴，为盐穴综合利用提供了较好条件。

随着经济不断发展，中国天然气消费量增速持续大于产量增速，特别是在经济高度发达的长三角地区。近年来，国家相继开建“西气东输”“川气东送”等天然气长距离管道运输工程，城市燃气企业也开始寻找城市燃气储存方式。要保证稳定供气、调峰供气，必须在长江三角洲地区建设储气库，金坛盐穴成为不二选择。同时，随着“新能源+储能”成为国际能源市场的重要话题，盐穴储氢储氦、盐穴液流电池、盐穴压缩空气储能等先进清洁能源存储探索方兴未艾。苏南作为经济发达地区，区域电网需要较强调峰能力，需要消纳更多风电、光电等新能源，这也凸显了利用金坛盐穴建设储能基地的重要性。为了综合利用盐穴，目前金坛盐矿盐穴建造主要有两种方式，一种是老腔改造，即盐矿开采后形成的盐穴，经过检测、改造后用于储气；一种是新腔建设，即以造腔为目的进行盐矿开采。金坛盐矿的开发模式经历了从“采卤制盐”为目的到“盐穴造腔”为目的的转变，实现了从传统制盐企业向现代储能高新科技企业的转型。

实现碳达峰、碳中和，是以习近平同志为核心的党中央统筹国内国际两个大局作出的重大战略决策。随着世界能源革命的深入和我国“双碳”战略的实施，盐穴储能已经受到社会广泛关注，前景十分广阔。盐穴综合利用以其经济性、安全性、生态性等优点，必将成为中盐集团为国家能源安全和“双碳”战略作出贡献的重要抓手。

二、责任行动

习近平总书记强调：“绿色发展是生态文明建设的必然要求。”中盐盐穴公司坚持走绿色发展道路，将绿色低碳作为转型发展的根本战略，坚持“有限资源，无限循环”的生产经营理念，持续推进盐穴综合利用管理，培育盐穴储能和能源消纳的“双碳”优势产业，助力新型能源的使用和推广，打造守护绿水青山、人与自然和谐共生的“绿色品牌”。现已建成西气东输金坛储气库、川气东送金坛储气库、港华金坛盐穴储气库、江苏金坛 60MW 盐穴压缩空气储能电站等，不断开辟盐穴综合利用新方向，实现相关领域科技自立自强。

（一）建设国家级盐穴天然气储气库项目，服务国家重大战略

国家西部大开发战略的实施，特别是“西气东输”“川气东送”建设工程，给金坛盐穴的综合利用提供了历史性机遇。自 2005 年起，中盐集团与中石油合作建设国家重点工程“西气东输储气库”项目，此后与中石化合作建设“川气东送储气库”，服务国家重大战略，保障国家能源安全。

“西气东输”是我国距离最长、口径最大的输气管道，东西横贯新疆、甘肃、宁夏、陕西、山西、河南、安徽、江苏、上海 9 个省区，全长 4200 千米。2000 年 2 月国务院第一次会议批准启动了“西气东输”工程，2009 年继“西气东输”工程后又启动了天然气远距离管网输送工程“川气东送”。“川气东送”工程西起四川达州，跨越四川、重庆、湖北、江西、安徽、江苏、浙江、上海 6 省 2 市，管道总长 2170 千米。“西气东输”“川气东送”作为天然气远距离管网输送工程，要保证稳定供气、调峰供气，必须在长江三角洲地区建设储气库。此时，中盐集团凭借金坛盐矿优势，根据国外利用盐穴建造储气库的经验，主动谋划盐穴综合利用工程，积极推动与中石油和中石化的合作，在金坛建设盐穴天然气储气库。

根据规划，中石油“西气东输”金坛地下盐穴储气库设计总库容为26.38亿立方米，有效工作气量17.14亿立方米；中石化“川气东送”金坛地下盐穴储气库设计总库容为11.79亿立方米，有效工作气量7.23亿立方米。“西气东输储气库”被誉为“中国盐穴储气第一库”，工程分二期建设，一期2010年全部建成，完成6口老腔改造和15口新腔钻井及配套工程建设，规划储气库的有效工作气量达5.09亿标方；二期到2030年全部建成，最终使储气库的有效工作气量达17.14亿标方，该工程目前由国家管网集团西气东输公司江苏储气库分公司运营管理。中石化金坛地下盐穴储气库项目于2016年7月10日投产，作为“川气东送”管道的重要配套工程，中石化金坛储气库项目也是国家发改委核准的储备工程，项目总投资36.8亿元，一期工程全部投产后，库容量预计达4.59亿立方米，可用于调峰气量为2.81亿立方米。该工程于2013年9月开始施工，分3个阶段完成，总建设期为12年。2023年1月19日上午8点，“西气东输”金坛地下盐穴储气库采气量突破50亿立方米，为天然气调峰保供提供了坚强保障。

图11-1　中国盐穴储气第一库

（二）建设城镇燃气商业盐穴储气库项目，发挥调峰保供作用

当前，我国城乡天然气消费规模不断扩大、需求愈发旺盛，储备和调峰能力建设目前却仍处于发展阶段。2018年4月，国家能源局、发改委发布《关于加快储气设施建设和完善储气调峰辅助服务市场机制的意见》，提出城镇燃气企业要建立天然气储备，要求上游气源企业、下游城市燃气公司，以及地方政府要分别按照不低于10%销量、5%销量、3天需求量的标准建设储气能力。为响应国家建设天然气存储设施的号召，增强企业冬季用气高峰时段的调峰能力，中盐集团与港华燃气集团针对天然气消费季节特点，积极合作开展地下储气库等调峰设施建设。2014年11月，港华金坛盐穴储气库正式开工建设。港华金坛盐穴储气库一期规划10口储气井，设计库容4.6亿立方米，有效工作气量2.6亿立方米，该储气库于2018年10月投产，计划于2025年全部交付，是我国首个城市燃气企业地下盐穴储气项目和商业储气项目。在此基础上，后续计划新增40口盐穴储气库井，设计库容为11.5亿立方米。

港华储气有限公司金坛盐穴储气库作为我国城镇燃气首个大规模地下盐穴储气项目及商业储气项目，建成后将为港华集团各合资公司及周边其他城市燃气公司输供天然气，在调峰用气储备、事故应急储备、战略储备等方面发挥重要作用。港华金坛盐穴储气库项目，定位华东区域应急、调峰供气及战略储备，并依托中石油西气东输、中石化川气东送气源，与之管网相连并通过华东区域港华各合资公司及其他周边城市燃气公司高压网互通，实现天然气外输供应。

（三）建设盐穴压缩空气储能国家示范项目，探索储能新方向

目前世界上储能方法有物理储能和化学储能两种。作为物理储能方式的压缩空气储能电站规模大、建设快、安全环保，是新型储能的重要发展方向之一。压缩空气储能电站的建设，需要丰富的盐穴资源和成熟的造腔经验支撑。金坛拥有盐穴资源约 1000 万立方米，具有多年造腔经验，为压缩空气储能电站建设提供了有利条件。如金坛盐穴压缩空气储能电站使用的茅八井盐穴，容积约 22 万立方米，可承受 200 个标准大气压。

盐穴压缩空气储能是一种大规模储能发电技术的应用，其原理是在用电低谷时，利用富余电能将空气压缩存储到地下盐穴中，在用电高峰时再释放压缩空气推动透平进行发电。该技术在欧美有过实践案例，但在发电过程中需要采用天然气补燃方式，非补燃方式需要进一步探索。

近年来，中盐集团与华能集团、清华大学共同投资建设国家储能示范工程“江苏金坛 60MW 盐穴压缩空气储能电站”。项目总投资 15 亿元人民币，其中一期投资 5.34 亿元，并于 2022 年 5 月建成 1 套 60MW 盐穴非补燃压缩空气储能系统并投产，发电年利用小时数约为 1660 小时，电换电效率为 60%，发电全过程无燃料消耗，系统所有技术和设备均完全实现国产化，是我国压缩空气储能领域唯一的国家试验示范项目和首个投产的商业化电站。二期规划建设 250MW 盐穴空气储能发电系统，同时可结合项目所在区域负荷发展及可再生能源开发情况，构建基于盐穴空气储能发电系统的微电网工程，最终规模将达 1000MW 以上。

图 11-2　盐穴压缩空气储能电站一期鸟瞰图

三、履责成效

中盐盐穴公司在金坛盐穴综合利用过程中，科学规划盐盆资源，建设国家级绿色矿山，通过盐穴综合利用开创了土地节约型储气储能新模式，真正践行了“绿水青山就是金山银山”的伟大理念。通过盐穴天然气储库、盐穴压缩空气储能电站等方式开创了中国储能新方向，为保障国家能源安全提供了新选择。经相关部门鉴定，目前中盐盐穴公司在盐穴综合利用方面的技术达到国内首创、国际先进水平。

（一）科学规划，打造国家级绿色矿山，形成节地利用“金坛模式”

1. 整合金坛盐盆资源，做好科学统一规划

20世纪60年代，国家地矿部华东石油地质局在江苏金坛普查石油天然气时发现了金坛盐矿，勘察岩盐储量163亿吨。到20世纪80年代后期，出现了众多乡镇盐矿开采企业，盐矿开发成为金坛经济发展热点。但当时乡镇企业相对分散，盐矿开采粗放，不利于可持续发展。此后作为中盐盐穴公司股东的中盐金坛公司开始整合金坛盐盆，到2015年中盐金坛先后合并了金坛盐矿所有相关企业，金坛盐矿复归完整，为科学统一开发盐矿奠定了基础。

中盐金坛公司、中盐盐穴公司积极做好金坛盐矿开发和盐穴综合利用的规划，先后参与制定江苏省盐盆（金坛）总体规划和常州市金坛区盐腔空间综合利用专项规划等开发规划。科学统筹“地上+地下”资源同步开发，先后建设了西气东输金坛储气库、中石化金坛储气库、港华储气库，并为盐穴压缩空气储能电站、盐穴储油库、盐穴储氢储氦、盐穴液流电池等项目预留了发展空间。

2. 建设绿色矿山，开创土地节约型储气储能新模式

为了打造绿色矿山，实现矿山综合治理，降低企业成本，履行社会责任，中盐金坛公司一直推进绿色矿山建设，先后获得国家级“绿色矿山”、国家级“绿色工厂”等荣誉，“地下盐矿资源绿色开发关键技术及应用”项目获得中国轻工业联合会科技进步奖。中盐盐穴公司在此基础上，在盐矿开发全过程落实各项污染防治措施，参与编制矿山开发利用方案、矿山地质环境保护与治理恢复方案等，健全地质灾害防治制度及全矿区地面沉降监测网，并严格按照方案实施，矿山年检工作全部合格，同时不断推动矿地融合建设，矿区与周边环境和谐融洽，矿区腹地一片生机盎然。

为了保障国家能源安全目标，实现盐穴综合利用商业盈利，中盐盐穴公司、中盐金坛公司从盐产品生产到盐穴综合利用，延伸产业链条，调整产品结构。通过对区域经济及国家经济的全面分析，推进配套储气、储油用途，对盐穴利用进行整体规划设计，开展盐穴储能管理，既能够在未来为企业创造多种效益，又能够保护环境，节约资源，减小风险隐患，实现企业可持续发展。目前，金坛在建和已建成的地下盐穴约100个，形成天然气库容约18亿立方米，工作气量约11亿立方米。同样库容的地面储罐占地面积3300亩左右，而盐穴库占地仅400亩左右，在有力保障国家能源安全的同时，节省了大量土地资源。盐穴处于地下800~2000米的深度，每口盐穴在地下安装井下安全阀，在地表仅安装一个井口装置。即使井口装置遭到破坏，地下安全阀也可自行关闭，不会造成储存在地下的天然气大量损失。建造盐穴储库可以节省资金投入，降低能源使用成本。建造地下盐穴储库单位投资仅为建造相同容积的地面储气罐投资的30%左右。地下盐穴储库在运行过程中的维护成本也比地面储罐的维护成本低很多。金坛利用地下盐穴作为储气库的做法被江苏省自然资源厅

图 11-3　国家级绿色矿山

列为 2021 年度全省 10 个节地模式（技术）先进典型案例在全省推广。中盐盐穴公司变“盐穴”为“宝盆”，实现了节地、环保、安全、经济的目的，践行了“既要金山银山又要绿水青山”的理念。

图 11-4　占地较少的储气库地上设施

实施盐穴综合利用项目，提升矿产资源综合利用水平，“三废”达标排放，矿山生态环境逐步改善，这些对提高金坛区域的水、大气和生态环境质量起到了重要作用。盐穴用于储库，利用地下空间资源的同时，也有效防止了地面塌陷等地质危害的发生，有利于保护矿区人民生命及财产安全。

（二）助力国家能源安全，培育壮大企业发展新增长极

制盐企业从盐产品生产到盐穴综合利用，延伸了产业链条，调整了产品结构，培育壮大了企业发展新增长极，为国家能源安全和能源调峰保供贡献了积极力量。作为长江三角洲地区天然气管网重要配套设施，“西气东输”金坛储气库应急调峰保障范围覆盖苏、浙、沪、皖 4 省（直辖市）14 市 74 县，按照每户每天 1.5 立方米用气量计算，可满足长江三角洲地区 1600 万户家庭调峰期的燃气需求，折合替代标煤 640 万吨，减少 45 万吨二氧化硫、350 万吨粉尘和 455 万吨二氧化碳酸性气

体的排放。金坛盐穴储气库在2008年长三角极寒天气、2021年河南洪涝灾害等“急难险重”情况中多次发挥“地下粮仓”应急保障的重要作用。盐穴储气不但可以助力“西气东输”“川气东送”等国家重大战略项目，还可以建设商业盐穴储气库，服务民本民生，帮助企业增加利润，港华储气库每个盐井每年可以给中盐盐穴公司带来400万左右利润。2022年1月，港华盐穴储气库项目被授予“第十九届中国土木工程詹天佑奖”。2022年9月，“金坛盐岩腔体储能关键技术研发及应用”入选国家自然资源部矿产资源节约和综合利用先进适用技术目录。

除盐穴储气之外，盐穴压缩空气储能项目也为企业带来较好的经济和社会效益。2022年5月，中盐盐穴公司国家储能示范工程“江苏金坛60MW盐穴压缩空气储能电站”投产；2022年7月，江苏电网持续高峰运行，机组按江苏省调需求随时调运，有力支撑了江苏电网“迎峰度夏”工作，在突破非补燃压缩空气储能技术、推动大规模新型储能技术发展的同时，为保障安全稳定的电力供应做出了积极的贡献。自该电站投产至2023年6月，累计充电121次，发电128次，充电5600万度，发电3360万度。盐穴储能跑出“加速度”，秀出“国际范”，为全国乃至世界地下盐穴资源利用提供了“中盐样板”。该项目入选国家展览馆“奋进新时代”主题成就展，社会反响热烈。央视《新闻联播》《新闻直播间》《朝闻天下》《中国新闻》等对盐穴压缩空气储能项目进行了集中报道，央视财经频道以《城市里的“绿色充电宝”》为题进行了深度报道。《人民日报》、光明网、《科技日报》、学习强国、人民网等众多主流媒体也对盐穴工程跟进报道。

（三）取得一系列技术突破，打造盐穴利用原创技术策源地

在盐穴综合利用过程中，金坛建成了亚洲第一座盐穴储气库和中国首个城市燃气企业地下盐穴储气项目、第一个商业储气项目。在建设储气库过程中，中盐金坛公司、中盐盐穴公司等单位已申请国家专利10件，形成企业标准2项。盐穴储气库建设关键技术研发及应用成果已于2019年获得中国轻工业联合会鉴定，属于国内首创、达到国际先进水平。

国家储能示范工程“江苏金坛60MW盐穴压缩空气储能电站”，系统所有技术和设备均实现完全国产化，是我国压缩空气储能领域唯一的国家试验示范项目和首个投产的商业化电站，在“出技术、出标准、出人才”方面取得了一系列成果。项目电—电转换效率达到了60%，比国际最先进的美国McIntosh电站高出7个百分点，实现了我国在商业压缩空气储能领域零的突破，成为全球首座商业运行的非补燃压缩空气储能电站。作为世界首台非补燃压缩空气储能电站，目前已依托项目完成2项IEC国际标准发布、1项IEC国际标准立项，已发布和正在编制的国标和行标12项，核心专利56项，填补了压缩空气储能行业领域空白。金坛盐穴压缩空气储能电站兼具研制“世界最大非补燃式压缩空气储能系统的空气透平”“世界上参数最高的多级离心式空气压缩机”“世界上单台容量最大、温度参数最高的油—气换热器”等，核心设备实现100%国产化，是我国构建新型电力系统、实现“碳达峰、碳中和”目标的关键技术。

四、展望

中盐盐穴公司作为中盐集团盐穴综合利用板块的开拓者、主力军，坚决贯彻习近平总书记关于“保护生态环境就是保护生产力，改善生态环境就是发展生产力”的重要指示精神，胸怀“两个大局”、牢记“国之大者”，坚持服务国家重大战略，践行新发展理念，积极探索盐穴储气、储油、

储能等先进技术，把盐穴综合利用作为中盐服务“双碳”战略的重要抓手，为国家能源安全、新能源发展贡献力量。中盐盐穴公司变废为宝，积极践行“绿水青山就是金山银山”的发展理念，以绿色低碳的方式推动企业转型升级，实现从传统制盐企业向现代储能高新科技企业的转变，推动盐穴综合利用成为中盐集团“十四五”期间战略新兴业务，打造盐行业现代产业链链长和原创技术策源地。目前，盐穴综合利用业务的社会关注度不断升温，技术储备更加丰富，已经成为中盐集团未来新旧动能转换的关键因素。未来，需要继续扩大盐穴储气库建设规模，推动盐穴储油库落地，加强技术研发，探索更多“盐穴+”应用场景，推动盐穴综合利用产业化发展。

（一）加快项目落地，发挥保障国家能源安全作用

目前，欧美发达国家的天然气储量约为年消费量的 15%，而我国仅为 3%左右。如美国坚持加强盐穴天然气储备工作，据美国能源信息署 2023 年 4 月信息，该国盐穴地下储气库天然气库存新增加 50 亿立方英尺。从欧美发达国家能源储备情况来看，我国天然气等能源盐穴储备库建设迫在眉睫。近年来，中国天然气消费量增速持续大于产量增速，特别是经济发达的长三角地区。进一步加快盐穴储气库建设对于提高天然气储存量、保证经济建设和满足人民美好生活需要意义重大。同时，借助于长三角地区经济优势、天然气管网系统优势、盐穴储气库优势等，金坛盐穴储气库有望建设成为国内天然气交割库，为天然气买卖双方在交割期间提供天然气的入库、存储和出库服务，为天然气交易提供安全稳定的保障。

石油储存是保障国家能源安全的重要方式，盐穴储存石油技术已经存在数十年，在欧美等发达国家被广泛采用。现在美国是世界上最大的盐穴储油国家之一，其盐穴储油容量为 7 亿桶以上。由于我国石油储备量远远低于欧美发达国家，且石油需求量巨大，迫切需要我们发展盐穴储油事业。从技术上看，盐穴储油技术在国际上已经得到广泛运用，技术相对成熟；从经济上看，盐穴储油具有较高的储油密度和储油稳定性，综合效益较高；从资源上看，我国具有丰富的岩盐资源，为盐穴储油奠定基础；从环保上看，盐穴储油污染小、占地少，安全性较高。在未来，盐穴储油将成为国家能源安全和盐穴综合利用的重要方向。

图 11-5　盐穴压缩空气储能电站

（二）加强技术研发，探索更多“盐穴+”应用场景

拓展盐穴综合利用新方向，需要加强产学研合作，努力攻克关键核心技术。中盐盐穴公司与清华大学、中国科学院、南方科技大学等多所高校和科研院所合作集中攻克盐穴储气、盐穴压缩空气储能、盐穴储氢储氨、盐穴液流电池等核心技术，打破国外盐穴综合利用技术方面的壁垒，积极打造原创技术策源地，扎实推进盐穴综合利用国家重点项目，服务国家能源安全，推动盐穴资源在优化能源结构、促进清洁生产、保障能源安全、推广新能源应用等方面的技术发展和产业化进程，探索更多“盐穴+”应用场景，构建“多能并储”的新模式，全面助力国家能源安全建设。

（三）加强推广普及，推动盐穴综合利用产业化发展

自21世纪初期，作为中盐盐穴公司股东的中盐金坛公司便开始探索盐穴综合利用，与中石油、中石化、香港中华煤气公司等大型企业合作建设储气库项目，后与清华大学、华能集团合作建设盐穴压缩空气储能国家示范项目，在全国居首创地位，为国家能源储备和重点项目建设作出了积极贡献。盐穴资源综合利用版块呈现良好发展势头，正成为中盐集团科技自立自强的重要名片和服务国家能源战略的一支新生力量。随着“十四五”规划公布，国家“双碳”战略提出，中盐集团从更高层面看待盐穴综合利用问题，进一步认识到实现盐穴更广泛利用，对于我们国家能源储备安全、清洁能源利用具有重要现实意义，也是中盐集团落实供给侧结构性改革、实现盐行业价值创新的重要途径。于是中盐集团把推进盐穴综合利用作为中盐集团“十四五”时期一项重要战略安排，并于2022年8月在中盐金坛公司盐穴综合利用项目的基础上成立由中盐集团直接管理的中盐盐穴公司。中盐集团在现有盐、盐化工、农肥版块基础上，开辟了盐穴综合利用新版块，力争在“十四五”期间发展成为中盐服务国家战略的重要力量，并在盐行业发挥示范引领作用。中盐集团创新行业价值的突破口之一就是大力发展盐穴综合利用，综合发挥盐穴在储油储气储能等方面的作用，围绕重点项目推动盐穴业务规模化发展，为清洁能源的利用服务。

12 固废终结者——中国建材水泥窑协同处置创新实践

中国建材集团有限公司

党的二十大报告指出，要积极稳妥推进碳达峰碳中和。立足我国能源资源禀赋，坚持先立后破，有计划分步骤实施碳达峰行动，积极参与应对气候变化。习近平总书记着重指出，我国生态环境保护结构性、根源性、趋势性压力尚未根本缓解。我国经济社会发展已进入加快绿色化、低碳化的高质量发展阶段，生态文明建设正处于压力叠加、负重前行的关键时期。中国建材作为建材领域唯一的央企更加需要以更高站位、更宽视野、更大力度来谋划和推进新征程生态环境保护工作，谱写新时代生态文明建设新篇章。

“十四五”时期，我国生态文明建设进入了以降碳为重点战略方向、推动减污降碳协同增效、促进经济社会发展全面绿色转型的关键时期。水泥行业作为减污降碳的重点行业，其提升资源利用率、建立绿色低碳循环发展经济体系是大势所趋，在“碳达峰”“碳中和”等目标愿景下，水泥窑协同处置可利用其处理效率高、占地面积小、污染排放少、环境安全性高、投资费用低以及可有效替代化石燃料等优势，成为节能降碳、发展循环经济及助力无废城市建设的社会焦点。

水泥窑协同处置是水泥工业行业提出的一种新的废弃物处置手段，是指水泥熟料生产的同时实现对固体废物的无害化处置过程，即将满足或经过预处理后满足入窑要求的固体废物投入水泥窑。同时，该项目也是践行可持续发展的环保理念、推动产业的高质量发展的重要过程。

一、中国建材协同处置现状

水泥业务是中国建材的压舱石业务，从2012年进入成熟期后，我们紧扣时代命题，深耕细作、不断创新，用“点、线、面”的产品逻辑延伸发展。我们专注于“点”，把水泥产品做到极致、技术做到领先、成本做到最低；我们思考于“线”，延伸上下游产业链，提升价值链，大力发展商混、骨料、预制品等业务；我们伸展于“面”，利用水泥高温处理特性协同处置危废，造福社会、友善地球。

我们对智能化和高端化的探索持之以恒，我们始终追求工业与自然共处的生产方式，我们努力打造环境友好型产业、现代城市标配，我们致力于守护绿色家园、守护城市生态、守护绿水青山、守护居民健康。

自2011年开始，中国建材便开始积极推动协同处置生产线的建设，十二年来，中国建材共投产协同处置生产线47条，年处置规模合计477万吨，减少填埋用地1193亩，解决了城市生态治理的“老大难”问题，水泥厂化身“净化器”“清道夫”，不仅彻底祛除了公众对水泥厂“晴天一身土、雨天一身泥”的偏见，更使“建设环境友好型产业，让水泥厂成为城市标配”的构想一步步成为现实。

二、协同处置经典案例

中国建材积极响应国家及地方政府号召，发展水泥窑协同处置城市垃圾、污泥、污水及危险废物，努力构建人与自然的和谐关系。以下通过南京中联水泥有限公司“利用4500t/d熟料生产线处理危险废物技术改建项目”、米东天山水泥有限公司“电石渣替代石灰石的新型干法水泥熟料生产线及150万吨水泥粉磨系统”项目、溧水天山水泥有限公司“溧水天山水泥有限公司利用水泥窑协同处置500t/d生活垃圾示范线项目”三个经典案例，分享中国建材在废弃物管理及循环利用方面取得的丰硕成果。

（一）南京中联协同处置危险废物

水泥窑协同处置危险废物是在确保生产过程安全可靠、水泥熟料产品质量合格、各类排放物达标排放的前提下，利用水泥熟料生产线将危险废物输送入窑高温煅烧，以消除其危险特性的无害化处置。截至目前，中国建材拥有协同处置危险废物生产线29个，年处置规模289万吨。

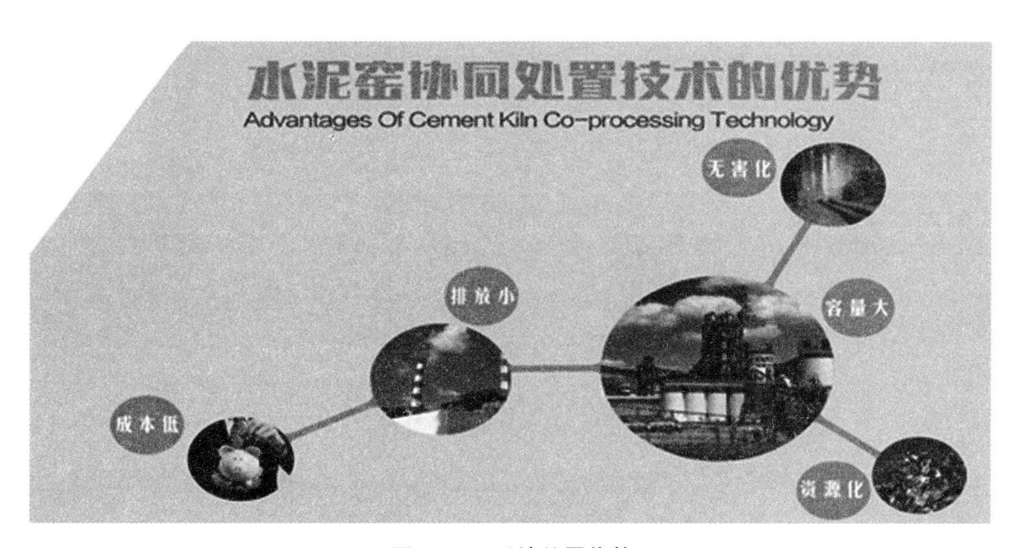

图12-1　系统处置优势

南京中联水泥有限公司“利用4500t/d熟料生产线处理危险废物技术改建项目”，于2017年11月建设完成，2018年6月8日初次取得危险废物经营许可证。经营许可证核准经营处置31大类的危险废物，核准处置量9.46万吨。该项目自投运以来，共累计应急处置危险废物10000余吨，并及时处理了多项环境污染事件，获得了环保主管部门的一致好评，彰显了央企的社会责任。同时，南京中联积极参与了每年市、区环保主管单位组织的危险废物减存量工作调度会，配合处理库存压力较大的产废企业完成去库存工作。在新冠疫情期间，公司发挥自身产业优势，冲锋在前，争做南京市“抗疫先锋”应急处置涉疫危废。疫情期间已累计协助政府应急处置涉疫危废458吨，有效地缓解了政府的防疫压力，扛起了企业的社会责任。

2022年，南京中联全年处置利用固废约65万吨，减少二氧化碳排放9107.15吨，其中利用水

图 12-2　处理涉疫垃圾

泥窑炉协同处置工业危险废物 2.04 万吨，协同处置受污染土壤 8.98 万吨。以原辅材料形式综合利用固体废弃物总量 54 万吨，其中工业废弃物综合利用粉煤灰及煤矸石 12 万吨、工业矿渣 21 万吨、脱硫石膏 7.5 万吨。自 2018 年 6 月领证至 2023 年 6 月，共计处置危险废物 10.16 万吨，处置污染土壤 31.73 万吨，可替代标煤 1.98 万吨，降碳 5.29 万吨。

（二）米东天山协同处置固体废物

PVC（聚氯乙烯）作为我国的重要发展产业，在生产制造行业有着丰富的应用场景，对我国经济发展至关重要。每生产 1 吨 PVC 就会产生 1.5~1.9 吨固态的氢氧化钙电石渣，使得电石渣浆的产生量大大超过了 PVC 的产量。此外，在 2005 年发改委、科技部和环保总局共同发布的《国家鼓励发展的资源节约综合利用和环境保护技术》报告中也提到了电石渣综合利用技术。随着循环经济理念深入人心，利用电石渣生产水泥也日渐成为电石法 PVC 企业们关注的焦点，截至目前，中国建材拥有协同处置固体废物生产线 11 个，年处置规模 109 万吨。

米东天山水泥有限公司实现了对电石渣的综合利用，使资源优势得到了充分发挥，也实现了从资源、产品到废渣再利用的完整循环，从源头上解决了电石渣污染物的产生。也帮助解决了其周边企业的粉煤灰、矿渣粉、煤矸石、铜渣、钢渣、脱硫石膏等替代水泥生产所用的石膏等天然混合材资源的问题。

米东天山水泥有限公司所生产的水泥产品中工业固废占比 98%以上，年消化乌鲁木齐市区周边企业电石废渣 240 万吨，炉渣、粉煤灰、脱硫石膏等其它工业废渣 30 余万吨，节约天然矿产资源近 200 万吨，年减少二氧化碳排放量 84.5 万吨。按照中泰化学年产 82 万吨 PVC 核算，若公司每年产出 240 万吨电石废渣就地堆放不进行消化利用，每年将占地约 675 亩。米东天山水泥在完全消耗电石废渣后，每年可节约占地面积 675 亩。

米东天山水泥有限公司成功实现了由“资源—产品—废弃物”的传统工业模式转变为“资源—产品—废弃物—再生资源”的新型工业模式，变废为宝，实现了循环经济，同时为水泥工业提供了更大的发展空间。公司立足于水泥和氯碱化工两大行业的上下游结合点，将以工业废渣—电石渣为生产水泥熟料的原料，完全替代水泥行业传统天然矿产资源—石灰石，形成循环经济产业链。该举措极大减少了工业固废排放对周边环境、生态条件的污染和负面影响，节约了大量天然矿产资源，契合国家提倡“建设资源节约型、环境友好型社会”的精神，有利于形成产业生态链，促进自然生态的和谐。

图 12-3　花园式工厂

（三）溧水天山协同处置生活垃圾

当前，国内每年的生活垃圾量达 1.65 亿吨，我国累积垃圾达到 70 多亿吨。随着未来城市人口的增加和垃圾分类的进一步完善，我国的生活垃圾预计将以每年 8%的速度递增。据权威部门公布，在我国 668 座大中城市中，已有 200 多座城市陷入垃圾的包围中，近 70 个重点城市的地下水受到垃圾污染。绝大部分生活垃圾未经处理，堆积在城郊，侵占土地面积达 5 亿平方米。垃圾随意弃置不仅破坏了城市景观，也会滋生传播疾病的害虫。未经过有效处理的垃圾长期堆放，经过发酵会产生恶臭并散发大量的氨、氮、硫化物和甲烷等有害气体，不仅污染环境甚至还引发过爆炸事故。大量的酸性和碱性有机污染物会溶解垃圾中的重金属材料，成为有机物、重金属和病原微生物集中的污染源，污染周围的地表水体或渗透地下水，造成水资源的严重污染，还会通过食物链进入人类的身体影响健康。截至目前，中国建材拥有协同处置生活垃圾生产线 7 个，年处置规模 79 万吨。

溧水天山水泥有限公司结合南京市溧水区的生活垃圾产生量，采用国内先进的生活垃圾预处理技术和国际先进的蒂森克虏伯阶梯式预燃炉技术，结合水泥窑高温煅烧工艺，建设了一条日处理能力 500 吨、年处理溧水区生活垃圾约 16.5 万吨生活垃圾的综合处理生产线。自 2020 年 10 月运行以来，累计处置南京市溧水区生活垃圾 36.66 万吨；节约燃煤 7.33 万吨；减排二氧化碳 16.07 万吨；较填埋方式减少了 60.6 亩土地占用。用十年如一日的技术钻研换得企业转型发展的美好远景，换回溧水区的碧水蓝天，换来大众对绿色水泥厂的赞美，其背后也正是基层水泥人对“材料创造美好世界”的神圣使命和转型升级产业梦想的最好实践。

中国建材还有很多类似以上的协同处置项目，这些项目在全国各地践行着“绿水青山就是金山银山”的发展理念，目前中国建材在建协同处置项目共 4 个，年处置规模合计 56 万吨，预计 2025 年中国建材协同处置线将达到 63 条，年处置规模 696 万吨，减少填埋用地 1740 亩。周育先董事长指出：“水泥不仅要用于‘建设’，更要‘知材善用’，用于‘守护’：守护绿色家园，守护城市生态，守护绿水青山，守护居民健康。水泥厂在发挥一个正面的社会效益，它能够为保护环境、为民众的美好生活添砖加瓦，这件事情很有意义。”

图 12-4　生活垃圾入窑输送系统

随着“双碳”战略目标的提出，我国已经进入以降碳为重点，推动减污降碳协同增效，促进经济社会全面绿色转型的关键时期。水泥窑协同处置可以减少化石燃料的使用量，降低 CO_2 等污染气体的排放，是“减碳”的重要一环。后续，中国建材会总结协同处置管理方面的经验并予以推广，始终坚定不移走生态优先、绿色发展道路。

驶向绿色未来——中国中车建设旋梯型绿色制造体系

中国中车集团有限公司

经过多年实践，中车充分考虑自身企业多、发展不平衡、产业链长、产品生命周期长等特点，以能源环保运行评价和实现碳达峰为发展基座，以建设绿色工厂、开发绿色产品、打造绿色供应链、树立绿色示范园区为提升阶梯，以多维度综合评估企业绿色发展水平的量化绿色指数为引导中柱，形成了中车特色的“阶梯型”绿色制造体系。以用地集约化、原料无害化、生产清洁化、废物资源化、能源低碳化、资源能源利用高效化的“六化”标准，创建了14家中车级绿色工厂、21家国家级绿色工厂，实现了制造过程由环境风险管理向环境友好、数字低碳的擢升，向高效、低碳、循环的绿色制造体系转变。

一、企业概况

中车环境科技有限公司（以下简称环境公司）成立于2017年，是中国中车节能环保领域的专业化公司，依托轨道交通相关环保产业基础和高端装备制造能力，致力于打造具有中车特色、服务中车发展、发挥中车优势的节能环保产业，为客户提供节能环保材料、高端节能环保装备、工程建设与运营服务，努力成为“立足轨道交通的工业绿色制造及城镇环境友好的系统解决方案提供商”。

环境公司是中车产业投资有限公司的绝对控股企业。公司坚持1个“绿色”发展理念，围绕“节能降耗、治污减排”2个产业方向，形成“材料、装备、服务”3个业务板块，打造“轨交、工业、市政、流域”4类资源化综合业务。环境公司致力于服务中车，在集团运营与安技环保中心的带领下，近年来为中车绿色制造体系建设贡献专业力量；提供污染治理、节能减排方向的专业服务，已初步形成“投资—设计—建设—运营”的商业模式，并围绕“绿色”“低碳”不断构建自身实力。

二、主要措施

中国中车一直致力于ESG体系建设，在环保议题上更是践行了绿色低碳理念，构建了以绿色制造资源禀赋为抓手，有特色的可持续发展模式。绿色制造体系建设是个庞大的系统工程，包括绿色产品、绿色工厂、绿色供应链以及绿色园区四个部分。这四个部分存在着逻辑关联，工厂是产品的制造与生产单元，工厂的绿色化影响着输出产品的特点，工厂辐射上下游的供应商，其采购、决策影响供应商的质量及供给，尤其是当下碳中和目标实现的驱动；园区是工厂单元的集合，工厂总体的绿色化水平影响了园区整体的表现；因此打造绿色制造体系将绿色工厂作为核心的工作重点是可行的，也为向其他绿色部分辐射及复制提供参考。图13-1充分展示了绿色产品、绿色工厂、绿色供应商和绿色园区的内在逻辑联系。

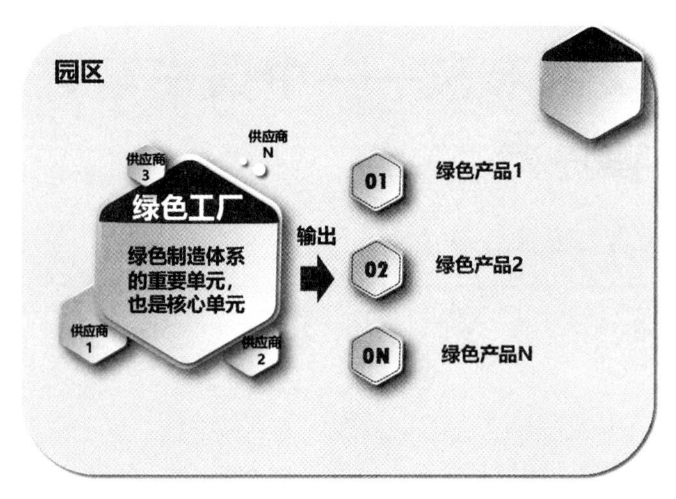

图 13-1　以"绿色工厂"为核心的绿色制造体系框架

2021 年中车《"十四五"能源节约与生态环境保护专项规划》提出"形成以碳中和为目标，绿色制造指数为引领，以绿色工厂、绿色产品、绿色供应链为重点，以能源环保管理运行监控评价和碳达峰为基本盘，全面打造独具中车特色的旋梯型绿色制造体系，形成全生命周期、全产业链、全过程适用的企业绿色低碳发展绩效评价系列标准、办法和流程，促进企业由风险管理向标杆引领的转变。"该目标明确了绿色制造体系的意义，也赋予了中车开展绿色工厂建设的重要性和必要性。

中车绿色工厂的内涵包括用地集约化、原料无害化、生产洁净化、废物资源化、能源低碳化、资源能源高效化六个方面。

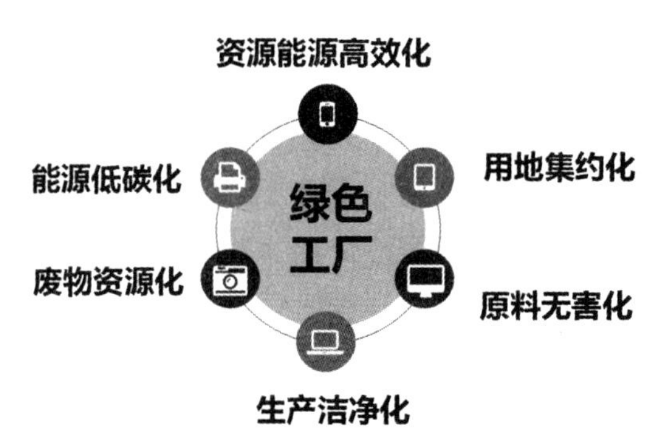

图 13-2　中国中车绿色工厂的主要内涵

具体而言，中车绿色工厂打造了一条颇具特色的建设之路：对标一流企业、统一标准、智慧化管理、专家队伍建设、明确管理流程、打造标杆。该建设既发挥资源禀赋优势，又重点发力解决差距问题，也有效调用人才资本打破资源不足的困境，更兼具数字化时代特色。中车聚焦绿色工厂建设为轨道交通装备制造业在低碳建设的道路上树立了管理标杆，为中车绿色制造体系建设夯实了基础。

（一）差距分析——主动对标世界一流企业，为绿色建设提供思路

自 2018 年起，中车主动对标世界一流企业，寻找差距，为绿色低碳建设提供思路。打造世界一流企业是中车的发展目标，但随着"碳税""绿色认证"等要求的逐步推行，对轨道交通装备产品的要求特别是全生命周期产品性能的要求也水涨船高；生产制造对于产品的绿色及低碳产生重大

影响；因此，为打造中车产品的绿色标签，需了解与竞争对手的差异。自 2018 年开始持续与包括西门子、庞巴迪、阿尔斯通、川崎、日立等在内的企业在能源与资源投入、环境排放、碳排放等方面的表现进行对标。

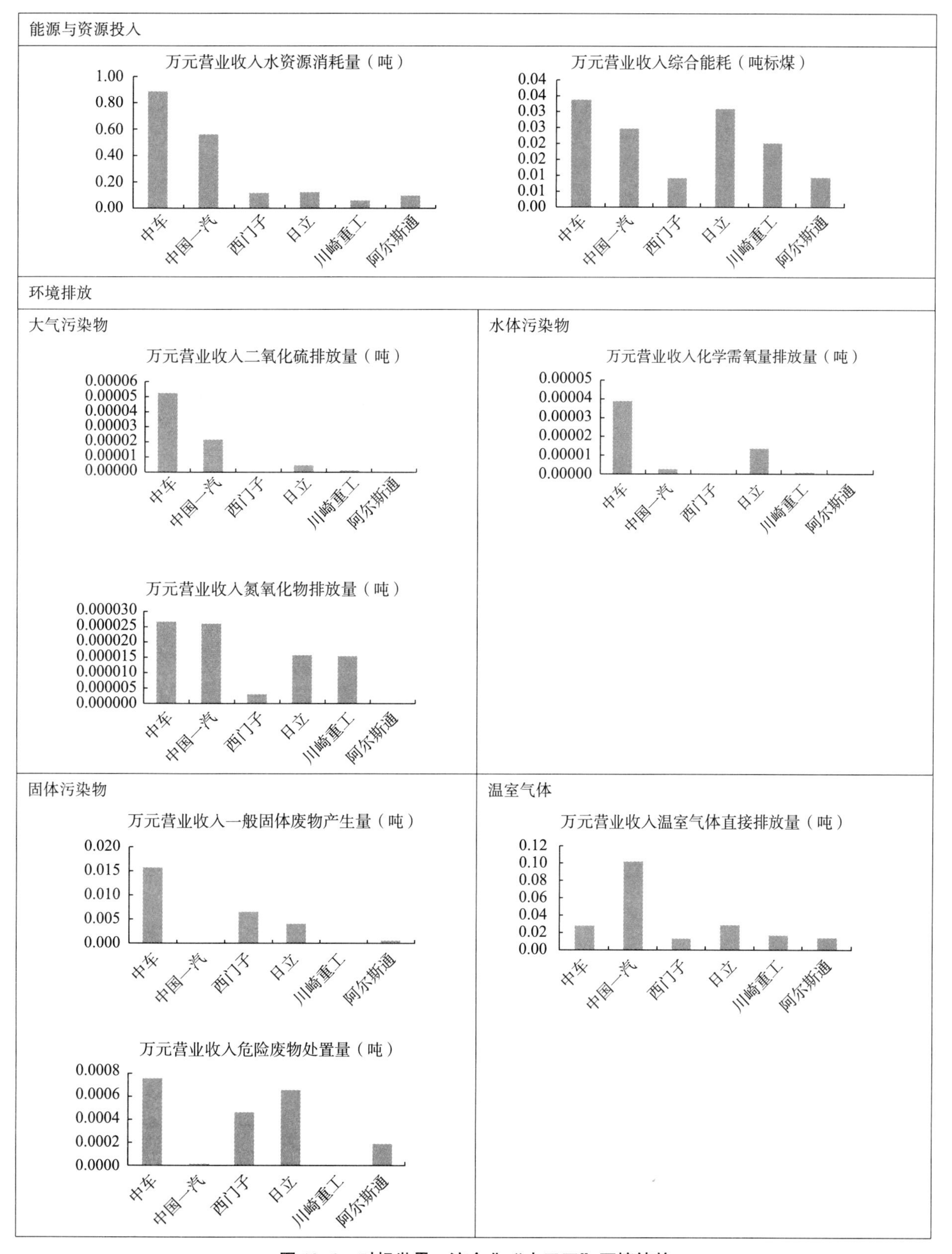

图 13-3　对标世界一流企业“十三五”环境绩效

中车在生产制造规模上已经远超其他竞争对手，但在生产制造过程中对能源资源的高效利用、对污染物的管控程度、对碳减排的管理力度、管理的颗粒度上仍然具有较大潜力。例如，西门子早已承诺 2030 年实现碳中和，2050 年达到供应链碳中和。同其他先进企业一样，充分利用能源环保数据及指标对生产运营形成助力并为进一步精益化管理提供依据和支撑也是中车需要探寻的重点。

（二）精准发力——制定特色绿色工厂标准，确定创新基础

虽然国家发布了《绿色工厂评价通则》，对绿色工厂建设提出了框架性的指引和要求，但该通则既不能凸显轨道交通装备制造业特色，亦无法对中车建设高标准的绿色工厂提供依据。因此，打造中车绿色工厂需统一的标准引领。

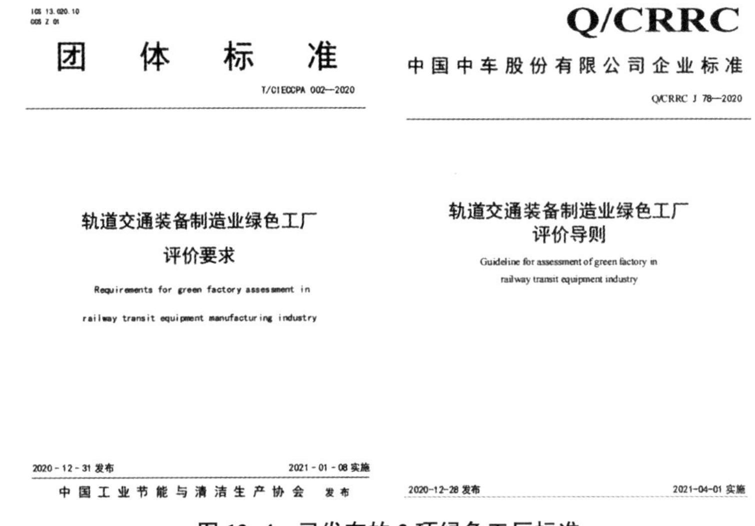

图 13-4　已发布的 2 项绿色工厂标准

2019 年，中车成立了轨道交通装备制造业绿色工厂评价标准编写组。通过 1 年多的研讨、四个典型企业的试点评价、多轮专家评审，最终确定了团体标准《轨道交通装备制造业绿色工厂评价要求》和中车企业标准《轨道交通装备制造业绿色工厂评价导则》，两项标准已于 2020 年 12 月正式发布。

该标准明晰了如何建设绿色工厂、如何提升绿色化水平，兼具特色、先进性、可执行性及前瞻性等特点。

标准的独有特色——在国家《绿色工厂通则》的基础上，既结合中车三年污染防治攻坚战的要求，也体现轨道交通行业绿色工厂的特色，增加了中车特色要求：①强制要求水性涂料的使用量占比不低于 30%；②能源管控系统和工业锅炉等具体要求增加了相关的细节以提高能源使用效率、降低污染排放；③鼓励使用清洁能源，鼓励建立绿色生态产品以及全生命周期产品碳足迹；④鼓励单位产品碳排放、万元产值碳排放达到行业先进水平；⑤标准的推行令全集团次工厂低碳建设更有准则。

标准的先进可持续性——标准的确定仅仅是中车绿色工厂建设的起点，为保证标准的先进性和科学性，随着绿色工厂建设的开展，机车、客车、货车、零部件企业的工厂绿色化水平指标不断更新，评价均采用最先进指标值作为后续工厂绿色绩效水平的评审标准。通过指标值的提高，逐步提高绿色工厂的门槛，后续企业建设/提升绿色化水平更具挑战，中车绿色工厂的“含金量”亦将逐

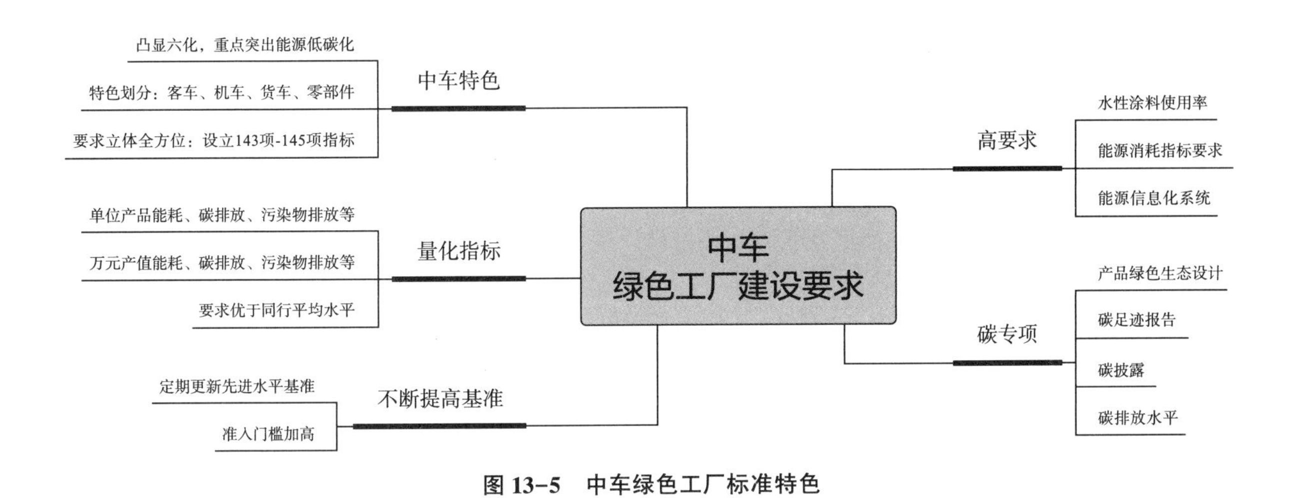

图 13-5　中车绿色工厂标准特色

步提升。

标准的可执行性——现实中各企业生产的产品和工艺过程存在较大的差异，为保证标准的可执行性，标准按照轨道交通装备制造行业属性进一步细分，统一分为机车指标项、客车指标项、货车指标项和零部件指标项；进而保障标准的指向性更明确，可执行性更强。

标准的前瞻性——为助力“双碳”相关工作，将产品碳足迹、减碳措施的相关要求融入标准，并赋予较高分值，提升企业对减碳工作的意识。如：企业应根据 ISO14067 的要求实施产品碳足迹盘查，确保每类产品都有碳足迹报告；企业应采取减碳措施。字斟句酌，一个“应”字代表了中车对企业严控碳排放的态度。

单位产品概念——绿色工厂建设离不开能耗的有效管理，确定一套行之有效的统一核算准则是必要且可行的。2019—2020 年，《铁路机车单位产品综合能耗及能源成本计算通则》《铁路机车单位产品综合能耗及能源成本计算通则》《铁路机车单位产品综合能耗及能源成本计算通则》《电机制造单位产品综合能耗及能源成本计算》等标准的陆续发布确定为能源成本的有效核算提供了可能。基于此，绿色工厂标准引入“单位产品”的概念——机车、客车、货车、零部件企业生产的产品按系数进行修正后的当量产品，每个细分行业领域标准统一，令数据进一步量化归“1”，使绿色工厂数据间具有可对比性。

标准的可量化性——根据轨道交通装备制造特点，量化不同绩效指标，标准赋予“六化”建设不同的权重分值，更有侧重和主次；也凸显中车工艺制造、污染排放、资源利用等的不同；使得绿色工厂建设有据可依。

（三）“数字资产”——搭建绿色工厂信息化平台，落实贯彻数字智能化

在大数据、云计算、智能化应用的今天，绿色工厂建设离不开绿色制造环节的数据支持，包括各种设计数据、原辅材料数据、工艺定额数据、生产数据、能源数据、排放数据等；这些数据不仅为企业的生产发挥有效支持，也为数据应用特别是绿色挖掘、大数据分析提供了空间；这些数据的积累和有效数据的应用将成为中车的核心资产，也将为中车碳排放准确核算奠定了坚实基础，向碳中和目标的实现更近了一步。

基于此，绿色工厂建设继续在运营与安技环保中心的组织下搭建了“绿色工厂管理平台”。该平台是“中车能碳智云管控系统”的组成部分之一，随着中车“能碳智云系统”的全面铺开，未

来中车绿色工厂的数据均可实现在线提取，保证所有指标数据的真实性、客观性、口径统一性，这为中车绿色工厂建设及提升提供了标准和依据。

（四）资源聚合——培养一批中车专家队伍，引领节能环保新发展

在标准的编制、内部研讨、业务培训、评价评审等工作过程中，运营与安技环保中心精心组织及安排，环境公司深度参与，为全中车打造了一支“综合+专业”的绿色制造体系专家队伍。2018年至2020年，运营与安技环保中心组织全集团次培训研讨超过5次；对所有一级子公司（超过30家）及较大二级子公司进行了能效测试、能耗统计数据核查等工作，全面参与中车双碳战略规划研究，在实践中培养了一批技术过硬的专家骨干。

中车全级次的专家团队打破了企业间物理屏障，缓解了部分企业缺乏专业人员的短期压力，也实现了技术与经验的无障碍沟通衔接：管理模式较好的企业通过分享、交流与合作，引领、带动兄弟企业不断进步。绿色工厂的创建在共享实践中为中车低碳管理培养了核心人才，形成资源的有效聚合，为中车绿色低碳发展提供强有力支持。

（五）提供保障——明确管理流程，正向驱动绿色工厂建设

为鼓励中车内部企业积极建设绿色工厂、规范绿色工厂建设流程，由运营与安技环保中心组织，环境公司参与，编制并发布了《中国中车绿色工厂评价管理办法》（中车集团运营［2021］107号），对绿色工厂相关内容进行了明确的阐述，重点说明了申报中车绿色工厂监督管理内容和激励政策，有效鼓励中车内部企业积极参与绿色制造体系，打造不同的特色化绿色工厂。

绿色工厂评价管理办法的发布打通了中车全级次绿色工厂建设的“最后一公里”，使中车绿色工厂建设形成了闭环管理。标准的公布让绿色工厂建设有了参考依据，人员配备使得建设成为可能；流程明确则明晰了责任、义务以及激励机制，工厂参与的积极性得到有效保障。绿色工厂建设文件的下发亦奠定了中车绿色制造体系坚实的基础，为后续绿色产品、绿色供应链、绿色制造相关标准的发布与执行提供了相关的经验。

（六）打造标杆——全面推广，打造绿色工厂标杆企业

2020年标准发布后，为保证标准执行的统一性，2021年4月，中车运营与安技环保部组织了全级次的绿色工厂评审专家培训和绿色工厂标准及创建培训。绿色工厂评审专家培训主要对绿色工厂评价专家进行培训、对标准本身进行深入研讨、对评审专家进行考核；绿色工厂标准及创建的培训则明确了企业申报绿色工厂的流程和要求。

中车绿色工厂始终在路上，近三年来已挖掘出不同类型的“绿色特色”标杆工厂，经过提炼和总结，已通过中车绿色工厂标准的企业特色如表13-1所示。

表13-1　中车不同标杆企业的绿色工厂特色

企业		绿色工厂特色
机车	株机公司	“六全”实施绿色制造，焊接烟尘全面治理
	大连公司	践行绿色生态设计，规模利用可再生能源
	戚墅堰公司	储能调峰降本增效，中水回用近零排放

续表

企业		绿色工厂特色
动客车	四方股份公司	多措并举源头治理，精准施策废物减量
	长客股份公司	网点化环境管理，数字化精细控能
	唐山公司	“四心”经营绿色工厂，创新引领低碳突破
	天津中车四方轨道	寻求环保经营平衡，全面对标精准提升
货车	齐齐哈尔公司	固废减量循环利用，能源成本精准核算
	沈阳公司	水性涂料率先覆盖，源头减污降碳协同
	眉山公司	数字赋能节能技改，探索人机协同治理
零部件	时代电气	致力“三融合三实施一打造”，全面推进绿色低碳发展
	株洲电机	提供绿色驱动力，协同低碳供应链
	戚墅堰所	聚焦热工治理难点，重拳有效环保攻关
其他	中车株洲所风电事业部	研制零碳能源装备，致力零碳工厂建设

14 家企业参加了中车绿色工厂评价，覆盖了机车、动客车、货车、零部件企业等各类型企业，尽管中车企业各有各的特色，却共享相同相近的技术、认证等标准和要求，标杆企业的绿色特性将启发和引领中车企业建设不同的“绿色亮点”，共同打造“百花齐放”的中车绿色制造体系。

三、实施效果

经过 3 年的实践、推广及应用，重点聚焦工厂的用地集约化、原料无害化、生产洁净化、废物资源化、能源低碳化、资源能源高效化六个维度，以企业绿色工厂建设为有效抓手，中车走出了一条绿色、低碳、精细、智慧管理之路，丰富了中车 ESG 体系建设。

（一）形成了一套较为完善的绿色工厂标准体系，为绿色制造体系建设奠定基础

以绿色工厂为核心，以标准为出发点，形成了统一建设标准，明晰了绿色工厂的愿景及重要性；培养了一批共 30 余名中车绿色工厂专家，打破了中车内部企业技术交流屏障；出台了配套的绿色工厂建设管理办法，形成了绿色工厂建设有效闭环，有效鼓励各企业积极参与；搭建了智能的绿色工厂数据信息平台，实现绿色制造体系的高效管理，并形成了有效的“数据资产”，绿色制造体系建设基础范式得以呈现。

（二）输出了一种良性的绿色工厂建设模式，激励企业不断向绿色低碳模式发展

通过绿色专家的评选交流，带回先进经验为自身工厂建设提供了指导，持续不断的正向反馈与激励提升绿色工厂各项指标的先进水平，形成了良性竞争的态势。

（三）取得了一些效益与模式经验，为中车绿色制造体系全面建设提供范式

绿色工厂建设使中车整体生态环保向好，夯实了绿色低碳基础，引导企业完成碳核查、产品碳足迹，企业用能结构大幅调整，污染排放持续降低；行之有效的绿色管理方式，使中车实现管理升级，助推跨越式发展。

（1）能源结构调整：煤炭消费从 2015 年的 36%下降到 7%，天然气消费从 2015 年的 12%增加到 23%；中车大连公司积极推进绿色可再生能源应用替代，采用合同能源管理模式在旅顺厂区建设光伏电站，电站采用“自发自用，余电上网”的用电模式，达到当地厂区总用电量的 50%；唐山公司积极调整用能结构，成为全集团内首家实现无煤无天然气化石能源使用的客车制造企业，首家实施“蒸汽冷凝水回收”的领先企业，实现了 SO_2、NOx、烟粉尘等主要污染物排放量大幅削减，范围一碳排放显著降低。

（2）资源有效利用：齐车公司自 2018 年起开展了边角余料再利用和库存物料盘活行动，通过材料代用、以厚代薄、以优代劣等方式，钢材的原材料厂内使用率基本达到 100%；在废物资源化利用方面，对内公司推进炼钢废渣回用工作，对外积极沟通，促成铸造废砂与水泥窑的协同利用，将铸造废砂循环再用作为制造水泥熟料的原材料。

（3）主要污染物排放：中车煤炭消费总量相较 2015 年下降了 80%；折合二氧化碳排放当量减少了近 70 万吨，同时也大幅削减了 SO_2 和 NO_2 排放量。国产铁路货车已经全面推广使用水性涂料，与使用油性涂料相比，VOCs 的排放量大幅下降。

（4）能源消耗强度：万元产值综合能耗降低超过 30%；万元产值用水量降低超过 10%。

绿色工厂的建设强调绿色低碳，与碳达峰、碳中和的目标“不谋而合”，为孕育新兴产业提供了发展机会；绿色工厂建设成功的范式不断得到平移复制，绿色产品和绿色供应链研究工作全面展开，加强了与供应商间的绿色沟通与联系，绿色制造相关标准建设不断完善，推动中车绿色制造体系建设不断旋梯型向上丰富；中车的绿色制造体系建设将不断丰富中车绿色新名片，持续发挥行业标杆引领作用，带动轨道交通上下游产业链构建绿色供应链体系，打造绿色低碳的可持续共同体。

未来中车将继续勇担重任，秉承“守中致和，厚德载物”的理念，接轨国际，在“绿色制造的领跑者、绿色发展的先行者”的基础上不断完善 ESG 体系建设，构建中车的可持续发展之路。

中国方案绘就“未来之城”——中交集团打造“一带一路”绿色发展典范

中国交通建设集团有限公司

斯里兰卡科伦坡港口城是习近平总书记亲自见证开工的“一带一路”旗舰项目，是直属斯里兰卡总统管辖的超大型国家战略发展项目，由中交集团所属中国港湾投资建设运营，被美国《福布斯》杂志评选为“影响未来的五座新城”之一。中交集团在项目规划、设计、建设、运营全过程中，积极贯彻新发展理念，以高标准可持续惠民生为目标，通过绿色可持续的中国技术方案，实现经济、社会、生态效益三丰收，得到中斯两国领导人高度肯定，被全球工程建设领域最权威的学术杂志《工程新闻记录》评选为“全球机场/港口类最佳项目奖”，成为建设绿色“一带一路”的典范。受全球珊瑚白化事件和印度洋大海啸影响，斯里兰卡珊瑚群落所剩无几。2014 年项目开工以来，中交集团建设者秉持绿色发展理念，通过一系列科技创新与工艺改良，为珊瑚群落自然生长创造了得天独厚的条件。2023 年初观测发现，项目 3.7 公里长的防波堤内侧出现了大规模的天然珊瑚群落和珍稀鱼群，被誉为海洋生物多样性的“生态奇迹”。与此同时，中交集团第一时间联合中外科学家对珊瑚群落进行监测性保护，积极推动中斯珊瑚生态研究合作，为推动“一带一路”绿色发展贡献力量。

一、科伦坡港口城项目背景

斯里兰卡科伦坡港口城是习近平总书记亲自见证并剪彩的中斯两国共建“一带一路”重点项目，是直属斯里兰卡总统管辖的超大型国家战略发展项目，也是斯里兰卡迄今规模最大的单体外商直接投资项目。项目由中交集团所属中国港湾投资建设运营，通过填海造地的方式，开发建设一座世界级的城市综合体，为斯里兰卡首都科伦坡打造全新的中央商务区（CBD）。项目自开工以来，受到中斯两国高层和国际社会的高度关注。我国多位党和国家领导人曾莅临项目指导。斯里兰卡历届总统、总理多次到项目视察。美国《福布斯》杂志将项目评选为“影响未来的五座新城”之一。

科伦坡港口城是中国“一带一路”倡议和斯里兰卡国家发展战略深入对接的重要成果，是 21 世纪海上丝绸之路的关键支点，是首个中资企业与第三国政府联手开发的经济特区和金融中心。港口城始终坚持“共商共建共享”发展理念，从中国、斯里兰卡、国际三个通道积极整合优质资源参与港口城开发，未来将聚焦导入信息技术、离岸金融服务、航运物流、专业服务、信息教育、休闲旅游等现代服务业，打造南亚区域的产业新城，搭建“一带一路”沿线国际经贸合作新平台。港口城秉承绿色环保的发展理念，对标联合国可持续城市发展目标，坚持高标准可持续惠民生，肩负企业生态环境保护主体责任，将绿色环保贯穿于项目规划、设计和施工全过程，有效保护和提升了项目周边海域的生态环境和海洋生物多样性发展，树立了当地基建行业的绿色基准，促进了当地经济社会与生态环境保护的协同发展，为城市开发运营提供了高品质的绿色基础设施，也打造了共建绿色“一带一路”倡议的典型案例。

地理位置：项目位于科伦坡南港以南近岸海域，与科伦坡现有中央商务区相连，规划范围北至科伦坡南港防波堤，南至高尔菲斯绿地，东至现有海岸线。项目位于斯里兰卡总统府秘书处正前方，斯里兰卡外交部、财政部、中央银行等主要政府部门以及香格里拉、希尔顿等多家五星级酒店位于项目周边 1 公里范围内。

建设内容：项目通过陆域吹填，形成土地 269 公顷，其中可商业开发土地约 178 公顷，规划建设规模超过 630 万平方米。项目规划包括国际品牌带动区、金融区、中央公园区、宜居生活岛、游艇码头区等五大功能区划。未来将打造成为立足斯里兰卡服务南亚区域，以信息技术、离岸金融服务、航运物流、专业服务、信息教育、休闲旅游等现代服务业为核心的经济特区、金融中心和产业新城，搭建“一带一路”沿线国际经贸合作新平台。整个开发周期约 25 年，建成后将有超过 28 万人在此工作生活。

图 14-1　科伦坡港口城全景

合作模式：该项目是典型的公私合营项目（PPP），中国港湾负责投融资、规划、建设（包括港口城内所有市政设施的配套施工）。斯里兰卡政府负责提供项目施工和环境许可证，以及外围市政基础设施配套工作。

投资规模：项目一级土地开发投资 14 亿美元（其中一期投资 11.5 亿美元），预计将带动二级开发超 130 亿美元。

后期运营：中国港湾不仅负责项目一二级开发，还将与斯里兰卡政府共同成立城市运营管理公司，负责港口城建成后水、电、气等公共事业服务和物业运营管理，并有计划待条件成熟后在金融市场挂牌上市。

政策配套：斯里兰卡政府致力于将港口城打造成一个“特别经济区”，突破当前法律体系，提供整个斯里兰卡最有竞争力的投资便利和税收优惠政策。2021 年 5 月，斯里兰卡议会高票通过了《科伦坡港口城经济委员会法案》，开创了中国企业与“一带一路”共建国政府联手打造经济特区的首个案例。

当前进展：截至目前，项目已经完成全部 269 公顷土地吹填，一期市政工程 2023 年底竣工，二期市政工程计划 2024 年年内开工；包括港口城招商法宝——《“战略重要性”企业法规》在内的 8 项法规细则已经颁布生效，正积极与多个国际品牌展开战略合作，并实现了启动区六个地块出让，国金中心、别墅项目等多个二级先导项目计划近期动工；临时运营设施已向当地公众开放，累计接待超 150 万人次。

二、具体实践

（一）科伦坡港口城助推“一带一路”高质量发展实践

习近平总书记在出席第三次“一带一路”建设座谈会时强调，完整、准确、全面贯彻新发展理念，以高标准、可持续、惠民生为目标，巩固互联互通合作基础，拓展国际合作新空间，扎牢风险防控网络，努力实现更高合作水平、更高投入效益、更高供给质量、更高发展韧性，推动共建“一带一路”高质量发展不断取得新成效。2014 年科伦坡港口城项目开工以来，中交集团主动融入高质量共建“一带一路”大局，通过项目建设持续夯实合作根基、保护生态环境、履行社会责任、造福属地民众、传播中国好声音，成为推动共建“一带一路”高质量发展重要的参与者、贡献者和排头兵。

1. 坚持共商共建，持续夯实中斯合作基础

在科伦坡港口城项目推进过程中，中斯双方始终坚持“大家的事大家商量着办”，充分沟通、各尽所能、通力合作，把共商共建的理念落到了实处。战略层面，项目本身就是“一带一路”倡议与斯里兰卡国家发展规划深度对接的成果，体现了两国之间较高的政策沟通水平，也从根本上决定了双方在项目上“心往一处想、劲往一处使”。执行层面，在优惠政策、复工条件等项目关键问题上，双方始终能够保持顺畅沟通、友好谈判，协商解决各种难题。建设过程中，中交集团坚持属地化策略，属地化程度高达 80%，项目高级销售顾问、公共关系总监等重要职位均由属地员工担任，让当地各界充分感受到，港口城不仅是中国企业投资建设的项目，更是斯里兰卡人民参与建设的事关自己国家未来发展的战略项目。在斯里兰卡，不论是现政府还是前政府，都充分认识到港口城的经济、战略价值，特别是在提升斯里兰卡国家影响力、推动城镇化进程、增加就业岗位、促进第三产业发展方面的作用，均把港口城作为推动国家发展、彰显执政成绩的重要抓手。据普华永道评估，港口城项目将为斯里兰卡吸引超过 97 亿美元的外国直接投资，为斯政府增加超过 50 亿美元的财政收入。

2. 坚持绿色发展，持续保护当地生态环境

中交集团始终将绿色作为企业发展的底色，将科伦坡港口城打造成环境友好型的“一带一路”典范项目。科伦坡港口城项目起源于 20 世纪 70 年代斯里兰卡首都核心商圈扩大需要，由于国家经济发展水平所限，斯里兰卡政府一直无力解决该历史性发展难题。在共建绿色“一带一路”倡议下，中国港湾向斯里兰卡政府提出从海上寻求城市扩张的解决方案，最大限度保留了现有商务区不被破坏。同时，科伦坡港口城是一个纯粹的绿地投资项目，项目融资方案中，项目公司作为实际借款人，以销售收入作为还款来源，提供项目公司股权质押。斯里兰卡政府无须进行任何主权担保，

确保了项目在商业和财政上的可持续性。可以说科伦坡港口城本身就是中国港湾提供给斯里兰卡人民解决自身发展历史性难题的绿色解决方案。

作为斯里兰卡首个充满未来感的规划城市，绿色可持续将是港口城的发展核心。为确保港口城设计再过 25 年都不会落伍，中国港湾特别邀请世界知名规划公司新加坡盛誉集团编制港口城控制性规划（DCR）。控规对项目商业开发土地的使用性质、建筑容积率、建筑密度、建筑高度等提出了指标要求，对市政配套和地块的景观打造提出了约束要求，对城市的绿色建筑、节能环保、声光控制、垃圾处理提出了具体要求，充分“尊重本土、优化环境、减少污染、资源节约”，打造智慧城市，倡导绿色出行。不仅提升科伦坡城市空间以及环境、居住、办公与生活品质，同时兼顾了科伦坡历史文化的传承，彰显南亚国家的城市特色。港口城控规被认为是斯里兰卡迄今为止业态最复杂、功能最齐全、理念最先进的城市控制性规划。港口城总体景观概念设计获得国际景观建筑师联合会亚太、中东及非洲三大区域中心联合举办的 2018 年设计竞赛总体规划组优胜奖；景观规划分别获得新加坡景观建筑师协会举办的 2017 年度竞赛银奖、中国“园冶杯”2018 年度城市设计奖获奖金奖，港口城控规成为斯里兰卡其他城市发展的基准。

港口城在设计阶段便确定了环保、节能、节材、降排的总体目标，在水质分析、防波堤选型、快速吹填陆域等关键环节着力采取了绿色环保设计技术，实现绿色环保目标。项目区域的水体能在 10 天内完成水体交换，避免出现高浓度、长时间的污染物聚集，确保港口城内水体水质保持达标。项目创新采用开放式倒滤结构、动态护坦、堤心换砂、扭王块定点随机安放方式等技术路线，设计出窄堤顶、低标高、陡边坡的防波堤结构，不仅高质量满足功能需求，而且大大减少石料使用，减轻环境压力。施工阶段，项目制定了完善的 EMP 环境管理计划，开工以来在施工区周边及取砂区周边开展水质、空气、噪音、振动、海岸等 16 项专业监测活动，对施工影响区域内的生态环境进行全面监测评估，有针对性地采取措施，力求把对周边环境的影响降到最低。截至目前，项目实现“零污染、零事故”，各项环境监测标准不仅满足当地政府要求，也在斯里兰卡基建行业树立了标杆典范。

为满足港口城总体规划中高标准的环保要求，项目团队攻克了多重技术难题，完成了一系列工艺技术创新并投入运用，汇总形成了《强涌浪环境下科伦坡港口城人工岛建造关键技术研究与应用》《印度洋季风环境下低窄顶防波堤施工关键技术》两项关键技术创新成果，包含工法 2 项、专利 3 项、核心论文 12 篇。其中，《强涌浪环境下科伦坡港口城人工岛建造关键技术研究与应用》获得 2020 年度中国水运协会科技进步一等奖、中交集团科技进步一等奖；《印度洋季风环境下低窄顶防波堤施工关键技术》获 2021 年度中国交通运输协会科技进步二等奖。技术创新成果经中国水运建设行业协会鉴定，达到国际领先水平。

主要技术创新包括以下几点。一是提出复杂条件制约下基于环保要求的港口城人工岛总体布置型式，包括潟湖、人工沙滩、运河、防波堤、拦砂潜堤、人工岛和游艇码头等内容，在保障人工岛各项功能的前提下，实现了水质标准要求的水体交换和强涌浪条件下的沙滩稳定。二是提出了无掩护条件下耙吸挖泥船抛填、虹喷、艏吹整体成型造陆施工技术，缩短了工期，降低了成本。三是提出了分级堤心石、堤身砂、几何封闭式倒滤的矮窄型斜坡式离岸防波堤新型结构，满足了沙滩稳定、堤身稳定、水体交换要求。四是提出了陆上推进和水上施工相结合的矮窄防波堤快速成型施工技术，强涌浪条件下基于实时声呐图像的深水防波堤扭王字块可视化精确安装施工技术。其中，经中国技术改良后的独特的扭王字块设计，为港口城珊瑚群落的生长提供了完美的附着表面，并通过阶梯状结构创造了不同水深范围，使珊瑚在适宜的水深和充足的阳光下茁壮成长。

一系列的技术创新为港口城项目一期工程节约了超过 2 亿人民币的总投入，并切实保护和改善了当地海洋生态环境。项目创新形成的成套工艺技术方案，使我国人工岛建设技术的整体水平处于国际领先水平。基于环保技术创新打造出的高品质的港口城一期工程，于 2020 年 7 月被全球工程建设领域最权威的学术杂志 ENR《工程新闻记录》评选为“全球机场/港口类最佳项目奖”，成为斯里兰卡历史上首个获得该奖项的工程，并获得 2021 年度中国建设工程鲁班奖（境外工程）；2022 年度国家优质工程（境外工程）。此外，港口城绿色案例《中国港湾：科伦坡港口城项目助力社会生态文明建设及生态保护》入选由中国公共关系协会与生态环境部合作推出的《中国公共关系发展报告（2021—2022）——生态环境与公共关系》（公共关系蓝皮书）典型案例。港口城绿色设计入选中国交建第三批节能环保与循环经济示范项目名单。

图 14-2 科伦坡港口城正在进行吹填施工

3. 坚持责任先行，持续擦亮中国企业形象

作为一个建设运营期长达 20 多年的项目，中交集团高度重视履行属地社会责任，与斯里兰卡国家和民众同呼吸、共命运、齐发展。2015 年，科伦坡港口城项目与斯里兰卡全国青年委员会等机构联合发起“团结接力环岛行”活动，被“金蜜蜂”中国企业社会责任理事会评为“中国企业海外十大社会责任故事”。针对贫困、环保等议题，科伦坡港口城项目先后策划实施了“渔民生计改善计划”、“科伦坡美丽海滩计划”等社会责任活动，并于 2020 年起发布中英文版项目社会责任报告，受到当地各界好评和媒体广泛报道。

2020 年初，新冠疫情席卷全球。在斯里兰卡疫情爆发期间，中交集团第一时间向斯里兰卡政府及相关机构捐赠紧缺的防疫物资，斯里兰卡总理为此特别发表推特表示感谢。整个疫情期间，中交集团累计向斯里兰卡政府和社会各界捐赠了 4 批次检测设备、方舱帐篷等紧缺医疗防护物资，全力争取为超过 1500 名属地员工接种了中国疫苗，覆盖率超过 97%，得到属地员工及家属的高度赞扬，

图 14-3　科伦坡港口城举行“美丽沙滩计划”

为斯里兰卡人民抗击疫情做出了积极贡献，树立了中国企业负责任的良好形象。

4. 坚持互利共赢，更好惠及属地民众

科伦坡港口城以可持续、惠民生为目标，持续推动项目发展成果更好惠及当地民众，在消除贫困、增加就业、改善民生等方面做出了实实在在的贡献。项目融资方案中，项目公司作为实际借款人，以销售收入作为还款来源，提供项目公司股权质押。中交集团所属中国港湾提供项目完工担保。斯里兰卡政府无须进行任何主权担保，确保了项目在商业和财政上的可持续性。截至目前，项目已经为当地创造了 8000 多个就业岗位。根据普华永道预测，项目在一级开发、二级开发和城市运营三个阶段里，将持续为当地创造共计超过 40 万个优质就业岗位。目前，项目绿道、沙滩等部分区域和临时娱乐设施项目已经向当地公众开放，科伦坡市民可以在港口城享受体验到此前从未有过的现代化城市生活。

5. 坚持传播中国声音，讲好“一带一路”故事

在国家有关部委的关心支持和指导下，科伦坡港口城已经连续五年入选“跨文化融合专项工作”，成为中央企业开展国际传播与跨文化交流的典型。项目持续运营脸书、领英、影格、推特、优兔、抖音海外版等 6 个海外社交媒体账号，策划举办了短视频大赛、雕塑设计大赛等线上活动，主动与当地网红、大 V 和网民开展互动。截至目前，项目账号粉丝总数达 46 万，其中脸书账号粉丝接近 24 万。项目建设了国际一流的展厅，先后接待了中国的党和国家领导人、斯里兰卡及其他国家政要等 1900 多个团组、超过 19200 人次。2017 年，项目属地员工桑吉瓦登上首届“一带一路”国际合作高峰论坛“民心相通”主题会议，受到中国时任党和国家领导人接见，充分展现了项目推动跨文化交流、促进民心相通的成果。2020 年面对疫情，项目策划举办了全球“云开放日”活动，线上视频海外观看量达 120.7 万，得到 400 余家中外媒体的关注报道，向世界展示了“一带一路”项目的良好形象。

（二）科伦坡港口城助推生物多样性改善

1. 港口城海域出现珊瑚群落，被誉为“生态奇迹”

斯里兰卡曾经拥有丰富的海洋生态资源，包括许多种类的珊瑚礁。然而，在经历了 1998 年史上最严重的全球珊瑚白化事件和 2004 年的印度洋海啸冲击后，斯里兰卡的珊瑚生态遭受了严重的破坏。加之全球变暖、海洋酸化、过度捕捞和人类活动的持续影响，截至 2014 年港口城项目开工前，斯里兰卡已经少有成规模的珊瑚存在，当地许多著名的旅游胜地岛屿上的珊瑚礁已不复存在，尤其是在斯里兰卡首都科伦坡附近海域，只发现有非常零星的珊瑚。

图 14-4　科伦坡港口城珊瑚群落

2019 年，热衷于潜水和海洋环保的斯里兰卡退役海军司令员 Piyal De Silva 将军，在港口城附近一次潜水活动中，偶然发现项目防波堤内侧海域出现零星珊瑚。2023 年初，Piyal 再次来到港口城进行潜水，发现珊瑚已经大量覆盖整个防波堤内侧区域，并且聚集了丰富且稀有的鱼群。

2023 年 6 月 3 日至 9 日，由“珊瑚妈妈”黄晖教授带领的中国科学院南海海洋研究所珊瑚生物学与珊瑚礁生态学学科组，对港口城项目防波堤内侧的珊瑚及鱼类状况开展实地调查，调查结果显示，在长达 3.7 公里的防波堤上生长了大量的珊瑚个体，从新生幼体到 50cm 直径个体均有发现。防波堤珊瑚覆盖率平均为 24.36%，其中珊瑚密度最高的区域为低潮线至 1m 深度的范围，局部区域的覆盖率最高可达到 60%，随水深增加而降低，5m 深度人造礁石珊瑚的覆盖率降低至 3%~5%。共发现珊瑚种类 26 属 73 种，其中绝对优势种为鹿角杯形珊瑚，疣状杯形珊瑚次之。

调查记录到鱼类 39 科 63 属 114 种，其中隆头鱼科种类最多，有 13 种，雀鲷科、蝴蝶鱼科、笛鲷科、鹦嘴鱼科也发现多个种类。特别是在调查中发现了被列入 IUCN 红色名录中的波纹唇鱼，以及多个砗磲个体。

据专家初步判断，该珊瑚群落很有可能是全世界人工构筑物上自然生长的最大珊瑚群落。该珊瑚群落位于斯里兰卡首都核心商务区附近，距斯里兰卡总统府直线距离仅约一公里，受到当地社会各界高度关注，被誉为“生态奇迹”。

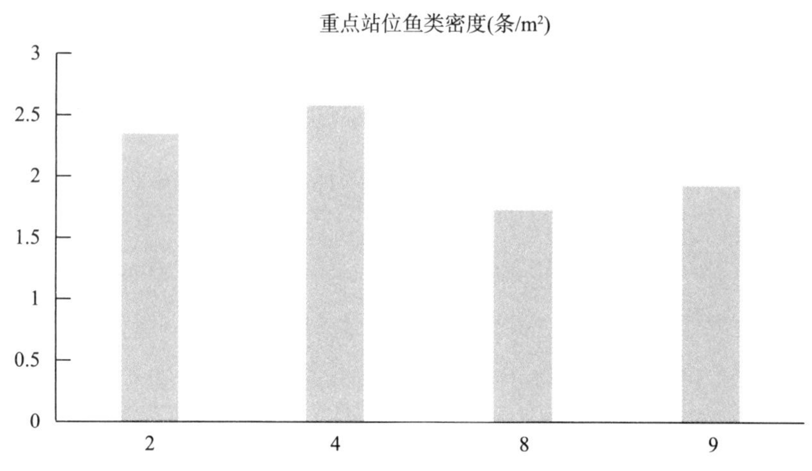

图 14-5　科伦坡港口城内防波堤水域重点站位珊瑚鱼类密度

2. 保护珊瑚礁行动实践

（1）提供先进的技术方案

大规模珊瑚群落为何会重现斯里兰卡科伦坡海域？专家分析，主要原因在于科伦坡港口城项目在设计建设过程中，采用环境友好可持续的理念、方案和技术，为珊瑚群落生长创造了得天独厚的条件，具体而言：

一是采用先进城市规划，为珊瑚群落生长提供稳定生态环境。在科伦坡港口城概念设计之初，中交集团以“尊重本土、优化环境、减少污染、资源节约”为理念，编制港口城控制性规划作为指导项目开发的重要依据。在规划的指导下，港口城项目采用了资源能源投入更低，对环境影响更小的方案，在陆域周围镶嵌了长达 3.7 公里的防波堤，不仅保护港口城免受海浪侵蚀，同时在港口城与防波堤之间围隔出一片海域，形成了一个较为稳定的生态环境系统。

二是采用科学技术方案，为珊瑚群落生长创造有利生长条件。在科伦坡港口城项目设计之初，经过多次数字模型和物理模型的研究，港口城内外水域可以实现每 10 天完全更新一次，水体的流动给项目运河和海岸线带来了营养物和氧气，防止过度沉积，为珊瑚的健康生长创造了有利条件。

三是创新技术改良促进珊瑚附着生长。科伦坡港口城项目防波堤采用经中国技术改良后的独特的扭王字块设计，为珊瑚提供了完美的附着表面，并通过阶梯状结构创造了不同水深范围，使珊瑚在适宜的水深和充足的阳光下茁壮成长。

（2）提供先进的保护方案

此次在科伦坡港口城防波堤发现大规模珊瑚群落，充分说明该项目不仅是中国方案促进斯里兰卡经济社会发展的典范，更以绿色、环保、可持续的中国技术方案，为斯里兰卡生态环境保护和生物多样性发展作出了积极贡献。为更好保护这一“生态奇迹”，中交集团整合多方资源，采取一系列措施，第一时间对防波堤珊瑚群落采取监测性保护，全力促进斯里兰卡海洋生态保护与生物多样性发展。考虑到珊瑚礁是敏感脆弱的海洋生态系统，在斯里兰卡当地研究保护力量有限的情况下，科伦坡港口城项目及时对接国内珊瑚研究保护领域权威机构——中国科学院南海海洋研究所珊瑚组，对港口城防波堤珊瑚群落进行科学调研，全面掌握珊瑚群落的第一手情况。通过采用国际上通行的珊瑚礁调查方法，中科院团队从活珊瑚种类及覆盖率、底质类型、造礁石珊瑚死亡率、珊瑚礁病害、石珊瑚白化情况等方面，对珊瑚群落进行了全面调查监测，并提出了科学严谨的长期检测、保育、开发指导建议。

图 14-6　科伦坡港口城成功举办首届中斯珊瑚礁生态学联合研讨会

（3）积极推动中斯珊瑚生态研究合作

2023 年 6 月 6 日，科伦坡港口城项目支持举办了首届“中斯珊瑚礁生态学联合研讨会”，邀请斯里兰卡海洋环境保护局等政府机构、斯里兰卡卢胡纳大学、中国科学院南海海洋研究所、中国—斯里兰卡联合科教中心、澳大利亚库克大学等机构的专家学者，共商港口城珊瑚群落培育保护方案，共议斯里兰卡海洋生态保护举措。与会专家学者一致认为，要围绕港口城珊瑚群落开展一系列科学研究合作，以此为契机提升斯里兰卡珊瑚生态研究和保护水平。科伦坡港口城项目将积极探索与青年、非政府组织和社会团体在生态环境保护领域的沟通交流、战略合作机会，为推进生物多样性保护和可持续发展寻求更多解决方案。

（三）科伦坡港口城践行 ESG 理念实践

ESG 作为国际广泛应用的投资理念和评价标准，引导企业以环境保护、对社会的贡献和规范的公司治理创造经济效益、社会效益、生态效益的共赢，这与推动共建“一带一路”高质量发展，坚持开放、绿色、廉洁、合作理念高度契合。科伦坡港口城项目积极将 ESG 理念全面融入项目建设开发全生命周期，在治理责任方面，研究编制项目 ESG 发展战略规划，推动 ESG 理念与项目治理深度融合，同时完善常态化的 ESG 信息披露机制，在以往每年发布社会责任报告的基础上，编制项目年度 ESG 报告，以信息披露促进 ESG 管理表现提升；在环境责任方面，对标“零污染、零事故”目标，积极加强环境风险的识别与管理，提升项目全生命周期的环境表现，努力打造践行绿色可持续发展理念的“一带一路”项目标杆；在社会责任方面，科伦坡港口城项目持续拓宽与利益相关方的沟通渠道，了解并积极回应各利益相关方的期望与诉求，主动与属地政府、媒体对接，讲好珊瑚群落故事，传递中国项目、中国企业绿色可持续发展理念，同时稳步拓展绿色可持续等各个领域的合作，携手利益相关方共同推进生态环境保护和可持续发展。

三、未来展望

在中斯两国领导人的关心支持下，在“一带一路”合作倡议的指引下，经过十年务实筹划建设，科伦坡港口城建设期目标基本完成，取得扎实成果，充分证明了党中央提出的“共商共建共享”理念是可实践、可复制、可推广的。科伦坡港口城契合斯里兰卡人民对经济社会协同发展和向往美好生活的美好愿望，书写了共同构建“人类命运共同体”的生动案例，是中国式现代化发展经验和模式对外推广的经典例证，也是中国企业向全球产业链高端攀登的探索实践。

站在“一带一路”倡议提出十周年的历史方位，港口城项目将牢牢把握推动共建“一带一路”的根本遵循，以建立平衡的生态体系助力斯里兰卡实现高质量发展和促进经济复苏，不断强化基础设施“硬联通”、规则标准“软联通”、中斯民心“心联通”。下一步，科伦坡港口城项目将深入学习贯彻习近平总书记关于建设绿色丝绸之路的重要指示精神，坚决落实推动共建“一带一路”高质量发展的最新部署，积极响应、全面践行“坚持人与自然和谐共生”全球发展倡议，在与斯方紧密合作打造斯里兰卡首个特别经济区、推动中斯高质量共建“一带一路”取得更大成果的同时，持续提升项目 ESG 管理水平，建设环境友好、生态宜居、可持续发展的“一带一路”示范项目，为推动构建人类命运共同体贡献更大力量！

绿色资本引领产业未来——中国国新以ESG理念推动价值投资

中国国新控股有限责任公司

中国国新作为国有资本运营公司，重视把握功能定位，坚持以国家战略为导向，以服务央企为本位，积极履行中央企业“三大责任”，自觉把ESG理念融入国有资本运营业务，在践行ESG理念方面进行了一系列探索实践。环境方面，积极践行绿色投资，优化资产布局，创新金融服务方案，拓展服务绿色环保产业布局，在业内率先提出“减碳租赁”服务，通过“绿色保理”等为央企提供绿色金融服务近百亿元。社会领域，聚焦战略性新兴产业发展和关键核心技术“卡脖子”环节，积极培育新技术、新产业、新业态，助推央企科技创新、产业升级；着力发挥国有资本运营公司优势，围绕产业、人才、消费帮扶等领域，不断创新帮扶方式，助力乡村振兴。

一、背景

中国国新是在深化国资国企改革进程中应运而生的一家中央企业。党的十八大以来，按照党中央、国务院决策部署，在国务院国资委直接领导下，中国国新抓住国有资本运营公司试点这一重大历史契机，奋力进取，创新开拓，实现了跨越式发展。截至2022年底，公司资产总额近8600亿元，较2016年初增长了5.2倍；全年实现净利润近240亿元、归母净利润152亿元，分别比2016年试点之初增长4.5倍、31倍。2022年12月，中国国新正式由试点转入持续深化改革阶段。

中国国新作为国有资本运营公司，为建设中国ESG生态圈持续贡献力量，把ESG理念融入国有资本运营业务，聚焦长期投资和负责任投资，积极支持国家战略和高新技术企业创新发展，有效引导资本市场各类投资者了解央企担当，树立长期投资、价值投资的理念。

作为推动中国本土ESG建设的探索者，中国国新将践行ESG理念作为贯彻落实新发展理念、履行中央企业“三大责任”的重要举措，专门组建专业团队，前瞻布局ESG领域，深入开展ESG研究。2022年，中国国新设立咨询业务板块，成立国新咨询，并指导推动控股上市公司进行ESG实践，探索建立环境、社会责任和治理管理体系及信息披露工作机制。

二、责任行动

（一）深化党建融合，探索党建新模式

中国国新盯紧党建工作服务运营大局、融入经营发展、解决实际问题的关键，提出探索实践

“党建+基金投资”“党建+法人支部”“党建+上市公司”的党建新模式，进一步推动党建与业务融合。

中国国新在基金投资中加强党建引领。顶层设计方面，制定印发《基金管理人党建工作指引（试行）》，推动国新系基金作为国有第一大股东参股且不实际控制的持股企业加强党的领导和党的建设，体现到项目选择、投资决策、投后管理、项目退出等基金投资各环节，确保国有资本流动到哪里，党的建设就跟进到哪里、党组织的作用就发挥到哪里。投资决策方面，在项目筛选和尽调阶段，投资团队将标的企业是否拥护党的领导、是否符合国家战略方向、是否支持党建工作等“五个是否”作为重要考量因素，把党建工作突出作为项目亮点和优势推荐。投后管理方面，结合持股比例和实际影响力推动非公企业党建工作，加强与中心工作全面融合、与重点任务深度融合、与队伍建设有机融合，党建与投资联动发展，构建具有国新基金特色的“三融合一联动”党建工作机制。

对于设党支部的所出资企业，中国国新制定印发《中国国新关于在部分独立法人企业开展党支部集体研究把关重大经营管理事项试点工作方案》，在部分设党支部的独立法人企业开展党支部集体研究把关重大经营管理事项试点工作，明确集体研究把关的事项内容、决策程序和组织形式。试点单位均探索建立起适合本企业业务特点的党支部集体研究把关事项清单和相关议事规则，并在试点工作推进会上交流总结工作经验。

对于所属上市公司，中国国新印发《关于加强中国国新所属部分国有相对控股混合所有制企业党建工作试点探索的通知》，进一步探索“党建+上市公司”工作模式，解决好“党组织怎么建、党建工作力量怎么配、党组织如何起作用”等问题，提高基层组织力和政治功能，推动党建与经营深度融合。

（二）立足功能定位，助力央企发展

中国国新聚焦央企上市公司研发创新、业务孵化、投资并购和专业化整合等发展难点，参与天山股份非公开发行，支持中国建材开展水泥行业专业化整合；投资中航电子，支持航空工业集团机载平台专业化整合；在央企上市公司非公开发行面临困难时，给予有力支持，进一步引导社会资本参与投资认购，有效发挥“央企同盟军”作用。

中国国新与上海证券交易所开展战略合作，共同举办服务央企系列活动，是推动中央企业借助资本市场做强做优做大的重要举措。双方将以本次战略合作协议签订为新的起点，发挥双方平台资源优势，形成工作合力，构建服务央企新体系，打出服务央企高质量发展“组合拳”。

中国国新立足自身功能定位，不断加大战略性新兴产业投资力度，当好央企治理优化、资本运作、资源整合的“同盟军”。中国国新积极服务支持央企深化改革，助力中央企业战略性重组和专业化整合。为深化油气行业改革、保障油气安全稳定供应，参与组建国家管网集团；为支持高端装备制造业高质量发展，参与组建中国电气装备；为加速央企主业辅业分离、培育绿色低碳新动能，参与组建中国绿发；为落实“网络强国”战略、促进电信基础设施资源共享，参与组建中国铁塔；参与鞍钢股权多元化暨重组本钢项目、北方工业改革重组项目、中国商飞股权多元化项目、国药集团股权多元化项目、中国东航股权多元化项目等；参与中国海油 A 股上市战略配售、参与中金黄金市场化债转股项目、以领投方角色支持中国中铁市场化债转股工作、支持国机重装重组上市、支持中车产投混合所有制改革，累计出资超 1100 亿元。

中国国新以“强功能、优机制、激活力”为主线，细化明确了八个方面 108 项改革任务，建立

国务院国有资产监督管理委员会
State-owned Assets Supervision and Administration Commission of the State Council

2022年3月9日 星期三 EN

首页 机构概况 新闻发布 国资监管 政务公开 国资数据 互动交流 在线服务 热点专题

首页 > 专题库 > 2020专题 > 国企改革三年行动 > 典型案例 > 正文

中国国新：发挥国有资本运营公司功能作用 积极服务支持央企深化改革

文章来源：中国国新控股有限责任公司　发布时间：2022-03-09

中国国新控股有限责任公司（以下简称中国国新）坚持以习近平新时代中国特色社会主义思想为指导，坚决贯彻落实党中央、国务院决策部署，充分发挥国有资本运营公司平台作用，对照“三个明显成效”要求，积极推动国有经济布局优化和结构调整，助力央企完善中国特色现代企业制度，提升自主创新能力，推动实现高质量发展。截至2021年底，中国国新已累计向央企投入资金超过7000亿元，资产总额达到6700亿元，全年实现净利润223亿元、归母净利润151亿元，三年复合增长率分别为20.7%、45.8%、110.8%，实现了创历史记录的新跨越。

图 15-1　国资委网站刊发中国国新落实国企改革三年行动典型案例文章

了“一本账、三清单、四张表”闭环管理机制，狠抓改革任务的落地落实，并按照“提升国有资本运营效率、提高国有资本回报”的目标要求，持续开展特色化、差异化、专业化的国有资本运营。

图 15-2　人民网专访周渝波：持续开展特色化、差异化、专业化的国有资本运营

中国国新圆满完成 1000 亿元能源保供特别债发行任务，募集资金全部用于中央发电企业能源电力保供工作。此次发行是中国国新落实党的二十大关于“保障和改善民生”“确保能源安全”等重要部署的具体举措，成功探索了国资委监管系统内央企权益资金补充机制，展现了运营公司积极落实国家战略、服务产业央企的责任担当。

中国国新搭建中央企业金融服务平台，通过国新资本设立运营商业保理、融资租赁、保险经纪、金融科技等四家功能机构，新设或并购拥有财务公司、金服公司、大公国际等功能机构，综合运用专业化、多样化的工具手段，积极面向中央企业提供差异化、特色化、数智化、一站式金融服务，推动党中央、国务院“三去一降一补”，供给侧结构性改革等重大决策部署更好地在中央企业落地。

2023 年 5 月 25 日，国新金服“企票通”平台首批供应链票据线上贴现成功落地，合计金额

图 15-3　中国国新成功发行能源保供特别债

8500 万元，这也是目前市场上首单由平台增信保贴的供应链票据贴现业务。供应链票据是上海票交所按照中国人民银行政策要求推出的创新型票据产品，具有票据可拆分流转、交易背景清晰可视、票据账户与结算账户分离等特点，更有利于融入供应链金融业务场景、解决供应链核心痛点问题。本次“企票通”平台成功落地的首批供应链票据，由新兴际华集团所属的新兴际华（北京）科贸有限责任公司、新兴发展（北京）国际贸易有限公司开具，仅用三个工作日即完成了线上注册、审核开票、票据承兑、线上收票、贴现放款等全部流程。

图 15-4　“企票通”平台首批供应链票据线上贴现成功落地

（三）支持科技创新，助力产业升级

中国国新聚焦战略性新兴产业发展和关键核心技术“卡脖子”环节，积极培育新技术、新产业、新业态，助力央企打造原创技术策源地和现代产业链链长，切实加大科技创新投资力度，支持实现高水平科技自立自强。

一是聚焦新一代信息技术、高端装备、人工智能、新材料、新能源、节能环保以及生物医药等重点行业央企上市公司，支持原创技术“策源地”建设，打造世界一流示范企业和专精特新示范企业。

在绿色投资和践行“双碳”战略方面，中国国新积极发挥国有资本运营公司优势，与中林集团签署了战略合作协议和投资合作框架协议，决定探索共建绿色发展“双碳”平台；同年 6 月，“双碳”公司落地杭州，标志着平台进入实质性运作阶段，相信未来必将为中央企业落实“双碳”战略发挥重要作用。

二是沿链投资补短锻长，以股权投资板块为例，在航空装备产业链领域重点投资了中直股份、中航电子、昊华科技、钢研高纳等公司，形成了以直升机主机制造为中心，辐射航空有机材料、发动机涂料、高温合金，以及航空电子系统、通信连接器件等关键产品的投资链条；又比如在数字经济产业链重点投资了中国移动、奇安信、中芯国际、萤石网络等公司，从算力网络建设和数字服务运营向上下游延拓，涉及人工智能应用、网络数据安全、集成电路设计代工封测等核心领域，助力相关央企上市公司加快创新研发，保障产业链关键环节自主可控，同时强化产业链合作创造协同价值。

三是作为积极股东促改革释活力，通过优化股权结构和治理机制，提升产业竞争力。以国新投资目前作为第二大股东的当升科技为例，通过支持企业落实和完善超额利润分享这一长效激励机制，充分调动技术人员的积极性和创造性，推动高新技术产业化和科技成果转化，对当升科技持续进行科技创新、实现高质量发展有重要意义。

中国国新所属国风投基金按照“行业+区域”布局，聚焦新一代信息技术、“双碳”、生物等战略性新兴产业子行业筹设专项子基金，所投资的广东希获微电子股份有限公司、龙芯中科技术股份有限公司、上海联影医疗科技股份有限公司、有研半导体硅材料股份公司、昆船智能技术股份有限公司、3D MEDICINES 等项目成功实现上市。

图 15-5　国新投资、国风投基金、央企运营基金投资的中芯国际上市仪式在上海证券交易所举行

图 15-6　国风投基金所投资的孚能科技成功上市

图 15-7　国风投基金所投项目希荻微成功登陆科创板

图 15-8　国风投基金所投龙芯中科在科创板成功上市

图 15-9　国风投基金所投联影医疗在科创板成功上市

图 15-10　国风投基金所投有研硅在科创板成功上市

作为中国国新的股权运作板块，国新投资准确把握资本市场支持科技创新的逻辑机理，抓住指数这一金融战略资源，研究开发了中证国新央企科技引领指数。该指数聚焦“央企+科技”主题，在航空航天与国防、计算机、电子、半导体以及通信设备等行业优选研发投入高、成长能力强的 50 家央企上市公司作为成分股，助力相关央企上市公司增强资本市场定价权和影响力，更加高效利用资本市场聚集资本、技术、人才等创新要素，提升科技创新的实力、活力和引力。

国新央企科技引领指数作为市场上首支纯科技类央企指数，不仅填补了市场空缺，更是促进科创型央企和资本市场对接融合的重要工具，将进一步助力相关央企上市公司提升创新资源配置能力，增强创新动力活力，锻造国家战略科技力量。

图 15-11　国新央企科技引领 ETF 宣介会在京举行

中国国新注重发挥产业引领作用，积极布局战略性新兴产业，在科技创新、产业控制、安全支撑等重点领域，在支持央企深化改革创新发展、助力央企提升核心竞争力等方面积极作为，更好发挥国有资本运营股权运作功能作用。

2023 年 6 月 17 日，中国证券报头版刊载《央地联动 国资基金加码新兴产业》一文，报道国家级基金、地方国资基金近年来积极投资布局战略性新兴产业。其中指出，国新基金聚焦战略性新兴产业以及国资央企科技创新，积极作为，孵化和培育了一批“专精特新”企业和单项冠军企业。

（四）发挥功能作用，推进乡村振兴

中国国新围绕产业、人才、消费帮扶等领域，扎实推进各项帮扶任务，有力帮助脱贫地区和群众打牢基础、巩固成果，为全面推进乡村振兴做出贡献。

1. 加强组织领导，选派优秀干部投身帮扶一线

中国国新党委把定点帮扶工作作为重大政治任务，设立定点帮扶工作领导小组及工作机构，中国国新党委书记、董事长周渝波担任领导小组组长，将脱贫攻坚作为“一把手”工程专门指导推

2023年6月17日 星期六
A叠／新闻 8版
B叠／信息披露 100版

央地联动 国资基金加码新兴产业

●本报记者 刘丽靓

近年来，随着国企改革纵深推进，国资基金投资风生水起。一方面，以国调基金、国风投基金、先进制造产业投资基金为代表的国家级基金积极投资布局战略性新兴产业，助力国资央企科技创新；另一方面，上海、杭州、广州等多地基金矩阵逐渐壮大，助力改革创新提速加力。

业内人士认为，作为投资风向标，国资基金投资运作将增进产业梯度发展的持续性和竞争力，将激活改革创新"一池春水"。

国字头基金发挥引领示范作用

从央企的情况看，作为国有资本关键性出资力量，国有资本投资、运营公司旗下基金投向已成市场风向标。

从上海积塔半导体、金鹰重工、昆船智能，到广汽埃安、宝武炭材、国仪量子，再到中广核防城港核电项目、江航装备、寂芯科技……聚焦战略性新兴产业以及国资央企科技创新，近年来，国新基金积极作为，孵化和培育了一批"专精特新"企业和单项冠军企业。

"截至2023年5月底，国新基金累计投资项目240余个、金额超1200亿元，19个项目登陆科创板。"国新基金相关负责人表示。

6月14日，国调基金投资企业沐曦集成电路宣布完成旗舰图形处理器（GPU）产品的功能测试和计算平台基础测试。沐曦集成电路是国调基金持续布局集成电路产业的代表项目之一。

"诚通基金在集成电路产业投资近百亿元，系统布局半导体代工、设计、设备及上游原材料等产业链重点环节。"诚通基金相关负责人说，基金在战略性新兴产业实现了广泛布局并初步形成产业生态，如战略投资三大电信运营商逾175亿元，在新能源汽车产业累计投入88亿元等。同时，瞄准一批关键核心技术"卡脖子"环节支持企业占领科技创新制高点，累计投资近200亿元助力企业科技自立自强。

作为国有资本投资公司，国投集团基金投资也正加快布局战略性新兴产业赛道。

"先进制造产业投资基金已围绕产业链供应链关键核心技术，累计投资超过440亿元，支持了宁德时代、比亚迪、蔚来汽车、沈鼓集团等近150家科技创新和行业龙头企业。"国投集团相关负责人介绍，截至2023年4月底，国投旗下基金认缴规模2083亿元，累计投资金额1614亿元，已投资项目在科创板上市136家。

华兴资本数据显示，一季度，在大规模基金中，国资普通合伙人（GP）占比进一步提升，已达70%。国资领投项目占比达31%，呈逐渐升高态势。

"国字头基金尤其是国家级基金投资具有风向标意义，发挥着引领和示范作用。"北京师范大学政府管理研究院副院长宋向清表示，通过国家级基金的科学合理布局和引导，加快对战略性新兴产业以及央企科创布局，是一项具有全局性的尖端行业顶层谋划，可有效增强企业自主创新能力，增强企业产业链供应链的弹性和韧性，形成增进产业梯度发展的持续性和竞争力。

地方国资基金矩阵逐渐壮大

在地方层面，随着国企改革提速加力，各地国资基金如雨后春笋般出现。

6月14日，杭州市国资委公布的《关于打造"3+N"杭州产业基金集群 聚力推动战略性新兴产业发展的实施意见》（征求意见稿）提出，由杭州市政府主导，整合组建杭州科创基金、杭州创新基金和杭州并购基金三大母基金，由其参与投资N只行业母基金、子基金、专项子基金等，最终形成总规模超3000亿元的"3+N"杭州基金集群。

6月26日举行的上海S基金联盟2023年度峰会上，上海科创基金与上海国际集团、松江国投集团、成都高新策源、海通创新、齐鲁投资、剑曦投资、鸿福理财、兴业证券、金山资本等新老投资人签订了上海科创接力一期基金合作协议。（下转A02版）

图 15-12　中国证券报：央地联动 国资基金加码新兴产业

进。公司领导每年多次带队赴利川调研，推动帮扶项目落地实施。先后选派 7 名优秀干部到利川挂职副市长、担任驻村第一书记、赴利川有关部门挂职交流，保持帮扶工作链条不断。

图 15-13　调研考察湖北利川定点帮扶工作

2. 坚持因地制宜，拓展产业帮扶途径方式

中国国新依托国有资本运营公司优势，有效结合利川当地资源禀赋和发展需求投入资金助推利川产业发展，提升"造血"功能。联合中央企业出资成立风电公司，支持当地产业发展，持续反哺帮扶工作。帮助驻村第一书记所在的团合村修建党群活动中心升级黄连药材生产车间，修建产业路，为团合村合作社提供专项授信额度，多举措支持村集体经济发展。捐赠资金建设并运营利川民

族文化产品和特色农副产品展示中心，建设南坪村“稻渔共生”示范基地、经果林及蔬菜套种基地，推动利川特色产业发展壮大。支持利川市循环经济产业园招商引资，发展生物医药产业园，优化产业发展配套条件。广泛联系社会资源，协调对接有关中央企业，开拓帮扶渠道。

3. 坚持扶志扶智，发挥帮扶溢出效应

中国国新拓展人才帮扶有效路径变“输血式”扶贫为“造血式”帮扶。开展教育帮扶，改善多所学校教学环境、提升信息化教学水平、资助贫优学子关爱留守儿童，累计为当地 32 所学校建设 72 间专递课堂和 2 个校园电视台，帮助利川当地把满足“三个课堂”开课条件的学校覆盖率从 17%提升至 47%。举办利川基层党组织书记培训班、乡村振兴基层干部培训班等，促进人才振兴。

图 15-14　组织“基金投资助力利川乡村振兴”私募股权投资专题培训

4. 坚持服务民生，完善乡村基础设施建设

中国国新围绕“两不愁三保障”精准发力，提升多村基础设施建设条件与公共服务水平。修建与修缮改造卫生室、配备医疗设备，改善就医条件。整修危房和村活动场所、改造特色民居，保障住房安全。修建水厂与蓄水池、整修危桥、疏通暗河，维护饮水安全。建成利川市公立医疗机构 DIP 综合评价服务系统，覆盖利川 80%以上的医疗机构，包含 4 家二级以上医院，15 家乡镇卫生院。

5. 广泛组织动员，形成帮扶合力

中国国新积极开展消费帮扶，充分挖掘内部需求、积极拓宽外部渠道。全面动员成立扶贫援助金，动员全系统员工捐款。为利川捐赠专项资金、口罩，携手共抗新冠疫情。连续两年联合中华慈善总会开展先天性心脏病儿童无偿救助活动，为患儿家庭免除后顾之忧。开展“国新青年云支教用心用爱伴成长”活动，国新青年为定点帮扶地区孩子们讲授音乐、美术、书法等课程。组织公司青年志愿者与利川一中 50 名高中生建立“一对一”联络沟通机制，通过书信等方式持续激励学生努力学习、敢于拼搏。与利川市团市委共同举办“希望家园”“七彩假期”“微心愿”等专项活动，关心关爱留守儿童。

图 15-15　中国国新调研利川健康帮扶项目

三、履责成效

（一）强化国有资本政治担当

中国国新坚持以习近平新时代中国特色社会主义思想为指引，积极践行国家创新驱动发展战略，深入实施国企改革三年行动，在国有资本运营公司试点中大胆探索，着力发挥基金投资培育孵化功能，在投资非公科技创新型企业过程中，注重发挥国资央企党建优势，大力推动所投非公企业党的建设，探索形成具有国有资本运营公司特点的“党建引领投资方向、党建强化投后赋能、党建助力企业发展”的非公党建工作模式。

图 15-16　党建助推非公企业提升“三力”

中国国新深入学习宣传贯彻党的二十大精神，紧密围绕国有资本运营公司功能定位，积极探索党建工作新模式。中国国新《以高质量党建引领保障国有资本运营公司高质量发展实践研究——中国国新深化探索构建适合运营公司特点的党建工作新模式》荣获“中央企业党建政研会2022年度优秀课题研究成果二等奖”。

国资委党委宣传部发布学习贯彻习近平总书

记关于发展国有经济重要论述优秀理论研究成果名单，中国国新党委理论学习中心组理论文章《坚定不移做到“四个始终牢记”推动国有资本运营公司高质量发展》成功入选。

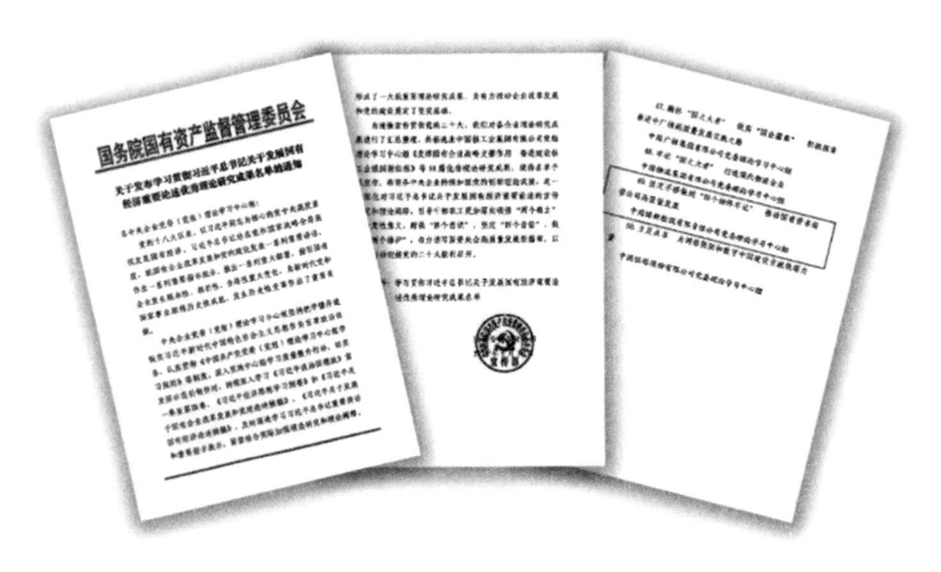

国务院国有资产监督管理委员会

图 15-17 党建课题优秀研究成果

（二）服务央企发展与央企资本壮大

中国国新积极服务国资国企改革发展，通过保理、租赁业务累计向央企投放资金近 3400 亿元，创新“绿色保理”“减碳租赁”等产品服务，积极助力压两金、减负债、降杠杆。

2022 年，围绕国企改革三大专项工程，中国国新先后发起设立双百基金、国改科技基金、综合改革试验基金群，总规模达到 1400 亿元，对接支持 827 家“双百企业”和“科改示范企业”。截至 2022 年底，公司通过基金、直投、应急救助、以融促产等方式累计对外投资投放达到 9700 亿元；通过基金出资 310 亿元带动募资 900 亿元，通过领投项目 90 个带动社会资本 1170 多亿元；综合运用金融服务工具手段，通过保理、租赁业务向央企投放资金，助力压两金、减负债、稳杠杆。

国有资本运营公司要充分发挥资本支持、资本赋能、资本引领的重要作用，坚持市场思维和问题导向，通过高水平高质量的投资者关系建设，推动央企上市公司内外价值齐头并进。改革三年行动以来，中国国新累计出资近千亿元支持央企股权多元化改革、战略性重组和专业化整合，展现运营公司价值担当。国新投资作为中国国新确定的专业化、市场化股权运作平台，主动发挥资本引领作用，充分利用资本市场的枢纽功能，助力央企上市公司专业化战略性整合。自 2020 年以来，国新投资共带领 76 家次头部机构投资者的 120 余位投研人员，走进了 16 家央企控股上市公司，有效提升央企上市公司市场关注度。针对央企上市公司普遍存在的市值大、业绩好，但资本市场关注度低、估值低等特点，中国国新开展破净央企上市公司系统性研究分析并研拟解决方案。中国国新与中国建筑共同策划“走进中国建筑、走进大国栋梁”资本市场价值发现系列服务方案，全面促进其提升关注度、加大资本运作力度。在当升科技新款锂电池正极材料全球新品发布、中航科工亮相珠海航展等关键时期，联合相关上市公司开展反路演、集中推介等活动，有效提升企业资本市场形象，引导投资机构关注发现企业投资价值。

（三）支持科技创新和产业布局优化

中国国新积极培育新技术、新产业、新业态，激发创新驱动力。基金投资已成为中国国新发掘创新潜力、撬动创新能力的关键支点。

截至 2022 年末，中国国新累计投资战略性新兴产业项目超 270 个，投资战略性新兴产业金额近 2900 亿元，其中原创技术策源地项目投资数量超 80 个，原创技术策源地项目投资金额超 1300 亿元，现代产业链链长项目投资数量近 80 个，现代产业链链长项目投资金额超 1600 亿元。

近年来，国新基金的行业影响力稳步提升，先后获得国际私募行业杂志（PEI）、清科、投中、中国证券报、中国母基金周刊等国内外行业权威机构多项年度奖项，作为央企基金投资类品牌入选国资委优秀品牌实践案例，在国资委组织开展的国有重点企业管理标杆创建行动中获评标杆企业。

图 15-18　国新基金获评中国股权投资金牛奖的多个奖项

国新基金始终牢牢把握“服务国家战略，支持科技创新和国企改革”的使命定位，聚焦前瞻性战略新兴产业、先进制造领域开展投资。国新基金获评“2022 年中国私募股权投资机构 100 强”第七名，并入选“2022 年中国国资投资机构 50 强”和“2022 中国先进制造领域投资机构 30 强”。

（四）推动乡村振兴见实效

中国国新围绕产业、人才、消费帮扶等领域，扎实推进各项帮扶任务，不断创新帮扶方式，切实提高帮扶实效，高质量完成年度任务目标，2020 年、2021 年连续两年在中央单位定点帮扶工作考核中获得“好”的评价。2022 年，中国国新实施帮扶项目 27 项，累计向利川投入帮扶资金超 820 万元，引入无偿帮扶资金 25 万元；公司领导带队，年内共计 29 人次赴利川市开展现场调研考察；培训当地基层干部 377 人次、技术人员 125 人次、乡村振兴带头人 147 人次，推动利川乡村振兴工作走深走实。

四、展望

“十四五”时期是我国开启全面建设社会主义现代化国家新征程的关键时期，也是中国国新打造具有全球竞争力的一流的综合性国有资本运营公司的重要契机。我们将坚持以习近平新时代中国特色社会主义思想为指导，深入学习贯彻党的二十大精神，全面加强党的领导和党的建设，坚持稳中求进工作总基调，立足新发展阶段，完整、准确、全面贯彻新发展理念，服务构建新发展格局，加快推动高质量发展，紧紧围绕“1345”战略目标，持续深化运营公司改革，不断提升企业核心竞争力、增强核心功能，踔厉奋发、笃行不怠，努力建设成为一家更加领先的国有资本运营公司、一家更有分量的中央企业、一家更为专业的投资机构。

中国国新将积极发挥运营公司功能作用，更大力度支持中国 ESG 生态体系建设，推动央企上市公司在 ESG 领域更好发挥示范引领作用，为深化 ESG 投资实践、实现 ESG 良性互动，构建资本市场 ESG 生态奠定更坚实的基础。中国国新将继续践行 ESG 理念，持续跟踪 ESG 领域的发展方向，前瞻布局，滚动开发，推动 ESG 指数在国内 ESG 投资生态中发挥投资标的筛选和资金流向指引的作用，为 ESG 本土化发展做出积极贡献。

16 播撒绿金活水——中国工商银行全面打造责任金融体系

中国工商银行股份有限公司

工商银行作为中国同时也是全球最大的商业银行，坚持走“生态优先、绿色发展”的道路，在服务实体经济大局中推进绿色金融相关工作，持续探索用金融力量推动可持续发展和生态文明建设。通过多年的持续建设，已打造出一套较为系统的绿色金融管理体系，形成特色化的“绿色金融涵养水系”，包括绿金活水源头、动力机制、多维管道、制动系统等有机组成部分，实现对实体经济的精准滴灌，在生态环境改善、碳排放“削峰”、客户可持续发展理念培育、绿色普惠金融发展等方面做出重要贡献，持续抓好自身低碳运营管理，获得社会各界的广泛关注和高度认可。工商银行绿色金融资产比重在全行资产中的占比持续提升，截至 2023 年 6 月底，绿色贷款余额突破 5 万亿元，存量与增量均保持同业领先态势，是国内最大的绿色贷款供应商，绿色项目贷款支持节约标准煤 7176 万吨、减少二氧化碳排放 1.4 亿吨、节水 1.1 亿吨。

一、背景

党的二十大提出，要实现人口规模巨大、全体人民共同富裕、物质文明与精神文明相协调、人与自然和谐共生、走和平发展道路的中国式现代化。2023 年 7 月 17 日，习近平总书记在全国生态环境保护大会上发表重要讲话时强调，今后 5 年是美丽中国建设的重要时期。

工商银行认真贯彻习近平新时代中国特色社会主义思想和习近平生态文明思想，践履责任担当，深入践行金融工作的政治性、人民性，勇于担当、主动作为、锐意创新，持续推进绿色金融发展，在绿色金融队列中始终居于“头雁”位置，有效发挥了开创者、引领者的作用，谱写了绿色金融发展的光辉篇章。

二、责任行动

（一）制定战略蓝图，构建绿金活水源头

工商银行通过构筑战略规划，强化基础设施建设，制定绿色金融战略目标，优化治理架构，打造绿色金融高地，为实体经济的转型和发展注入金融活水源头。

将绿色金融纳入集团发展战略，制定绿色金融中长期发展规划，系统谋划全行绿色金融发展框

架，明确发展目标、重点任务、组织管理、体系建设等。工商银行的战略目标是成为具有良好国际声誉的绿色银行，经营宗旨为以绿色金融促进实体经济发展。在经营发展过程中，始终坚持经济责任与社会责任相统一，在集团发展规划中就发展绿色金融、支持生态文明建设进行重点布局，明确提出要建设境内“践行绿色发展的领先银行”，并将“加强绿色金融与 ESG 体系建设”作为具体举措推进实施。在工商银行“十四五”时期发展战略规划中，提出“适应时代、竞争领先、普惠大众”的任务使命，强调要顺应能源革命、清洁生产和循环经济新潮流，加快绿色金融创新发展，增强生态文明建设服务水平。

图 16-1　工商银行主办 2021 金融街论坛年会全球系统重要性金融机构会议，就“促进气候友好，推进绿色金融和可持续发展”主题进行深度交流。

不断完善绿色金融治理架构，形成了董事会统筹领导、绿色金融（ESG 与可持续金融）委员会协调推动、各部门协同分工、分支机构积极创新、全员共同参与的绿色金融战略推进体系。董事会积极履行绿色金融战略决策和监督职能，高度关注并深度参与相关工作，下设社会责任与消费者权益保护委员会，审议消保、绿色金融、普惠金融的战略、政策和目标，听取在环境、社会、治理及企业文化等方面履行社会责任的情况。成立绿色金融委员会，印发《绿色金融委员会工作规则》，贯彻落实集团绿色金融战略与目标，协调推进各机构各业务条线绿色金融相关工作，指导全行绿色金融业务发展和经营管理。

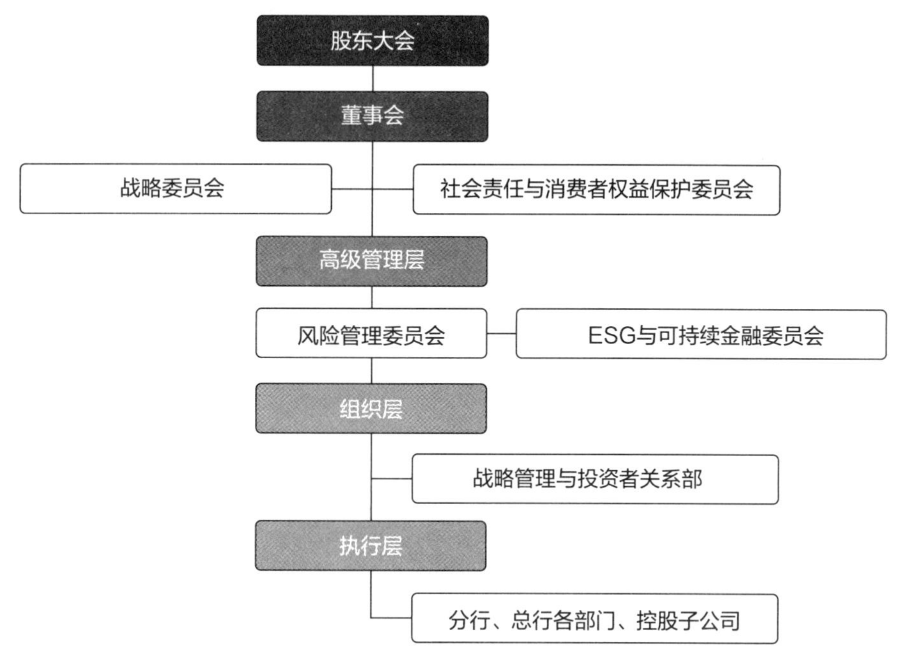

图 16-2　工商银行持续完善 ESG 治理架构，党委会、股东大会、董事会、管理层各司其职，履行 ESG 审议、监督、执行等职能。

图 16-3　工行积极在全集团推广绿色金融和 ESG 理念，图为工行与联营企业标银集团召开战略合作会，分享 ESG 及可持续金融发展实践经验，推动互学互鉴和联动协同。

（二）完善机制政策，搭建绿金活水传动体系

工商银行在长期实践发展中形成了一整套完备的绿色金融管理体系，包括统计标识、经济资本计量、差异化信贷政策、气候风险数据库、气候风险压力测试等，搭建了绿色金融活水的动力泵，形成了源源不断的强劲动力。

在政策体系方面，围绕绿色发展重点领域，以中长期投融资规划为抓手，前瞻调整投融资布局，合理配置金融资源，赋能中国经济绿色低碳发展。在投融资政策中突出“绿色”导向，在行业维度，将清洁能源、清洁生产、节能环保等绿色产业定位为积极支持行业，配套差异化政策；在客户维度，将企业技术、环保、能耗等指标嵌入重点行业客户及项目的选择标准。

在配套保障方面，聚焦绿色产业重点领域，加大经济资本占用、授权、定价、规模等倾斜力度，将绿色金融业务发展纳入行内绩效考核评价体系，充分调动全行业务开展积极性。

在考核评价方面，加强绿色金融考核，将绿色金融纳入对分行绩效考核指标体系的社会责任板块，重点考核各行绿色贷款余额占比、绿色贷款增量、绿色金融产品和服务创新等情况。将 ESG 与可持续金融纳入集团综合化子公司考核指标。

（三）丰富产品服务，构筑绿金活水多维管道

工商银行不断丰富绿色金融“工具箱”，逐步构建起了多层次的绿色金融服务体系，各条线协同发力，积极运用信贷、债券、股权、租赁、基金等多种方式，为绿色融资需求主体提供多元化、市场化、全方位的综合金融服务。

绿色贷款规模保持同业第一。截至 2023 年 6 月末，绿色贷款余额 50187 亿元，较年初增加 10402 亿元，规模与增量均保持同业第一，绿色项目贷款支持节约标准煤 7176 万吨、减少二氧化碳排放 1.4 亿吨、节水 1.1 亿吨。绿色贷款主要投向节能环保、清洁生产、清洁能源、生态环境、基础设施绿色升级、绿色服务等绿色产业。积极用好碳减排支持工具、煤炭清洁高效利用专项再贷款等货币政策工作，获审核通过 8 批次碳减排贷款金额 1457 亿元，位列同业第一。申获 20 批次煤炭清洁高效利用专项再贷款资金共计 275 亿元，协同降低企业融资成本。

2022 年，工商银行在境内发行 100 亿元人民币碳中和绿色金融债券，在境外发行全球多币种“碳中和”主题境外绿色债券合计等值 26.8 亿美元；主承销各类绿色债券 67 只，募集资金 2248 亿元。

综合运用债和股、非标和标等多种工具，积极服务产业结构低碳化和绿色技术产业化，大力支持清洁能源、绿色交通、生态保护、节能环保、环境治理等重点领域，创新推出 3 支 ESG 主题理财产品，发售全市场首支 ESG 主题 ETF 基金，创新推出绿色金融主题系列理财产品。开展绿色投资，做好 ESG 产品布局，积极支持经济绿色转型，投资相关板块合计超 800 亿元，布局中证 180ESG 指数基金、战略转型、生态环境、养老产业、新能源汽车等多支社会责任投资概念基金。

综合运用“租+贷”模式支持企业多元化融资需求，截至 2022 年末，绿色租赁业务规模为 436.03 亿元，占境内融资租赁业务比例约 40%。充分发挥市场化债转股主力军作用，重点支持光伏、风电、水电等绿色低碳、绿色制造及战略性新兴产业领域投资，推动实体经济高质量发展。截至 2022 年末，绿色金融领域投资余额 466 亿元，占比 21%。

积极发挥保险在建立健全绿色低碳循环发展经济体系、促进经济社会发展全面绿色转型中的作用。在负债端，围绕绿色低碳、可持续发展提供保险产品和服务；在资产端，运用保险资金在绿色产业进行投资。

（四）建设风控制动系统，为绿色金融持久发展保驾护航

工商银行按照“主动防、智能控、全面管”的风险管理路径，构建了较为完善的绿色金融风险管理体系和预警体系，未雨绸缪，警钟长鸣，切实防范实体经济转型风险。

不断加强气候风险管理，一是将气候风险管理纳入全面风险管理体系。《全面风险管理规定（2022 年版）》中包含“气候风险管理”章节，明确气候风险管理的治理架构与职责分工，提出气候风险管理体系组成与要求。二是强化气候风险的识别和管理。通过分析导致传统风险受到影响的气候因素来识别和评估气候风险，细化分解气候因素在信用风险、市场风险、流动性风险、操作风险、声誉风险等领域，导制债务人偿债能力下降、抵押品损毁、市场价格波动、可获取资金减少、

业务中断等情况，有针对性地加强管理。三是持续完善气候风险数据库。完成气候风险数据库搭建，整合碳排放、压力情景、信息披露、ESG 评级等八大类气候风险数据入库，定期开展更新维护，对气候风险管理与分析工作进行支持。四是开展气候风险压力测试，完成《关于气候风险压力测试情况的报告》。借鉴联合国环境规划署（UNEP）技术框架，参考央行与监管机构绿色金融网络（NGFS）压力情景，结合国内实际进行本土化调整，建立转型风险、物理风险传导模型，开展压力测试，成为国内首家应用国际先进技术完成气候风险压力测试的银行。按照气候风险压力测试技术框架，建设开发气候风险压力测试系统，支持压力测试情景收集与扩展，实现气候风险压力传导的系统化、流程化管理，为全面提升气候风险管理能力、支持“双碳”目标打下基础。

在生物多样性金融领域，工商银行在业内首创生态保护红线地图系统功能，将生物多样性风险防控纳入信贷业务全流程，并作为金融机构创新解决方案在 G20 可持续金融工作组研讨会上发布；出席联合国《生物多样性公约》第十五次缔约方大会（COP15）两阶段会议，分享生物多样性金融工行实践。在转型金融领域，工商银行持续探索转型金融发展路径，研究符合转型特征的活动分类及技术指标，为我国传统产业绿色低碳转型发展探索更为有效的资金通路。

三、履责成效

经过多年努力，工商银行构建了较为完善的绿色金融发展体系，在推动生态环境改善、碳排放“削峰”、培育客户可持续发展理念、绿色普惠金融发展、自身低碳运营、构建品牌形象等方面取得显著成效。

（一）绿色信贷投放推动多地生态环境取得明显改善

在工商银行近三年的社会责任（ESG）报告中，披露了 15 个绿金生态项目的典型案例，我们欣喜地发现，这些项目所取得的生态成效呈逐年扩大的态势，推动了当地生态环境取得明显改善。

工商银行大力支持重点流域及水系的治理与保护，为长江江豚迁移通道修复、奉节长江大保护等项目提供了资金支持。在云南，工商银行积极支持该省第二大淡水湖洱海流域治理工作，累计投放 26.6 亿元贷款，助力洱海流域截污工程、洱海湖滨缓冲带生态修复与湿地建设工程，并持续跟踪监测项目效果，通过年度社会责任（ESG）报告等渠道披露了洱海水质明显改善的情况。在新疆，工商银行对库尔勒市杜鹃河河道治理项目开展了详细的贷前尽调，了解到该项目创新水资源利用模式的特点后，积极提供贷款支持，助力建设绿化、亮化、健身及湿地公园工程，改善杜鹃河 11.9 公里河道及周边 3600 亩土地的生态环境，形成新的绿色生态发展走廊。在河南，工商银行加大对生态环境治理领域的融资服务力度，湿地公园、水系治理、污水处理等众多重点项目背后都有工行资金助力。在工行 13.05 亿元贷款资金支持下，郑州市贾鲁河生态环境治理项目将形成“一廊、一核、五区”的生态空间结构体系，有效改良水质，改善水域生态环境，增加滨水绿地游憩面积。在广西，工商银行在信贷投放中全面考虑可持续发展因素，大力支持生态系统保护和修复，为北海市国家级滨海湿地公园提供 9.03 亿元项目贷款，有效改善了冯家江流域水环境，补充了鲤鱼地水库水量，保护和恢复了红树林湿地的生态系统，形成了人与自然和谐相处新格局。

一叶知秋，上述案例仅仅是工商银行金融助力项目当地生态环境改善的缩影。工商银行正在发

图 16-4　广西分行贷款支持的北海市国家级滨海湿地公园

挥全集团合力，通过安排贷款专项规模、实施内部资金转移价格（FTP）激励措施、优先保障信贷投放等手段，为大量改善生态环境的投融资项目提供高效、便捷、优惠的金融支持。这些项目正在或即将产生源源不断的正向效应，为绿水青山和美丽中国建设贡献出工行力量。

（二）绿色金融与气候融资政策推动碳排放“削峰”取得显著成效

当前，我国经济社会发展已进入加快绿色化、低碳化的高质量发展阶段。作为境内最大的绿色贷款供应商，工商银行在绿色贷款余额突破 5 万亿、存量与增量均保持同业领先态势的同时，不断探索金融支持减排新路径。按照 2022 年末工商银行绿色信贷支持项目折合减排二氧化碳当量 13726.53 万吨计算，约为 2022 年全国二氧化碳排放量的 1.2%[①]，相当于 1.61 个大兴安岭[②]吸收的二氧化碳量，为碳减排“削峰”奠定坚实基础。在绿色信贷之外，工商银行还充分发挥综合化经营优势，运用多种金融工具积极支持减排，全资子公司工银投资利用 20 亿元债转股支持的海上风电项目，并网时为亚洲单体容量最大之一，每年可大量减少二氧化碳排放，有效助力碳减排。

工商银行立足我国能源资源禀赋，不仅深入贯彻落实国家能源供应低碳转型战略，积极支持风电、光伏、水电、核电、生物质发电等清洁能源和可再生能源，而且持续助力高碳行业低碳转型，推动经济结构和能源结构优化调整。在传统能源大省山西，工商银行高度重视当地资源型经济转型发展，一方面，聚焦“十四五”新能源项目建设重点，加大对风电、光伏发电等新能源发电领域的信贷投放，近两年发放贷款 62.7 亿元。另一方面，积极发挥金融力量引导煤炭企业转型，对煤炭清洁高效利用类贷款给予政策优惠，大力支持煤电节能降耗改造、供热改造、灵活性改造“三改联动”，仅 2022 年就实现投放 36 亿元。

工商银行创新业务模式，支持了一系列水光互补、牧光互补、光伏治沙、风光储一体化等新能源项目。在珠海三灶鱼林村，渔光互补项目将渔业养殖与光伏发电相结合，鱼塘上安装了光伏板，“板上发电，板下养殖”，不仅提高了土地使用效率，更输出了环境友好的清洁能源。针对项目需

① 工商银行每年披露的折合减排数据，根据当年绿色信贷余额所支持的项目进行统计，包括了此前项目累计产生的减排效益。据国际能源署发布的《2022 年二氧化碳排放报告》，2022 年我国的二氧化碳排放量为 114.77 亿吨。

② 据国家林业和草原局官网显示，内蒙古大兴安岭林区生态功能区面积 10.67 万平方公里，其中森林面积 8.37 万平方公里，活立木蓄面积 10.33 亿立方米。据测算，每年森林生态系统吸收固定二氧化碳约 8542 万吨。

图 16-5　工银投资债转股支持的海上风电项目

求，工商银行进行了多次实地考察调研，于今年 3 月底为该项目发放首笔贷款 4430 万元。项目建成后，首年发电量预计可达到 2.35 万千瓦时，与火电厂相比，每年可节约煤近 7 万吨，减排二氧化碳 18 万吨。在四川，工商银行向雅砻江某水光牧互补光伏电站项目投放贷款 3 亿元，支持水光互补、牧光互补、光伏+乡村振兴等复合模式开发建设，为绿色产业新业态、新模式的发展注入金融活水。

图 16-6　四川分行支持的水光牧互补光伏电站项目

（三）加强 ESG 风险评估与监测，培育客户可持续发展理念

工商银行通过信贷准入政策、制度安排等多种措施，积极引导客户培育可持续发展理念。在工商银行制定的投融资绿色指南中，对环境污染防治、水资源节约利用与防治水患、生物多样性与生态保护、文物保护等环境与社会风险进行了细化，充分注意对涉及大气污染、水污染、固体废物污染、农业面源污染、工业污染、生物污染客户的环境保护风险识别，对存在环保违法违规的实行一

图 16-7　重庆分行支持的可再生能源发电项目

票否决，有效引导客户防控环境和社会风险，推动了综合生态环境的改善。

工商银行充分运用生态保护红线地图系统功能筛查贷款项目选址，积极支持自然保护、生态修复等生物多样性友好的客户和项目，进一步提升生态环境风险与生物多样性风险智能化管理水平。在《生物多样性公约》缔约方第十五次会议（COP15）的举办地云南，工商银行切实履行保护生物多样性责任，积极参与“守护云南珍稀物种爱心助力公益活动”，向全社会宣传推广保护珍稀物种的科普知识，并向云南省绿色环境发展基金会捐赠保护基金，用于保护和救助滇金丝猴，有效改善了滇金丝猴的生存环境。在欧洲的卢森堡，工银欧洲将生物多样性理念付诸行动，在卢森堡周边组织了栽种果树活动，员工们踊跃参与，为支持当地社群赖以生存的生物多样性、维护可持续生态系统贡献了自己的一份力量。

图 16-8　工银欧洲组织果树栽种活动

在阳明故里浙江，工商银行针对王阳明故居重修项目开展了详尽的调查，充分考察客户文物保护的意愿和能力，并确定了相应的前提条件和管理要求。在全流程环境和社会风险管控下，重修项目采取了建庄搭筏板的措施来有效保护遗址，遗址保护罩运用了止水帷幕技术、机械通风与全空气空调系统相结合的空气调节技术等先进技术手段，取得了良好的综合保护效果。在江苏无锡，工商银行贷款支持的惠山古镇文物古迹保护修复项目兼顾文物保护和环境保护，在古街区保护修复过程中注重外观风貌保护和街区景观业态品质提升有机结合，在建设修复古迹的同时，还陆续完成了河道清淤整治，取得了良好的文化和生态效益。工商银行高度关注邻避风险，在贷款支持某垃圾焚烧发电项目的过程中，引导客户施工时与当地村民进行深入沟通，充分考虑周边环境和居民诉求，化“邻避困境”为“邻利设施”，实现垃圾无害化处理，减少环境污染，提升居民生活水平。

为促进水资源的节约、保护和优化配置，工商银行创新推出用水权质押贷款等金融产品，有效打通环境与金融两种资源，丰富了企业融资渠道。2022年末工商银行绿色信贷支持项目折合节水10842.27万吨，按照2022年全国人均综合用水量①计算，可满足25.5万余人全年综合用水。在天津，工商银行通过行内银团贷款支持武清区乡村污水治理项目，全面解决了当地26个乡镇301个村的污水收集和供水节水难题，惠及11.7万户、近40万村民。在山东，工商银行了解到某企业节水改造升级需要资金后，为企业量身定制贷款方案，专项用于企业节水改造升级资金需求，仅用3个工作日便完成了方案设计、调查、审批、质押登记、贷款投放等流程，成功发放了山东省首笔工业生产企业用水权质押贷款，有力支持了企业节水节能和绿色低碳发展。

（四）大力发展绿色普惠金融，使可持续发展惠及更广泛人群

工商银行始终坚持绿色普惠金融发展方向，重点对绿色环保低碳行业的小微企业提供融资支持。截至2023年6月，普惠型小微企业贷款余额突破2万亿元，在提供普惠贷款的同时，坚持以绿色信贷政策指导对小微企业的贷款投向，在不降低绿色标准的前提下做好差异性安排，根据小微客户的特征设置降碳环保要求，防止小微企业在环保方面“跑冒滴漏”。重点对绿色环保低碳行业的小微企业提供融资支持，结合多地涉农小微客户购买分布式光伏电站设备的需求，推出“光伏贷”产品，同时充分利用科技优势，加大对小微绿色产业链的资金供给和支持。

上世纪90年代以来，工商银行始终坚决履行助力脱贫攻坚这一重要的社会责任，继为我国脱贫攻坚战取得全面胜利送上成色十足的“工行答卷”后，又以“时时放心不下”的责任感，围绕地方所需、金融所能、工行所长，加大对脱贫地区的帮扶力度，为巩固拓展脱贫攻坚成果同乡村振兴有效衔接提供金融支持，培育脱贫地区长期可持续发展动能，以金融画笔描绘美丽乡村。截至上半年末，脱贫地区各项贷款余额突破1万亿元，较年初增加近1100亿元，增速12%；国家乡村振兴重点帮扶县各项贷款余额1586亿元，较年初增加300亿元，增速23%；工银“兴农通”App服务客户数532万户，农村普惠金融服务点4277家，覆盖全国1458个县、508个脱贫地区以及91个重点帮扶县。

在定点帮扶的四川省四县市，针对小微企业和个体工商户融资痛点难点，工商银行创新推出花椒、茶叶、竹笋等10余种农作物专属信贷产品，并推广“整村授信”业务模式，有效缓解了融资难问题。在山西大同，工商银行深入贯彻落实习近平总书记“把黄花产业保护好、发展好，做成大

① 水利部发布的2022年《中国水资源公报》显示，2022年全国人均综合用水量为425立方米（吨）。

图 16-9　工商银行绿色普惠金融主要措施

产业，做成全国知名品牌，让黄花成为乡亲们的‘致富花’”的重要指示，提供多种金融服务，促进黄花合作社农业规模化经营，利用“产融云”系统搭建线上黄花产业园平台，实现黄花产购销线上一体化，利用大数据为黄花种植、加工企业提供线上金融服务，充分运用“种植 e 贷”数字普惠融资产品发放贷款，同时运用平台类、场景类等金融产品，积极支持黄花产业链发展，使“小黄花”成为当地巩固脱贫攻坚成果、有效衔接乡村振兴的支柱产业。

工商银行致力于帮助老年客户跨越“数字鸿沟”，让老年人在数字经济中有更多的获得感、幸福感和安全感，同业率先推出适老化改造，不断优化完善网点适老化建设标准，增加适老服务设施和便民服务设备，持续推进老年客群金融服务创新。2023 上半年全行智能柜员机累计服务 55 岁以上客户 4300 万人次，附行 ATM 服务 55 岁以上客户 1.04 亿人次。同时关爱弱势群体，针对不同客群推出专属产品、专享服务、专门流程和专区专版界面，让每一个人都能充分享受到数字时代智能化服务带来的便利。不断深化网点“工行驿站+”公益惠民服务内涵，丰富惠民服务功能，持续打造有温度、有情怀的“金融+泛金融”服务体系。上半年依托 1.55 万家工行驿站开展志愿服务活动 2.7 万次，服务新市民、新劳动者等客户及社会公众 495 万人次，并面向户外工作人群提供专属的暖心服务。

图 16-10　工行加大对脱贫地区的贷款投放，图为云南保山分行在保山市腾冲芒棒镇大田坡社区布放工银“兴农通”户外广告，对当地村民开展金融服务乡村振兴等惠农政策宣讲并办理相关业务

（五）自身低碳运营取得积极进展

工商银行始终坚持“推进绿色发展、倡导绿色低碳、创建绿色银行”的自身低碳运营理念，并将节能降碳的理念贯穿于日常工作中，不断加强宣传滴灌，鼓励大家从自身做起，从点滴做起，使节能降碳成为全行员工的思想自觉和行动自觉。同时进一步加强资源的节约和利用，优化能源的使用结构，提高能源的利用效率，推动全行节能降耗。深入推广无纸化办公，2022 年通过召开无纸化会议，节约纸张约 98 吨，办公平台和移动办公平台两大平台共办理无纸化业务 52 亿笔，节约纸张约 2.7 万吨。

为了对自身低碳运营进行有效监督和检验，工商银行建成投产了自主研发的碳足迹管理数据统计系统，实现信息数字化填报、标准化审批、自动化汇总，形成了低碳运营闭环管理，并利用系统收集的历史碳排放数据，完成历史数据归因分析，开展自身运营“双碳”工作研究，分析全行节能降碳潜力，为下一步低碳运营管理提供技术支持。

工商银行着眼碳达峰碳中和目标，致力于打造世界一流的绿色数据中心，有效利用光伏发电技术节约用电量，获评“国家绿色数据中心”，并进一步借鉴业界最新技术、最佳实践，通过扩大自然冷却运用范围、开展机房基础设施置换、持续优化机房气流组织、合理规划 IT 设备布局等技术优化和精细化管理手段，节约机房能耗约 700 万千瓦时。各一级分行机房通过采取节能优化措施，节约能耗 120 万千瓦时；二级分行机房优化转型项目历经 5 年全面完成，后续每年能耗较项目实施前可下降超过 1100 万千瓦时。

工商银行将环保科技与绿色发展理念融入网点建设源头，探索打造绿色低碳网点，推动零碳网点试点示范。以网点装修改造为契机，鼓励采取绿色建筑和节能低碳技术改造升级网点。统筹考量网点全生命周期的绿色减排，通过与碳排放权交易所合作，对网点装修和运营期间的建筑材料、办公用品等进行碳排放核查、碳减排量注销，助推金融网点绿色低碳转型发展。工行北京通州北关支行通过国家金融科技认证中心审查，成为全国首家通过“绿色网点”服务认证的金融机构。工行广东阳江碧桂支行获得国家可再生能源信息管理中心颁发的《绿色电力证书》，成为广东省首家获此证书的金融机构，也是全省首家使用中国绿色电力证书（GEC）实现绿电消费的碳中和金融机构。

（六）建立了良好的品牌形象和社会评价

工商银行在绿色金融支持实体经济可持续发展上的积极探索，得到社会各界的广泛关注和高度认可。其中，在金监总局、绿色银行综合评价中得分连年位居同业榜首，近年来获得多项奖项荣誉，包括《财资》杂志颁发的“2022 年度中国最佳可持续金融银行奖项”、《亚洲银行家》杂志颁发的“中国年度绿色可持续银行”奖项、国际金融论坛（IFF）颁发的“2022 全球绿色金融奖—创新奖”、绿色金融 60 人论坛颁发的“GF60 绿色金融奖评选—最佳金融机构”、经济观察报颁发的“值得托付绿色金融机构”、金融时报社颁发的“年度最佳绿色金融服务银行”等。

2022 年 11 月，工商银行在第五届进博会上正式发布绿色金融品牌——“工银绿色银行+”。该品牌立足工行在绿色金融领先优势，积极倡导“和合、共融、友好”理念，为绿色发展提供专业、全面、前瞻的金融支持，实现“加”更多，“家”更美的目标。品牌名称中的“+”号包含四方面含义：“家”寓意绿色金融专家、行家、大家，让地球家园更美丽；“加”寓意加油、加持、加力；“和”与“合”寓意和谐、共享、融合、和睦；“更”寓意看更远、做更多、为更好。

图 16-11 “工银绿色银行+”主题海报“加更多 家更美”

2023 年 2 月，中国中央电视台为工商银行拍摄的工商银行绿色金融纪录片在中国中央电视台财经频道播放。该片以工商银行在第五届进博会发布“绿色银行+”品牌为切入点，聚焦工商银行以绿色金融助力美丽中国建设的相关创新举措，围绕习近平总书记提出的“绿水青山就是金山银山”理念发源地——浙江安吉县生态环境的变化，从“生态美”“产业兴”“百姓富”三个层次，通过真实案例，讲述了工行在生态修复工程、5A 级景区创建、抽水蓄能、产业提升、竹林碳汇收储等领域予以金融支持的故事，生动展现了工行在支持绿色金融发展所作出的大行担当和取得的突出成绩。

图 16-12 “工银绿色银行+”品牌

五、展望

工商银行深入学习贯彻习近平生态文明思想，积极践行绿色发展理念，以贯彻新发展理念、服务新发展格局、推动高质量发展为己任，加大对企业的绿色投融资支持力度，助推重点绿色项目落地，积极助力人与自然和谐共生的现代化。在“绿水青山就是金山银山”的发展理念下，在工商银行绿色金融活水的滋养下，一幅幅美丽中国的画卷正徐徐展开。

下一步，工商银行将持续提升绿色金融发展体系，努力发挥绿色金融在推动绿色发展中的重要作用，让金融活水成为绿色之水、生态之水，精准滴灌绿色经济，为建设人与自然和谐共生的清洁美丽世界贡献力量。

一是加大金融支持力度，提升绿色金融覆盖率、可得性和满意度，一体服务好减污、降碳、扩绿、增长，更好发挥金融对绿色发展的支撑作用。

二是推动数字化转型，探索应用大数据、物联网、人工智能等新技术，提高绿色金融服务和管理效率，赋能绿色金融业务发展。

三是加大创新探索力度，研究绿色经济领域新产业、新模式、新业态，提供更具特色、更有针对性的绿色金融创新产品和服务。

四是凝聚绿色发展共识，深化绿色金融领域国际合作和对话，积极参与构建全球绿色金融发展倡议和标准，通过业务合作、能力共建等方式，助力全球绿色发展。

工商银行将进一步发挥金融力量，促进经济、环境、社会协调可持续发展，继续书写有厚度、有温度、有情怀的工行答卷。

附表：工商银行自身运营碳排放数据

表 16-1　近三年自身碳排放情况

碳排放情况	计量单位	2020	2021	2022
碳排放总量	万吨 CO_2	206. 36	216. 26	202. 13
建筑排放强度	$kgCO_2/m^2$	88. 69	91. 91	85. 08
人均排放强度	吨 CO_2/人	4. 66	4. 88	4. 47
直接排放（范围 1）	万吨 CO_2	12. 42	12. 96	9. 74
间接排放（范围 2）	万吨 CO_2	193. 94	203. 30	192. 39

表 16-2　近三年自身能源消耗情况

能源消耗情况（境内）	计量单位	2020	2021	2022
水	万吨	3186. 44	3156. 56	2553. 82
电	MWh	2345793. 94	2490745. 64	2394577. 27
无烟煤	吨	1367. 50	1178. 00	154. 54
天然气	万 Nm^3	3206. 05	3457. 72	2840. 83
汽油	吨	14062. 03	15169. 83	10050. 70
柴油	吨	540. 17	459. 56	326. 65
办公用纸	吨	12281. 57	12845. 49	7426. 70

擦亮 ESG 底色——中国农业银行以绿色金融赋能美好生活

中国农业银行股份有限公司

作为中国主要的综合性金融服务提供商之一，农业银行战略定位、核心业务、品牌形象均具备优秀的 ESG 基因，绿色是农业银行的底色。作为党的银行、国家的银行、人民的银行，农业银行一路听党话，跟党走，全面贯彻落实党的二十大各项决策部署、完整准确全面贯彻新发展理念，以习近平生态文明思想为指引，努力耕耘“中国绿”。顺应资本市场 ESG 发展潮流，结合国情、接轨国际，锚定最高标准，展现大行担当，发挥榜样作用，携手共创“市场绿”。农业银行因农而生、因农而兴，坚持服务三农初心使命，持续擦亮“农行绿”。

下一步，农业银行将心怀“国之大者”，积极践行绿色发展理念，自觉将 ESG 和社会责任工作放在国家大局中去谋划，全力支持经济社会发展绿色转型，不断满足人民对美好生活的金融期盼，为美丽中国高质量发展增彩添色。

一、背景

ESG 起源于欧美市场，是衡量企业可持续发展能力的评价标准。近年来，ESG 相关理念在中国生根发展，ESG 逐步被赋予了中国特色的诠释和内涵，在中国倡导和实践 ESG 具有鲜明的时代特征和现实意义。作为一家国有大行，ESG 与农业银行“绿色”价值取向、发展理念和战略选择不谋而合。

（一）ESG 与农业银行“绿色”价值取向高度契合

农业银行因农而生、因农而长、因农而强，绿色是农行的底色，农业银行天然具有 ESG 基因。农业银行的使命是“面向‘三农’，服务城乡，回报股东，成就员工”，不仅致力于提升自身市场价值、给予投资者持续丰富的回报，同时也致力于回报员工、服务社会和环境，积极关注和满足各利益相关方的诉求，追求经济效益和社会效益的统一，这与 ESG 实现利益相关方价值最大化的要求高度一致。

（二）ESG 与农业银行“绿色”发展理念高度契合

ESG 的内涵是可持续发展，需确保企业发展方向符合全球趋势、国家战略和社会诉求。当前，农业银行立足新发展阶段，贯彻新发展理念，服务新发展格局，坚持稳中求进工作总基调，以高质量发展为主题，寻求转变发展模式，积极调整资产结构，加快绿色低碳转型，加快“以客户为中心”理念传导、实现与客户同成长，与 ESG 的导向完全一致。

（三）ESG 与农业银行“绿色”战略选择高度契合

ESG 理念体现在农业银行战略规划的各个方面，围绕“环境”端，将绿色金融上升为全行三大发展战略之一，持之以恒服务国家生态文明建设；围绕“社会”端，突出“服务乡村振兴的领军银行”和“服务实体经济的主力银行”两大定位，全方位履行国有大行社会责任，促进经济社会绿色发展；围绕“治理”端，将可持续发展写入公司章程，积极落实董事会及相关专委会 ESG 治理职责，不断完善中国特色银行业公司治理体系，推进绿色治理。

二、责任行动和履责成效

绿遍山原白满川，今年春分时节，农业银行借记卡焕新升级，一张张小小的青绿卡，遍布城乡、跨越山海，激发农业银行深植血脉的绿色活力。青绿卡传递祖国河山壮丽之姿，彰显服务乡村振兴、发展绿色金融的责任担当，描绘百姓和谐安居之景，以高质量金融服务托举上亿客户对美好生活的向往。

绿色象征着生机和希望，蕴含着可持续发展的力量，体现了人与自然和谐共生的理念，是新发展理念五大内核之一。农业银行一路听党话，跟党走，全面贯彻落实党的二十大各项决策部署、完整准确全面贯彻新发展理念，以习近平生态文明思想为指引，努力耕耘“中国绿”。顺应资本市场 ESG 发展潮流，结合国情、接轨国际，锚定最高标准，展现大行担当，发挥榜样作用，携手共创“市场绿”。农业银行因农而生、因农而兴，坚持服务三农初心使命，秉承 ESG 血脉基因，持续擦亮“农行绿”。

（一）篇章一：耕耘“中国绿”——当好以金融力量助推高质量发展的倾力者

党的十九大以来，我国高度重视构建人与自然和谐共生的现代化建设，坚定推动绿色低碳发展。党的二十大更是提出了全面建设社会主义现代化国家、以中国式现代化全面推进中华民族伟大复兴的伟大目标。当前，我国正处于全面建设社会主义现代化国家、实现中华民族伟大复兴的关键时期。立足新发展阶段、贯彻新发展理念、构建新发展格局，推动高质量发展，是当前和今后一个时期必须抓紧抓好的工作。农业银行始终坚持响应党和国家号召，将金融活水引向绿色所趋、社会所需和价值所向，为美丽中国建设交上一份份满意答卷。

1.“一水护田将绿绕，两山排闼送青来”：金融活水润泽乡村田间

农业银行 70 多年始终扎根在农村最深处，是金融服务“三农”毋庸置疑的“国家队”“主力军”。全面落实党中央关于加快农业强国建设、全面推进乡村振兴战略的部署，努力打造服务乡村振兴领军银行，奋力书写服务乡村振兴新时代答卷。截至 2023 年 6 月末，农业银行“三农”领域贷款余额达 8.35 万亿元，新增 1.02 万亿元，增量创历史同期新高。

2.“碧玉妆成一树高，万条垂下绿丝绦”：绿色金融助力低碳转型

新发展理念激发了农业银行绿色动能引擎，农业银行将“绿色金融”作为全行三大战略之一，把发展绿色金融作为应对气候变化、促进经济社会绿色转型、实现碳达峰碳中和目标的关键举措，加大节能环保、清洁生产、清洁能源、生态环境、基础设施绿色升级和绿色服务等产业领域资金供

给。截至2023年6月末，绿色信贷余额3.62万亿元，新增9267亿元，增速34.4%，增量增速均创历史新高。自人民银行碳减排支持工具实施以来，累计发放碳减排贷款1300亿元以上，带动减少碳排放量超3000万吨。

案例1

呵护一江一河　以绿色金融助力千年大计

千川汇海阔，江河绿神州。长江和黄河是我们的母亲河，修复、保护长江和黄河流域生态是国之大者、千年大计。农业银行积极探索自然与发展和谐共存新路径，全面推动长江经济带发展，扎实推进黄河流域生态保护和高质量发展，以金融力量呵护“一江一河”两岸生态美景，助力绿色低碳转型。

助力长江经济带绿色崛起

傍晚时分的母亲河长江，江面耀眼的霞光伴随倒影渲染开来。在辽阔的荆楚大地上，农业银行正续写着“一江碧水向东流”的绿色故事。

近年来，湖北三宁化工股份有限公司为进行低碳转型升级，率先关停年产12万吨合成氨和30万吨碳酸氢铵生产线。高额的转型搬迁项目完成后，企业总能耗下降，持有的碳排放权和转型融资需求符合碳排放权质押贷款的申请条件。2021年，农行湖北枝江支行3次开展专题研讨，5次上门与“中碳登”协商沟通。形成合同后，快速在全国碳排放权注册登记等系统办理质押登记和公示。

湖北星晖新能源智能汽车有限公司为扩生产、保品质需要更多资金赋能。2021年，黄冈分行以新能源汽车积分收益权为质押，向星晖汽车发放“绿车贷”，全国首笔“双积分”政策下的新能源汽车积分收益权质押贷款顺利落地。农业银行开辟了新能源汽车行业“积分换取真金白银”的融资新渠道，引绿色金融守护绿水青山擘画金融服务“碳”版图。

为实现碳达峰碳中和目标，农行湖北分行紧抓“中碳登”落户武汉的契机，打造特色“碳”金融品牌——“农银碳”产品系列，续航地方特色产业低碳升级，开拓绿色信贷新模式。

绿色发展“黄河大合唱”

“黄河之水天上来，奔流到海不复回。”夏日的黄河入海口——国家级黄河三角洲自然保护区内芦苇摇曳，群鸟飞翔。黄河安澜，国泰民安。近年来，农行山东分行深入践行黄河流域生态保护和高质量发展重大国家战略，积极创新绿色金融产品和服务模式，荣获第十届“母亲河奖”的“绿色贡献奖”，成为全国金融系统唯一荣获“母亲河奖”表彰的单位。

山东分行梳理各地资源秉性、产业结构，绘制出《黄河流域生态保护和高质量发展金融生态图谱》，整理了84个生态保护项目、39个高质量发展项目生态图，因地制宜为黄河流域生态保护提供优质金融服务。围绕打造乡村振兴齐鲁样板、黄河流域生态保护和高质量发展、新旧动能转换“三大战略”，以绿色信贷、绿色债券、绿色基金、绿色保险为抓手，优化调整信贷结构，打造“绿色金融创新基地”和“绿色金融示范行”。

山东分行积极关注高碳产业低碳转型过程中的融资需求，济南分行作为独立承销商，为山东电工电气集团再次发行一笔绿色超短期融资券，募集资金用于子公司特大型变压器制造项目购买原材料。“我们将努力为建设济南新旧动能转换起步区做好金融服务。”农行山东分行有关负责人表示。

在开展黄河流域生态环境保护工作中，山东分行加快推进环境权益融资工具创新，先后落地新能源补贴等权益融资工具。截至目前，该行已审批小清河复航工程、齐河县黄河水乡国家湿地公园等重点项目 136 个，投放贷款 302 亿元，助力黄河下游流域水系总体开发利用，推进沿线水资源节约、环境综合治理。

除了支持长江、黄河等国家重点生态功能区建设，农业银行还支持武夷山、三江源等国家公园保护性运营，服务山水林田湖草沙一体化保护和系统治理。高度关注生态系统质量和稳定性，全力支持生物多样性保护和生态系统承载力提升，做好生态环保重点领域绿色金融重大项目库建设。

农业银行以习近平新时代中国特色社会主义思想为指导，深入学习贯彻习近平生态文明思想，牢固树立和践行“绿水青山就是金山银山”的理念，将绿色金融发展确定为全行战略之一，持续构建适应生态文明建设要求的组织架构、业务体系和风控机制，为共建美丽中国贡献金融力量。

（二）篇章二：共创“市场绿”——当好用国际语言传递中国故事的传播者

“春雨足，染就一溪新绿”。在监管机构、国际组织以及资本市场共同推动下，ESG 不再是“可选项”，而是“必答题”。随着 ESG 理念不断深化，资本市场对金融企业绿色相关管理和披露的期许、要求也是水涨船高。农业银行一方面紧跟市场形势，主动融入绿色发展国际潮流，持续将先进理念导入实践，另一方面用国际语言讲好中国 ESG 故事，提升市场形象和美誉度。

1. 对接国际标准、导入先进理念

作为全球系统重要性银行，农业银行主动融入国际主流 ESG 标准。加入联合国可持续发展投资者联盟，先后签署《“一带一路”绿色投资原则》和《负责任银行原则》（PRB），成为气候相关财务信息披露工作组（TCFD）支持机构，推进国际标准的内化实施。积极参加国际金融协会（IIF）可持续金融峰会、联合国全球可持续发展投资者（GISD）联盟年会、联合国《生物多样性公约》第十五次缔约方大会、2022 绿色金融国际峰会·滇池论坛等会议。

2. 立足中国国情、彰显中国特色

作为中国银行业协会绿色信贷专业委员会第三届主任单位，农业银行积极发挥先锋榜样作用，探索构建满足监管、接轨国际、农行特色的 ESG 核心指标体系。对标 ESG 榜样“政府责任”等中国特色评价标准，将服务实体经济、服务乡村振兴、促进区域协调发展、稳定就业等符合国家战略和人民期望的议题做优做强成“中国议题”、构建“中国标准”，为中国在可持续标准制定方面提升话语权和主动权提供“农行方案”。

3. 探索本土化、特色化 ESG 信息披露

农业银行将国有大行的可持续发展与新发展理念、国家战略深度结合，将“双碳”目标与绿色金融、乡村振兴融入环境议题，从三农县域、乡村振兴、金融扶贫、普惠金融、机构布局、渠道建设等方面展示农业银行在金融服务可及性方面的独特优异表现，着力从政治性、人民性、专业性多维诠释 ESG 实践成果，用中国范式讲述农业银行 ESG 成果。构建起包括定期报告、社会责任报告、绿色金融发展报告以及官网、全媒体等多渠道的信息披露协同机制，探索开展 ESG 本土化、农行特

色化的信息披露实践，积极向社会公众展示 ESG 发展绩效。

农业银行 ESG 实践得到了监管、市场和社会各界的广泛认可。获得监管机构高规格评定，在人民银行、国家金融监督管理总局的金融机构 2022 年度服务乡村振兴考核中获评最高等级“优秀”，入选中国上市公司协会 A 股上市公司 ESG 最佳实践案例，被中国银行业协会授予“绿色信贷专业委员会突出贡献单位”，上海证券交易所信息披露工作评价结果连续八年为“A”。获得市场高度评价，以银行业首位入选国资委、中企研、央视总台评定的“中国 ESG 上市公司先锋 100”榜单，明晟（MSCI）ESG 评级“A”级，为目前国内上市银行最高级别。获得媒体荣誉奖项，荣获香港《财资》“2022 年度 ESG 铂金奖”、《每日经济新闻》“年度普惠金融奖”、《南方周末》“年度 ESG 竞争力企业”和“中国企业社会责任 20 年特别贡献”奖、《财经》长青奖——“可持续发展绿色奖”等荣誉。

（三）篇章三：擦亮“农行绿”——当好以 ESG 实践绘就美丽中国画卷的增色者

“桃红复含宿雨，柳绿更带朝烟。”农业银行具有与生俱来的 ESG 绿色基因，在国内 ESG 概念兴起之初，农业银行党委敏锐关注到农行战略定位与 ESG 理念的高度契合，看到了农业银行初心使命在新发展阶段的焕新诠释，开始从治理、战略和管理层面自上而下推进 ESG 建设，探索 ESG 促进业务经营转型的新动力引擎，收获了一系列特色化成果。

1. G 端：党的领导下公司治理的系统重构

农业银行坚持党的领导核心，发挥党委“把方向、管大局、促落实”的领导作用，先于同业建立起一套中国特色现代商业银行 ESG 公司治理架构和机制，体现了党建引领下中国特色和治理先行的农行特色。2020 年在同业中率先成立了董事会“战略规划与可持续发展委员会”，在公司章程明确董事会及相关专委会 ESG 治理职责。近年来，董事会充分发挥战略部署和决策引领作用，普及 ESG 理念，逐步扩大 ESG 关键事项审议或报告范围，将 ESG 治理职责落到实处。高管层下设绿色金融/碳达峰碳中和工作委员会、消费者权益保护工作委员会和三农及普惠金融事业部管理委员会等，分别负责落实 ESG 重点议题管理，以金融行动全面贯彻落实高质量发展要求，推进中国式现代化。

2. E 端：点面结合，“三农”+绿色的特色模式和综合多元的产品体系

农业银行积极探索个性化的绿色金融创新之路，发挥服务三农的主力军优势，寻求服务绿色发展与服务乡村振兴的交汇处和双赢点，探索绿色金融赋能乡村振兴的实践路径。创新推出国家储备林贷款、乡村人居环境贷、绿水青山贷、生态共富贷、森（竹）林碳汇贷等多款“三农”绿色金融产品。发挥集团综合化经营优势，建立起涵盖绿色信贷、绿色债券、碳金融、ESG 理财产品等多元化绿色产品和服务体系。与中央结算公司联合推出市场首支乡村振兴领域银行定制债券指数“中债—农行乡村振兴债券指数”，先后发行了多支“碳中和”和“专项乡村振兴”双标债、“绿色”“专项乡村振兴”和“革命老区”三标债。

3. S 端：依托科技和渠道优势，拓展金融为民的广度和深度

丰富乡村振兴场景，点亮智慧乡村。着力推动金融科技与服务“三农”深度融合，综合运用大数据、人工智能等现代科技手段，为乡村振兴特别是数字乡村建设作出更大贡献。

案例 2

为三农插上数字科技之翼　让乡村盛放共同富裕之花

走进数字科技新时代，那些超越想象的可能正触达乡村的每个角落。以金融科技绘就和美乡村新画卷，农业银行砥砺奋进的脚步从未停歇。

金秋九月，中国国际服务贸易交易会上，农业银行发布了一项服务乡村振兴新成果——“农银惠农云”数字乡村平台（简称惠农云平台）。惠农云平台是农业银行顺应数字经济发展趋势，发挥金融科技领先优势，为县乡政府、村两委及各类涉农主体打造的提供一揽子数字化管理工具的线上平台。搭载“三资”管理、智慧畜牧、“e 推客”、乡村振兴积分、智慧农服等 10 余个智慧场景，全方位赋能乡村治理、农业生产、农民生活。目前，平台各类场景入驻机构数超 10 万个，服务用户数量 300 多万个，覆盖县（区）2000 余个，沉淀场景数据 5.04 亿条，初步形成了较为广泛的客户基础。

振兴乡村，共同富裕，是中央的决心、人民的期盼，更是农行的使命。作为金融服务“三农”的国家队和主力军，农业银行深入贯彻党中央决策部署，认真践行金融工作的政治性、人民性，突出打造“服务乡村振兴领军银行”战略定位，不断增加农业农村金融资源投入，持续加大产品创新力度，努力拓展服务广度深度，服务县域客户数、县域贷款投放量等多项指标均居可比同业前列。按照中央关于数字乡村建设的决策部署，着力推动金融科技与服务“三农”深度融合。

农银惠农云平台依托云计算技术建造，实行 SaaS 化服务模式，搭建了“1+2+3+4+N”的总体架构。1 所超市，平台汇聚各类涉农智慧场景，支持用户自由订购、随心选用；2 种模式，“自主研发+外部引入”开放式建设涉农智慧场景体系；3 类客群，全方位服务 G 端县乡政府、村两委，B 端各类农业企业、合作社、农村集体经济组织和 C 端农民；4 条渠道，“Web 端、App 端、小程序端、数据大屏”全渠道输出场景金融服务；N 个场景，一站式满足政务办公、乡村产业、惠民生活等场景服务需求。

平台为各类涉农智慧场景提供基础和支撑，场景接入不断焕发云平台的生机与活力。平台与场景相辅相成、和谐共生，共同构成农业银行服务乡村振兴新引擎。

“三资”管理场景服务于农村集体产权制度改革和农村集体经济发展，面向县乡政府和农村集体经济组织，帮助基层政府摸清集体家底、明细产权归属。采用银农直联方式，对接更便利，已在 300 余个县（区）上线，覆盖 2.7 万个行政村。

智慧畜牧场景服务于畜牧业高质量发展，利用智能耳标、网关、摄像头等物联网设备，为活体牲畜赋予身份标识。动态监测活畜生命体征，实现活体牲畜向“数字牲畜”的转变，既能为养殖主体现代化管理赋能，又能有效破解养殖主体融资担保难题。累计服务客户超 3400 户，监管活体牲畜近 400 万头，智慧畜牧信贷业务余额超 100 亿元。

乡镇治理场景服务于乡村治理现代化建设，以“党建引领+网格推动+平台落办”为架构，面向乡镇政府和村两委打造乡镇办公、任务督办、积分量化、村民服务四大平台。已在近 2000 个乡镇上线，覆盖全国 25 省、560 余个县（区）。

“e推客”场景秉承“政（企）线上推荐、农行上门办贷、农户直接受益”的服务理念，贷款推荐流程全线上、可追踪、时效性强，真正实现让“数据多跑路，百姓少跑腿”。覆盖近2万个行政村，累计推荐农户贷款26万余笔，贷款金额超572亿元。

农业生产托管服务场景支持农业生产社会化服务发展，面向托管方、服务方、监管方，推动农业生产托管服务向线上化、透明化方向发展，促进农业生产节本增效，已在80余个县（区）落地应用。

乡村振兴积分场景面向基层政府和村民，提供积分申请、积分消费、排行榜等功能，对村民文明行为进行量化打分，调动村民参与乡村治理的积极性，助力实现乡村治理体系和治理能力现代化，已在1000多个村庄上线，服务村民超11.6万人。

下一步，农业银行将秉持开放合作、互利共赢理念，充分发挥金融科技优势，依托“惠农云平台”，努力与各方共同打造农业农村全场景体系，构建涉农场景新生态，为三农插上数字科技之翼，让乡村盛放共同富裕之花。

延伸服务可及性，触及每一个角落。构建“六位一体”立体式服务渠道体系（人工网点、自助银行、“惠农通”服务点、手机银行、远程银行和流动服务），拥有18959个基层营业机构，其中县域网点1.27万个，是全国唯一一家在全部县域设有网点的大型金融机构；在行政村设立的惠农通服务点超过19.8万个，乡镇覆盖率达95%；在海拔3500米以上的高寒地区设立网点495个。

案例3

打通金融服务每一公里　惠及每一个你

普惠金融，有别于传统的金融体系，强调构建一个包容性金融体系，服务对象涵盖小微企业、个体工商户、家庭作坊、中低收入工薪阶层及广大农户，旨在提升小微企业和弱势群体在金融服务方面的获得感。全面性和全民性的背后，是“不好做”“困难多”，而农业银行却一直坚持在做，并且做成了全球银行业最佳实践。

农业银行始终坚持以人民为中心的发展理念，积极贯彻落实国家部署和监管要求，围绕“打造‘三农’/普惠金融领域最佳数字生态银行”战略，向善而行，向心而动，持续改善人民生活、便利企业融资，打通金融服务每一公里，惠及共同富裕的每一个客户。

生命禁区的农行人

身处羌塘腹地的西藏那曲市双湖县是世界上海拔最高的县，平均海拔5000米以上，含氧量只有平原的40%。年均气温零下10摄氏度，冰冻期长达210天。这里是美丽的藏羚羊自由自在生活的天堂，却也是人类生理极限的“试炼场”，被称为“生命禁区”。尽管如此，仍有一家金融机构在用坚不可摧的理想信念扎根西藏，服务“三农”。双湖县唯一一家金融机构、17名员工、服务1.3万群众、覆盖面积11.67万平方公里……农行西藏双湖支行始终初心如磐，矢志如斯。

流动银行将金融活水浇灌贫困洼地

“马背银行”“摩托车银行”“汽车银行”，在地广人稀的双湖县，银行只有“流动”起来，

“金融活水”才能灌溉到贫困“洼地”，便民服务才能惠及每一位牧民。“当地牧民居住分散、交通不便。我们提供流动金融服务的时候，很多地方开车都去不了”，农行西藏双湖支行负责人说，“我们只能骑摩托车，甚至骑马，走村入户，把优惠政策、各项补贴送到牧民手中。”农行大力发扬“背包下乡、走村入户”优良传统，建立“3+2”流动服务机制，在基层乡镇营业机构开展“三天坐班、两天走村入户”流动服务。农行西藏双湖支行青年军以敢打敢拼、勇往直前的工作作风取得了年均开展流动金融服务380余次、里程8万余公里，相当于绕了地球2圈的惊人成绩。

高原绽放普惠金融“格桑花”

长期以来，受制于风灾雪灾等自然条件，双湖牧民增收致富的渠道十分有限。农行人一次次挨家挨户宣传惠农金融政策，一步步顶雪冒风上门为牧民群众办理扶贫贷款，帮助他们改善生产生活条件，支持他们因地制宜建起了牧民旅馆、开起了百货店、经营起了茶馆，让昔日藏北无人区渐渐充满了生机。农行西藏双湖支行还把当地特色产品入驻到农行掌银兴农商城，通过线上销售为贫困户创造2.2万元人民币的直接收入。通过产业扶贫、项目扶贫、定点扶贫等措施，大力支持牧民群众脱贫致富。“我们双湖很冷，但农行人服务‘三农’的热情让我们的心很暖。”已脱贫的牧民达瓦激动地说。

心有所信，方能行远。2016年以来，农行西藏双湖支行累计发放涉农贷款2.13亿元，余额1.89亿元；累计发放个人精准扶贫贷款6000余万元，余额1114万元；累计带动和扶持建档立卡贫困户624户、2496人脱贫致富，贷款产品覆盖了双湖县98%的牧民群众。

在巍峨的高原抑或遥远的边境线，持续投入人力、物力保障网点的运营是对银行管理能力的极大考验。双湖支行的案例只是农业银行普惠金融大拼图的一块缩影，农业银行还在持续不断扩大普惠金融服务的广度和深度。目前，农业银行县域网点1.27万个，是全国唯一一家在全部县域都有网点的金融机构。深度推进数字普惠金融，提升金融服务智能化和便利化程度。一方面，面向农村特定区域，农业银行通过“惠农通”POS、“惠农通”服务点、农行掌上银行等多元服务场景的整合优化，为农村客户提供“足不出村”、方便快捷的基础金融服务；另一方面，针对老年人等特定人群的金融需求，帮助跨越“数字鸿沟”，开展网点特殊群体及适老化服务改造、掌银大字版等一系列的“适老化服务”。2022年，农业银行累计为广大客户提供各类便民服务6亿人次，已在网点投放超级柜台、自助现金终端、自助服务终端少数民族语言设备10230台。

普惠体现在宏大的发展叙事中，更体现在每一次扎实具体的金融服务中。农业银行将认真贯彻落实党中央国务院要求，持续创新普惠金融产品和服务机制，为精准服务打通“最后一公里”，研究综合方案服务“每一个你”，努力将普惠金融工作推向高质量、可持续发展的新阶段。

三、展望

绿色是勃勃生机，是生命的无穷延续。农业银行将扎根沃土，繁茂枝叶，为青山绿水增色，为繁花盛景滋养。心怀“国之大者”，积极践行绿色发展理念，自觉将ESG和社会责任放在国家大局中去谋划，全力支持经济社会发展全面绿色转型，不断满足人民对美好生活的金融期盼。主动融入国际标准，充分发挥“三农”县域、绿色金融、普惠金融等领域的优势，积极探索中国特色ESG实践，持续推动ESG理念与发展战略和业务经营的深度融合，在推动自身高质量发展的同时，为美丽中国高质量发展增彩添色。

（一）发挥董事会战略决策作用，传导绿色发展理念

坚持党的领导和公司治理的有机统一，更好发挥党委的领导作用、董事会战略决策作用。逐步将 ESG 核心议题战略目标、风险管理纳入董事会审议或听取汇报范畴，持续加大董事会对 ESG 整体以及信息安全、气候风险等议题的参与度，充分发挥董事会在 ESG 领域的战略引领作用。进一步做实专委会 ESG 职责，逐步完善董事会战略规划与可持续发展委员会在 ESG 管治中的职责和议事规则，明晰董事会各专委会在 ESG 相关议题的职能边界，明确具体汇报路径和汇报内容。

（二）加强 ESG 理念的普及和培训，塑造绿色发展文化

加强董事 ESG 培训，提升董事 ESG 的参与度和履职能力。普及 ESG 管理理念，引入通用和专项课程，加大 ESG 相关领域员工培训力度，提升全行上下对 ESG 的认可度。将可持续发展理念和要求纳入业务全流程，加强 ESG 理念与业务发展的融合，培育和塑造绿色发展文化。

（三）强化 ESG 信息披露，讲好 ESG 中国故事

发挥好“定期报告、社会责任报告、绿色金融发展报告”三大报告 ESG 信息披露主渠道作用，实现 ESG 绩效展现的特色化。加强 ESG 信息的媒体投放，用市场化、国际化的语言讲好 ESG 故事，持续做好针对 ESG 负面事件的声誉风险管理。深入推进 ISSB 可持续披露准则落地实施，高标准披露可持续相关财务信息。

18 打通乡村振兴最后一公里——中国邮政全面形成“四流”解“三难”邮政模式

中国邮政集团有限公司

中国邮政深入贯彻落实党中央关于实施乡村振兴的战略部署，积极履行央企使命，将社会责任与企业普遍服务义务、农村市场开发战略相结合，推进服务乡村振兴行动，聚焦新型农业经营主体，增强农村寄递物流服务、农村公共服务、农业产业协同服务、惠农数据整合服务等四大能力，建立政企联合和板块协同两大推进机制，构建了具有邮政特色的惠农协同服务体系，提供邮政一体化综合服务方案，打造农民获利、政府获赞、消费者获益、邮政获客的惠农生态。到2025年，中国邮政服务乡村振兴、助力农业农村现代化的普惠性、基础性、兜底性民生服务能力将明显增强，“四流”（资金流、物流、信息流、商流）解“三难”（融资难、销售难、物流难）的邮政模式全面形成、全面推进，邮政农村市场渠道、网络和客户基础更加牢固，竞争能力显著提升。

一、案例背景

（一）服务乡村振兴中央有要求

党的二十大作出了加快建设农业强国的战略部署。习近平总书记在中央农村工作会议上强调，农业强国是社会主义现代化强国的根基，全面推进乡村振兴是新时代建设农业强国的重要任务。中国邮政的资源禀赋在农村、潜力在农村、优势在农村、未来发展也在农村。必须认真贯彻落实党中央全面推进乡村振兴的各项要求，积极对接现代农业产业发展需要，将邮政资源牢牢嵌入农业产业链供应链关键环节，才能在新发展格局中发挥更加重要的作用，才能更好履行央企的政治责任、经济责任和社会责任。

（二）服务乡村振兴央企有责任

产业振兴是乡村振兴的重中之重。随着乡村振兴战略的实施，各类社会主体加速进入农村，乡村产业发展的活力明显增强。但乡村产业发展仍然面临着销售难、融资难、物流难等“三难”痛点难题。从新型农业经营主体的角度看，社会化服务组织提供的销售、物流、金融等“一揽子”“一站式”的综合服务能力尚显不足；农产品运输依然有流转多、时间长、损耗大、成本高的情况，农民的优质农产品难以走出深山、卖出好价格；农民缺乏有效抵押资产，难以建立自身征信，想扩大再生产却融不到资金，“销售难、物流难、融资难”依然是当前制约乡村产业发展的普遍问题。

面对当前农业农村发展面临的难题痛点，作为大型央企集团，中国邮政主动践行央企责任，将服务乡村振兴战略的实践与自身政治责任、经济责任和社会责任相结合，与企业提供普遍服务义务、农村市场开发拓展的经营战略相结合，致力于为推进农业农村现代化、加快建设农业强国提供有力支撑。

（三）服务乡村振兴邮政有能力

作为唯一“乡乡设所、村村通邮”的央企，中国邮政自有营业网点达5.4万个；旗下中国邮政储蓄银行近4万个金融网点中，2.83万个分布在农村。基于农产品进城和工业品下乡的需要，打造了绝对控股的“邮乐网”电商平台，并联合农村商超建设了45万个“邮乐购”站点。具有陆航一体、覆盖城乡、通达全球的快递网络，通达万国邮联合作框架下全球174个口岸的网络渠道，拥有邮政专属航空公司，现有货运飞机42架（其中2架波音777年底飞美航线），各类邮政汽车11.2万辆，建成直达入村的投递段道9.5万条。线上与线下相结合的实体渠道和线上平台、上行与下行并举的农村电商和快递物流网络、下沉力度最大的普惠金融服务，共同构成了独一无二的中国邮政“三农”服务体系。

中国邮政在一体化解决农业农村“销售难、物流难、融资难”痛点上，具有商流、物流、资金流和信息流“四流合一”的资源禀赋，与乡村振兴的需求高度契合。作为行业“国家队”，中国邮政有责任、有能力、有决心在乡村振兴中发挥重要力量。

二、具体实践

中国邮政立足国家服务乡村振兴战略，在农业农村发展新形势下，为农业农村提供更具系统性、普惠性的邮政综合一体化服务。本案例主要做法如下。

（一）健全服务乡村振兴的工作体系

1. 明确服务乡村振兴的战略目标

中国邮政以服务乡村振兴的“五大定位”为引领。一是打造乡村综合性服务提供商。中国邮政以惠农合作项目为抓手，顺应农村全产业链的发展趋势，提升产业链协同服务能力，协同提供集金融服务、农村电商、快递物流以及农业社会化服务的“一站式”服务，打造覆盖农业全产业链的社会化综合化服务平台。二是当好乡村综合物流服务主导者。以邮政农村物流基础网络为依托，健全县、乡、村三级物流体系，强化县、乡、村三级节点服务能力，打造开放共享的乡村共配平台，畅通工业品下乡最后一公里和农产品进城最初一公里。三是争当乡村振兴普惠金融主力军。发挥庞大的实体渠道优势，强化乡村振兴普惠金融支持，推进农村信用体系建设，加快三农金融数字化转型，努力破解普惠金融成本高、风险高、收益低难题，持续向乡村注入金融“活水”。四是争当农村电子商务主渠道。落实加快农村电商发展、增加农民收入的要求，农产品上行与工业品下行并举，着力推动上行，增强电商与寄递、金融一体化服务能力，创新产销对接体系，多渠道助农销售。五是成为乡村公共服务重要参与者。按照农村基础公共服务往村覆盖、往户延伸的要求，持续做好农村邮政基础设施建设，增强农村邮政网点政务便民公共服务，推动更多乡村地区实现“只进一扇门”“最多跑一次”，依托县乡邮政网点打造“一站式服务”综合服务平台。

2. 构建服务乡村振兴的工作体系

中国邮政强化市场导向、需求导向、政策导向和目标导向，全面构建服务乡村振兴的工作体系。一是聚焦经营主体。按照系统集成、协同高效的方向，全面落实体系化推进农村市场发展的要求，聚焦“村、社、户、企、店”等五大经营主体，细化分类、精准施策，进一步夯实农村市场协同服务的客群基础。二是开展业务协同。推动以商流为牵引、物流为支撑、资金流为保障、信息流驱动的一体化服务方案有效落地，不断做大农村电商、农产品寄递、农村金融信贷三大牵引型业务规模，进一步完善农村市场协同服务的标准规范。三是做好支撑保障。全力提升“四大能力”（农村寄递物流服务保障能力，农村公共服务能力，农业产业协同服务能力以及惠农数据整合服务能力），进一步夯实服务乡村振兴的基础能力。四是强化组织推进。以政企联动、板块协同等机制建设营造良好内外部发展环境，以责任到人、任务到人、目标到人、考核到人“四个到人”确保各项工作落地见效，进一步强化农村市场协同服务的保障。

（二）构建服务乡村振兴的运营模式

中国邮政聚焦村、社、户、企、店等重点经营主体的服务需求，建立了农村五大客群服务组织推进体系，深入推进要素资源系统集成、邮政服务高效协同。

1. 村：推进农村信用体系建设

一是线上线下融合建设信用村模式。发挥“人工+数字化”优势，建立健全“一筛二访三审核，四采五评六公示”流程，通过“线上+线下”结合的方式，线下触达核实农户身份、经营项目、资金需求的真实性，采集农户数据，发挥村支两委的审核作用，产生白名单信用户，农户自主线上申请，提升业务办理效率。二是数字化建设信用村模式。利用农业农村部的农村土地承包地数据、家庭农场名录数据、农村集体资产数据等，结合邮储银行内部的村民信贷、存款、产品持有、

图 18-1　邮储银行“信用村”建设

交易信息等数据，加工形成约40个业务指标。在贷前环节，形成客户准入优化信用评价模型体系，提供采集信息交叉验证、丰富提额策略；在贷后环节，开展风控水平提升，逐步完善新主体信用评价模型。三是政府主动推荐建设信用村模式。进一步推进政企合作，强化政府引导作用，开发政府行政村主动推荐模块，银行制定申报数据和流程，由村支两委申请，乡镇政府审核，邮储银行客户经理复核、补充信息，开展批量化信用村建设。

2. 社：服务农民合作社等新型农业经营主体高质量发展

一是解决销售难题。为解决合作社生产的农产品存在运销环节多、周期长、成本高的突出问题，中国邮政积极推动农产品销售合作端向农民合作社下沉。以邮政农品品牌赋能农民合作社产品品牌化、电商化，依托农村电商平台资源和三级物流体系优势，畅通产销对接渠道，带动邮政金融、寄递融入产业链，形成农产品销售商流牵引、农产品寄递服务支撑、邮政金融保障的协同服务体系。以河南六和红心农民合作社为例，通过开展邮乐电商平台促销和直播带货活动，农户全年产量的一半左右依托邮乐网实现销售，销售额达到1071万元，赢得了政府和农民的赞誉。

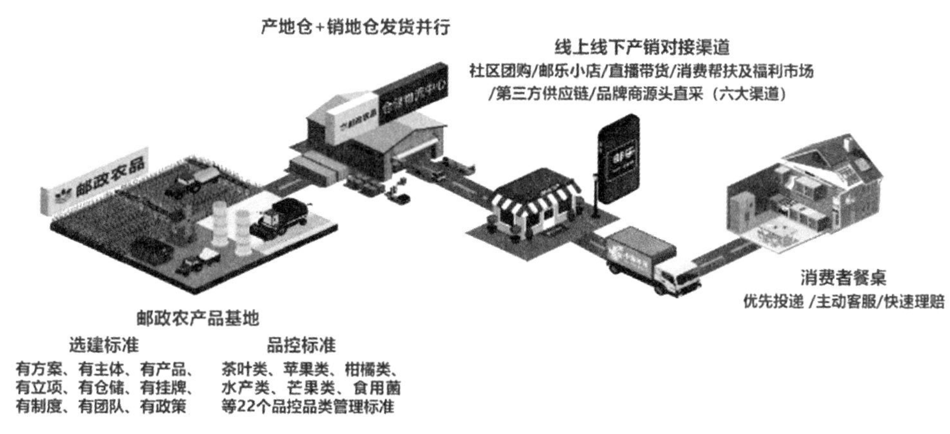

图 18-2　中国邮政产销对接体系

图 18-3　中邮电商农产品营销矩阵

二是解决融资难题。针对农业生产资金投入短期难以变现、又缺少银行可接受抵押物的“融资难”问题，中国邮政发挥遍布城乡的网点渠道优势，提供邮政综合金融服务。以中邮惠农示范社以及国家级、省级农民合作社示范社等为重点，选择当地经营规模大、管理水平强、带动效应好的农民合作社，为合作社实际控制人及社员提供融资、开户、结算、理财等综合金融服务。

图 18-4 邮储银行发放“融资 E”贷款

三是解决物流难题。中国邮政不断提升农产品寄递物流能力，通过持续完善县乡村三级物流体系建设，提供专业化农产品仓储、包装、寄递解决方案，助力打通上行“最初一公里”通道，破解农产品出村进城难题。以服务沭阳花木特色产业为例，通过提升集散、揽投、同城配送“三个能力”，持续完善县乡村三级物流体系建设，帮助当地花木产业农民合作社寄递邮件超亿件，市场占有率连续 3 年保持行业第一位。在宁夏，中国邮政支持“盐池滩羊”产业发展，建设冷冻库 10 座，配备大容积冷柜 73 台，推广标准化包装，解决了当地滩羊产业的仓储物流问题。

图 18-5 中国邮政帮农户寄递新鲜水果

3. 户：增强家庭农场、个体农户综合金融服务

一是推广乡村振兴卡。全国范围发行农民丰收卡，给予工本费、年费、小额账户管理费及短信

服务费、跨行取现手续费的减免，降低农村地区金融服务的成本；同时，配置法律咨询、农技指导等非金融增值权益。以安徽为例，为乡村振兴主题卡持卡人提供减免金融业务手续费、邮政寄递资费邮惠、购买邮政农资及工业品优惠、农产品销售服务、VIP 客户每年最高 1800 元购物优惠等十大权益。

二是创新农村信贷服务。给予惠农信贷价费补贴，加大惠农信贷额度支持，提高惠农信贷风险容忍度等。创新“融资 E”服务包，在总部层面推出“融资 E”服务包，深度挖掘客户需求建立白名单制度，拓展邮政金融服务的广度。结合产业特点创新产品，根据当地农业产业发展特点，邮储银行因地制宜开发特色信贷产品，满足本地农户生产融资需求。在黑龙江，邮储银行与省农业农村厅、农业龙头企业合作，引入粮食补贴、土地流转农业农村大数据，创新推出“智慧龙江极速贷”系列线上产品，累计投放超 160 亿元，惠及农户超 8 万户。

图 18-6　邮储银行“家庭农场贷款”

4. 企：提升农业产业化龙头企业联农带农能力

一是建立以龙头企业为中心的联农带农机制。通过打造“邮政+龙头企业+合作社+农户”模式，有效带动新型农业经营主体高质量发展。以服务吉林四平农业发展为例，中国邮政以当地优质农产品为依托，于 2018 年自主注册、运营“千里辽河”品牌，重点开发龙头企业，扶持以金凯乐米业有限公司为代表的大米加工企业，成为千里辽河邮政自有品牌加工基地，累计带动服务当地相关合作社 137 个、养殖户 1537 户。

二是提供“产+加+销”的产业链一体化服务。以提供邮政惠农综合服务解决方案为切入点，助力龙头企业延长产业链、优化供应链、提升价值链、畅通资金链，建立以“邮政农品”品牌赋能为核心，以生产、加工、销售一体化服务为纽带的社会化合作模式。生产端，通过邮政农品基地辐射带动农民合作社、家庭农场，与中化等现代农业服务企业合作提供农业社会化服务，实现农业生产赋能。加工端，与农业产业化龙头企业联合打造农产品品牌，实现农产品品牌化、产品化、电商化；销售端，畅通产销对接渠道，建立仓储、销售、寄递协同服务机制。

图 18-7 “邮政农品”

5. 店：推动农村商户改造升级

一是平台赋能。通过线上“邮掌柜”平台等数字化方式，将 42 万个线下的邮乐购由单一功能站点，改造成为集提供金融服务、零售批发、农资销售、店铺管理、邮件代收代投、公共事业费代收为一体的综合服务站点。通过“邮掌柜”平台，点均帮助一批夫妻店拓展业务 2 项，叠加代收代投业务的站点近 12 万个，叠加金融业务的站点超过 8 万个。二是运营赋能。建立健全“邮政网点+邮乐购站点”的辐射管理机制，邮政网点设置渠道经理对下辖站点开展巡店管理。强化农村邮政网点对村级站点的管理与服务能力，加强农村邮件代投自提、公共便民服务等高频业务的叠加赋能，以邮乐购站点为阵地，打通服务群众“最后一公里”。依托进销存大数据开展选品，组织开展“百品千企”招商专项活动，增加农村优质消费品和服务供给。

图 18-8 中国邮政“邮乐购”站点

（三）提升服务乡村振兴的服务能力

1. 推进三级物流体系建设，增强农村寄递物流服务保障能力

一是强化目标定位，明确县乡村三级节点建设标准。县级中心是三级物流体系的枢纽节点，邮件处理、配送为其基本核心功能，根据地方产业特点建设农产品仓储中心。乡镇中心是三级物流体系县乡邮路与投递线路的联结点，基本功能包括邮件收寄、处理、投递等，同时叠加下乡进村畅销工业品、分销商品周转暂存等功能。村级综合便民服务站是三级物流体系的末端节点，核心基础功能包括邮件接收、代收、代投、自提等，因地制宜叠加电商购物、代办政务、便民服务、普惠金融等功能。

二是推进邮快合作，打造邮政农村寄递共配平台。通过邮快合作，推动“快递进村”，更多的村庄将被纳入现代化物流网络，更多的乡村将获得新机遇、绽放新活力。中国邮政因地制宜综合运用三种模式（县级中心统一分拣处理、乡镇支局组织投递，县级中心直分直投村级站点以及乡镇中心进行分拣处理、组织投递），将各家快递企业的快件汇集至邮政县级中心或乡镇中心，打造邮政主导的县级共配平台，全方位助力各类快递企业提升代收、代投和处理能力。

三是推进共享运营，提升快递进村覆盖广度和深度。针对农村寄递物流末端服务能力、进村频次不足等问题，在交通运输部支持下，中国邮政充分利用“村村通公交”的农村客运资源，推进客邮运力共享、客邮场站共用（“交邮联运”），有效降低农村物流运营成本。全国实现“交邮联运”的邮路达到2700多条，有效降低了农村地区的物流运输成本，提升了农产品的产运销效率，乡村邮路已成为农村的致富路、农民的幸福路。盘锦邮政与盘锦客运公交集团联合打造“交邮驿站”和“村村通驿站”，提供集公交出行、快递物流和农产品购销于一体的“一站式”服务，畅通了农村寄递物流双向流通网络。目前已累计开通“交邮联运”邮路15条，惠及18个镇、5个街道、285个村、16个社区，“快递进村”服务频次由原来的每周三次提升至现在的每天一次。

图 18-9　邮政物流共配中心

2. 健全农村渠道服务网络，增强农村公共服务能力

一是持续推进农村邮政网点转型。秉承“开放共享、合作共赢、打造品牌、连锁经营”的思

路，推进农村邮政网点渠道合作和业务叠加，推进社区团购、医药零售、综合便民服务等品牌连锁经营模式。强化线上线下渠道和私域流量运营，丰富线上线下联动生活服务场景，拓展税邮、警邮等政务服务项目，进一步增强农村邮政网点的公共服务供给能力。

二是优化完善邮政农村渠道服务网络。强化村邮站建设，积极与各级政府联合开展村级站点场地建设和运营工作。在自提点建设方面，明确自提点建设职责和政策，统一签订协议、统一系统安装、统一站点备案、统一品牌形象、统一开展培训、统一组织验收。在邮乐购站点方面，按照商业流通需求，大力建设商超型邮乐购站点。

三是统筹做好农村综合便民服务站发展。按照县域商业体系建设数字化、连锁化的总体方向，对村邮站、邮乐购、邮快驿站、三农服务站、惠农服务站、便民服务站以及社区站点等进行分类管理，统一站点品牌形象、完善服务功能，实现“多站合一”“一站多能”。

图 18-10　邮政“综合便民服务站”

3. 助力农业重大产业发展，增强农业重点产业协同服务能力

一是在主产区建立源头基地，促进农品质量升级。以全国农产品产业布局为基础，按照农业农村部认定的 308 个全国级特色农产品优势区和 667 个省级特色农产品优势区，聚集当地规模化的经营主体，培育超过 1000 个中国邮政标准化农产品基地，打造基于优质农产品全流程源头品控和后续溯源体系，并叠加邮政精准化服务。切实提升农产品的种植生产、品牌运营、仓储配送、产销对接、普惠金融全产业链闭环服务能力，重点解决小农户“一家一户”无法解决的品质问题，助力当地农业产业转型升级。

二是在产销对接区强化运营管理，畅通农品供销渠道。健全各类标准，打造全国统一的“邮政农品”品牌，发布《服务特色农业产业工作指南》《农产品品控标准》《农产品包装规范》，支撑各地做好农业产业整体服务，农产品分级、拣选、包装。完善平台功能，优化升级扫码购、积分兑换、邮乐小店等系统，开发“邮乐优鲜”社区团购平台，搭建网络直播平台，常态化组织营销活动，提升平台流量。加强组织保障，着力推进全国重大产业协同营销的整体部署，启动重点产业的“大会战”活动，大力推进跨省协同销售、跨专业协同营销。

三是在主销区做大商流规模，助力农产品销售。挖掘邮政内需，优先将农产品纳入集中采购、员工福利采购、食堂采购产品目录；利用农产品开展网点客户回馈，组织城市网点开展对基地产品的宣传、展示、销售；开办线上积分兑换农产品业务。深耕城市社区，基于邮乐优鲜系统开展社区团购，将“原汁原味原产地”的基地产品作为开展社区团购的优势产品，依托邮政社区网点、邮乐购站点组织推广。拓展外部渠道，集聚外部线上线下平台采购需求，整合各地农产品统一入驻外部电商平台和线下商超、食堂、政企采购等渠道。四川汉源邮政与当地山里红种养殖专业合作社深度合作，探索打造覆盖樱桃产业全链条的“邮政支撑+合作社牵引+农户生产+上下游企业对接”多方合作模式，为社员农户带来了超过 100 万元的收入增长，节约了 26 万元以上的寄递成本。

图 18-11　邮政“919 电商节”

4. 加强惠农数据平台支撑，增强邮政惠农数据整合服务能力

中国邮政充分发挥科技对服务提升的引领作用，加快推进惠农服务平台建设，连接不同的业务主体、外部组织、合作企业和平台客户，初步实现了邮政综合服务的数字化和平台化。推出了中邮惠农平台，提供包括涉农贷款、农品销售、寄递服务、线上农资、惠农保险等核心服务。整合内外部数据资源，构建“村、社、户、企、店”农村市场五大客群基础数据库，并围绕市场透视和客户洞察、精准营销以及业务协同等应用场景，为各项服务乡村振兴工作提供了平台及数据支撑。

图 18-12　中邮惠农 App

（四）健全服务乡村振兴的推进机制

1. 对外建立政企联合推进机制

一是深化农邮合作，助力新型农业经营主体高质量发展。自 2018 年起，中国邮政与农业农村部共同建立了助力新型农业经营主体高质量发展的联动推进机制，并连续三年在安徽砀山、四川雅安、北京召开全国各级农业农村部门、邮政企业共同参加的全国范围会议，全面部署邮政普惠金融、农村电商、寄递物流等"一体化"协同服务模式，新型农业经营主体通过邮政赋能提升了发展活力、增强了市场竞争力。二是深化商邮合作，全面落实商务部县域商业体系建设工作。中国邮政积极落实国家县域商业体系建设行动方案，主动承接推动了 6 个方面 10 项具体工作，围绕农村消费升级、农业产业发展、城乡流通网络、金融融资服务"四大领域"，细化了 12 项具体落实举措。三是深化地方政府合作，主动承接地方政府乡村振兴工作任务。与 26 家省（区、市）地方人民政府签署战略合作协议。有 22 家省委省政府下发了通知或实施意见，将中国邮政纳入落实乡村振兴战略的相关工作部署，共同推动乡村振兴落地见效。

2. 对内建立板块协同推进机制

一是完善组织推进机制。中国邮政成立了以集团公司主要负责人为组长的服务乡村振兴战略工作领导小组，全面统筹服务乡村振兴工作。领导小组下设办公室，强化整体规划、协同发力，进行有效目标分解，将各板块、各部门重点工作统一到服务乡村振兴重点任务落地上来。二是组建惠农专班。为强化项目制推进落实，充分发挥板块协同优势，中国邮政建立了横向上串联各个板块，纵向上贯穿省—市—县三级的惠农专班。通过落实分片挂钩指导、基层对接联系点的机制，推动了工作下沉、贴近基层，切实在基层一线发现问题、协助基层解决问题。三是加强考核管理。按照推动服务乡村振兴落地见效的总体要求，落实责任到人、任务到人、目标到人、考核到人，强化重点工作全面、准确、高效传导至基层一线，将服务乡村振兴重点目标任务纳入各级邮政企业领导班子的绩效考核，切实强化目标导向，确保各领域工作见实效。四是构建以客户为中心的业务协同机制。依托集团客户信息管理系统（CRM）贯通四大板块业务数据，建立服务乡村振兴协同评估体系，全力推动基于 CRM 系统的农村市场客户洞察和精准服务能力建设。

三、履责成效

（一）社会效益

通过开展服务乡村振兴实践，有效提升了中国邮政的社会形象，赢得了国家相关部门的充分肯定和社会各界的广泛赞誉。近年来，在国务院及相关部委陆续出台的乡村振兴政策文件中，中国邮政在县域商业体系建设、金融科技赋能乡村振兴、农村寄递物流体系建设多个领域都承担了重要任务，国家队“主力军”作用充分彰显。农业农村部对中国邮政服务新型农业经营主体发展工作给予了肯定，并指出，体现了“很高的政治站位、精准的市场定位和很好的服务方位”。全国历次两会期间，多位全国人大代表主动发声，为邮政助力乡村振兴所取得的成效点赞。全国人大代表、江苏省常州市老三集团有限公司工会主席李承霞说：“对农村地区的老百姓而言，在精准扶贫时期，邮政助力大家脱贫致富；现在进入了乡村振兴阶段，中国邮政又在整合资源、竭尽全力地助力乡村特色产业发展，让农民朋友的生活越过越好、越来越富裕。”特别是中国邮政定点帮扶工作以“固基础、抓衔接、促振兴”为重点，发挥邮政优势，系统谋划，成效显著，2020—2022 年连续获得中央和国家机关年度考评“好”等次（最高等次）。2022 年 2 月，中国邮政荣膺十大“国之重器”品牌，正如刘爱力董事长用“四个百分百”所诠释的一样，中国邮政全面发力，推动各项业务融入乡村振兴大局，真正做到“国家需，邮政在”。

2022 年 7 月 23 日，人民日报头版发布通讯《中国邮政集团——发挥资源优势 服务乡村振兴》，报道中国邮政在满足新型农业经营主体多元化金融需求的同时，不断创新农村电商与服务乡村振兴的新举措，用新金融、新电商助力乡村振兴的工作成绩。2022 年 9 月 4 日，央视《新闻联播》头条播出【奋进新征程 建功新时代·非凡十年】专题新闻：《农村物流提速 畅通城乡循环》，报道中国邮政整合村邮站、三农服务站、村里小商超等，布局了 42 万个“邮乐购”电商服务站点等内容。2023 年 3 月 30 日央视综合频道和新闻频道（CCTV1、CCTV13）并机播出《焦点谈访丨邮路通 促振兴》中国邮政专题节目，通过安徽邮政健全三级物流体系，畅通农产品进城、工业品下乡双向流通渠道案例，讲述了中国邮政打通乡村快递物流“最后一公里”的生动故事，深度展现了中国邮政促进公共服务均等化，助力乡村振兴，架起乡亲们的幸福路、致富路，打通党和人民之间同心路的生动故事。

（二）经济效益

通过开展服务乡村振兴实践，实现了邮政产品供给与农户需求的精准匹配，有效提升了中国邮政农村地区资源配置的效率。在各板块协同联动优势的持续释放下，中国邮政在农村市场的发展步伐更加稳健，经营效益大幅提升。依托惠农协同服务生态的构建，在助力破解“融资难”“销售难”

“物流难”方面取得实效。截至 2023 年上半年，中国邮政实现上下行商流 177. 3 亿元，增幅 55. 7%；农产品交易额同比增长 44. 2%、农产品寄递收入同比增长 32%；涉农贷款突破 2 万亿元大关，同比增长 19%，小额贷款余额 1. 31 万亿，同比增长 22%；邮银协同建成信用村超 38 万个，评定信用户超千万户，信用村覆盖全国超 60%的行政村，信用村小额贷款授信 8854 亿元，贷款余额 3820 亿元，新增 620 亿元，增长 19%；乡村产业贷新增 556 亿元，增长 287%，涉农公贷新增 1059 亿元，增长 22%。同时，深入拓展邮快合作，快递进村业务量 17. 9 亿件，代收代投社会快递业务量 3. 1 亿件；加快客货邮融合发展，28 省邮政与交通主管部门建立政企协调机制，全国邮政进驻县级客运中心 282 处、乡镇交通运输服务站 2250 个、村级站点 1. 3 万个，开通交邮联运邮路 2749 条，覆盖 3. 2 万个建制村，提升了邮政农村网络运营效能，畅通了“微循环”。

四、工作展望

中国邮政将深入学习贯彻党的二十大精神，全面落实党中央、国务院关于全面推进乡村振兴、加快农业农村现代化、建设农业强国的战略部署，持续深化服务乡村振兴工作，以助力农业现代化、促进农村现代化以及巩固拓展脱贫攻坚成果为主线，全面构建服务乡村振兴的邮政模式，为乡村振兴提供有力支撑。

（一）深化产业协同，服务产业振兴助力农业现代化

产业振兴是乡村振兴的重中之重，也是实际工作的切入点。中国邮政将挖掘乡村特色产业全链条升级的需求，对接农业“土特产”发展需要，持续推广邮政“四流”解“三难”模式，实现“深耕一个产业、打造一个示范、带动一个县域”，持续增强中国邮政产业协同服务能力。到 2025 年，力争完成全国重点乡村特色产业全面对接，培育做大一批重大乡村特色产业市场，突出解决乡村特色产业发展面临的“销售难”“物流难”“融资难”等痛点难题。

（二）强化农村服务，促进乡村建设助力农村现代化

建设宜居宜业和美乡村是农业强国的应有之义。中国邮政将围绕推进乡村建设行动的要求，进一步增强农村寄递物流网络、“网点+站点”渠道以及农村普惠金融服务能力，进一步深化邮政服务的往村覆盖、往户延伸。到 2025 年，建成开放共享、智能快捷的邮政县乡村三级物流体系，农产品上行、消费品下行的寄递服务能力显著增强。落实党中央关于促进农村公共服务均等化的要求，发挥邮政板块协同和渠道平台优势，不断提升邮政农村渠道综合服务能力，打造“一点多能”的邮政综合服务平台。加快金融科技赋能乡村振兴，推动多场景、多生态融合，打造具有中国邮政特色的差异化金融服务体系。

（三）落实三大领域帮扶，持续巩固拓展脱贫攻坚成果

中国邮政将深入贯彻党中央、国务院关于做好巩固拓展脱贫攻坚成果同乡村振兴有效衔接的相关要求，继续落实定点帮扶任务，保持金融帮扶政策稳定，持续做好电商帮扶工作，助力脱贫地区增强内生发展能力。

19 绿色出行的智慧——广汽集团布局纵深一体化新能源产业链

广州汽车集团股份有限公司

广汽集团将可持续发展理念贯穿于产品设计、研发、生产、运营的全流程，持续提供世界级的移动智能新能源产品和服务。2022 年，集团发布了“万亿广汽 1578 发展纲要”，加大能源及能源生态领域的投入，建立纵深一体化的新能源产业链布局，大力发展新能源汽车，探索智慧绿色的出行模式，计划于 2050 年前（挑战 2045 年）实现产品全生命周期碳中和。

广汽集团遵循国家发展改革委《“十四五”循环经济发展规划》，制定并发布了广汽集团“十四五”绿净计划“GLASS”，积极响应国家号召，始终坚持高质量清洁生产，将生态理念融入生产制造中，促进汽车行业向绿色清洁生产方式转变，聚焦绿色发展、低碳发展、可持续发展三个方向，致力于通过研发新能源产品及技术，加快企业绿色转型，实现资源高效利用和循环利用，推动碳达峰、碳中和，打造环境友好、可持续发展的绿色广汽。

一、背景

发展循环经济是我国经济社会发展的一项重大战略，是保障国家资源安全、加快转变经济发展方式、促进生态文明建设和生态环境高水平保护的重要途径。“十四五”时期，我国已开启全面建设社会主义现代化国家新征程，围绕推动经济社会高质量发展主旋律，全面提高资源利用效率的任务更加迫切。

广州汽车集团股份有限公司是一家 A+H 股上市的大型国有控股股份制企业集团，拥有员工超 10 万人，带动上下游产业链近 80 万人。《财富》世界 500 强排行榜广汽集团连续十一年上榜，2023 年最新排名 165 位。业务涵盖汽车研发、整车、零部件、商贸与出行、能源及生态、国际化、投资与金融七大板块。

广汽集团依靠科技创新推动高质量发展，走出了一条从传统汽车企业向科技型企业转型升级的广汽发展道路。2022 年，集团旗下的广汽埃安、如祺出行、巨湾技研等三家企业上榜福布斯中国 2022 年新晋独角兽榜单。

广汽集团以“做一个优秀的企业公民”为目标，积极响应各级政府号召，在环境、社会、管治等方面合力打造科技广汽、绿色广汽、责任广汽、幸福广汽，以“广汽爱随行“责任口号为引领，推动企业高质量发展。

二、责任行动

广汽集团遵循国家发展改革委《“十四五”循环经济发展规划》，制定并发布了广汽集团“十四五”绿净计划“GLASS”。积极响应国家号召，始终坚持高质量清洁生产，将生态理念融入生产制造中，促进汽车行业向绿色清洁生产方式转变。聚焦绿色发展、低碳发展、可持续发展三个方向，致力于通过研发新能源产品及技术，加快企业绿色转型、实现资源高效利用和循环利用，推动碳达峰、碳中和，打造环境友好、可持续发展的绿色广汽。

图 19-1　绿净计划“GLASS”

（一）布局新能源生态

广汽集团顺应汽车产业“新四化”发展趋势，积极响应政府“双碳”规划工作，不断强化“智能化+电动化”和“智能化+混动化”两条路线同步发展的产品布局，加大在新能源生态领域投入，积极布局新能源汽车产业生态圈，推动绿色出行。

1. 新能源产品

广汽集团牢牢把握新能源汽车发展趋势，致力于把广汽埃安打造为高端智能电动车品牌。2022 年，集团推出 Hyper GT、Hyper SSR 等 3 款技术领先、安全可靠的埃安品牌车型，携手合作伙伴发布了“广汽本田”全新电动品牌 e：NP1 极湃 1、“广汽丰田”纯电 SUV bZ4X、“广汽三菱”纯电 SUV AIRTREK（阿图柯）等多款合资品牌新能源产品，为消费者提供了丰富优质的产品选择，获得了消费者一致好评，逐步开拓一条具有“广汽特色”的智能网联新能源汽车发展道路。

广汽埃安 Hyper SSR

广汽埃安 Hyper GT

广汽本田 e：NP1 极湃 1

广汽丰田 bZ4X

广汽三菱　阿图柯（AIRTREK）

图 19-2　广汽集团旗下亮点新能源车型

面向未来，广汽集团将持续为汽车市场提供世界级产品和服务，集团计划 2025 年实现自主品牌全面电气化，2030 年实现全集团新能源车销售占比 50%的目标，全面推动行业向新能源转型，为全面实现碳中和的宏伟目标保驾护航。

案例 1

广汽埃安推出中国首款规模量产纯电超跑 Hyper SSR

2022 年 9 月 15 日，广汽埃安于品牌之夜焕新品牌 logo——“AI 神箭”，发布了全新高端品牌 Hyper 昊铂，并推出了 Hyper 昊铂首款车型——Hyper SSR。Hyper SSR 是中国首款规模量产的纯电超跑，它以顶级的性能和制造工艺，树立了中国汽车工业的新标杆。Hyper SSR 的诞生不仅结束了中国无超跑的历史，也填补了世界纯电超跑无规模量产的空白。

图 19-3　Hyper SSR

案例 2

广汽丰田新能源汽车产能扩建项目二期正式投产

2022 年 12 月 20 日，广汽丰田新能源汽车产能扩建项目二期在广州市南沙区正式投产，它的建成标志着广汽丰田正式具备了百万台的生产能力，取得了具有重大意义的里程碑式跨越。该项目的建成将加快全方位电动化战略的落地，广汽丰田将以新生产线为基础，进一步夯实百万新基盘，书写新的发展篇章。

图 19-4　广汽丰田新能源汽车产能扩建项目二期俯瞰图

2. 新能源技术

广汽集团作为新能源汽车行业的领军者，在新能源核心技术方面始终坚持正向自主研发，在三电核心技术、氢燃料电池技术、混合动力技术等方面持续发力，不断推陈出新，致力为消费者带来性能优越、绿色环保、安全可靠的新能源技术。

（1）三电核心技术

广汽集团以智能网联新能源汽车为载体，持续深耕新能源技术，巩固 EV 领域的创新优势，通过自主创新和开放合作，围绕三电核心体系，在电池技术、集成电驱动技术、域控制器技术方面着力突破，打造新能源核心研发体系，推动广汽集团新能源产品走向国际领先水平。

（2）氢燃料电池技术

广汽集团响应国家低碳发展战略，持续研究以氢为燃料的燃料电池系统。2022 年，广汽研究院开展全功率燃料电池系统设计工作，搭载整车后可提供全工况的动力输出，系统额定功率≥90kW，系统响应速度快，变载速率≥30kW/s，最高效率≥62%，冷启动温度≤-40℃。广汽集团计划于 2025 年达到燃料电池商用车和乘用车共计数百台的批量示范运行规模。

（3）混合动力技术

广汽集团积极响应国家“十四五”规划报告，促进生产生活绿色转型，计划在 2025 年实现全系车型电气化，2025 年前聚焦减碳技术，遵循“小车低成本、注重节油，大车追求性能”的原则，重点打造中国 PHEV/REEV/HEV 最强混动技术平台，全面推进双电机混动系统的搭载应用。

（4）广汽集团电池产业布局进程

2022 年 2 月，电池试制开建，加速构建强大的电池自研能力。

2022 年 7 月，成立能源科技公司，构建充换储能补给生态和电池循环利用生态。

2022 年 8 月，设立电驱科技公司，全面进入电驱科技公司，全面进入电驱自研自产新阶段。

2022 年 8 月，与赣锋锂业开展战略合作，深入新能源动力电池最上游产业，进军锂矿产业。

2022 年 8 月，设立电池科技公司，开展自主电池产业化建设以及自主电池的生产和制造。

案例 3

广汽研究院开展氢燃料电池系统和混动技术研发和应用

2022 年广汽研究院持续开展氢燃料电池系统和整车的设计开发。系统方面，广汽研究院自主设计了首款全功率燃料电池系统平台，该系统平台可适配轿车、SUV、MPV 等乘用车，同时可拓展应用于商用车。自主燃料电池系统中的关键核心零部件全部采用国内产品，推动了国内燃料电池产业链的技术发展，大大降低了燃料电池系统的成本。

2022 年 6 月，集团正式发布“钜浪混动模块化架构”，具有组合多变、形式多样、兼容性强等优点，可衍生出 4 个类别、N 种动力总成组合，兼容所有 HEV、PHEV、REEV 等车型。钜浪—氢混动系统在大幅减碳的同时，以混动技术保障系统的动力性，达到真正意义上的乘用车燃料的“碳中和”。

2022 年，广汽 2.0ATK+GMC 2.0 钜浪混动系统凭借高品质、低油耗、强动力、更安静、超平顺五大优势，夺得十佳发动机及混动系统称号。

经过第三方权威认证机构中汽研华诚认证（天津）有限公司评测，广汽 2.0ATK 发动机试验室最高有效认证热效率达到 44.14%，达到国际先进水平。

图 19-5　广汽集团旗下氢燃料电池车

案例 4

广汽埃安完成能源生态产业链闭环布局

对于新能源车而言，电池是动力来源，实现动力电池等核心技术以及相关产业链的自主可控，对车企可持续发展起到至关重要的作用。2022 年 10 月，由广汽埃安、广汽乘用车、广汽商贸联合投资，并由广汽埃安控股的因湃电池科技有限公司正式注册成立。广汽埃安始终坚持科技创新，打造世界级极致的智能纯电动车。在三电核心之一的电池领域，针对消费者关心的安全、快充和续航等难题，埃安先后推出了弹匣电池、超倍速电池和海绵硅负极片电池等动力电池技术群。

图 19-6　因湃电池科技有限公司动工活动

3. 打造零碳工厂

广汽集团充分发挥链主作用，加快构建大湾区汽车产业集群，2022 年集团立足智能新能源汽车产业园区，完成投资 193.7 亿元，一大批重点新能源工厂相继开工竣工，其中包括广汽埃安智能生态工厂二期、广汽丰田新能源汽车产能扩建项目二期、广汽本田全新电动车工厂等多个项目。

广汽埃安作为集团重点建设的零碳先进示范区，于 2022 年完成零碳工厂体制建设。截至 2022 年底，广汽埃安旗下智能生态工厂的清洁能源自给率达 30%以上，并通过节能减排改造实现每年节省约 461 万千瓦时用电和 153 万立方米天然气消耗。广汽埃安计划 2023 年实现工厂零碳排放，建成广汽集团首个零碳工厂。

（二）坚持绿色生产，助力生态文明建设

广汽集团积极响应国家“双碳”目标，始终坚持高质量清洁生产，将生态理念融入生产制造中，促进汽车行业向绿色清洁生产方式转变。此外，集团制定了“十四五”节能计划，聚焦绿色发展、低碳发展、可持续发展三个方向，致力于通过研发新能源产品及技术，打造环境友好、可持续发展的绿色广汽。

1. 资源能源管理

广汽集团严格遵守《中华人民共和国节约能源法》等相关法律法规，一直致力于节能减排，集团内部制定“十四五”节能减排规划、《公司能源管理规定》《能源基准绩效参数能源目标管理规程》《能源与资源管理程序》等规章制度，不断完善能源管理体系。此外，集团积极推动节能设备改造，降低能源使用强度，推行精细化管理，不断提升企业生产过程中能源使用效率，肩负环保责任前行。

广汽乘用车从企业管理、生产制造、能源管理考评等多个领域出发，通过优化管理方案，采取多项节能措施，不断提升能源使用效率，减少生产制造过程中的碳排放。

水资源管理方面，广汽集团制定各项节水制度和各类节水目标，落实水资源管控措施，节省不必要的水资源消耗，提升水资源使用效率，积极推动再利用工作。

广汽乘用车的广州工厂在焊装方面通过实现空调冷凝水回收利用补给冷却塔，每年可节省用水 800 吨以上；在涂装方面通过涂装前处理电泳水槽由手动补水改为自动补水，提高控制精度，全年节水 1500 吨以上，同时水洗采用多级溢流清洗，年节省水消耗量 1000 吨以上。

广汽本田制定《用水管理规程》，强化水管理措施，制定单台用水消减 1%的目标，推动绿色节水生产，强化水管理方式。

广汽丰田制定每年单台用水量减少 1%的节水目标，并实现 1.95 吨/台的单台用水量，远低于《广东省用水定额 DB 44/T1461-2014》20 吨/台的要求。

2.“三废”管理

集团围绕生产、建设、运营过程中所产生废气、废水、固体废弃物及其他污染物，有针对性地制定管控措施，确保符合运营地环境相关国家法律法规，产生的排放物达到排放标准，以减少对环境的负面影响。2022 年，集团新建项目环境评估比例达 100%。

（1）废气管理

广汽集团遵守《中华人民共和国环境保护法》《中华人民共和国大气污染防治法》等相关法律法规，内部制定《环境保护管理办法》《废气污染控制规程》等多个专项制度，推行严格内控排放标准，严格要求投资企业对废弃物排放进行有效管控，并实时监控所有投资企业废气排放，有效监管各项管理制度办法落实情况。未来，广汽集团将进一步细化废气管理，制定更加严格、颗粒度更细的管控标准，深化现有管理目标，进一步提升现有废气管理水平。

广汽丰田制定《VOCs 废气污染管理》《废气治理设施维护制度》《环境巡检制度》等多个废气管理制度，确保废气达标排放，同时广汽丰田每年设定 VOCs 减排目标，要求各单位每年降低 1%的 VOCs 排放量。

（2）废弃物管理

广汽集团严格遵守《中华人民共和国环境保护法》《中华人民共和国固体废物污染环境防治法》《广东省固体废物污染环境防治条例》等多项法律法规，制定《危险废弃物管理规程》《一般工业固体废物管理规程》《污染物控制管理程序》《生活垃圾分类管理规程》等多项废弃物管理专项制度，严格管控生产运营过程中产生的废弃物，避免其对周边环境造成影响。

广汽研究院针对无害废弃物，通过对一般工业固体废弃物拆解回收和生活垃圾分类投放，实现对可重复利用无害废弃物的回收，年度回收无害废弃物约 270 吨，回收利用率 23%，达成减少无害废弃物产生目标。有害废弃物方面，广汽研究院委托广汽商贸再生资源有限公司对废旧新能源电池回收拆解，将可回收部分拆解利用，并将危险废物部分委托有资质的第三方单位合规处置。

广汽埃安设定危险废弃物减量及管理目标，将单台危废目标纳入事业计划进行管控，将目标分解至各车间并开展月度考核；通过涂装车间导入废溶剂回收系统，减少危险废物有机溶剂产生，单台减少废溶剂 1.5kg；委托广汽商贸再生资源有限公司回收处置废旧动力电池，可回收部分进行梯次利用，动力电池拆解过程中产生的相关危废委托有资质的第三方危废处置单位合规处置。

广汽比亚迪加强供应链管理、合理分配库存，避免出现过期变质油漆、溶剂等原辅材料；强化废气治理、设施运行维护，及时对吸附饱和活性炭脱附以提高吸附效率、减少废活性炭产生；加强固体废物分类培训，避免生活垃圾、工业固体废物混入危险废物中。

五羊—本田导入 X 射线装置进行无损探伤检测替代原有的剖切检测方式，减少工业废物产生及原材料损耗，2022 年，五羊—本田有害废弃物总量削减 647 吨，无害废弃物总量削减至 2997.84 吨。

广汽商贸旗下广州市环境保护技术有限公司着力补齐广州市危险废物处置能力短板，服务城市高质量发展。广州市环境保护技术有限公司承办广州市废弃物安全处置中心一期、二期工程，项目设计超前，对标国内外先进水平项目，打造“国内领先、优于欧标”的综合性危废处置示范基地。

2022 年，广州市环境保护技术有限公司充分发挥国有企业的担当和责任，高度重视公众环境教育工作，获评“广东省环境教育基地”，打造广州市首个以“危险废物管理”为主题的宣传教育阵地，积极开展社会公众生态环境公益活动，以实际行动推进人与自然和谐共生。

（3）废水排放管理

广汽集团贯彻执行环保“三同时”制度，加强生活污水和生产废水的治理，严格遵守《中华人民共和国水污染防治法》《中华人民共和国水法》《电镀水污染排放标准》等相关法律法规，不断强化项目运行管理，完善污水处理设施，保障污水达标排放。

广汽埃安制定《水污染控制程序》（GNES-P09-B0），控制和减少水污染物的产生与排放，满足法规和企业内部要求，避免水污染发生，设定严格内控目标（法规标准的80%），确保100%合规排放。

广汽本田在增城工厂导入先进的“膜处理技术”，通过预处理、物化处理、生化处理、过滤和深度处理五个阶段，工厂生产生活用水达到100%回收利用，工厂不设对外排污口，实现“废水零排放”。

五羊—本田加强污水处理站管理，针对废水的流量、pH值、COD、氨氮、总磷安装自动监测装置，每6小时进行1次监测，实时关注废水水质动态。

广汽部件在重点污水排放口安装在线监控装置，将设备设施运行、废水污染物排放、废水监测结果上传国家排污许可信息平台。

3. 包装材料管理

广汽集团积极推动包装材料的节约使用和循环再利用，携手上下游全力减少汽车生产、运输、销售过程中的大量包装材料消耗。下属各投资企业依据自身业务特点制定《零件包装设定标准》等政策制度与工作标准，尽可能使用可回收、可循环利用的包装材料，实现包装材料可持续管理。

广汽埃安在设计、生产、运输过程中积极采取措施，规范化设计、使用可循环包装，使用必要、环保的包装内材，降低供应商零部件一次性包装材料的使用，最终达成高效、低碳、环保的包装目标。

五羊—本田坚持生态可持续发展，推广低碳环保包装材料，通过推进可回收、可再生、可降解包装材料的项目来达成绿色节能环保的目的。在出口包装材料上，五羊—本田通过推进流用厂家包装的方式，大幅减少零部件二次转包，使包装材料重复使用，最大限度地减少包装辅材。

此外，五羊—本田自主设计的菲律宾回收托盘，能够完全杜绝一次性铁架材料的使用，帮助菲律宾客户达成当地废弃物环保要求的同时，大幅削减一次性铁架材料，铁材使用量（铁材废弃量）由1080吨/年削减到480吨/年。该项目获得《广汽集团IGA发表成果金奖》《五羊—本田NWH发表成果金奖》。

图19-7 菲律宾回收托盘

（三）应对气候变化

气候变化已经成为全人类发展的最大挑战之一，中国承诺力争在 2030 年实现碳达峰，2060 年前实现碳中和。广汽集团积极推动“双碳”行动，发布了“十四五”节能减排计划、“GLASS 绿净计划”“2^6能源行动”等一系列应对气候变化政策，设立在 2025 年自主品牌新能源汽车销量占比 50%、2030 年全集团新能源车销量占比 50%等目标，承诺在 2050 年前（挑战 2045 年）实现产品全生命周期的碳中和。

1. 治理

广汽集团针对碳排放管理，搭建了碳排放管治架构，形成了“领导小组—工作组—专责小组”三级管理制度，明确各层级的工作职责，结合节能减排目标，构建集团节能减排考核体系，将绩效指标纳入对投资企业的年度目标考核体系。在绿色生产、绿色产品、绿色供应链、绿色出行、绿色金融、绿色社区六个重点发展领域综合发力，积极推动节能减排工作。

2. 策略

广汽集团在识别相关风险和机遇上，参考了中国的“双碳”目标，考虑当中相关政策对行业的影响，并根据气候相关财务信息披露工作组（TCFD）的建议，将气候风险分为转型风险和实体风险，其中转型风险包括政策、法律、技术、市场和声誉等风险，实体风险则是来自极端气候事件及全球平均温度升高，包括急性风险（飓风、洪水）、慢性风险（平均气温上升、海平面上升）等风险。

3. 风险管理

广汽集团制定了《重大经营风险事件报告管理办法（试行）》《内部控制管理办法》等管理制度，构建了完备的风险管理框架，按照此管理框架和相关制度开展风险管理和内控评估，各业务部门于日常运营中实施相关规定流程和政策，并定期向管理层汇报，管理层对各高风险环节和领域进行针对性的内控分析和改进。管理层将风险管控、风险评估和内控评估的结果及时传达董事会。集团不断通过风险管理，密切跟踪气候风险情况，积极推动并开展气候变化风险识别和评估工作，并不断更新应对气候风险管理措施，提升集风险管理水平。

4. 指标与目标

为更好应对气候变化，积极推动“双碳”行动，广汽集团制定“十四五”节能减排规划，计划于 2050 年前（挑战 2045 年）实现产品全生命周期的碳中和。此外，广汽集团根据实际运营情况，针对六大节能减排领域分别设定了目标，加快推进“双碳”工作开展。根据联交所及相关政策的最新要求，广汽集团将强制披露指标和自愿披露指标纳入集团的常态化管理中，并设立了短期总体目标和各项具体目标。

（1）短期总体目标：预计到 2025 年，集团整车和零部件（含发动机）板块的主要节能减排指标在国内汽车企业中处于领先水平。

（2）具体执行目标：各投资公司及各管理层面根据实际情况设定具体执行目标，确保各项目标落地，并具体实行。

（3）六大板块发展目标如下。

绿色生产：严守法规，严控风险，实现合法合规管理；根据发展需要，适时更新和导入高效节能设备；持续优化生产工艺和技术，改善原辅料；加强用能管理；丰富能源类型，优化用能结构；加强资源的循环利用。

绿色产品：重视节能减排技术研发；提升新能源车占比；持续推动产品轻量化；推进废旧产品回收及再利用。

绿色供应链：优化顶层设计；落实管理举措；强化供应链管理；借助信息化手段及绩效评价机制，持续深化对供应商的绿色低碳管理。

绿色行动：扩大服务的城市覆盖面，加快新能源车投放布局；积极探索“车电分离”业务；加强公铁水联运，提升水运比例；完善基础设施。

绿色金融：开展产业投资；积极参与自愿减排交易；探索绿色供应链金融；发展绿色保险；积极探索其他绿色金融领域。

绿色社区：在绿色办公领域，一是积极推进光伏发电项目的应用；二是论证绿色建筑的可行性并推广应用；三是持续扩大无纸化办公的覆盖面。

5. 实践

广汽集团积极采取行动以应对气候变化，集团及投资企业开展能源低碳转型，引进各项节能技术，研发拓展新能源技术。同时，针对极端气候引起的自然灾害，广汽集团付出实际行动，切实推进气候风险预警和防范等一系列工作。

广汽研究院加快氢燃料发动机研发，助力集团协同氢产业链布局。2022 年 6 月 28 日，广汽研究院积极响应国家“双碳”政策，承接广汽集团“GLASS 绿净计划”，在广汽科技日上发布了 1. 5L 氢内燃机。该款 1. 5L 氢燃料发动机采用了氢气缸内直喷技术，最高热效率有望达到 44%，氢耗≤0. 84kg/100km，已成功运转超过 12000 小时，充分展现了广汽集团在氢能动力领域丰富的技术储备。同时，广汽集团在广汽科技日上推出全新氢能概念车绿境 SPACE。

图 19-8　广汽集团发布全新氢能概念车绿境 SPACE

广汽埃安打造低碳产品，助力低碳出行。广汽埃安贯彻落实集团提出的“26 能源行动”，以实际行动打造低碳产品，助力低碳出行。低碳产品方面，广汽埃安将多种高新技术应用于产品中以实现节能减碳：于产品上应用风阻制动、能量回收系统等技术以降低能源消耗；运用多传感器融合感知技术，使车辆自动预知交通情况并及时采取减速和制动，减少行驶过程中的电能损耗；打造全铝智能纯电专属平台 GEP 2. 0、弹匣电池、“三合一”高效集成电驱等多款轻量化产品，提升车辆能量利用率。

图 19-9　充换电中心

低碳出行方面，广汽埃安和广汽集团共同出资设立广汽能源生态科技有限公司，布局充换电中心，构建"光储充换"一体化的可持续利用能源生态。

2022 年，广汽埃安累积车主超 32 万，行驶总里程超 187 亿公里，减少的碳排放量超过 236 万吨，绿化面积超 80 万亩，相当于植树 2134 万棵。

广汽部件开展能源低碳转型，引入光伏发电装置。为助力"双碳"目标达成，改善部件能源碳排放结构，广汽部件企业分批导入厂房屋面光伏发电项目，开启能源低碳转型，截至 2022 年底，各批次项目进展顺利，清洁能源占比逐步提升，光伏项目数量已达 13 个，装机容量达 29MW，年发电量超 2500 万千瓦时，节约电费约 500 万元/年，减排 $CO_2$1. 56 万吨/年。

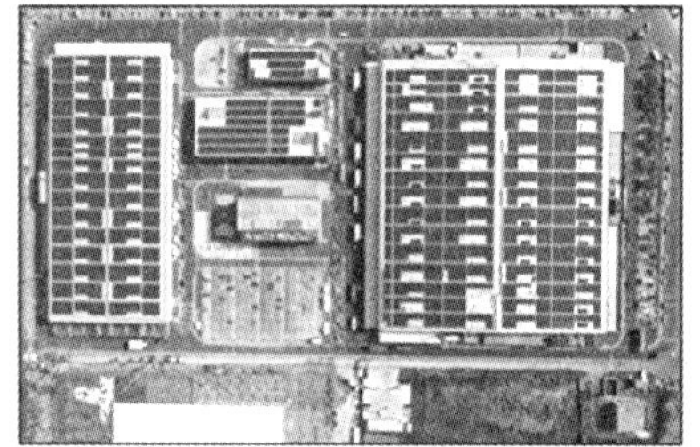

图 19-10　广汽部件园区光伏项目建设

众诚保险助力广汽集团防范气候变化风险。众诚保险启用防灾防损专家库，为广汽集团防灾防损工作提供专业建议，助力集团识别和应对自然灾害天气风险，降低灾害事故发生率。

2022 年 3—4 月，为提前预防汛期、应对"龙舟水"强对流等极端天气，众诚保险携专家库成员积极参与广汽集团展开的防灾减灾大检查活动，对广汽本田、广汽乘用车、广汽埃安等 9 个投资企业停车场及 4 处零部件仓库开展风险勘查与评估，及时排查灾害风险隐患。

2022 年 9 月 20 日，众诚保险研发的防灾防损风险地图系统正式上线，该系统通过信息可视化技术，于地图中直观呈现各投保企业所面临的暴雨、台风、洪水等自然灾害风险，实现承保、理赔、风勘"三位一体"风险线上化闭环管理，切实推进集团气候风险预警和防范工作。

（四）传播绿色文化

广汽集团积极响应国家绿色发展、促进人与自然和谐共生发展的战略，在兼顾生产运营发展的

图 19-11　防灾减灾大检查活动风险勘查现场

同时，加快集团绿色环保的转型，倡导绿色办公，积极开展绿色环保宣传工作，传播生态文明理念，弘扬环保绿色文化。

1. 绿色办公

广汽集团坚持开展“开源节流，降本增效”活动，2022 年，集团通过制定更细致的作业规范与流程，提升工作效率、品质，在日常运营和办公的过程中贯彻“节约、绿色、环保”的理念。

2. 环保宣贯

广汽集团始终秉持生态可持续发展的理念，牢记企业社会责任，坚持环保宣传，从一点一滴，积极推动绿色低碳行动。2022 年，集团加强环保宣传工作，定期开展节能环保培训，不断提升节能环保意识，为各项节能环保措施的有效落实奠定坚实基础。2022 年环保培训资金投入 111.5 万元，举行环保培训次数 690 次，环保培训时长 7666.5 小时，环保培训覆盖人数 66484 人。

三、履责成效

(一) 在 A 股和港股 6400 家上市公司中，根据市值、ESG 报告发布及时性（2023 年 4 月 30 日前）以及报告质量筛选出 855 个样本，广汽集团脱颖而出，成功入选由央视牵头发布的“中国 ESG 上市公司先锋 100”榜单，位列 28 名。

(二) 在“中国 ESG 上市公司大湾区先锋 50”榜单中位列第 10 名，汽车行业第 1 名。

(三)“大湾区国企 ESG 发展指数先锋 30”榜单中位列第 1 名。

(四) 上榜 2022 年《财富》中国 ESG 影响力榜。

(五) 入选《中国上市公司 ESG 研究报告（2022)》年度优秀案例。

(六) 连年荣获“粤港澳大湾区年度社会责任影响力标杆企业”称号。

（七）广汽集团《闻令而动，筑牢疫情防线》优秀案例入选《粤港澳大湾区国有企业社会价值蓝皮书（2023）》。

（八）《坚持绿色生产，助力生态文明建设》优秀案例入选首次发布的《粤港澳大湾区国有企业控股上市公司 ESG 蓝皮书（2023）》。

（九）《坚持创新驱动发展，全面向科技型企业转型》《发挥国企价值，聚力乡村振兴》等 4 个优秀案例入选《广州国资国企社会价值暨 ESG 蓝皮书（2023）》。

（十）连续 10 年荣获“广东扶贫济困红棉杯”金杯。

（十一）多年荣获广州慈善企业榜样称号。

（十二）多年荣获广州市五星捐赠单位称号。

（十三）入选 2023 中国汽车行业企业社会责任实践优秀案例，分别获得“和谐共建”“绿色发展”“智创科技”三个奖项。

（十四）被评为 2023 年度 ESG 竞争力企业。

四、展望

广汽集团以“做一个优秀的企业公民”为目标，积极响应各级政府号召，在环境、社会、管治等方面合力打造科技广汽、绿色广汽、责任广汽、幸福广汽，以“广汽爱随行“责任口号为引领，推动企业高质量发展。

数字经济筑路者——中兴通讯以数智创新塑造可持续未来

中兴通讯股份有限公司

中兴通讯坚持以习近平新时代中国特色社会主义思想为指引，深入贯彻新发展理念、构建新发展格局、推动高质量发展，高度重视提升ESG（环境、社会、公司治理）绩效。中兴通讯坚持“数字经济筑路者”的生态定位，用科技创新铺设“数字经济林荫路”，以绿色企业运营、绿色供应链、绿色数字基座、绿色行业赋能四大维度助力“双碳”目标达成；积极履行企业社会责任，坚持科技向善，通过创新技术赋能，响应乡村振兴、智慧城市等国家政策；重视企业治理和合规经营，打造高韧性组织，着力实现从领导“人治”到流程制度“法治”，再到数据驱动的“数治”以及面向未来数智孪生的“智治”。中兴通讯深刻理解和赞同ESG的巨大社会意义，致力于以数智创新塑造可持续未来。

一、环境保护：绿色发展，应对气候变化

（一）案例背景

习近平总书记强调，实现碳达峰碳中和，是贯彻新发展理念、构建新发展格局、推动高质量发展的内在要求，是党中央统筹国内国际两个大局作出的重大战略决策。我国碳达峰、碳中和“1+N”的政策体系中明确提出要加快发展新一代信息技术等战略性新兴产业；推动大数据、人工智能、5G等新兴技术与绿色低碳产业深度融合；推进工业领域数字化智能化绿色化融合发展。这就要求信息通信技术（ICT）行业在“碳达峰、碳中和”战略中承担起先锋和使能者的重要角色。

ICT行业自身碳排放与电力、工业等碳排放大户相比，绝对值较小；但相对而言，ICT行业却能撬动千行百业减排。据全球移动通信系统协会（GSMA）预计，到2030年，ICT行业的碳排放量将仅占全球总排放的1.97%；全球电子可持续发展倡议组织（GeSI）预计，在2030年，ICT技术可以帮助全球二氧化碳排放降低20%。在“双碳”大背景下，ICT行业既需要通过持续的技术创新，实现自身节能减排；同时还要积极运用ICT技术，助力千行百业迈向数字化、绿色低碳转型。

作为信息与通信产业的领军者，中兴通讯坚持落实“双碳”目标要求，贯彻党中央关于全面推进美丽中国建设的战略部署，在全球范围内贯彻可持续发展理念，用科技创新铺设“数字经济林荫路”，以绿色企业运营、绿色供应链、绿色数字基座、绿色行业赋能四大维度助力双碳目标达成。

（二）具体实践

在“双碳”目标下，发展绿色制造是保持制造业比重基本稳定和实现工业绿色低碳转型的有效

手段。作为数字经济的筑路者，中兴通讯关注自身生产制造运营情况，践行绿色低碳发展战略，积极探索绿色制造新模式，以实现自身的低碳发展。与此同时，中兴通讯还将自己建设的经验和技术对外输出，携手合作伙伴以 5G、边缘计算、人工智能等基础技术为底座，构造一系列紧贴行业业务的绿色数字化方案。本案例将以中兴通讯全球 5G 智能制造基地和云南神火 5G 智慧工厂为例，分别介绍中兴通讯如何开展自身 5G+创新绿色实践，以及赋能行业数字化、智能化转型升级，与合作伙伴共促绿色低碳发展。

1. 5G 赋能绿色智造新标杆

智能制造是制造强国建设的主攻方向，发展智能制造对于巩固实体经济根基、建成现代产业体系、实现新型工业化具有重要作用。中兴通讯围绕数字化与智能化主题思路，在南京滨江投资约 200 亿元建设全球 5G 智能制造基地，占地面积 1300 亩，总规划建筑面积约 120 万平方米。基地以 5G 全连接和 5G 应用创新驱动装备智联化、制造数字化和运营智能化，完成从研发、生产到运营的智能化流程打通，并广泛应用技术手段节能减排实现可持续发展，2022 年工业产值达 497 亿元。中兴通讯全球 5G 智能制造基地积极践行“双碳”战略，在生产管理中聚焦生产现场节能降耗，构建新型科学减碳体系，以节能减排管理机制、项目化推进、创新技术、文化制度建设五大举措探索电子制造行业的“双碳”模式。

图 20-1　中兴通讯全球 5G 智能制造基地

（1）节能减排管理机制

在能耗双控背景下，国内高排放、高耗能行业面临停电、限产压力；中兴通讯全球 5G 智能制造基地通过业务连续性管理体系（BCM）运作，全面贯彻落实国家能耗“双控”的决策部署，引入“双碳”新模式，结合中兴制造与用能特点，形成“望远镜—放大镜—后视镜”理念，牵引规划落地，节能降耗，认证绿色工厂，打造行业节能减排绿色标杆。

（2）节能减排目标管理

自开始执行“双碳”战略以来，中兴通讯已形成符合场景的、动因触发的、闭环管理的节能降耗路线。基地根据中兴通讯碳中和最终目标分解设定降电目标，利用公司能源管理中心“计电”，通过电可视 App“看电”，全公司动员、监管重点用能场景实现“管电”，通过合理的考核机制进行“评电”，通过“计看管评”确保基地节能降耗工作有序推进。2022 年整体生产节能降耗目标为实现生产用电千瓦时数同比 2021 年降低 5%。

（3）节能减排项目化推进

中兴通讯全球 5G 智能制造基地实施高度数字化、设备智能化的“黑灯工厂”，通过工业互联网平台，在后台巡检管理整个生产流程，通过数据分析平台，合理规划能源管理，让工厂能够真正达到降本增效。生产过程中大量机器的导入，在大幅提升生产效率的同时，也减少了能源的消耗和温室气体的排放。基地每分钟可以生产 5 套基站设备，承接了中兴通讯发往全世界 60%以上 5G 基站的生产任务，而工厂规划的新型数据中心，相较于传统方案，每年能给工厂节省约 3000 万千瓦时的电，单台产品减排 9.3%。

（4）节能减排技术创新

在当前绿色低碳的背景下，全球 5G 智能制造基地打造了基于“高铁—公交—的士”模式的 5G 厂内智能物流，全面应用立体仓库、线边仓、跨楼层提升机、跨楼栋输送线、5G 云化 AGV 等智能仓储物流装备，实现从原材料到成品的全流程不落地和自动化生产，每年可以减少 30 万吨以上的碳排放。此外，基地还通过对生产全流程能耗的分析，针对单板生产过程中的高能耗贴片、回流焊与波峰焊等工序，进行技术工艺改进，首创回流炉自动待机、去冰水机节能改造、保温技术等，同时优化产品测试方案、测试设备自动断电技术等，实现自动调温精准控温。

图 20-2　5G 云化 AGV

（5）节能减排文化制度建设

为更好地贯彻执行公司节能减排、提高效能的要求，中兴通讯建立了节能降耗委员会，在委员会统一策划和要求下，开展包括全球 5G 智能制造基地在内的各单位节能降耗文化宣贯，通过开展“节能降耗趣味问答”、“废物再利用”行动、全员节能降耗知识培训项目等，让节约能源、循环利用的理念深入人心。2022 年，已开展 1 万余人次节能减排知识培训，全员培训参与率达 96.478%。

中兴通讯结合自身通讯设备的生产，在南京滨江建设了全球 5G 智能制造基地，“用 5G 制造 5G”的示范工厂，通过节能降耗五大核心举措全方位、多维度地推动绿色制造与智能制造相融合，创新性地实现了日光—晨光—黑灯车间模式，以及 SMT 自主待机与保温、自发热高温老化、托盘循环利用、灯光自适应等技术节能新模式，实现单台产品生产能耗下降 27%，为先进制造业打造了一个节能减排的示范样本。

此外，中兴通讯率先将 5G 技术用于 5G 设备的生产，基于 5G+数字星云平台在全球 5G 智能制造基地成功上线 24 大类、110 余项 5G+工业融合创新应用，全面实现提质、降本、增效，实现人均产出提升 113%，交货周期缩短 42%，产品上市周期缩短 17%。中兴通讯全球 5G 智能制造基地获得了联合国 WSIS 2022 冠军奖、第四届“绽放杯”全国一等奖等荣誉，还承接了工业互联网产业联盟“5G+工业确定性网络实验室”“5G+工业互联网安全实验室”，也是中兴通讯孵化可复制应用和方案的创新中心。

2. 5G+创新赋能传统工业降耗增效

《“十四五”工业绿色发展规划》提出，到 2025 年，规模以上工业单位增加值能耗降低 13.5%，重点工业产品单耗达到世界先进水平。作为高耗能和高排放的行业，传统工业亟须推进数字化转型，夯实数据基础，建立绿色低碳基础数据平台，推动数字化智能化绿色化融合发展。贡献全球节能减排，减缓气候变化，中兴通讯更大的贡献来自于通过 ICT 技术创新，以 5G、边缘计算、人工智能等基础技术为底座，构造紧贴行业业务的数字化方案，与行业合作伙伴共同探索绿色应用场景。云南神火 5G 智慧工厂便是中兴通讯在传统工业进行绿色 5G+创新的成功实践。

（1）数字赋能云南神火 5G 智慧工厂

云南神火 90 万吨绿色水电铝项目，是利用国家电解铝产能置换转移政策和云南省丰富水电资源，采用集团内部产能转移方式，在富宁县投资兴建的一个绿色、低碳、清洁、可持续发展的项目。2019 年 6 月，云南神火与中国移动、中兴通讯就 5G 智能工厂建设达成一致意见，正式启动智能化示范工厂项目的建设，逐步实现以科技聚拢生态和产业链条，带动物流、铝加工等相关产业发

图 20-3　云南神火 5G 智慧工厂项目获得标杆赛金奖

展。云南神火智慧工厂建设以 5G 网络及 MEC 边缘计算为核心，辅以工业互联网平台、数字孪生、大数据、人工智能等能力，实现绿色智慧工厂全场景泛 5G 应用。

（2）推动网络建设智能化、智慧化转型

云南神火 5G 智慧工厂建设目前已依托中国移动完成多个 5G 宏站的 5G 网络覆盖，园区 MEC 已完成商用部署。同时，工厂未来两年建设规划已经完成，计划逐步实现以 5G 作为整个智慧工厂的黏合剂，从云网协同向云网融合发展，实现云南神火铝业园区内包括网络资源、计算资源、企业管理系统等横向能力打通，以 IT、OT、CT 三者融合为主轴，再辅之以创新应用和冶炼控制系统的深度融合，推动有色金属冶炼行业跨足传统模式下的技术瓶颈，实现向智能化和智慧化方向的转型，提高生产效率和资源利用效率，为传统工业绿色低碳生产模式的推广和可持续发展做出积极贡献。

（3）绿色智慧工厂全场景泛 5G 应用

项目基于 5G 技术，为工厂的智能化和绿色生产提供了强有力的支持，已通过 MEC 边缘环境完成以下创新应用的孵化：基于 5G 的天车传送带裂纹监测、基于 5G 的中频炉 1400℃高温精准分析、基于 5G 的光纤应变温度监测系统—电解槽漏液分析、基于 5G 的仪表视觉抄表、基于 5G 的天车远程集中管控、基于 5G 的高精度定位和环境监测等。通过 5G 技术对槽控机等设备数据的实时采集，建立电解槽自诊断模型和过程控制算法，优化铝电解槽实时监测与控制，提高氧化铝浓度分布的均匀性，从而将电解铝使用的电流效率提升了 1%，结合云南神火的年产量，每年可节约用电 9000 万千瓦时以上。

图 20-4　云南神火建设一体化绿色智慧工厂

通过在云南神火建设“1 张 5G 专网+1 个工业智慧大脑+N 类创新应用”的一体化绿色智慧工厂，中兴通讯成功开展能耗大数据分析、中频炉铁水温度智能分析、传送带裂纹在线检测、空压机视觉抄表、天车远程操控、电解槽漏液在线监测、融合定位等有色金属冶炼绿色智慧工厂全场景泛 5G 应用，实现 5G 有色金属冶炼能耗管理直流电耗降低 100 千瓦时/吨，90 万吨电解满产后电耗月减少 9 千万千瓦时。作为云南第一个 5G+MEC 专网，以及以 5G 智能制造为核心构架的智能制造工厂，云南神火 5G 智慧工厂具有很强的标杆效应和示范效应，项目经验可复制到其他电解铝企业和有色金属冶炼企业，带动西部产业生态聚合，促进传统工业绿色低碳转型。

二、社会贡献：科技向善，增进民生福祉

（一）案例背景

中共中央办公厅、国务院办公厅《关于加强科技伦理治理的意见》明确指出，我国要“建立完善符合我国国情、与国际接轨的科技伦理制度，塑造技术向善的文化理念和保障机制，努力实现科技创新高质量发展与高水平安全良性互动，促进我国科技事业健康发展，为增进人类福祉、推动构建人类命运共同体提供有力科技支撑”。在新一轮科技革命的背景下，科技向善不仅是创造社会财富的动力，更是以人为本的体现，是对未来的承诺。唯有促进科技向善发展，积极响应乡村振兴、数字乡村、精准脱贫、智慧城市等国家政策方针，企业才能承担时代新使命，增加人类福祉，最终实现长期健康可持续发展。

作为数字经济筑路者，中兴通讯践行 ESG 利他赋能的价值理念，坚信只有坚守“让沟通与信任无处不在”的初心，坚持科技向善，才能让所有的同行者一起享受数字经济发展的红利，创造出商业之上的价值。

（二）具体实践

随着信息技术的飞速发展，新型智慧城市和数字乡村建设工程成为推动高质量发展的重要手段。作为乡村振兴的重要方向之一，数字乡村建设工程旨在利用信息技术手段，建设和改善农村数字基础设施，推动农村经济、社会和环境的可持续发展。新型智慧城市建设以科技创新为驱动，通过物联网、人工智能、大数据等技术手段，与城市基础设施融合，实现城市管理和服务的智能化、高效化和便捷化。本案例以四川盐源和广州智慧大交通为例，分别介绍中兴通讯如何利用数字技术助力数字乡村和新型智慧城市建设。

1. 消弭数字鸿沟，建设美丽数字乡村

四川盐源是隶属四川省凉山彝族自治州的一座县城。尽管曾经是古代南方丝绸之路的必经之地，因盐铁之利而繁荣，但进入现代社会后因地方偏远、交通不便、信息闭塞等因素，已成为国家乡村振兴重点帮扶县。自 2012 年开始，中兴通讯联合中国电信在四川盐源开始了网络建设，“人背马驮”，将一个个基站设备运上山。2019 年底，全县完成 4G 网络覆盖，2022 年底 24 个乡镇覆盖 5G 信号，实现通路、通电、通网，为各项产业政策实施奠定了基础。

（1）移动通信改善沟通不便

交通是制约盐源经济社会发展的重要因素，目前盐源没有高速、铁路、机场，仅有一条出县的国道。2019 年底全县完成 4G 网络覆盖，2022 年底 24 个乡镇覆盖 5G 信号，有力保障全县网络畅通，消除沟通时间差，让闭塞的山区也能获得大山外乃至全世界的最新信息。

（2）指挥平台提效灾害治理

2022 年起，中兴通讯为盐源建设综合应急指挥平台。平台利用数字化技术，通过前端感知源数据收集和整合盐源县现有各项数据信息（公安、林草、水利、雪亮工程），建成集多部门信息于一体、功能齐备的综合指挥平台，建设智慧大脑，实现全程、全时、全域资源共享和跨层级、跨部门、跨系统的业务协同，构建一体化城市运行管理和应急联动指挥体系。平台建成后，将推动相关风险防范由

传统的“人防”向“人防+技防”模式转变，能提升全县应急响应、指挥救援、调度能力和效率。

（3）远程医疗解决看病难题

2019 年，凉山州第一台“远程诊疗设备”在盐源县医院成功应用于“5G 远程医疗会诊中心”，向上实现与社会医疗资源的对接，打通与医学专家“面对面”的会诊通道；向下与各乡镇医院搭建 5G 远程诊疗平台，将县医院优质医疗资源辐射到边远乡镇。此外，“远程心电监护设备”已应用于对病人心电图的实时监护，通过实时信息传递，由专业机构对病人的心电情况进行及时的数据检测、分析及预警，通过数字化手段及时干预，挽救生命。

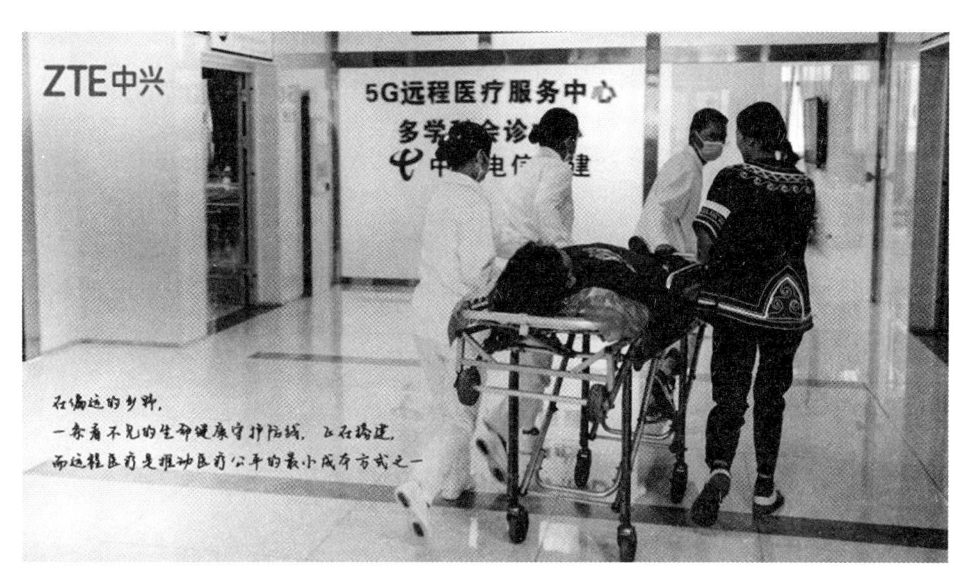

图 20-5　5G 远程医疗会诊中心

（4）远程教育提供优质资源

在民族中学，中兴通讯利用云电脑和 5G 网络打通教学通道，将成都七中、棠湖中学、成都四中等名校教学资源辐射到民族中学，实现了网络教学班班通，教学课程时时同步，也让山里的学生看到大城市的生活。中兴通讯还利用数字化技术分析学生训练数据，实时调整训练计划；利用网络

图 20-6　数字化技术为学生提供远程教育

平台学习和传播音乐作品，让学生有机会感受前沿艺术，汲取养分。

（5）数字手段提升农业价值

中兴通讯助力四川盐源建设了现代苹果试验示范园。将云计算、大数据、物联网等信息技术与苹果种植深度融合，搭建了种植环境监测平台、果树生育期管理平台、智能水肥一体化平台、微型气象站、种植技术培训平台，实现对示范园环境、气象、土壤情况实时分析，精细灌溉，智能施肥，病虫害识别，推动传统农业由“人力式”向“智能化”转变。

图 20-7　现代苹果试验示范园

四川盐源作为扶贫攻坚的重点帮扶对象，网络和信息化建设为本地带来翻天覆地的变化。偏远地区通信从没有网络直接跨入 4G 时代，实现“一步跨千年”。盐源地理环境恶劣，全年面临各种地质灾害威胁，中兴通讯通过综合应急指挥平台提供全程、全时、全域资源共享和指挥协同，有效提升地质灾害防治效率。利用数字化手段，通过智慧医疗为乡村解决了就医难、看病难；通过远程教育解决教育资源短缺的问题；通过智能平台提升农作物品质及产量，助力盐源脱贫致富。

2. 打造数智一体新交通，推动广州新型智慧城市建设

广州是中国第三大都市区，人口达到约 2000 万，面临着严重的交通拥堵、等待时间长、安全隐患等因为缺乏高速信息服务而产生的问题。而运营效率和安全监视受限于网络时延、带宽和可靠性技术，无法满足车路协同应用场景。随着 5G 的发展，自 2020 年起，中兴通讯联合中国移动利用 5G 创新技术，并与广州交通深度融合，构建专用 5G 网络和应用系统，全面赋能广州智慧交通系统，推动广州新型智慧城市建设。

（1）5G+云+AICDE 推动广州智慧地铁升级转型

中兴通讯基于 5G 新云网特性和 AICDE 技术能力融合，结合广州地铁全国最大的客流强度、最快的运行线路下各种业务场景实际需求，部署了多个 5G+智慧应用。基于地铁业务场景实际需求，中兴通讯采用 PRB 切片资源保障、750Mb/s 上行速率增强、160km/h 高速移动性能保障等 5G 新专网性能优化，部署多层云边协同系统架构，基于数字星云智慧交通赋能平台构建地铁五大应用使能能力，实现了 5G+智慧车站、5G+车地通信、5G+数字化隧道等多个场景化应用，打造了泛在互联、全息感知的安全、精准、协同、绿色地铁服务体系。

图 20-8 “全球首个 5G 智慧大交通示范城市”发布

(2)“铁路+5G”创新应用助力广铁集团数字化转型

广铁集团主要管辖广东、湖南、海南三省铁路。中兴通讯在国铁集团总体要求的指引下，采用铁路专网 5G-R 技术，融合 5G 切片、边缘计算、高速移动性保障等具有 5G 特性的融合通信能力，结合云计算、大数据、人工智能、IoT 等综合数字平台，支撑铁路三大类业务应用。在广深港部署司机超视距监控系统，是业内首次将 5G 网络与视频 AI 分析技术相结合，助力行车安全。同样在广深线部署的车厢 5G 信息化服务系统，巧妙地克服列车高速与车厢覆盖关键障碍，为乘客提供舒心的车厢 5G 与信息服务。

图 20-9 广州地铁、广州移动和中兴通讯的合作项目“广州 5G 智慧地铁”荣获 2023 年世界移动大会全球移动大奖“最佳移动互联经济创新奖”

由中兴通讯和中国移动联合打造的全球首个 5G 智慧交通解决方案，充分利用 5G 技术超高速率、超低延时、超大连接的特性，打造泛在互联、全息感知的安全、精准、协同、绿色的交通服务体系，为智慧城市构筑智慧之路。广州地铁、广州移动和中兴通讯的合作项目“广州 5G 智慧地铁”荣获 2023 年世界移动大会全球移动大奖“最佳移动互联经济创新奖”。

三、企业治理：稳健经营，高质量可持续增长

（一）案例背景

企业高质量发展是国家提出的“高质量发展”的必然内涵，也是企业应对世界之变、时代之变、历史之变的战略选择。高质量发展意味着可持续性和可靠性，而公司治理是确保公司运营透明、诚实公正非常重要的因素，出色的公司治理是实现企业高质量发展的基础，为实现企业全方位提升和长远可持续发展铺平道路。

（二）具体实践

中兴通讯不断完善公司的治理制度体系，注重强化治理，增强业务连续性管理，重视合规稳健经营，致力于打造高韧性组织。公司建立以“三道防线”为主要特点的风险管理及内部控制系统，并搭建以董事会、审计委员会、内部控制委员会、内控审计、各业务单位内控团队为主框架的内控建设体系，全面提升预判能力、免疫能力和适应能力。本案例以中兴通讯业务连续性管理体系（BCM）和合规经营实践为例，分别介绍中兴通讯如何防控经营风险和保障业务稳健运营。

1. 充分防控经营风险，以 BCM 强化企业韧性

伴随着近年来全球疫情的爆发，企业的日常运营遭受了巨大的干扰和影响，BCM 因此成为各企业极为重视的议题。然而除了疫情，国际化企业面临着更为广泛和复杂的全球环境问题，包括气候变化、政治动荡、疾病传播、能源供应等，这些问题都对企业的业务连续性提出了严峻挑战。中兴通讯认为 BCM 不仅仅是一项应急措施，更是一项战略性的管理实践，要成功应对全球复杂环境带来的挑战，必须将 BCM 纳入战略规划的核心，建立稳健可行的业务连续性框架，协调多种资源和策略，确保在面临突发情况时能够快速响应并保持业务的正常运转。

（1）搭建 BCM 管理机制

中兴通讯自 2018 年起设立 BCM 管理委员会，2019 年首次通过 ISO 22301 业务连续性管理体系认证，认证范围覆盖公司主要生产基地和研发中心。公司 BCM 管理委员会每季度召开会议，制订 BCM 战略规划，监督执行，有效保障资源可用和体系正常运行。2022 年，为进一步夯实 BCM 有效性，公司在体系导入、事件演练、数字化赋能、培训以及扩展覆盖范围等方面着重强化相关举措。

（2）建设 BCM 体系

中兴通讯 BCM 体系建设，包含 BCM 标准导入、分支机构和供应商 BCM 方案拓展，搭建一系列文档、流程，并组织定期培训；2022 年，中兴通讯完成 ISO 22301：2019 版体系升级版导入，并通过外部审核。外审对中兴通讯在应灾能力管理、体系统筹管理强化、基于事态的发展动态快速响应等方面进行了积极评价。

（3）风险与事件管理

中兴通讯秉持“积极防范、降低风险、快速响应”方针，深入融合业务，有效支撑公共卫生、自然灾害、火灾和地缘政治等重大 BCM 事件的预防预警、事件上报、处置恢复和总结复盘，对业务层面工作展开起到关键作用，不断增强公司危机应对能力。2022 年，公司全年组织 252 次针对 BCM 业务高风险领域的公司级和领域级演练，建立灾害应急和业务恢复能力，最大限度保障客户、股东等相关方的利益，降低公司经营风险。

（4）供应链 BCM 治理

中兴通讯通过打造高韧性组织的预判、免疫和适应三大核心能力，持续打造安全可信的供应链。供应链 BCM 治理贯穿原料采购、生产制造和物流交付，为客户创造了价值，也保证了企业的稳健运营。2022 年，公司累计辅导 11 家核心供应商通过 BCM 体系认证，覆盖芯片、电池、PCB、光器件、滤波、机加工部件、物流等行业。

面对不确定性风险，核心在于如何增强组织韧性。中兴通过数字化手段，形成了相对完备的风险管理及内部控制管理办法，持续完善 BCM 体系建设和导入，在保障公司经营的连续性、提升公司流转效率以及降低公司经营风险上，有效保证了供应链安全稳定，实现面向全球客户的持续交付，公司经营质量和组织韧性持续提升。

2. 合规经营，保障业务稳健

合规是跨国企业商业道德遵从的重要课题，跨国企业面临着不同法域合规规则适配、立法冲突解决、多头监管应对等全新挑战。中兴通讯结合自身经历和全球案例，已建立一套以风险为导向、与业务实践相一致、行之有效的合规管理体系，通过企业内部治理，防控外部风险，探索合规治理最优解。

（1）强化合规运营管理

2018 年中兴通讯建立层层递进且相互援引、金字塔式的合规规则体系，从合规政策、原则性规范、流程规范到嵌入业务流程中的关键控制点，实现合规外部规则到企业内部管理动作的落地。同时，公司全面开展合规规则优化，以期实现“无感/低感”的一流合规体系，满足更广泛的风险识别，更有效、高效的管控。通过全面梳理流程规范和管控关键控制点，并从一线用户体验入手，收集最靠近用户、使用频次高、影响面广的场景/痛点，推进合规从“有效管控”进阶“高效管控”。

（2）强化反腐败制度体系建设

中兴通讯对腐败贿赂行为秉持“零容忍”的态度，通过反腐工作的开展，严厉打击违法违规行为，牢固树立员工正确的是非观，打造“风清气正”的内部环境；通过查堵漏洞、优化流程、提升管理，建立“不敢、不能、不想”的长效机制，从源头上杜绝腐败的发生，保障公司稳健发展，切实维护公司股东及全体员工的利益。中兴通讯遵守其开展业务所处国家所适用的反腐败和反贿赂法律法规，在与商业伙伴、政府的交往中秉持诚信、透明的行为准则，确保合规经营。与此同时，中兴通讯还通过各类合规交流活动、多项国际标准认证及第三方权威机构认可，向股东、客户、员工及其他合作伙伴展示公司在反腐败反贿赂合规方面的决心和信心。

（3）夯实数据安全与隐私保护

中兴通讯开发数据合规系统（Data Compliance System，DCS），作为面向公司内部的数据合规运营载体，为外部用户数据管理提供统一入口，并通过自动化代替/辅助人工提升合规管控效率和质量，实时、动态展示数据管理活动情况，主动遵从法律法规要求和实现数据合规治理数字化。中兴通讯持续关注业界权威认证，公司终端、5G、核心网、数字技术产品线以及人力资源管理已通过 ISO/IEC 27701：2019 隐私信息管理体系认证和年度复审，为全球客户提供更加安全、可靠、合规的通信产品及解决方案。

中兴通讯将继续坚持诚信经营，将合规管控嵌入公司的各项业务流程，以建立与公司业务实践相一致的一流合规管理体系，通过数字化、工具化、项目化，确保规则可视，与全球客户、供应商及其他业务合作伙伴一起实现可持续发展。2022 年，超过 5.8 万名员工通过 IT 化线上学习平台参加合规培训，超过 1.4 万员工通过线下途径参加合规培训，员工培训覆盖率 100%；2022 年 Sustainalytics 评估中，公司在“贿赂 & 腐败政策”“贿赂 & 腐败体系”两项获得双百满分；中兴通讯还获得欧洲 ePrivacy 和美国 TRUSTe 两大国际权威隐私保护认证，标志着中兴通讯在智能终端产品领域的隐私保护技术和管理能力达到国际先进水平，将进一步助力全球消费者更安心、从容地迈入数字时代。

四、中兴通讯 ESG 实践展望

（一）构建数字经济林荫路，推动绿色低碳化进程

中兴通讯通过绿色企业运营，推进自身数字基础设施绿色化、低碳化进程，积极参与全球脱碳经济转型。中兴通讯还将引导供应商与自己一起设立减排目标并做出减排承诺、与供应商加强减排技术合作、给供应商提供培训和辅导、实施透明度报告与审核机制、用采购准则引导供应商等。同时，中兴通讯将向下游用户推介更为绿色的产品和服务、促进产品再生循环等低碳行为方式。中兴通讯还将利用数字技术赋能行业绿色节能减排，将 5G、人工智能、大数据、云计算等新技术和具体行业场景深入结合，提升行业数字化、自动化、智能化水平，促进生产效率提升和能源使用优化提效，助力各行各业快速步入绿色发展通道。

（二）以科技向善，让沟通与信任无处不在

科技向善已经成为全球共同的追求目标。在乡村振兴的大背景下，中兴通讯充分认识到数字技术在弥合数字鸿沟、助力精准脱贫、建设数字乡村方面的重要作用。通过将数字技术与农、林、牧、渔等产业的结合，提升传统作业效率，改善农村生活质量；通过扩大 5G 网络覆盖，让农村地区能够与外部社会更紧密地联系，让外部社会的资源进入乡村，促进城乡一体化融合发展。此外，5G 还可以用于改善乡村的教育，让乡村的孩子们可以获得更好的数字教育，享受到更丰富的教育资源；远程医疗则可用于解决农村医疗资源匮乏的问题，使居民能够享受到专家会诊和高质量的医疗服务。中兴通讯的愿景是让沟通与信任无处不在，在未来将通过持续数字技术创新，构建更加和谐的社会关系，为全面建设社会主义现代化国家注入动能。

（三）打造高韧性组织，迈向数智孪生“智治”

中兴通讯将继续加强重视风险管理，打造高韧性组织，坚定推进数字化转型，打破企业内外部价值链的边界和堵点，形成以数据为驱动的闭环全局优化，让企业更加轻盈敏捷，实现从领导的“人治”到流程制度的“法治”到数据驱动的“数治”以及面向未来数智孪生的“智治”。在合规

经营方面，中兴通讯将继续坚持诚信经营，将合规管控嵌入公司的各项业务流程，以建立与公司业务实践相一致的一流合规管理体系，通过数字化、工具化、项目化，确保规则可视，与全球客户、供应商及其他业务合作伙伴一起实现可持续发展。

作为联合国全球契约组织和全球电子可持续发展倡议组织成员，中兴通讯深刻理解和赞同 ESG 的巨大意义。未来，中兴通讯将坚持“数字经济筑路者”的生态定位，在全球范围内贯彻可持续发展理念，在企业追求高质量发展的道路上，通过自上而下的可持续发展治理架构，积极推动 ESG 发展理念在公司落地生根，坚守“让沟通与信任无处不在”的初心，实现社会、环境及利益相关者的和谐共生，为人类可持续发展事业做出更大贡献。

用绿色打底——海信集团创新技术建造“零碳工厂”

海信集团有限公司

海信集团积极响应国家“双碳”目标，践行绿色生态发展理念，坚持以实施工业领域碳达峰行动为引领，践行《“十四五”工业绿色发展规划》中的相关要求，将绿色发展理念纳入集团高级战略层面，将可持续发展理念落实到生产制造的各个环节。近年来，海信通过加固智能化技术根基，持续将产品向高端转型，产业链向高技术延伸，产业架构向高科技转移，全面提升绿色制造水平，从研发设计、制造、应用到循环再利用，打造出完整的的产品生命周期绿色闭环。

在自主研发创新方面，海信坚持以绿色技术研发为支撑，不断推出新型节能与环保技术产品，不断进行绿色升级和关键技术突破，拉动整体产业进行数字化和绿色低碳转型。例如，作为激光电视的引领者，海信拥有全球第一的专利技术，推出的激光电视产品功耗只有传统液晶电视的三分之一；海信突破光储直柔变频多联式空调机控制技术，首创国产化高集成驱动模块开发，打造光储直柔变频中央空调系统，海信光伏直驱中央空调多联机产品，可实现光伏发电、制冷/制热、储能及并网，达到产品零碳排放目标；海信视像科技制造中心江门工厂获得 PAS2060 碳中和宣告核证证书，成为海信集团首个“零碳工厂”，也是国内电视机生产工厂首个“零碳工厂”。

从 2017 年开始，海信有 100 余款（106）产品获评工信部绿色设计产品，海信冰箱、海信空调多款产品荣获绿色低碳电器认证。截至目前，海信集团共创建 11 家国家级“绿色工厂”、1 家国家级“绿色供应链管理示范企业”以及 4 家省级“绿色工厂”，绿色制造阵营持续扩容，拥有的国家级绿色工厂数量及覆盖率领跑行业。近年来，海信集团主导参与 100 余项绿色低碳国家/行业/团体技术标准的制修订，推动家电行业绿色产业技术进步，不断提升国际竞争力。

一、背景

《“十四五”工业绿色发展规划》提出，要全面提升绿色制造水平。到 2025 年，工业产业结构、生产方式绿色低碳转型取得显著成效，绿色低碳技术装备广泛应用，能源资源利用效率大幅提高，绿色制造水平全面提升，为 2030 年工业领域碳达峰奠定坚实基础。

工业领域长期以来是我国二氧化碳排放的第一大户。相关数据显示，我国二氧化碳的排放 70% 以上来自工业生产或生成性排放。工业，特别是其中的制造业，成为我国减少碳排放的主战场、实现“双碳”目标的关键。制造业只有实现全流程、全场的精细化控制、精细化操作、精细化管理，才能减少碳排放。

近年来，海信践行国家“双碳”战略，初步形成了一套覆盖能源利用、研发设计、供应链、制造、销售与售后、回收与综合利用等全流程的绿色低碳生产体系。通过能源低碳化，在行业内较早推进绿色能源的使用和替代；产品绿色设计，构建完善的绿色供应链；加码绿色制造，引领建设国家级绿色工厂；总结绿色低碳发展经验，从提炼固化行业标准等4个方面协同发力，从顶层设计到落地实施，形成了贯穿家电“全产业链+全生命周期”的先进制造理念，在践行绿色制造的道路上不断取得成效。

二、具体实践

（一）战略性方面：绿色发展理念纳入集团最高制度

海信将“引领以智能化为核心的先进制造”写进企业使命，并始终坚持“技术立企”的核心理念，将不断的技术创新和推出高质量产品作为持续发展的核心竞争力，以智能化、绿色化、健康化为主攻方向，依靠强大的研发优势，加速智造转型升级，引导家电产业高质量、可持续增长。

海信积极践行绿色制造，在行业内较早推进绿色能源的使用和替代，探索绿色发展新路径。通过构建绿色经营体系和绿色制造组织保障，海信将节能减碳贯穿技术创新管理、质量管理、供应链管理、智能制造管理全过程，打造绿色产品设计、绿色工厂、绿色公益、生产者责任延伸试点等先进典型，引领行业和产业发展，实现经济效益和社会效益双提升。

海信在业内率先制定并实施《海信产品绿色环保设计标准》，发布《海信绿色发展纲要》，并将“恪守《海信绿色发展纲要》”纳入集团最高制度《企业诚信经营体系》，低碳经营成为海信的基本经营理念之一。海信每年制定减碳目标，从技术研发、生产制造乃至物流回收等每一个环节减少碳排放，收效显著。2017年，海信就入选工信部第一批“绿色工厂”示范名单。

（二）创新性方面：创新产品技术研发，不断探索节能新路径

国务院印发的《2030年前碳达峰行动方案》指出，要加快优化建筑用能结构，提高建筑终端电气化水平，建设集光伏发电、储能、直流配电、柔性用电于一体的“光储直柔”建筑。海信日立紧抓国家打造“光储直柔”建筑机遇，突破光储直柔变频多联式空调机控制技术，首创国产化高集成驱动模块开发，打造光储直柔变频中央空调系统，将空调从耗电大户变为分布式能源系统中转站，提高光伏利用率的同时保证空调运转的稳定性，解决传统空调耗电量大、碳排放高的弊端，实现传统空调行业技术革新。海信光伏直驱中央空调多联机8~48HP产品，可实现光伏发电、制冷/制热、储能及并网，达到产品零碳排放目标。

为持续推动落实国家“双碳”事业，海信推出ECO-B智慧楼宇管理系统，聚焦建筑全生命周期内的人的需求，打造ECO-B Air（空气管理系统）、ECO-B Energy（能源管理系统）和ECO-B O&M（运维管理系统）。涵盖企业商业、政府公建、教育培训、医疗卫生、工矿厂房等五大领域，延伸19个行业场景，推进建筑从智慧到生态再到健康的转变。

其中，能源管理系统通过对建筑用能的采集、分析、诊断，实现异常诊断、峰值响应、余热回收、能耗监测、能源分析、能源报告、节能足迹等功能，提升建筑用能安全，科学用能，节能低碳。海信能源管理系统打造了光伏储能、峰值响应、分户计费、余热回收四大解决方案，探索出一条建筑节能新路径，目前已在佛山西站、齐鲁医院、上海世博园等地落地应用。

（三）系统性方面：建立从源头设计到末端回收的“双碳”目标实施路径

海信致力于构建完善的绿色低碳技术体系和绿色制造支撑体系，不断向产业结构高端化、能源消费低碳化、资源利用循环化、生产过程清洁化、产品供给绿色化、生产方式数字化等 6 个方向转型。目前，海信集团内部已制定制造系统“双碳”实施路径及碳排放核查计划，对所属公司摸清“碳家底”，布局从源头绿色设计到末端回收的“双碳”实施路径。同时，倡议产业链条上的头部企业以及高能耗企业与海信携手共建减碳联盟，共享碳减排的资源和策略，为实现国家“30・60 双碳目标”，共同制定碳减排目标，并落地实施减碳行动。2015 年以来，集团制造系统单位产品综合能耗累计降幅超过 60%。

海信下属三电公司系统谋划碳中和实现路径。为积极助力《巴黎协定》“将本世纪全球气温升幅限制在 2℃以内，并寻求将气温升幅进一步限制在 1. 5℃以内的措施”的目标实现，同时满足全球客户对低碳转型和使用新型能源的要求，三电公司已向科学碳目标（SBT）倡议提交了一份承诺书，力争在 2023 年获得战略情景下的认证。

此外，三电公司将识别和分析气候变化相关风险及机遇对其运营活动及财务方面等的影响，并参考气候相关财务信息披露工作组（TCFD）框架进行披露，以确保投资者充分了解三电公司的气候变化相关重大风险和机遇。三电公司亦通过使用清洁能源、优化电力设备和提高能源使用效率等综合措施实现“2039 碳中和目标”，为缓解全球变暖问题作出贡献。

（四）社会性方面：以人为本，输出城市治理和乡村建设的“海信方案”

1. 大力发展智能交通，助力城市交通体系绿色低碳化

国务院印发的《2030 年前碳达峰行动方案》提出，加快形成绿色低碳运输方式，构建绿色高效交通运输体系，发展智能交通，推动不同运输方式合理分工、有效衔接，降低空载率和不合理客货运周转量。打造高效衔接、快捷舒适的公共交通服务体系，积极引导公众选择绿色低碳交通方式。

在交通缓堵方面，海信深耕城市治理，从信号控制和交通组织优化两方面入手搭建信号智能调优平台，依托物联感知通过人工智能和专家经验规则推荐控制策略，并结合精细化信号控制实现城市道路交通常态运行下的信号闭环智能优化，达到全域协同、缓堵提效、长效保持的效果。以长沙为例，2016 年起，海信因地制宜在长沙建设智能交通管理系统，目前三环内近 1300 个路口，每个路口都有海信智能信号机“站岗”，形成了一套长沙特色的信号调优模式。如今，长沙 105 条主干道行程时间和停车次数降低 32. 2%、68. 9%，典型路段优化后碳排放量预计可减少约 4. 82%。

在交通调度方面，海信从整体布局、细节入手，通过线网优化、智能调度、信号优先等多个维度提升公交可达性、可靠性，让公交“快起来、准起来、优起来”。

目前，海信着力优化以地铁/BRT 为骨干、常规公交为主体、定制公交为补充的多模式、一体化公共交通线网，保障线网可达性与便捷性。以城市客流 OD 为基础，由面到点识别并优化线网瓶颈，客流 OD 分析实测准确率在 95%以上，还能自动推荐客流走廊优化、接驳优化、大站快车等 11 类优化场景，优化调整低效线路。同时，基于大数据预测客流时空规律和车辆周转时长，不断优化运力投放和排班，逐步解决高峰满载高、乘客体验差和平峰空载多、无效及低效里程严重等问题。通过优化驾驶员班型、压缩不合理站停时长等方式减少人车投入与低效里程，实现成本降低 5%以

上，助力节能减排。其中，西宁 90 条公交线路优化后，每天减少低效里程 8332 公里，预计全年可节省 2000 万元。

2. 推出乡村振兴绿色低碳解决方案，满足多场景应用需求

联合国政府间气候变化委员会数据显示，全球农业碳排放占全球碳排放总量的比例已在 1/3 左右。我国作为世界农业大国，是全球第二大农业排放国，乡村地区的节能减碳空间巨大。

为加快推动农业减排固碳，积极响应乡村振兴战略，海信推出乡村振兴绿色低碳解决方案，涉及低碳养殖种植、光伏中央空调、低碳农产品加工厂、低碳清洁采暖、低碳烘干、低碳乡镇建设等多个方面，满足了国家乡村振兴战略提出的农业生产、农产品加工、乡村商业建设、用户采暖等多场景使用需求。

比如在低碳烘干方面，传统烘干机大多采用燃煤烘干，不仅污染严重，而且运行费用高，现场还需要配备大量的人员，智能化程度较低。而海信中央空调推出的低碳烘干解决方案，不仅高效节能，运行成本比燃煤降低 35%，而且安全环保，对环境无影响。此外，系统还能稳定运行，温湿度自动控制，烘烤品质更高。机组搭配的 4G 通讯模块，可实现远程监控、智能调节，一人就可轻松管理十几或几十台正在烘烤中的设备。

（五）实践性方面：积极布局环境研发投入，推广清洁能源应用替代

海信每年研发费用投入比例为总营收的 4%~5%，该比例在制造业中位居前列。以冰箱公司为例，积极进行绿色低碳材料的研发应用：在可再生材料技术研究应用领域，海信研发团队通过研究可再生材料改性技术及绿色加工工艺，攻克现有再生材料无法满足食品接触法规及实现浅色的技术难点，实现在冰箱内部注塑件上使用，提升冰箱产品再生材料的利用率，此项预计投入共计 4850 万元；生物可降解材料研究及应用领域，通过开发生物讲解材料等绿色材料技术，提升材料的耐高温性、阻隔性、热封性等指标，实现在冰箱内胆及注塑件上使用，从而降低冰箱产品整体碳排放，此项预计投入 3150 万元。

在清洁能源推广方面，海信集团在行业内较早推进绿色能源的使用和替代，推广清洁能源，用能结构低碳化。目前，海信多个制造工厂的光伏发电项目已逐渐释放“低碳红利”，光伏发电规模逐年增加，光伏装机总容量达到 61.2MW，年发电能力达到 6000 万 kWh，光伏发电量占海信总用电量比重在 10%以上。2022 年，海信广东地区工业园通过电力交易方式直接购买核电，海信集团整体绿色清洁电力占比在 41%以上。

根据海信集团内部测算，2022 年二氧化碳排放量为 362735 吨二氧化碳当量，较上年减少 10933 吨；综合能耗为 84510 吨标煤，较上年减少 3310 吨。

（六）带动性方面：强化核心技术研发，发挥龙头产业的带动作用

海信自主研发的激光电视是电视类产品中最环保的技术解决方案，100 英寸激光电视的功耗在 250 瓦左右。在降低能耗方面，激光电视相比液晶电视具有明显优势，中国电子技术标准化研究院赛西实验室公布的测试结论显示，针对均为 100 英寸激光电视和液晶电视进行能耗对比测试，在相同条件下测算激光电视和液晶电视运行 4 小时的耗电量，在产品标准模式下，激光电视比液晶电视省电 63.9%；在影院模式下，激光电视比液晶电视省电 55.5%。当绿色低碳、节能环保成为彩电产业升级的主流方向，激光电视显然已经成为这一趋势的引领者。作为激光显示行业的龙头企业，未

来海信将把 100 英寸激光电视的功耗降低到 200 瓦以下，耗电量将只有同尺寸液晶电视的 1/3~1/4。2022 年，海信激光电视作为中国代表性绿色创新技术，参与联合国环境规划署生态司主办的“世界环境日”活动。

而在液晶产品的研发上，通过自主开发的自适应背光能耗控制算法、数字化电源控制、高压 LED 光源及驱动等技术的应用，海信电视平均能耗降低超 30%，年减少 47.08 万吨二氧化碳排放。自适应背光能耗控制算法方面，通过多分区的背光低功耗控制和图像增强技术，实现了产品能耗降低 20%；电源数字化控制及数模混合调光技术的应用，实现电源反馈精准控制，提升转化效率，PWM 和模拟调光、背光小电流精准控制使整机能耗降低 5%；在高压 LED 光源及驱动技术的应用方面，通过 8-CELL 竞品对称分割设计、隐藏级联技术，实现出光效率提升，能耗降低 3%；此外，通过带动上游面板厂持续开发高透过率面板，通过开发高透彩色滤光玻璃及提高像素开口率实现光效提升，能耗降低 2%。

此外，海信冰箱公司与联合国开发计划署在中国联合开展“海信 HFC-245fa 削减示范项目”，通过对家用冰箱发泡技术进行升级换代，减少消耗 HFC-245fa 共 251.85 吨，相当于每年减少 256570 吨 CO_2 排放。联合国开发计划署积极评价该项目，称其带来显著的环境效益以及行业引领和示范带动作用。

（七）可持续性方面：将可持续发展理念深入产品生命周期各个环节

海信秉持可持续发展理念，从设计、制造、应用到循环再利用，打造绿色闭环，初步形成了一套覆盖能源利用、研发设计、供应链、制造、销售与售后、回收与综合利用等全流程的绿色低碳生产体系。

在能源利用环节，积极推进清洁能源替代及使用环境友好型材料进行生产经营。海信冰箱产品选用环境性能友好的原材料，塑料、发泡料等大宗原材料来自巴斯夫、陶氏化学等全球著名生产企业，避免对大气臭氧层的破坏及温室气体的影响。钢板选用 PCM 或 VCM 板，避免喷涂、覆膜等二次加工，减少喷粉、废水、废气排放。塑料零部件制定可回收利用标识，便于在生命周期结束时，对相关材料进行回收再利用，从而形成绿色闭环。

在产品研发环节，通过应用节能新工艺、新技术、新材料，开发“高性能、低能耗”环境友好创新型产品，实现绿色化、低碳化、节能化发展，有效降低整机能耗，提升产品设备能效水平。海信家用空调产品通过 AI 控制，自动匹配最适宜的运行模式，空调会自动实现舒适、节能运行，即空调运行过程中先速冷热、后舒适、再节能控制，将温、湿度控制到舒适的同时，实现节能约 10%。基于热中性环境下人体局部舒适的低能耗非均匀送风技术，营造立体空间的局部舒适，人体周边或局部区域等同或更佳舒适的情况下，空间背景温度提升，使空调处于低负荷状态，仿真估算可节能约 20%，单台空调生命周期制冷季节可减排约 1.2 吨 CO_2。海信冰箱成功开发含生物基（如秸秆、稻壳）的聚丙烯（PP）和高抗冲聚苯乙烯（HIPS）材料，与纯石化原材料相比，每使用一千克生物基材料可降碳 5%；开发生物基尼龙 PA56 材料，与石油基 PA66 相比，每使用一千克生物基尼龙材料可降碳 49.6%。此两项材料均已在内销产品中加以应用。此外，海信日立公司的绿色零部件设计，使得产品可再生利用率满足国标要求（HJ 2535-2013 标准中要求再可生利用率≥83%）并远高于国标要求（实际达到≥89%），截至目前海信中央空调产品已经获得约 1000 张节能证书。

在供方合作环节，海信坚持优选自动化、智能化程度高、符合环境管理要求的供方作为主力合作伙伴，且在供应商的选择、评估和管理过程中，注重供应商环境的改善、效率的提高和员工履责情况等，督促并帮助供应商提高环境绩效。在供应链赋能方面，海信在做好自身节能降耗的基础上，注重并倡导与产业链条上的合作伙伴携手推动绿色发展，共同构建绿色生态，为实现国家“30·60双碳目标”共同努力。例如，海信与万华化学合作开发的超低密度薄壁发泡技术，实现海信超薄产品壁厚突破33mm，比普通产品壁厚减少44%，每台产品发泡料减少1.92kg，可减少碳排放量6.86kg。在海外，海信与巴斯夫、霍尼韦尔和德州仪器等供应商开展合作，对产品技术方案进行改善与创新，以确保生产过程中的低碳排放与低能耗。

在制造环节，通过流程优化及节能减排技改工程不断践行智能制造。在电视制造过程中，优化电视整机散热布局，减少电视机后壁后壳厚度，年节省约4626吨塑料。海信中央空调则通过六脉波电磁加热算法把压缩机预热功率降低到6.7瓦，此前的压缩机预热功率为88瓦，目前行业最低也需要40瓦，极大降低原有传统加热带方案待机功耗，功耗降低92.7%，使待机功耗降低一个数量级，同时减少空调第一次上电预热时间。根据海信中央空调销量，每年可节省电1756万千瓦时。

在家电回收方面，海信持续健全公司内部废旧家电回收制度，优化回收体系关键节点，畅通家电生产流通消费和回收利用，将回收后的废旧家电全部交由有资质的合作拆解企业进行规范处理，努力维护废旧家电回收体系秩序——公司在2022年实际总共回收量达到62.30万台。与此同时，为避免电子垃圾对环境的污染，海信将所有国内回收的旧家电，交给具有专业资质的环保拆解工厂进行拆解，通过拆解工厂的化学与物理处理之后，部分原料可以再次利用。

（八）规范性方面：完善管理制度体系，按照国家政策标准规范生产经营行为

为加快低碳生态的建设步伐，海信严格遵守《中华人民共和国环境保护法》《中华人民共和国大气污染防治法》《中华人民共和国水污染防治法》《中华人民共和国固体废物污染防治法》等国家法律法规，在生产经营环节充分考虑环境影响，并依据ISO 14001：2015环境管理体系等标准要求制定《职业健康安全与环境责任目标考核标准》《环境因素控制标准》《危险化学品安全管理标准》等管理办法和规章制度，持续完善环境管理体系，减少环境负荷。海信内部正在完善绿色低碳技术标准体系，在集团层面制定《绿色低碳通则》《温室气体排放核算通则》等通用技术规范。

在绿色工厂建设方面，海信绿色工厂制造系统以能源管理系统（EMS）为核心，大力发展绿色能源，持续扩大储能、蓄冷规模，提升电力需求响应能力，建设以分布式光伏、储能、蓄冷及余热资源回收使用等多功能综合一体绿色工厂。海信从2020年开始，陆续推广了4期能源管理系统，目前已覆盖国内所有制造基地和工厂，按国家绿色建筑相关标准做好绿色设计，根据固定资产投资节能审查办法开展节能审查，贯彻技改投资项目“三同时”原则。以海信日立黄岛工厂三期为例，设计时充分利用自然通风，采用钢结构建筑和金属建材、生物质建材、节能门窗、新型墙体（如Alc板材）和节能保温材料等绿色建材，优先选择高效节能灯具，屋面合理布置采光窗，降低厂房内部能耗，屋顶预留太阳能光伏等可再生能源应用场地和设计负荷。截至目前，海信拥有国家级“绿色工厂”11个，国家级“绿色供应链管理示范企业”1个，省级“绿色工厂”4个，绿色工厂数量及覆盖率处于行业领先地位。视像科技制造中心江门工厂通过第三方认证机构审核，获得PAS2060碳中和宣告核证证书，成为海信集团首个“零碳工厂”，也是国内电视机生产工厂首个“零碳工厂”。

绿色化发展是中国制造实现高质量发展的必由之路。近年来，海信积极践行绿色制造，在行业

内较早推进绿色能源的使用和替代，探索绿色发展新路径。通过构建绿色经营体系和绿色制造组织保障，海信将节能减碳贯穿技术创新管理、质量管理、供应链管理、智能制造管理全过程，秉持可持续发展理念，从设计、制造、应用到循环再利用，形成绿色闭环，积极履行企业环境责任。

未来，海信将继续坚持环境友好的绿色发展理念，坚持以绿色技术研发为支撑，通过供应链协同，带动上下游共同打造绿色生态，助力行业绿色低碳高质量发展。

从“智能制造”到“绿色智造”——双星集团打造轮胎全寿命周期绿色化管理

双星集团有限责任公司

双星坚持以习近平新时代中国特色社会主义思想为指引，深入贯彻“绿水青山就是金山银山”的理念，高度重视提升ESG绩效，将社会责任与企业高质量发展相结合，全力打造全产业链和全寿命周期的绿色管理，从产品到制造到服务，全面对标ESG标准，实现可持续发展。双星打破传统单一生产方式，以用户大规模定制为核心，以产品模块化、生产精益化为基础，集成全球先进的信息通信技术、数字控制技术、智能装备技术，实施企业互联化、组织单元化、加工自动化、生产柔性化，构建基于工业互联网的汽车轮胎智能制造服务体系，从“卖产品”转向“卖服务”，从轮胎研发设计、生产制造到轮胎使用状态预警、故障诊断、维护检修，再到废旧轮胎回收循环利用，实现轮胎制造的全寿命周期绿色化管理。在实现自身高质量健康可持续发展的同时，助力制造业由“智能制造”向“绿色智造”转型，为轮胎产业破解发展新命题提供了一份可堪照用的“双星样本”。

一、背景

党的二十大报告明确指出：实施产业基础再造工程和重大技术装备攻关工程，支持专精特新企业发展，推动制造业高端化、智能化、绿色化发展。习近平总书记在浙江考察时，再次强调推动制造业高端化、智能化、绿色化发展，为推动经济高质量发展指明了方向。

2020年9月，中国宣布2030年“碳达峰”目标与2060年“碳中和”愿景。在2021年全国两会中，“碳达峰、碳中和”被首次写入国务院政府工作报告，“扎实做好碳达峰、碳中和各项工作”被列为重点工作。

在“碳达峰、碳中和”目标的推动下，经济结构转型升级与产业调整正在加速进行，越来越多的企业投身到这场“时代运动”中，当汽车产业加速“脱碳”时，也令轮胎行业市场需求发生改变。粗放型发展、落后产能将逐步失去生存空间，绿色、低碳、可持续发展将成为轮胎行业新的“生存法则”，实力较强的头部轮胎企业不仅持续推出更多符合“双碳”市场需求的产品，更需要以技术创新为切入点推动产业结构调整与优化。

近年来，以国企担当践行“双碳”战略的双星集团已构建起一条绿色循环产业链，为轮胎产业破解发展新命题提供了一份可复制“双星样本”。双星集团推动企业集约化、绿色化、低碳化改造，建立“研发4.0+工业4.0+服务4.0”的产业互联网生态圈，以“稀土金”轮胎技术、废旧轮胎循环利用、绿色新材料、全寿命周期降耗减排管理，走出一条“中国制造”的新样板，成为全球轮胎行业中第一家实施全寿命周期绿色化管理的企业。

二、责任行动

（一）汇聚全球智慧，构建全寿命周期绿色管理体系

“十四五”开启中国绿色发展新篇章的同时，也使得“绿色化”与“数字化”“智能化”的协同成为这期间重点发展方向。随着“双碳”战略的深入实施，高端化、绿色环保将成为轮胎行业大发展方向。

1. 建立全球领先轮胎研发中心

双星积极贯彻新发展理念，持续推进产业结构优化升级，推动企业集约化、绿色化、低碳化改造，率先建成了国际领先的轮胎研发中心，定位是“全球领先，全程开放”，目标是“利用互联网，整合全球研发资源，实现由有效供给到创造需求”，功能是“建立全球开放的高性能轮胎研发、检测、认证平台”。包括花纹开发院、数字仿真实验室、轮胎静态实验室、高速均匀性实验室、全钢刚度实验室等多个实验室。

同时，搭建以数字和模拟仿真平台为主要标志的“研发 4.0”体系，事先更多地发现可能的设计缺陷，让全球的研发资源共同参与设计，加快研发的速度。培养和引进国内外高端轮胎领域专业人才，加强与各大科研院所、高校协同创新，拥有近 300 人的研发团队。其中既包括国内顶级专家团队，也有多个外国专家团队，研发实力走在全国行业前列。

2. 首创轮胎全寿命周期绿色管理体系

双星利用互联网整合全球资源，创新研发轮胎全寿命周期绿色管理体系。在轮胎设计研发阶段，双星利用 PLM 系统，整合全球专家资源，创新采用 3D 打印和虚拟仿真技术对方案进行设计仿真和工艺仿真，在源头解决产品设计的质量问题。在产品开发过程中，通过全球领先的实验室和试车场不断地进行检测，做到和设计阶段的数据一致性，保证轮胎产品上市的质量。

双星的轮胎全寿命周期绿色管理体系以 RFID 芯片作为信息源载体，可记录与轮胎相关的所有信息。用芯片进行轮胎管理操作简单，稳定性高，芯片与轮胎具有唯一性，可长久使用直至废旧轮胎循环利用。植入芯片的轮胎将接受一系列智能化管理，包括轮胎出入库、仓储、使用、检查、翻新维修以及报废等，每个环节都会通过终端设备来识别芯片并将轮胎相关信息上传至双星大数据系统，从而实现轮胎使用的全程实时监控和管理。此外系统还能够对轮胎里程、胎温、胎压及轮胎成本进行核算，解决长期以来不能根据实际消耗细化到具体使用单位的问题。

凭借轮胎全寿命周期绿色管理体系在应用端的优秀表现，双星被山东省工信厅评为山东省服务型制造示范企业；双星“汽车轮胎全生命生产周期创新与服务能力”入选国家工信部新一代信息技术与制造业融合发展试点示范项目。

（二）创新绿色产品，引领市场需求

以轮胎全寿命周期绿色管理体系为基础，双星收集各细分市场的使用数据，依托国际领先的轮胎研发中心，分析数据，发掘用户痛点，在产品研发设计上进行绿色升级，不断创新具有细分价值主张的高端、高差异化、高附加值绿色产品。

1.“稀土金”轮胎：节油、减碳、高里程

在卡客车市场领域，轮胎是一种生产资料，卡客车司机期望高里程、低油耗的产品。针对用户需求，双星联合了欧、美、韩多国技术专家，研究和开发稀土钕系顺丁橡胶+天然橡胶+高性能炭黑等配方，并充分利用轮胎全寿命周期绿色管理体系的制造优势，研发出了“稀土金”橡胶复合新材料。与此同时，双星充分结合中国市场的特殊需要，采用“稀土金”橡胶复合材料+FZW（全零度缠绕技术）+独特的花纹，设计和生产出达到国际领先水平的“稀土金”轮胎。

双星“稀土金”轮胎实现了超安全、超省油、超耐磨、超低生热、高里程五大功能兼具。这种轮胎滚阻可以降低到4.5~3.8，具有显著的省油、耐磨性能，全生命周期可以行驶100万公里，不仅可以降低车主的运营成本，而且可以助力“双碳”战略的实施。根据可比数据和专家分析，一辆大挂车如果按照行驶100万公里计算，使用滚阻达到4.5的“稀土金”轮胎，可以节油6.3万升。按每升7元计算，可节油44万元，一辆车节省的耗油相当于减少碳排放168吨。

2.“全防爆”安全轮胎：更省油、更舒适、更安全

在乘用车市场，车主对车辆的行驶安全尤为关注，轮胎作为汽车唯一的接地部件，在车辆安全行驶中起到关键作用。众所周知，普通缺气保用轮胎（俗称“防爆胎”）通过采用足够厚度和硬度的胎壁“支撑体”来达到缺气保用的效果，并且要求使用特殊的悬挂系统和专用的轮辋。因此，全球只有宝马、奔驰等品牌的少数车型采用普通防爆胎，其他乘用车车型无法使用或者不建议使用普通防爆胎。双星针对普通防爆胎市场痛点，联合欧、美、韩多国技术专家，研发出采用“Safort魔性”支撑体和AFB（Air Flow Breaking）花纹静音技术的双星“全防爆”安全轮胎，普通车辆不需要任何改变即可选用该“全防爆”轮胎。

双星“全防爆”安全轮胎既适用于原配防爆轮胎的车辆，也适用于非原配防爆轮胎的车辆。独有的“Safort魔性”支撑体技术能够保障轮胎在0气压的情况下以60km/h的速度继续行驶30分钟以上，同时有效避免车辆在高速行驶瞬间失压时导致的车辆侧翻事故，保障车主的生命财产安全。特别是目前越来越受到消费者欢迎的新能源汽车，因为车辆设计等原因本身是没有装配备胎的，轮胎一旦遇到瞬间失压或其他紧急状况，车辆无法继续行驶，只能等待4S店救援，装配“全防爆”安全轮胎后，能够保障车主将车辆行驶到最近的4S店或者轮胎店，进行轮胎更换。

3.“增力轮”：无需充气、无需轮辋、寿命可达15年

在矿山、工程等非公路领域，因为地形极端恶劣、路面颠簸起伏、存在沙石和工程废料等尖锐物体，所以会加速轮胎的磨损，造成变形增大等问题，并增加爆胎失控风险。对此，双星推出轮胎行业的“黑科技”——“增力轮”。双星“增力轮”拥有全球7+26项发明专利，颠覆178年“轮胎+轮辋”历史，无需充气、无需轮辋、不用卸轮、绝不爆胎，寿命可与车辆匹配，最长可达15年。“增力轮”颠覆了传统“轮胎+轮辋”的设计原理、材料、工艺、设备、销售和服务模式，更重要的是不仅几乎不用橡胶，还能减碳降排。

“增力轮”解决了三个问题，实现了三个目标。即，解决非公路轮胎特别是矿山轮胎使用寿命短、更换轮胎时间长影响车辆运行效率的问题，实现“非公路轮胎在车辆全生命周期内不换胎”的目标；解决非公路轮胎在恶劣环境下容易撕裂、爆胎带来的安全隐患问题，实现“非公路轮胎不爆胎，因轮胎而产生的安全事故降为‘零’”的目标。此外，“增力轮”还解决了“黑色污染”世界性难题，实现“轮胎可100%回收再利用，无环境污染”的目标，在节能减排方面的效益十分可观，为橡胶轮胎行业践行“碳达峰”“碳中和”提供了样板。聚氨酯胎面不仅更耐用，而且在制造过程中比传统橡胶轮胎降耗达 90%，油耗也比传统轮胎低。

（三）加速智慧转型，搭建以智能化为核心的绿色制造模式

对双星来说，探索全球制造业最前沿的“工业 4.0”模式，注定是一条充满荆棘的艰辛旅程。因为在双星之前，全球还没有一家轮胎企业走过全流程“工业 4.0”的道路。经过一番认真细致的调研和多次到欧美先进的制造企业参观考察，双星的管理团队认识到，“工业 4.0”绝不是简单的自动化工厂，而是一个以智能化为核心、以实现轮胎全寿命周期绿色管理为宗旨的绿色制造模式。

1. 率先建成全球轮胎行业第一个“工业 4.0”智能化工厂

近年来，双星与德国西门子共同成立轮胎行业唯一的“工业 4.0”创新中心，打造行业符合“工业 4.0”标准的智能化生产方案；与瑞典 ABB 合作，研发制造工业机器人应用技术。通过与全球最优秀的公司开展合作，双星迅速提升了智能制造装备研发的实力，拥有了建设“工业 4.0”智能化工厂的底气。

双星在做了大量的产业趋势、前沿技术研究和市场调研之后，审时度势地进行顶层设计，特别是在绿色智能系统、绿色智能装备等关键环节上，历经上百次的修改和完善，在青岛西海岸新区，双星建成了全球轮胎行业第一个全流程“工业 4.0”智能化工厂。双星“工业 4.0”智能化工厂依托轮胎全寿命周期绿色管理体系，打破了传统轮胎企业的生产工艺和集中式的生产方式，集成全球最先进的信息通讯技术、数字控制技术和智能装备技术，将产品定制化、企业互联化、制造智能化融于一体，搭建了一个由用户（订单）指挥、数据驱动、软件运行的智能生态系统。

在双星的“工业 4.0”绿色智能化工厂内，很少能看到工人忙碌的身影，取而代之的是各式各样、各司其职的智能装备和工业机器人。一辆辆 AGV 智能小车在车间内有序地忙碌着，完成着各自的智能运输任务。在“工业 4.0”绿色智能工厂，共有 11 种总计 300 余台智能机器人分布在生产线上，工人只需要根据 APS 高级排产系统排出的用户订单生产计划，进行关键工序的确认和调整，智能机器人便可完成工作。劳动强度与过去相比降低了 60%，但劳动生产率却提高了 2 倍以上，产品不良率降低了 80%以上。这些智能装备 80%是双星自主研发和生产的。工厂中采用了双星独创的 MEP 智能信息匹配系统，实现物、人、设备、位置的信息智能匹配，解决了全球以液体或粉体为原料的制造企业无法全流程实现智能制造的难题；工厂采用的 APS 智能排产系统，被专家誉为“全球第二家将 APS 应用到实际生产中的轮胎企业，走在了世界前列，引领了世界轮胎智能制造的方向”。

在首个“工业 4.0”工厂旗开得胜后，双星在湖北十堰建成了全球轮胎行业第一个“工业 4.0”绿色芯片轮胎工厂。该工厂以数字化统领全局，采用国际先进的芯片技术实现轮胎“一胎一芯”防伪劣，实现了芯片轮胎的智能制造。目前，双星的所有工厂均升级为“工业 4.0”绿色芯片轮胎工厂，轮胎全寿命周期绿色管理体系全面落地。

2. 绿色工厂实现低碳化发展

在建成“工业 4.0”智能化工厂的同时，双星以打造轮胎全寿命周期绿色化管理体系为主旨，不断将“绿色制造”落实到每一个环节，在大数据基础上实现绿色制造优化，实施全流程、全工序绿色化改造，实现系统化、集成化绿色升级及关键技术的协同创新，引领行业绿色制造先进技术工艺的推广应用。

双星的“工业 4.0”智能化绿色工厂采用绿色节能新技术和装备，3 万平方米成型车间，共采用 4 台磁悬浮制冷机进行制冷。该磁悬浮制冷机组采用直流变频控制技术，能效比普通制冷机组高，并且启动电流低、免维护、温度控制更精确、综合能效更高。四台磁悬浮空调的年用电量为 600 万千瓦时，相比使用传统空调年用电 870 千瓦时，每年减少 270 万千瓦时，年可节约费用约 163.6 万元。

双星利用余热回收系统，将乏汽和凝结水等的热能充分回收，冬季用于车间采暖，夏季用于溴化锂吸收式制冷机制取冷冻水，多余的凝结水回到水泵房凝结水回收站回收降温，然后用于循环冷却水的补充水。该系统能回收热能消耗的 10%的热量，折合每条轮胎能回收 10 公斤以上的蒸汽量，每年可节约制冷和采暖蒸汽 15000 吨，节约 1442 吨标准煤。

双星采用氮气硫化工艺设计取代过热水硫化工艺，可缩短硫化周期 5%~20%，提高硫化机利用率；变“水—蒸汽—过热水”两次换热过程为“水—蒸汽”一次换热过程，减少换热损失，可降低能耗 50%。较老工厂过热水硫化每条胎可节约 30kg 蒸汽，年可节约 5192 吨标准煤。双星集团在国内率先实现智能氮气硫化全钢子午胎产业化生产，是轮胎硫化技术的重大创新。

双星积极响应国家绿色新能源政策，大规模应用光伏发电等清洁能源。双星的“工业 4.0”智能化绿色工厂厂房外顶有 20 万平方米的太阳能光伏面板覆盖，让普通生产车间变成“头顶会发电”的车间，年可发电 2000 万千瓦时（节约标煤 5500 吨）。

近年来，双星接连获得中国轮胎行业历史上第一个“全国先进生产力典范”等称号；双星打造的“汽车轮胎远程运维服务”获得工信部“两化融合管理体系评定证书”；“基于大规模个性化定制的轮胎全生命周期大数据应用方案”入选工信部“大数据优秀产品和应用解决方案案例”；“基于互联网的全流程‘轮云’平台”入选工信部制造业研发设计能力开放平台和“双创”平台+生产制造模式变革两项试点示范项目。

（四）发挥“链主”优势，推动绿色供应链发展

双星持续打造全球领先的轮胎全寿命周期绿色管理体系，在智能供应链管理中，建设轮胎大规模个性化生产与流通的供应链协同平台。通过个性化定制平台，实现了产品在线定制与研发；自主开发了多个信息化系统及智能生产设备，系统集成水平经过国家两化融合评定，智能化水平行业领先。在此基础上，不断完善产品标准化、质量追溯体系，拓展汽车后市场服务、产业公共信息服务，全方位推进供应链建设。

1. 赋能补链

作为山东省智能制造标杆企业，双星全面推动产业链智能制造发展，输出智能制造标准方案，赋能链内中小企业，补足产业链新旧动能转换过程的动力。双星为枣庄市某橡胶企业的轮胎硫化车间智能化改造提供系统方案，使其生产效率提高 35.59%，运营成本降低 28%；为临沂市某文具企业提供自动橡皮泥挤出机生产线，实现了橡皮泥生产的自动化，生产效率提高 25%，运营成本降低 28%，产品不良品率降低 15%；与山东某科技公司合作，开发玻璃纤维丝质检自动化项目，双星为玻纤制造行业实现全集成自动化解决方案及数字化制造提供了良好的平台和软件系统支持。

2. 合作强链

双星基于互联网，将大数据、人工智能充分应用到轮胎全寿命周期绿色管理体系中，在轮胎研发、生产制造及服务过程中，推动轮胎实业转型升级快速发展。实现互联网、大数据、人工智能和

轮胎实业的深度融合，解决了轮胎制造业生产效率低、生产过程物料管理能力差、质量难控制、制造技术与管理落后等行业发展共性难题，对提升轮胎制造业核心竞争力、带动轮胎制造业跨越发展具有重大意义。同时，双星积极与其他产业链横向合作发展，做大做强自身产业链。

与海尔卡奥斯、青岛科技大学达成战略合作，三方共建橡胶行业大规模定制工业互联网平台，通过工业互联网共享行业生态及资源，推出橡胶行业新产品、新模式、新业态，平台将加速生态圈的转型升级，促进上下游企业由传统地方生产向融入国际化平台的互联网企业转型，强化产业链发展。

双星与华为携手共建“胎联网”实现轮胎产业数字化，双方将围绕“胎联网”、数字企业、智能制造、智慧轮胎、安全出行等展开合作，发挥各自优势强强联合，打造数字轮胎产业生态，实现共赢，推动产业链的数字化发展。

作为高端化工领域的领军企业，双星全面推进轮胎全寿命周期绿色管理体系，充分发挥高端化工方面智能制造头雁引领和绿色生态主导优势，以自身高新化、数字化发展赋能链内企业，推动产业建圈强链，持续推动绿色供应链发展，构建具有国际竞争力的现代产业体系。2020 年，双星入选工信部“绿色供应链管理企业”；2021 年双星被国家商务部、工信部等八单位评为第一批“全国供应链创新与应用示范企业”；2022 年 4 月，双星被授予“青岛市高端化工产业链链主企业”；2022 年 6 月，双星入选高端化工领域“山东省‘十强’产业集群领军企业。

（五）模式创新，从“卖轮胎”到“卖服务”

随着经济的发展和全球化的趋势，交通运输行业已经成为国民经济中不可或缺的一部分，公路一直是货运市场的主要运输方式。当下，公路货运量总体已进入高位，货物运输行业整体规模扩大。伴随着该行业的高速发展，车辆管理成本高、信息化程度低及可控性差、安全事故高发等诸多痛点与挑战也逐渐显现。而新冠疫情更是加剧了物流业的供应链紊乱，货运市场受到了很大的影响。

针对传统运输业存在的痛点与挑战，双星与卡奥斯共建橡胶工业互联网平台，推进“卖公里数”模式切入，使“轮胎可以不用买，租着用”，极大地降低了车队的运营成本。同时，该平台搭建了以轮胎数字化、资产化、服务化和 5G 特征为中心的“胎联网”绿色生态系统，实现了轮胎全寿命周期绿色管理体系在汽车后市场端的广泛应用。利用“胎联网”和智慧轮胎，不仅可以在线采集胎温、胎压、行驶路线、路况、载重、磨损等数据，事先预防和发现问题，而且可以降低轮胎使用成本和油耗，实现绿色出行。更重要的是，通过掌握用户使用喜好和特点，可以不断实现产品的绿色升级迭代，为用户设计和定制个性化需求的产品。

双星是全球首家实现“胎联网”商业化应用的企业。目前，双星“胎联网”智慧云平台已应用在港口、网络货运、普货运输、快递快运、公交等各类物流运输行业当中。双星已与顺丰速运、日日顺、青岛港、浩宇集团、京东物流等物流公司、港口运输基地达成战略合作伙伴，解决轮胎使用市场上下游痛点，节省轮胎成本、降低油耗、降低爆胎率，提高运营效率。

双星“基于 5G 的车路协同胎联网‘智慧云’平台集成创新与融合应用”项目入选国家工信部“2020—2021 年度物联网关键技术与平台创新类、集成创新与融合应用类项目”名单，成为轮胎行业唯一入选的项目。

（六）布局绿色循环利用产业，助力“双碳”战略

双星主动承担生产者延伸责任，全面推进轮胎全寿命周期绿色管理体系，攻克了行业 17 项关

键共性技术难题，开发出国际先进水平的废旧轮胎裂解及高值化利用技术装备，获得科技部重大科技专项。不仅可以向社会提供炭黑、油、钢丝等产品资源，构建“资源—产品—废弃物—再生资源”的绿色低碳闭式循环产业链，而且可以减少对传统资源的消耗和二氧化碳排放，助力国家“双碳”战略实施。

1. 创新回收商业模式

双星率先搭建社会化、“以旧换新”、“互联网+”三大回收体系，与车企、车队、门店、维修商、拆解企业、回收企业等建立了端到端的回收合作模式，并通过“星回收”互联网平台打通了废旧轮胎回收“最后1公里”，实现了线上线下的高效融合，确保废旧轮胎资源应收尽收，减少废旧轮胎流向不正规处理渠道的可能。

2. 技术创新建立样板工厂

双星先后在河南汝南、湖北十堰、山东青岛建成三个废旧轮胎循环利用“工业4.0”智能化工厂，成为全球规模最大的废旧轮胎裂解企业。双星废旧轮胎循环利用智能化工厂按照“工业4.0”标准规划建设，采用现代化的物流生产布局，全流程使用双星自主研发的RCOS运程运维控制系统，实现智能分拣、智能破碎、智能输送、智能热解、智能仓储，能够把废旧橡胶裂解成初级油（精炼后可作为汽车燃油）、炭黑（可用于再生产）、钢丝（可再次冶炼使用）和可燃气（作为自身能源），真正将废旧轮胎“吃干榨净”，实现“零残留、零污染、零排放”，同时向社会提供炭黑、油、钢丝等产品资源，减少对传统资源能源的消耗和二氧化碳排放。

目前，双星的废旧轮胎循环利用技术和装备已迭代升级到第四代，先后入选国家工业资源综合利用先进适用工艺技术设备名单、国家绿色低碳先进成果目录、山东省高端技术装备新产品推广目录、山东省绿色低碳技术成果目录、山东精品装备名录、山东省首台（套）技术装备等，成为支撑行业快速、高质量发展的关键装备。双星河南废旧轮胎循环利用工厂先后被国家发改委纳入“中央预算内投资生态文明建设”专项，被国家工信部列入废旧轮胎综合利用行业规范名单。2022年11月，双星废旧轮胎循环利用青岛工厂和RCOS平台，被山东省工信厅选入“山东省制造业数字化转型重点项目和重点支撑平台”名单。

3. 创新循环利用绿色高性能产品

裂解炭黑是废旧轮胎裂解的关键产物，由于缺乏技术力量和研发手段，多数裂解企业将裂解炭黑作为粉煤使用，造成资源浪费。双星解决了裂解炭黑应用范围小、产品附加值低等行业普遍存在的痛点问题，独创炭黑深加工技术和改性技术，使热裂解炭黑的拉伸强度、定伸等性能指标提升了30%以上；独创的湿法造粒技术，满足了客户在环保方面的需求，通过了欧盟相关法规和认证，达到了欧盟环保标准。

目前，裂解炭黑已替代工业炭黑应用于轮胎、输送带、涂料、建材等十余个行业的生产中，给这些行业企业创造了价值。更重要的是实现了从轮胎中来到轮胎中去，形成“资源—产品—废弃物—再生资源”绿色低碳闭式循环产业链。

三、履责成效

近年来，双星集团始终坚持以改革创新为着力点，聚合发展力量、提升发展动力，以智慧转型为引领，不断改革与创新，全力推进轮胎全寿命周期绿色管理体系在研发、产品、制造、服务端的广泛应用，成为全球轮胎行业第一家由“研发 4.0”、“工业 4.0”、“服务 4.0”、胎联网、绿色循环应用构成的全寿命周期绿色化管理的企业，并在以下方面取得积极成效。

（一）高质量发展方面

面对瞬息万变的市场，双星为发展更高层次的开放型经济、做大国有企业，经过国际招标和竞争谈判等艰难过程，成功控股了曾名列全球轮胎行业前十的韩国锦湖轮胎，创造了全球轮胎行业的历史，也是全球轮胎行业近十年来最大的跨境并购项目之一，使双星一跃成为中国规模最大轮胎企业，提升了中国轮胎行业国际话语权。

控股以来，双星与锦湖战略协同、步步推进，在这场跨越体量、国度、文化差异的融合中，双星与锦湖在品牌、产品、市场及生产等层面频频携手，双方的全球化布局也都在协同合作中焕然一新，锦湖也重塑了新的内生动力。近年来，双星总资产由不到 45 亿元发展到近 400 亿元，销售收入由不到 50 亿元发展到近 225 亿元。2022 年，通过产品创新和全球化的销售渠道，锦湖轮胎实现收入增长 37%，是行业内收入增速最快的企业之一。经过产业转型和市场磨砺，双星与锦湖携手向成长为全球最受尊重的轮胎品牌这一目标大步前进。

（二）研发创新方面

双星不断加大研发投入，全面推进轮胎全寿命周期绿色管理体系建设，依托国际领先的轮胎实验室，建成了国家级博士后科研工作站，为行业培养和输出人才。同时，累计输出国家行业标准 124 项，累计获得专利授权 1937 项，其中发明专利 568 项，为社会和行业科研发展、技术创新贡献双星力量。

双星联合中国工业设计协会、青岛科技大学、烟台中德工业设计中心等单位，共同搭建橡胶工业设计开发服务平台。以橡胶工业设计领域公共服务为核心功能，以橡胶工业设计关键共性技术为研究重点，整合国内国外、线上线下设计资源，建设开放共享的研究开发平台、协同高效的成果转化平台、产学研联动的人才培养平台、支撑制造业创新发展的公共服务平台。

通过搭建服务于整个橡胶行业及上下游产业的工业设计创新发展公共服务平台，同时广泛吸引全球设计智慧，为行业企业提供设计研发、产品检测、人才培养、信息咨询、合作交流、成果转化等专业化服务。

（三）智能制造方面

双星建成了全球轮胎行业第一个全流程“工业 4.0”智能化工厂。在“工业 4.0”绿色智能工厂，共有 11 种总计 300 余台智能机器人，这些智能装备 80%是双星自主研发和生产的。通过技术创新和产业升级，双星培育了智能装备、工业机器人新产业，凭借在智能制造领域的优势，输入轮胎行业“工业 4.0”样板，为行业转型升级提供服务。

凭借在创新驱动、绿色发展、节能环保、高质量发展等方面的突出优势，双星继“绿色工厂”之后又陆续获评国家工信部“绿色供应链管理企业”“工业产品绿色设计示范企业”荣誉。在轮胎全寿命周期绿色管理体系的加持下，双星累计有 16 款产品通过了国家工信部绿色设计产品认定，牵头制定了《绿色设计产品评价技术规范 汽车轮胎》（T/CPCIF0011-2018、T/CRIA11001-2018），引领中国轮胎行业绿色制造。

因为创新和智慧转型，双星成为近年来唯一一家被国家工信部授予“品牌培育”“技术创新”“质量标杆”“智能制造”“绿色制造”“绿色工厂”“绿色产品”“绿色供应链”“服务转型”全产业链试点示范的企业，并被称为“中国轮胎智能制造的引领者”。

（四）助力“无废城市”建设方面

双星主动承担生产者延伸责任，全面推进轮胎全寿命周期绿色管理体系，布局数字化高质量废旧轮胎循环利用产业，从废旧轮胎绿色生态循环利用装备的研发制造、循环工厂的建设运营到循环利用产品的应用开发和销售进行全面布局，有效减少固废污染，为人类贡献绿色可持续发展的中国方案，助力“无废城市”建设。

双星已先后在河南汝南、湖北十堰、山东青岛建成三个废旧轮胎循环利用“工业4.0”智能化工厂，废旧轮胎处理规模已超过每年20万吨，成为全球最大的废旧轮胎裂解企业。同时，根据中国循环经济协会发布的《循环经济助力碳达峰研究报告（1.0版）》，对比生产环节，每热裂解利用1吨废旧轮胎可减少二氧化碳排放约1.1吨，20万吨规模工厂年可减少二氧化碳排放22万吨。

2021年，双星荣获“山东省社会责任企业”荣誉称号，2022年，双星荣获新华网“践行绿水青山就是金山银山影响力企业品牌”，并入选“绿水青山就是金山银山实践典型案例”名单，用榜样力量擦亮生态文明底色。

四、展望

习近平总书记提出，改革进入深水区和攻坚期，“仅仅依靠单个领域、单个层次的改革难以奏效，必须加强顶层设计、整体谋划，增强各项改革的关联性、系统性、协同性”。双星作为国有企业，紧紧围绕国家战略、城市战略，抓住国内国际双循环的重大契机，在制造领域积极探索、沉淀经验，通过加速智慧转型和新旧动能转换，全力推进轮胎全寿命周期绿色管理体系，不仅促进企业高质量发展，更为进一步助推实体经济振兴做出积极贡献。

在“双碳”战略背景下，推动工业的低碳减碳发展是实现“碳达峰、碳中和”目标的重要途径之一。毋庸置疑，围绕绿色低碳创新是推动产业转型升级的关键，未来轮胎企业也一定会面临碳核查、碳交易等新课题，轮胎企业将是承载并实现“双碳”目标的重要群体。面临“双碳”目标带来的机遇，双星的绿色低碳转型不再是锦上添花，而是生存的必要条件。作为轮胎行业前沿科技重要“产出地”，双星坚持“第一、开放、创新”的发展理念，踏准时代节拍创新技术，让企业发展的成色更“绿”，不断提升企业的竞争力，催生新的经济增长点，形成从资源到产品到废弃物再到资源的轮胎全寿命周期绿色管理体系，在实现自身高质量健康可持续发展的同时，助力制造业由“智能制造”向“绿色智造”转型，为轮胎产业破解发展新命题提供了一份可堪照用的“双星样本”。

公园城市诞生记——成都兴城打造“百千万亿”绿色工程

成都天府绿道建设投资集团有限公司

成都市环城生态区是建设山水人城和谐相融公园城市的标志性工程，也是碳达峰碳中和战略目标引领下，探索以和谐共生的生态环境保护、幸福美好十大工程建设、高效敏捷的城市治理为路径的ESG实践。启动建设以来，桥梁及建筑集群设计作品获得国内外知名奖项30余项，2021年、2022年被成都市委市政府评为“成都建设全面体现新发展理念的城市改革创新先进集体”，取得了“百、千、万、亿”的成绩。其中，“百”即生态修复133平方公里，建成各级绿道650公里、特色园19个、林盘院落61个，植入历史、艺术、音乐、体育等元素，累计游园人数超1.2亿人次，勾勒出“人、城、境、业”和谐统一的公园城市图景；“千”即将1092吨“碳惠天府”机制碳减排量挂牌上市，实现四川首笔生态保护类CDCER交易，创下全国首单碳权质押融资；“万”即率先开展全国首个中心城区土地综合整治项目，已整治面积及农业种植7万余亩，加快建设“十万亩粮油产业带”，打造新时代更高水平“天府粮仓”；“亿”即构建GEP（生态系统生产总值）核算模式，环城生态区GEP达149.4亿元，推动生态价值创造性转化。

一、成果背景

2018年2月，习近平总书记在成都视察天府新区时，首次提出“公园城市”全新理念，为新时代城市可持续发展指明了方向；2022年1月，国务院正式批复同意成都建设践行新发展理念的公园城市示范区，国家发改委、自然资源部、住建部联合下发的总体方案量身擘画成都发展蓝图。成都深入贯彻落实习近平生态文明思想，在“公园城市”理念引领下，按照总书记重要指示精神和国务院批复要求，提出2035年全面建成山水人城和谐相融的公园城市目标。成都兴城集团积极争当践行“绿水青山就是金山银山”重大理论的实践者和落实公园城市战略的执行者，专门组建天府绿道公司负责依托环城生态区建设公园城市先行示范区。

（一）生态文明建设的时代要求

2023年7月，习近平总书记在四川视察时强调，要以更高标准打好蓝天、碧水、净土保卫战，积极探索生态产品价值实现机制，完善生态保护补偿机制，提升生态环境治理现代化水平。这是总书记2018年以来第三次亲临四川考察，从“公园城市”全新理念，到“在新时代打造更高水平的天府粮仓”的殷切嘱托，再到“在筑牢长江黄河上游生态屏障上持续发力”的最新要求，体现了总书记对中华民族永续发展的高远谋划和对四川及成都的深切期望。四川省第十二次党代会强调，要扛起长江黄河上游生态保护政治责任，筑牢维护国家生态安全的战略屏障。成都作为“公园城市”首提地，坚定践行习近平生态文明思想，作出建设践行新发展理念的公园城市示范区部署，率先开启探索山水人城和谐相融新实践和超大特大城市转型发展新路径，在新的时代变革中，一场以新发展理念为“魂”、以公园城市为“形”的中国式现代化营城实践正深入开展。

（二）环城生态区建设的历史脉络

成都市环城生态区是指沿中心城区绕城高速公路两侧各500米范围及周边七大楔形地块内的生态用地（133.11平方公里）和建设用地（54.04平方公里）所构成的控制区；由2003年城市总体规划编修划定的198平方公里“限建区”演变而来，大致经历了建立中心区生态绿地隔离区的城乡一体化阶段，建设世界现代田园城市示范区的“198”生态及现代服务业综合功能区阶段，打造具备生态保护、水资源调蓄、休息运动、文化景观、城市应急避难和现代服务业功能的环城生态区立法保护及深化实施阶段，构建顺应新时代生态文明建设内涵、践行新发展理念的支撑公园城市建设阶段，体现了成都营城理念不断创新和生态文明实践持续深入。

（三）新理念引领下的创新实践

2017年9月，成都发布了天府绿道规划建设方案，规划建设以“一轴两山三环七带”为主体骨架的天府绿道体系，为支撑公园城市建设创造了先行条件；“一轴”即锦江生态绿道主轴，“两山”即龙泉山、龙门山，“三环”即三环路、绕城高速、第二绕城高速两侧生态绿道，“七带”即7条沿主要河道形成的主干绿道。环城生态区是天府绿道体系“三环”中的重要一环，通过规划建设“5421”体系，即500公里绿道、4级配套服务驿站、2万亩多样水体、10万亩粮油产业带，构建开放式、大尺度生态空间，承载生态保护、现代农业、休闲游览、体育运动、文化景观、应急避难“六大功能”，形成“农商文旅体”融合发展的“绿道经济圈”，增进公园城市民生福祉，激发公园城市经济活力，呈现“人、城、境、业”和谐统一的公园城市形态。

二、责任行动

环城生态区作为建设公园城市示范区的标志性生态工程，建设过程中始终坚持以人民为中心，聚焦实现“碳达峰碳中和”目标，系统实施土地综合整治与生态修复，履行绿色发展社会责任，让良好的生态环境成为最普惠的民生福祉。建立健全中国特色社会主义现代企业制度，完善公司治理体系，以完善而行之有效的内控制度和规范的管理流程实现企业高效治理。

（一）保护与修复生态环境，涵养绿道蓝网的自然之美

坚持“一张蓝图”绘到底，在全国率先以地方立法形式保护城市生态隔离区，防止城市无序扩张；实行山水林田湖草一体化保护和系统治理，打造良好的生态环境，增强城市韧性，厚植生态宜居优势，彰显公园城市的自然之美。

1. 优化国土空间布局，打造超大城市“生态绿廊”

（1）规划引领。2004年成都在编制《成都市土地利用总体规划》和《成都市城市总体规划》时，将绕城高速两侧500米范围及北湖、青龙、安靖等七大楔形地块作为中心城区生态隔离区，形

成环城生态区雏形；2018 年起，修编了环城生态区总体规划及相关专项规划，理顺农业生产和生态修复关系，明确通过土地综合整治与生态修复，农田整治区规模恢复到 10.1 万亩，生态修复区规模增加至 9.87 万亩，整体保护生态空间 133.11 平方公里。

（2）立法保护。2012 年 11 月，四川省第十一届人民代表大会常务委员会第三十四次会议批准了《成都市环城生态区保护条例》，2013 年 1 月 1 日颁布实施，是全国首部保护城市近郊生态隔离区的地方性法规，以立法形式保证环城生态区生态用地规模不减少、建设用地规模不增加，有效防止城市“摊大饼”式粘连发展。

（3）空间互动。环城生态区建设过程中始终坚持“尊重自然、保护自然、修复生态”理念，通过生态空间优化，提升城市空气净化、水体治理、生态保障等功能。例如，依托环城生态区七大楔形地块，按照通风廊道建设要求，从植物种植、水体保护等方面科学建设城市生态绿廊，绿植、水体等不同空间互动形成城市冷源；根据 GEP 监测数据，环城生态区地表温度较周边 2 公里区域平均降温 2.7℃，缓解中心城区热岛效应。

2. 系统治理生态环境，厚植公园城市“宜居优势”

（1）全域性实施增绿筑景，增强城市绿化的碳汇能力。尽量保留生态修复区内的成片乔木林、竹林，通过“补植补造”提高原生林地郁闭度；保护农田整治区古树名木，保留胸径 20 厘米以上的树木和临近居民区的树木，保护性移植树形好、规格适宜且具有景观价值的树木，构建生态良好、景观宜人的绿色空间。根据 GEP 最新监测成果，生态系统碳储量均值约为 117.25tC/hm^2，夏季因植物蒸腾蒸散吸热折算的电量约为 123.41 亿千瓦时，有效降温、减少能耗排放。

（2）综合性开展水体治理，构建平衡自净的水网格局。统筹考虑农田灌溉、生态保护、景观用水需求，保护河道、湖泊、湿地等原有水体，采取生态措施修复和完善灌排渠系、自然坑塘，实现蓄水及灌溉；对湖泊湿地水体进行专业化水生态治理，使水体达到自平衡状态，发挥良好自净能力。例如，锦城湖公园占地面积 158.7 万平方米，被剑南大道和外环路十字分割为四个湖区，总水面 54.07 万平方米。治理前，锦城湖各湖水质均未达标，叶绿素在 60~70ug/L 之间，其中 2 号湖的叶绿素甚至达到了 200 以上，水体基本处于高度富营养化状态，水体极易爆发蓝藻危害，影响湖区景观以及游客体验；通过构建完善的清水型水生态系统方式，提升水体自净能力，改善湖区水质，治理完成后锦城湖沉水植物覆盖度达 95%，透明度可达 4.5m，水质基本处于地表水Ⅲ类。

图 23-1　锦城湖

（3）整体保护生物多样性，构筑和谐共生的自然生境。坚持“山水林田湖草沙是一个生命共同体”理念，利用湖泊、浅滩、水田湿地、草地、林地等自然生境，综合生态平衡与景观提升，打造多样生物共生空间。例如，青龙湖湿地公园建设过程中，遵循“不动林、不架桥、不进岛、不增建筑”原则，依托水域宽阔、视野开敞、水湾蜿蜒、水塘错落的生态优势，自然涵养形成天然鸟岛，库区野生鸟类超过 220 种，约占全市鸟类的 50%以上，其中国家一级保护鸟类 3 种（全球仅 500 只的青头潜鸭在青龙湖发现 3 只），二级保护鸟类 17 种，稀有、易危、濒危鸟类 30 种，在繁华的都市中形成了野生鸟类栖息地，成为人与自然和谐共存的生态典范。

图 23-2 青龙湖湿地公园天然鸟岛

3. 推动海绵城市建设，探索城市韧性“善治之道”

（1）打造周边城市易淹区的海绵体。基于 DEM 高程数据，环城生态区内识别低于周边城市易淹区的区域 6 处，将该 6 处区域作为周边城市的海绵体，通过原有渠系修缮、新建连通渠系等措施打通周边城市易淹区和海绵体的联系通道，有效缓解城市易淹区。例如，位于环城生态区西南角的悦动彩林，毗邻江安河，岸线极易受到江安河影响；通过“植物缓冲带+植草沟+下凹式绿地砾石路面+下沉式复合场地”设计形成海绵体，暴雨期可临时淹没，储存雨水，暴雨后 2~3 小时恢复基础功能，确保园区行洪安全。

（2）修复自然存集的海绵体。保护生态修复区、农田整治区具有雨洪调蓄作用的自然坑塘 100 余处，对区域湖泊、湿地等水体进行修复，保证城市水面率不减少；保护现状塘边草，增设水草、林灌稳固水源，种植挺水、沉水植物等净水植物，提升自然坑塘净水及雨水调蓄功能。例如，农田整治区的自然水塘作为小海绵体，降雨产生的径流通过田间排水沟汇集水塘，储存雨水；超过水塘蓄水能力后，关闭水塘入口闸门，多余径流通过沟渠排入河道，起到蓄积农田高浓度氮磷初期径流作用，减少水体污染，发挥调蓄和灌溉功能。

（3）采用透水材质形成的海绵体。采用毛石、砾石等透水铺装材质，增强园区下垫面吸水、蓄水、渗水、净水能力，发挥雨水迁移和转化作用，将储存的水“释放”并加以利用。例如，桂溪生态公园地形以浅丘凹地为主，湖区面积约 97 亩，依托自然地势条件重塑水系格局，对既有排洪渠、湖塘进行生态化、景观化、功能化处理，强化滞洪、蓄洪能力；园区设置 5%至 15%的下凹式绿地，路面铺装 70%应用透水材料，设置下渗浅沟、雨水收集池等湿地系统，滞留雨水地表径流，增强下渗和过滤功能，全园径流总量控制率达到 81.5%，地下雨水收集池占地 860 平方米，收集雨水总量 3000 立方米，雨水进入再循环利用系统，成为海绵城市的绿地示范园区。

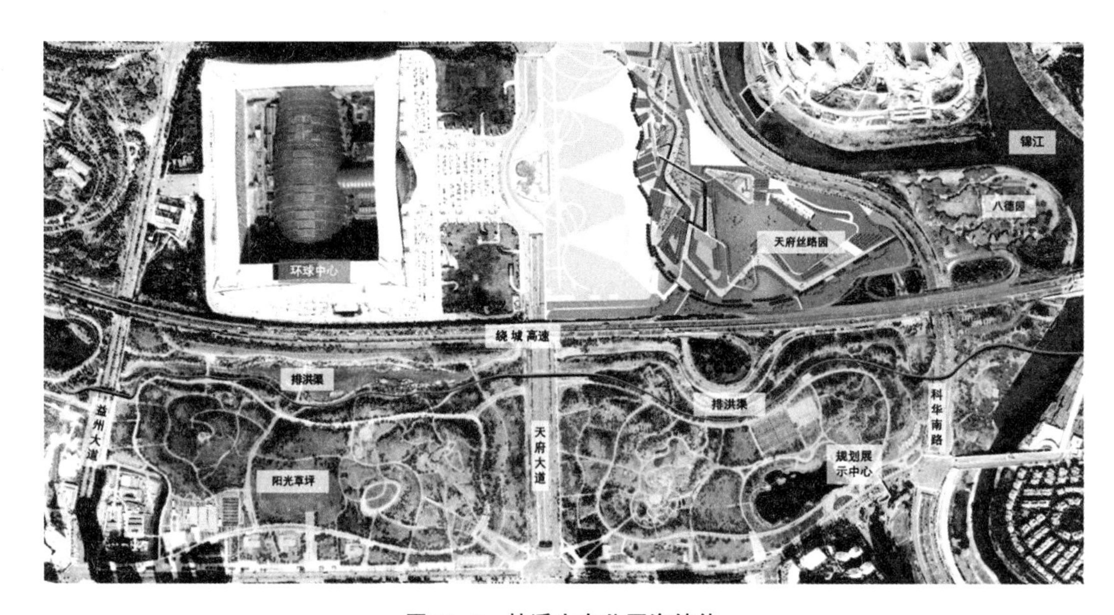

图 23-3　桂溪生态公园海绵体

（二）坚信并践行绿色理念，担当城市治理的社会之责

国有企业是壮大国家综合实力、保障人民共同利益的重要力量。天府绿道公司作为市属国有企业，在承担环城生态区建设、运营主责的同时，肩负着耕地保护与粮食安全的政治责任和绿色发展与公共服务的社会责任，积极参与并服务成都幸福美好十大工程建设。

1. 担当耕地保护责任，打造体现更高水平的“天府粮仓”

（1）实施田网工程建设，重塑农田肌理。以农业基本建设与生态环境保护并重的农业生态修复工程为引领，开展清表清杂、土地平整、土壤改良等综合治理，逐步恢复并提升农田耕种能力。采用机械筛分技术对填埋的生活垃圾进行筛分，将筛分出的好土进行回填利用，降低农田建设成本；按格田化梳理田型，转化零散林地、合并破碎田块，遵循“挖高填低、大弯就势、小弯取直、分段求平”原则，田块规整度达到 90%以上；清理出的砾石、建渣等用于田埂、边坡、堡坎筑砌，土方内部平衡，做到就近利用、保护生态；实施“一地一策”地力提升，通过施撒食用菌菌渣、蚯蚓肥等有机肥，农业示范区土壤有机质含量合格率达到 100%，土壤 pH 值控制在 5.5~7.5。例如，农田整治区调整前地块数量 14872 个，平均地块面积仅 3.75 亩；调整后地块优化至 2603 个，单个地块面积大于 30 亩的占总面积 84%，提升农田集中连片度。

图 23-4　机械筛分原生活垃圾填埋区

图 23-5　筛分出的垃圾

图 23-6　筛分出的土壤

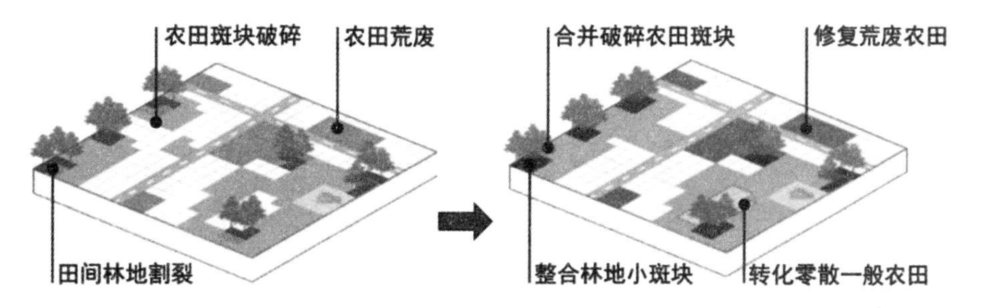

图 23-7　提高农田平均斑块面积示意图

（2）实施渠网工程建设，完善灌排系统。结合水田、水浇地布局，平衡分析计算水稻、玉米、大豆、小麦等不同农作物灌溉用水标准及水量，合理配套田间排水沟渠、灌溉管道，已建成灌排渠道 58 公里、节水灌溉管道 286 公里；推广喷灌、滴灌技术，构建高效灌溉系统。保护利用自然坑塘 100 余处，保障周边农田临时灌溉用水；利用都江堰精华灌区水资源，争取环城生态区农业灌溉配水 3146.2 万立方米/年，为农业灌溉提供充沛水源；规划建设江安河、清水河、北府河、东风渠、南府河 5 个灌片，打造布局合理、水源畅通、集约高效的农业水利设施网。

（3）科学实施农业种植，筑牢粮食安全基石。与中国农科院都市所、四川省农业科学院、四川农业大学等科研院所深度合作，探索建立“3 个 3（明确农业主管部门、科研院所和涉农企业三类主体，每个示范段至少派遣三名专家进行技术指导，各示范段专家学科组成必须包含土壤学、作物栽培学、植物保护等三类学科）”专家模式，开展环城生态区耕地质量提升及农业种植技术指导和过程监管，探索开展“稻油”“稻麦”“玉豆”等多熟复合种植模式，提高土地利用率和粮油作物产量。创新探索农业景观化、景观生态化、生态效益化发展路径，综合考虑地形地貌、土壤肥力、水文条件、季节交替等因素，规划建设凤求凰、亲子牧场等七大农业示范区，广泛种植向日葵、彩色水稻等蜜源作物，打造生态良好、疏密有致的农业景观。例如，2023 年大春种植面积 6 万余亩，其中玉豆复合种植面积 3500 余亩，向日葵、彩色水稻等农作物种植面积超过 10000 亩，在提高粮食产量的同时呈现良好的景观效果。

图 23-8　环城生态区生态农业景观图

2. 担当降碳减排责任，打造倡导低碳生活的“绿道体系”

（1）构建多级绿道体系，形成全新慢行交通枢纽。依托原有乡村道路、机耕道、田埂，梳理构建 500 公里生态绿道；其中，规划建设一环九射主干绿道 200 公里，300 公里支线绿道对主干绿道进行补充，串联 12 个中心城区，辐射 1300 万人，逐步形成无障碍的慢行和骑行系统。例如，规划 4~6 米宽的主干绿道和 3.5 米宽的支线绿道，在串联生态景观资源的同时，连通“回家的路”“上班的路”，打通生态圈、生产圈、生活圈，为市民骑行、步行创造便捷而舒适的环境，让市民的脚步慢下来、停下来，绿道骑行、闲庭信步、休憩健身等健康生活方式有利于提升市民健康水平。

（2）连通城市交通网络，丰富城市低碳出行方式。环城生态区各级绿道通过外部交通接驳站与地铁、公交无缝衔接，通过快到慢行方式满足市民绿色出行需求，引导绿色低碳生活。全环规划建设一级绿道与市政道路平交出入口 67 个；改造绕城高速服务区 2 个；提升轨道交通站点出入口周边景观 6 个；周边建设用地区域按规划建设停车位约 80000 个，为市民低碳出行创造条件，助力“双碳”先锋城市建设。例如，环城生态区江家艺苑、桂溪生态公园等园区配置充电桩 174 根，为新能源汽车提供便捷的“加油站”，创造绿色出行良好条件。

（3）建设绿道跨线桥梁，保障全分离独立路权。为保障环城生态区绕城绿道的整体性、连贯性，项目规划建设桥涵 78 座，让 100 公里绕城绿道衔接被道路、铁路、河流等隔开的特色园、林盘院落、农田，形成整体连贯、全环闭合的生态“翡翠项链”。全环 78 座桥涵中，横跨河流桥涵 31 座、横跨道路桥涵 37 座、横跨园区桥梁 10 座，每座桥梁设计充分融合技术性与艺术性，呈现“一桥一景”的独特景观，同时保障融合慢行交通、休憩观景、交流体验等多种公共功能的全分离独立路权。例如，作为绕城绿道节点性工程的跨成昆铁路桥全长 1295 米，同时跨越成昆铁路线、元华车辆段和绕城高速；采用单塔斜拉桥设计，285 米主桥梁转体 103.5°与引桥精准对接，保障绕城绿道全线贯通，是国内最大胯宽比转体施工的桥梁。

图 23-9　绿道跨成昆铁路桥转体成功

3. 担当社会发展责任，打造服务社会民生的“公益品牌”

（1）致力公益事业，塑造公益品牌。依托环城生态区建设中心城区可进入、可参与的开放式生态空间，植入锦绣水韵种子科普馆、蜀道通衢起风的院子等公益性场馆，开展农业科普、生态保护等活动，推动社会经济发展，是全国超大城市近郊最大的民生工程。例如，锦绣水韵的种子科普馆面积 2123 平方米，以“种子”为线索、以春耕夏耘秋收冬藏为主题，展示种子概念、形状、用途、加工储藏以及与人类关系等科普内容，打造融合“科普体验”“立体农业”“综合服务”等多种功能的综合农业科普馆。又如，环城生态区预计 2023 年可解决周边就业岗位 2800 余个，临时劳务工 4.5 万人次；疫情期间通过减租免租、无偿提供活动场地等形式为环城生态区 47 家中小微企业及个体工商户减免租金，切实履行社会责任。再如，创建了立足公益、服务社区、宣传环保的“天府绿道·365 公益坊”品牌，实施 365 天全方位公益志愿服务、绿道特色活动；创建“清风绿道”廉洁文化品牌，通过强化“四廉”① 文化教育、开展“四进”② 文化活动、抓好“五个一”③ 工作，增强廉洁意识，营造风清气正环境，更好履行社会责任。

（2）打造便民驿站，服务市民游客。打造具备志愿服务、休憩急救等功能的绿友家游客服务中心、主题驿站、智慧驿站等各类站点 100 余个，为市民游客提供特色便民服务。例如，桂溪生态公

---

① 政治引廉、党建促廉、文化润廉、制度立廉。
② 廉洁文化进企业、廉洁文化进项目、廉洁文化进家庭、廉洁文化进网络。
③ 打造一个廉洁基地、讲好一次廉洁党课、开展一次警示教育、组织一次社会活动、举办一场廉洁竞赛。

园设置志愿服务驿站 2 个，设置品牌内涵墙、特色活动墙等文化展示区，向市民游客全面展示成都公园城市建设成果，提供休憩阅读、园区导览、医疗急救等便捷服务。再如，江家艺苑志愿服务驿站结合园区 K12 教育主题，设置亲子阅读角，定期与江家堰等社区联合开展亲子教育、亲子阅读、社区“沙龙”、“茶话会”等主题活动，促进园区社区治理协同。

（3）组建先锋队伍，履行社会责任。将党员作为深入项目一线的“主力军”，按照“一项目一先锋队”思路创建覆盖环城生态区建设项目的党员先锋队，在带动项目建设攻坚的同时，为参建工人、周边群众提供志愿服务，发挥党员面向基层、服务社区、致力公益的先锋模范作用。搭建“党建活动室”“农民工夜校”等学习阵地，为参建单位、周边社区等群体提供良好的学习交流环境；组建绕城骑行、市民观察员等志愿服务队伍 6 支，招募党员志愿者 100 余人、社会志愿者 300 余人，组织开展文明骑行、防疫支援等志愿服务活动上百次，累积服务时长超过 1 万小时，有效传播“友善公益”天府文化的同时，切实为民办实事解难题。例如，2022 年组建 105 人规模的抗疫志愿者服务队，配合高新区桂溪街道开展抗疫工作，组织开展各类志愿服务活动 40 余场，服务市民群众 5000 余人次。

图 23-10　环城生态区志愿服务活动

（三）建立和完善内控体系，追求更有质量的治理之效

聚焦中国特色现代企业制度建设，更加注重培育并强化企业风险意识、合规意识，以标准化、流程化引领质量管理体系建设，推动全面质量管理。明确总支委会、总经理办公会、董事会议事范围和规则，建立权责清晰、程序规范、运行高效的公司法人治理体系。围绕企业战略目标、社会责任和治理理念，形成并倡导更有价值、更有内涵、更有温度的企业文化，从制度、管理和文化层面提高公司治理水平。

1.“分步递进”构建质量管理体系

（1）前期阶段，组织构架法。成立以董事长为组长的质量体系建设领导小组，形成统一目标、统一行动、分工协作、有序推进的工作局面。拟定了“打造精品工程，强化绿道品牌力”等为愿景的质量建设规划，制定了“投资计划完成率 100%”等为目标的质量目标，搭建了“目的、范围、规范性引用文件、术语、权责、流程”七大部分为标准内容的 QMS 框架结构，明确了质量控制方向。建立以“质量手册+流程文件（制度）”为主要结构的质量管理体系文件层次，编写 ISO 质量管理体系文件汇编，为公司按照 ISO9001 标准要求建立和实施质量管理体系提供指导和依据。

（2）中期阶段，内部评审法。分部门开展内部操作培训，让各部门员工懂制度、会操作、善执行；对选派的内审员进行资格培训，取得内审员资格证（咨询单位颁发），督促各部门按质量管理文件运行，记录制度执行情况；组织开展质量管理体系文件评审会，由文件编制部门与业务部门进行沟通，评价整个 QMS 体系试运行的综合效果，是否达到预期目标，修订完善文件内容，及时纠偏，文件数量从 2017 年的 102 项增加至 2023 年的 187 项。

（3）后期阶段，评审认证法。由第三方认证机构按照质量体系认证准则和规范，依据法律法规、ISO9001 标准对公司质量管理体系文件试运行阶段各类证据进行抽样取证，评审是否具备认证注册资格，对不符合要求事项的提出整改意见。公司按照认证机构评审结果及整改意见对内控制度进行完善、对操作流程进行规范，整改到位并运行成熟后由第三方专业机构代为申报认证，成功获得 CQC 权威认证。

2.“依法合规”完善法人治理结构

（1）制度建设“检验完善”法。公司成立初期，根据《中华人民共和国公司法》等法律法规，结合成都市属国有企业法人治理结构建设相关要求建立公司法人治理基本框架，保障公司董事会、总经理办公会正常运转。结合国家相关法律修正、国有企业改革工作部署、集团制度修订和公司实践检验情况，定期新增、修订法人治理制度，经过多次编修，目前已建立《董事会议事规则》《总经理办公会议事规则》《董事会、总经理办公会议事范围清单（试行）》等法人治理制度 10 余项，支委会、总经理办公会、董事会各司其职、协调运转、有效制衡，国有企业法人治理结构更加健全。

（2）流程规范“三严三保”法。一法：严格执行议题审批程序，确保议题提交及时性。议题发起部门严格执行董事会议题审批制度，按程序完成上会议案签审后提前 2~3 天送达董事及相关参会人员，确保议题准备的充分性和提交的及时性。二法：严格执行议事决策流程，确保会议决策高效性。战略规划、投资发展、资产处置等“三重一大”事项按程序依次提交“三会”审议，建立董事会议程、董事发言次序、表决方式等流程标准，提升决策效率，确保会而有议、议而有决、决而有行、行而有果。三法：严格执行会议监督规则，确保决策权力制衡性。按程序通知监事列席会议，维护监事行使独立监督权利；邀请纪检监察审计、法律顾问列席董事会，为董事会提供专业的审计、法律咨询，确保决策科学、严谨、高效。

（3）会后管理“六步标准”法。“一记”，即如实、完整记录董事会召开时间地点、出席人数、会议议程、发言要点、表决方式、表决结果等信息，并完成董事、监事、律师在原始会议记录上签字确认；“二签”，即根据会议议定事项起草决议，按程序完成董事会决议签审和印发；“三追”，即将董事会决策事项纳入计划督办，细化任务单、落实责任人、明确时间表，通过持续性跟踪检查、专项性跟踪检查追踪、分析、评估决议执行情况；“四核”，即核对整理议题签审单、会议记录、会议决议等档案材料，建立董事会材料清单，定期勾挑核对；“五存”，即按照档案管理要求，分批次、按年限对董事会资料进行入库保存；“六复”，即每季度一复盘、每半年一归档，重点复查总经理办公会、董事会资料归档的及时性、完整性、规范性等。

3.“精诚至善”加强企业文化建设

（1）注重企业文化建设，凝聚发展共识。弘扬“精心善谋、精耕善做、精诚善同、精业善成”的企业文化，创办宣传栏、橱窗、文化走廊、微电影等企业文化载体，开展“万物生长·保卫天府粮仓”“文明骑行·你我同行”等团建活动，将企业核心价值、发展愿景、工作作风通过各类活动生动融入公司治理全过程，提升企业凝聚力和向心力，引导员工树立开拓创新、艰苦创业的奋斗精神，锻造员工精益求精、追求完美的工作作风，以敢于创新、勇于担当、强于执行、善于总结的团队推动企业高质量发展。例如 2023 年上半年，公司组织开展各类企业文化活动 20 余场，600 余人次参与，进一步增强员工企业文化认同感。

（2）实行团队作战模式，培养综合能力。以战略目标集聚团队力量，科学设置公司管理机构，既体现分工的专业性，又突出团队的整体性，实现小分工、大合作的最大价值。注重机会平等与梯队培养，最大限度发挥个人特长，形成你追我赶的干事氛围，既锻炼员工综合协作能力，又培养后备干部的统筹组织能力，实现“基础班”向“特战连”飞跃、“单兵素质”向“多面能手”整体提升，为公司集团化、规模化发展培养储备综合性人才。例如，公司员工平均年龄 35 岁，其中 35 岁以下青年员工占比达到 54.2%；本科以上学历占比达到 77%，其中硕士研究生以上学历占比达到 23%，是一支朝气蓬勃、富有创意的高素质干事创业团队。

（3）弘扬拼搏进取精神，强化执行能力。建立“轮岗锻炼+业务交流+专题讨论”的穿插式、互动式、梯队式学习模式，形成积极向上、比学赶超的浓厚氛围，实现员工成长与企业发展同频共振。党总支书记带支部书记、支部书记带党员、党员带员工，通过学习党的奋斗历史、革命先烈和新时代优秀共产党员光荣事迹，引导员工牢固树立马克思主义、共产主义理想信念，培养员工勇于担当、敢于吃苦、甘于奉献的优秀品质。组织开展“共建公园城市示范区·助力天府粮仓建设”等主题党日活动，服务市民群众 1200 余人次，带动形成全民参与、文明和谐良好社会风尚。

三、主要成效

在贯彻新发展理念、践行“两山”理论、探索 ESG 路径过程中，时代使命激发了绿道团队的开拓精神、拼搏精神；面对没有先例可循、案例可考的情况，天府绿道公司依托环城生态建设、运营，探索了一条以“公园城市”为目标的营城之路，取得了良好的生态效益和社会效益。

（一）绕城绿道成为最普惠的民生福祉

目前已建成连通“河湖网”、串联“公园链”的各级生态绿道 650 公里，其中 100 公里绕城绿道成为融合通行、骑行、休闲、健身、观光等多重功能于一体的公共生活新空间；熊猫基地等 19 个特色园区、61 个具有川西文化特色的林盘院落和田景相融的 10 万亩现代都市农业星罗棋布、错落有致，100 个公园形态与社区肌理有机融合的未来公园社区正在形成高品质生活场景和新经济消费场景，绿道、公园、农田、林盘等物态与历史、艺术、音乐、民宿等文化元素交融，共同勾勒出“人、城、境、业”和谐统一的城市发展高级形态。全环贯通以来，环城生态区获得中央电视台、新华社、人民日报等央级媒体广泛报道，连续 2 次代表成都公园城市亮相达沃斯论坛，多次成为公园城市高峰论坛的焦点。“绕城绿道”在抖音、小红书等自媒体领域“爆红出圈”，“天府绿道”品牌曝光量超过 10 亿+，公司在 2021 年、2022 年被成都市委评为成都建设全面体现新发展理念的城市改革创新先进集体。全环贯通以来累计入园人数超过 1.2 亿人次；其中，2022 年全环累计骑行里程数超 6300 万公里，减少碳排放量约 3000 吨。

（二）设计成果成为同领域的行业标杆

绿道桥梁设计作品先后获得国内外行业权威奖项 8 个；其中，跨科华南路及锦江的“桐锦南桥”以跨度114米的“单索面斜拉”特殊结构形式融合秀美的竹艺术造型，荣获2021年度世界人行桥铜奖。主导编制的《四川省绿道桥梁技术标准》成为四川省首部以绿道桥梁为研究对象的技术规范，对未来绿道桥梁设计、施工、验收等多项关键环节起到规范指导作用。建筑集群及园区设计荣获国内外行业知名奖项31项；其中“成都大熊猫繁育研究基地熊猫新舍”荣获“2021年度美国建筑师协会纽约分会年度设计大奖”等国际权威奖项10项，“熊猫塔”接连荣膺“2021年度WAFC世界建筑节大众评审奖”等国际权威奖项6项。

（三）生态价值成为碳交易的示范样板

创造性地将环城生态区8个点位1092吨“碳惠天府”机制碳减排量（简称CDCER）在四川联合环境交易所上市挂牌，成功完成四川省首笔生态保护类CDCER交易，成交价格43元/吨。探索以ESG为导向的投资经营模式，积极拓展“双碳”经济、绿色金融发展新领域，以所持有的成都市“碳惠天府”机制碳减排量为资产进行质押，成功取得1000万元流贷授信，创下全国首单碳权质押贷款，取得了公园城市先行示范区建设新突破，在推动生态价值转化、实现“双碳”目标方面起到了首单效应、示范效应。根据我公司与中国科学院、水利部山地灾害与环境研究所共同研究形成的《成都市环城生态区生态系统生产总值（GEP）评估报告（2022年）》，环城生态区生态系统生产总值（GEP）149.4亿元，单位面积GEP为7983.1万元/平方公里。

（四）ESG治理成为全过程的管理理念

积极探索ESG实践路径，逐步将ESG理念贯穿公司治理全过程，公司董事会“外大于内”组织结构有效制衡，外部董事占比达到57%；公司高级管理中女性占比50%，中层管理女性占比38.9%。参照《财富》中国ESG指标搭建符合ESG核心理念和公司具体实际的指标体系，将ESG指标纳入公司信息公开内容及范围；成功依托投资建设和运营管理的环城生态区，助推成都兴城集团登榜“2022年《财富》首次中国ESG影响力榜”第31位。按照GB/T19001-2016《质量管理体系要求》和公司具体实际，分阶段推进质量管理体系建设，2019年、2022年取得中国质量认证中心（CQC）颁发的ISO9001质量管理体系认证证书，不断健全“权责清晰、流程规范、运行高效”的内控体系。

四、未来展望

在“双碳”目标的引领下，国内越来越多的企业关注并积极探索ESG管理，天府绿道公司作为习近平生态文明思想的坚定维护者和忠实践行者，肩负着建设公园城市的历史使命，未来将致力于生态环境保护、人居环境改善和社会福利事业，将ESG运用到项目建设、经营管理、公司治理全过程。

（一）建立科学合理的ESG评价体系

综合国内外ESG评价机构资质、实力和品牌企业指标设置与运行等情况，进一步建立健全符合ESG核心理念和公司具体实际的指标体系，将ESG运用于公司管理全环节。结合国有企业重大信息披露规定，对标国际社会责任投资原则，建立公司ESG信息披露规范，明确披露原则、内容、标准等，定期发布基于 ESG 的环境保护、社会责任、公司治理的指标信息，形成规范、科学、适用的 ESG 评价体系。

（二）探索专业可靠的 ESG 投资模式

坚持做 ESG 投资的践行者，在未来公园社区建设、文旅产业开发等投资上，将 ESG 指标作为对外投资的重点关注指标，围绕 ESG 理念收集投资对象的社会责任信息，综合评估 ESG 管理水平及风险等级，将 ESG 评价情况纳入投资立项建议书、可行性研究报告等，实施可持续投资；通过 ESG 投资带动投资对象认识、研究、运用 ESG 理念，逐步形成统一的指标体系、评价标准、信息披露规范，并纳入政府监管内容。

（三）不断创造可持续的生态产品

统筹山水林田湖草系统治理，保护区域生态本底，坚持差异化、特色化设计，有序推进环城生态区景观提升，修复周边生态环境，持续供给良好的生态产品。以实现“碳达峰碳中和”为目标，构建生态价值监测、评估标准，探索推出“环城生态区碳票”产品，引导排放企业购买，逐步形成生态价值可量化、可评估、可交易的碳交易市场。研究制定公园城市绿色融资政策，推动生态资产证券化，搭建生态文明建设金融体系，为项目可持续发展提供资金支撑。

城市是市民的栖居之所、百姓的身心所寄。成都市环城生态区作为建设山水人城和谐相融公园城市的标志性工程，承载了创造宜居美好生活、增进公园城市民生福祉、激发公园城市经济活力、增强公园城市治理效能的时代使命，是推动生态文明建设、经济社会发展与 ESG 理念有机结合的创新实践。未来，随着 ESG 理念的持续深入，成都兴城集团将始终坚持以人民为中心的发展思想，将 ESG 核心理念与生态文明实践融会贯通，在推动经济社会高质量发展和社会治理转型的征程中展现兴城担当、作出兴城贡献。

与环境共生——河钢集团“六位一体”引领钢铁行业可持续发展

河钢集团有限公司

河钢集团坚持以习近平新时代中国特色社会主义思想为指引，深入贯彻落实习近平生态文明思想和“一带一路”倡议，高度重视提升ESG（环境、社会、公司治理）绩效。

尊重自然、顺应自然、保护自然，是全面建设社会主义现代化国家的内在要求。河钢集团作为全球最大的钢铁材料制造和综合服务商之一，深入践行习近平生态文明思想，始终秉持“人、钢铁、环境和谐共生”理念，锚定“碳达峰、碳中和”目标，构建绿色制造、绿色产业、绿色产品、绿色采购、绿色物流和绿色矿山“六位一体”的绿色发展总体布局，持续引领钢铁行业绿色发展、可持续发展、高质量发展。

共建“一带一路”是建设通向共同繁荣的机遇之路。河钢集团始终坚持以服务国家战略为导向，持续为沿线国家和地区提供更高质量的“河钢制造”；始终坚持“用人本地化、利益本地化、文化本地化”，以本地化采购、提供就业岗位等途径，开展海外企业履责实践，与当地社会共享发展成果，树立了负责任的中国海外企业形象。

智能化是钢铁工业未来发展的主要方向、大势所趋。在推动钢铁行业智能化发展进程中，河钢把握智能产业新趋势，聚力智能时代新发展，积极创造和拥抱新模式、新业态，实践着“钢铁向材料”“制造向服务”的产业蝶变。

一、案例背景

“双碳”目标是党中央、国务院统筹国际国内两个大局作出的重大战略决策，为中国钢铁行业发展提供了根本遵循，钢铁行业也将面临着从碳排放强度“相对约束”到碳排放总量“绝对约束”的新形势。作为全球最大的钢铁材料制造和综合服务商之一，河钢深刻认识自身在践行“双碳”目标中所担当的责任和所处的历史地位。河钢坚定不移走生态优先、绿色低碳的高质量发展之路，主动作为，始终保持领先优势，为钢铁行业绿色、低碳、可持续发展树立典范。

习近平总书记在党的二十大报告中强调“推进高水平对外开放”，为新时代新征程上进一步促进开放发展提供了根本遵循。近年来，河钢积极响应国家倡议，在“一带一路”共建国家，实施河钢塞钢、河钢南非矿业、河钢德高三大战略性支撑项目，成为国际化程度最高的中国钢铁企业和中国钢铁行业海外发展的领军者，让国际化发展这张闪亮名片含金量更足，在建设更高层次开放型经济中展现新担当新作为。

党的二十大报告指出，要“建设现代化产业体系”，“推动制造业高端化、智能化、绿色化发展”。随着新一代信息技术与制造业的持续深度融合，以高端化、智能化、绿色化为目标，为工业创新赋能是大势所趋。河钢紧跟产业新趋势，聚力智能时代新发展，构筑竞争新优势。

二、责任行动

本案例将从响应“双碳”战略、共建“一带一路”、加快现代产业升级三个方面诠释河钢行动。

（一）响应“双碳”战略

1. 推进低碳路线图，开辟新领域

推动经济社会发展绿色化、低碳化是实现高质量发展的关键环节。作为钢铁行业绿色低碳发展的践行者和排头兵，河钢先手布局“双碳”行动，在行业内率先发布低碳绿色发展行动计划和低碳发展技术路线图。路线图明确了河钢“2025 年较碳排放峰值降低 10%、2030 年较碳排放峰值降低 30%、2050 年实现碳中和”低碳发展目标和“6+2”低碳技术路径。

把“路线图”细化为“施工图”，进而转化为丰富的绿色发展“场景图”，河钢奋楫笃行。瞄准“铁素资源优化”，自主打造集废钢交易、物流、金融、智能质检等功能于一体的废钢交易综合服务平台，吸引 60 余家废钢供应商合作。加快系统能效提升，河钢集团石钢新区充分发挥短流程炼钢工艺低碳优势，吨钢综合能耗相比老厂区降低 62%以上，获评“双碳最佳实践能效标杆示范厂培育企业”。致力“用能结构优化”，河钢集团张宣科技 4MWp 屋顶分布式光伏发电站实现全容量并网发电，年发绿电量可达到 486 万千瓦时，实现特材、钢绞线工序使用绿电生产。发力“流程优化重构”、引领“低碳技术变革”、推进“产业耦合降碳”，六大低碳技术路径齐头并进。持续拓展碳数据管理、碳足迹管理、碳资产管理、碳资讯管理、碳普惠等综合服务功能，WisCarbon 碳中和数字化平台持续升级。技术引领，数字赋能，河钢协同推进减污降碳不断跑出加速度。

图 24-1　河钢集团 WisCarbon 碳中和数字化平台

在厚植低碳、厚植未来的世界舞台，河钢秉持“人、钢铁、环境和谐共生”理念，示范推动世界钢铁行业绿色低碳可持续发展。2022 年 3 月，河钢通过严格的标准审核，成为世界钢铁协会《可持续发展宪章》成员。2023 年 4 月，河钢再获殊荣，成为首家获得世界钢铁协会“可持续发展优胜者企业”称号的中国钢铁企业。

2. 领航氢冶金行动，制胜新赛道

氢冶金是钢铁生产实现无化石能源冶炼的重要路径，代表着未来钢铁工业绿色低碳的发展方向。国家发展改革委、国家能源局联合印发的《氢能产业发展中长期规划（2021—2035 年）》提出，要开展以氢作为还原剂的氢冶金技术研发应用，扩大工业领域氢能替代化石能源应用规模。

河钢全球首例 120 万吨氢冶金示范工程一期全线贯通并实现安全顺利连续生产绿色 DRI 产品，成为世界钢铁史上由传统“碳冶金”向新型“氢冶金”转变的一个重要的里程碑，标志着冶金工艺绿色变革进入成熟期。河钢全球首例 120 万吨氢冶金示范工程，是氢作为大工业生产能源应用的第一例。与同等生产规模的传统“高炉+转炉”长流程工艺相比，河钢氢冶金示范工程一期每年可减少 CO_2 排放 80 万吨，减排比例在 70%以上。

图 24-2　河钢全球首例 120 万吨氢冶金示范工程一期全线贯通

从焦炉煤气制氢，到氢能重卡应用，再到引领示范氢冶金变革，河钢深耕氢能与钢铁的融合创新、协同发展，深入推进氢能应用研究和科技成果转化，始终引领钢铁行业氢能综合利用的发展方向。在 2023 氢能供应链峰会上，“河钢集团氢能商业化运营示范案例”被中国物流与采购联合会授予“优秀氢能应用案例”，是钢铁行业唯一获奖案例。

通过持续提升氢冶金、制氢储氢加氢、氢技术输出及氢相关装备制造的全产业链科研开发与工程应用能力，加快实现“一中心、一平台、十基地、三十站、万台车、绿色低碳发展”目标，河钢正在全面构建氢能源开发和利用的低碳、绿色生态圈，让钢铁工业领域的氢能产业绽放“源于钢铁、超越钢铁”的丰富价值。

3. 延伸低碳产业链，壮大新动能

在新发展格局中，绿色低碳经济加快成为新的增长引擎。河钢积极推进产业间的跨界融合、产业链上下游之间的深度融合，不断构建完善绿色制造、绿色产业、绿色产品、绿色采购、绿色物流和绿色矿山“六位一体”产业链体系，实现绿色低碳领域多侧、多能、多环节的联动发展。河钢为高端品牌汽车、新能源汽车提供低碳、高强、轻量化的绿色用钢材料，为钢铁及上下游行业、企业精准降碳提供全流程数字化解决方案，为产业链上下游共同应对气候变化贡献更多“河钢智慧”。

瞄准绿色低碳前沿领域，打造钢铁与全产业链融合降碳的样板。2022 年 8 月，河钢集团与宝马集团签署《打造绿色低碳钢铁供应链合作备忘录》，迈出钢铁、汽车行业“跨领域协同减碳”第一步，2026 年起，宝马沈阳生产基地开始在整车量产过程中使用河钢生产的“绿钢”，这些“绿钢”基于绿电和电炉等工艺，其生产过程将逐步实现减少 CO_2 排放量 95%。

2023 年 3 月，河钢与必和必拓签署钢铁行业 CCUS（二氧化碳捕集利用与封存）工业示范项目合作协议，致力打通钢铁走向碳中和“最后一公里”。根据协议，示范项目系统布局覆盖钢铁行业 CO_2内循环与跨行业利用的研究技术与路径，将建成千吨级钢渣碳化与资源化、高炉煤气/热风炉碳捕集等多个示范工程项目，实现钢渣与烟气 CO_2协同资源化，高炉煤气 CO_2高效、高纯回收，产出满足工业级或食品级要求的 CO_2精制产品，打通 CO_2制备菌体蛋白的高价值利用路线，为钢铁行业探索出一条科学、经济和变革性的技术发展新路径。项目形成规模化推广能力，引领和推动钢铁行业 CCUS 产业发展壮大，支撑到 2030 年形成百万吨级工程应用。

图 24-3　河钢与宝马签署《打造绿色低碳钢铁供应链合作备忘录》

4. 践行绿色生产，打造“双碳”标杆

河钢集团将绿色低碳融入生产经营全过程，从环保技术研发、落实节能减排、建设绿色供应链等多个方面，点燃绿色生产动能。2022 年，环保总投入约 31 亿元。河钢集团完善环境管理体系，推行环保三级标准化，强化环保“红线”“底线”“企业生命线”意识；建立环境因素识别评价、污染源管理指导意见等工作清单；利用环保智能管控平台，实现环保管理工作程序化、标准化、规范化；制定公司级《突发环境事件应急预案》，严格落实应急演练；全面开展重点行业环保创 A 工作，唐钢新区、邯宝、石钢新区获评 A 级。2022 年，河钢集团 5 个一级子公司全部通过环境管理体系认证，未发生突发环境事件和重大环境违法事件。

河钢集团从使用清洁能源、节约水资源、减少“三废”排放、提高资源综合利用效率等方面入手，显著降低产品单耗和能源总耗。2022 年，河钢固体废弃物利用率达 100%，实现吨钢二氧化硫、吨钢烟粉尘、吨钢氮氧化物排放量较去年同期分别减少 35.7%、29%、27.8%。2022 年，河钢申报的“基于冶金流程集成理论打造绿色、智能、品牌化国际钢铁工厂”“打造绿色低碳先进特钢短流程生产企业”“氢能综合利用助力钢铁企业绿色发展”三个低碳案例入选中国企业联合会与中国企业家协会联合发布“2022 企业绿色低碳发展优秀实践案例”；唐钢新区、石钢公司通过先进环保技术，大幅提升能源综合利用效率，达到同行业先进水平，被授予“双碳最佳实践能效标杆示范厂培育企业”标牌。

图 24-4　唐钢新区外景图

（二）共建“一带一路”

1. 深耕海外业务，蝉联国际化程度最高的钢铁企业

河钢集团按照“全球拥有资源、全球拥有市场、全球拥有客户”战略定位，在“一带一路”共建国家重点实施了河钢塞钢、河钢南非矿业、河钢德高三大战略性支撑项目。巩固海外资源保障，深耕境外企业发展，发挥战略协同价值，推进产业链、供应链优化升级与绿色低碳转型，蝉联我国国际化程度最高的钢铁企业和国际产能合作的先锋力量。

2016 年，河钢收购塞尔维亚斯梅代雷沃钢厂，得到了中塞两国领导人和政府的高度重视。2016 年 6 月 19 日，习近平总书记视察河钢塞尔维亚公司，指出斯梅代雷钢厂将为增加当地就业、提高人民生活水平、促进塞尔维亚经济发挥积极作用。接手以后，河钢坚持“用人本地化、利益本地化、文化本地化”三个本地化原则，仅半年时间，就扭转了钢厂连续 7 年亏损的局面。如今，河钢塞钢首次成为塞尔维亚最大的出口企业，对塞尔维亚国内生产总值的贡献率在 1.8%以上。河钢塞钢成为“一带一路”建设和国际产能合作的“标志性工程”。2019 年，河钢塞钢管理团队被中央宣传部授予“时代楷模”称号。

河钢南非矿业公司位于南非林波波省帕拉波鲁瓦地区，是全流程开采加工企业，主要产品有铜棒、铁矿石、蛭石等，是南非最大的铜棒生产供应商，铜产品市场占有率在 50%以上。2013 年 8

图 24-5 河钢塞钢员工合影

月，河钢集团作为最大股东，主导联合体成功收购力拓集团和英美资源公司所持有的南非矿业公司74.5%股权。河钢工作团队接管以来，以打造休戚与共的“命运共同体”为宗旨，以“三个本地化”为手段，强化合规管理意识，已实现连续多年赢利，成为中国企业投资海外资源的成功范例，2022 年再次获得南非“最佳雇主”荣誉。

图 24-6 河钢南非矿业公司外景

2015 年，河钢集团成功控股德高公司，是迄今为止中国钢铁企业首次收购国际成熟商业网络。这次收购，让河钢一举拥有了全球最大的钢铁营销服务网络、更多的高端人才和先进理念、世界级的品牌和良好的商业信誉，同时获得了以欧美用户高端需求倒逼产品和服务升级的强大动力，收获了高效整合配置全球资源、推进深层次产业合作和资本并购的能力，拥有了进军国际市场的“桥头堡”。河钢德高稳步推进经营产品多元化，抢抓全球供应链重塑机遇，经营业绩持续保持在较高水平，2022 年获得可持续发展国际评级铜牌认证。

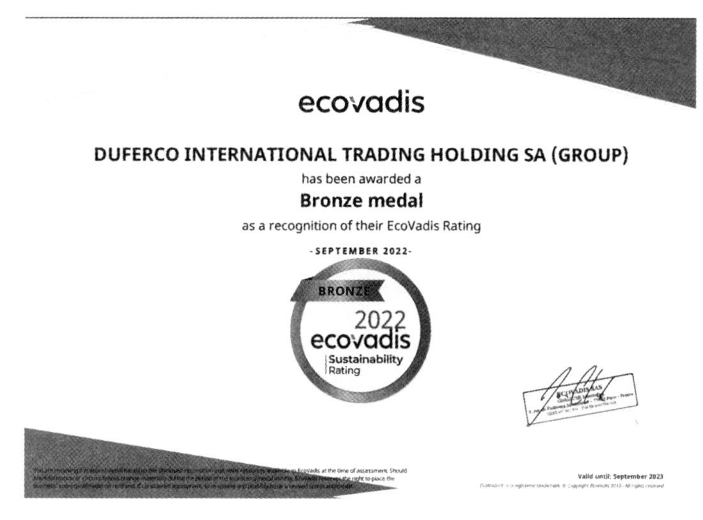
ecovadis

DUFERCO INTERNATIONAL TRADING HOLDING SA (GROUP)

has been awarded a

Bronze medal

as a recognition of their EcoVadis Rating

-SEPTEMBER 2022-

BRONZE

2022

ecovadis

Sustainability Rating

Valid until: September 2023

图 24-7　河钢德高荣获可持续发展国际评级铜牌认证

2. 做好环境管理，探索境外企业绿色低碳发展模式

河钢塞钢围绕建设“欧洲领先的绿色节能现代化工厂”目标，持续加大环保投入，绿色升级取得良好成效，2022 年获得塞尔维亚 IPPC 环保证书。

河钢南非矿业通过 ISO14001 环境管理体系认证，建立、实施、持续完善环境保护管理制度，推进环境管理体系的建设，力求做到体系合规、达标排放、节能降耗。根据当地法律法规，制定能源管理体系，建立能源管理计划，持续促进能源利用率提升，推动可持续发展。为保护珍贵的生态环境，河钢南非矿业开展生物多样性管理计划（BAP），密切关注所处地区的自然环境和生物保护情况，致力于推动人、工业和野生动物的和谐共存。

DNV

MANAGEMENT SYSTEM CERTIFICATE

This is to certify that the management system of

Palabora Copper (Pty) Limited

1 Copper Road,Phalaborwa, Limpopo, South Africa, 1389

has been found to conform to the Environmental Management System standard:

ISO 14001:2015

This certificate is valid for the following scope:

Copper mining, crushing, milling, flotation, filtering, smelting, refining and rod casting. Production of sulphuric acid from smelting, by-products produced out of copper stream: magnetite, anode slimes and nickel sulphate. Separate process for the mining and processing of vermiculite (EA 02, 17)

IAF

图 24-8　环境管理体系认证证书

3. 贡献当地社会，共享发展成果

河钢集团秉持互惠互利、同创共享的理念，在支持当地经济增长的同时，关心本地员工，助力社区发展，与伙伴共享发展成果，建立起负责任的中国企业形象。

2023 年初，河钢塞钢绿色环保项目“用现代技术减少粉尘污染”荣获欧盟和联合国开发计划署等联合颁发的奖励证书，河钢塞钢是唯一获此殊荣的中资企业。此次获奖充分肯定了河钢塞钢在塞尔维亚绿色发展中贡献的智慧与创造力，以及为塞尔维亚人民的健康和福祉做出的积极努力。此外，河钢塞钢出资支持贝尔格莱德大学的大学生参加国际竞赛，向斯梅代雷沃应急管理部门捐赠计算机，向斯梅代雷沃健康中心捐赠物资。

图 24-9 欧盟和联合国开发计划署证书

河钢德高 Makstil 中板厂出资支持当地大学儿童诊所肿瘤科改造，2022 年 4 月由北马其顿总理见证投入使用。德高中东公司出资支持阿拉伯联合酋长国非营利性海洋保护组织，开展珊瑚礁再生活动，为保护海洋做出贡献。

2022 年，河钢南非矿业承建 Moshibutjana 小学的教室、行政楼等设施，为当地教育事业的发展提供了援助；在莫帕尼职业技术教育学院举办了助学金发放及表彰活动，为比赛中获得优异成绩的

图 24-10 河钢南非矿业教育支持活动

25名学员发放了笔记本电脑，助力教育活动，回馈社区。为鼓励员工注重身体健康，养成健康良好的运动习惯，组织员工举办家庭“马拉松”活动。

图 24-11　河钢南非矿业举办家庭马拉松活动

（三）加快现代产业升级

1. 打造智能时代新优势

实施智能制造进程中，河钢强化系统规划和顶层设计，不断完善智能制造发展规划与管理体系。制定《河钢集团产线智能化提升行动方案（2021—2023年）》，描绘智慧企业建设路线图，着力实施新一代信息通信技术与钢铁工艺流程、操作技术、运营管理、产品服务深度融合，推动质量变革、效率变革、动力变革，打造智能时代河钢发展新优势。

围绕“降本、提质、增效”目标，河钢主要子分公司建成完整的自动化、信息化五层构架，积累海量的工业数据，在无人天车、“一键炼钢”、工业机器人应用等领域不断取得突破。从智能装备、智能产线、智慧园区到智能管理、智慧服务、智能物流与供应链等智能制造全领域，河钢大力推进人工智能、工业机器人、机器视觉、5G等前沿技术在关键场景应用的单点突破，唐钢新区、石钢新区、张宣科技正在成长为引领行业发展方向的全工序全流程智能制造示范基地。

依托企业内部信息化力量，河钢建设中央数字中心，完善以技术架构、基础标准、运维管理、安全管控为核心的数字化标准体系，构建了公共服务平台、业务服务平台、数据服务平台“三大平台”，打通业务数据与工业数据，实现资源高效协同共享和智能化运营，打造智慧企业、数字河钢。

图 24-12　河钢智能管控平台

图 24-13　河钢数据中心主机房

2. 构建未来制造新生态

打造全智能无人料场。在唐钢新区，通过实施煤焦管带输送、全封闭导料槽和水雾抑尘等一系列新工艺，以及应用 5G 通讯、3D 扫描、远程集控、自动采样等新一代信息通信技术，赋能原料场数字透明、经济环保、智能高效等诸多优势，建设全球首个全流程数字化无人料场，开创了行业全智能料场的先河，达到国际领先水平。

建设全流程智能工厂。唐钢公司智能工厂建设以冶金流程学为理论基础，以实现整体制造生产流程—工序—装置的功能—结构—效率最优为目标，以物联网、云计算、大数据、人工智能等新技术与先进钢铁制造流程的深度融合为基本路径，全面提升制造过程、全供应链管控、分析决策过程的智能化水平，构建集智能装备、智能工厂、智能互联于一体的智能制造体系，技术水平达到行业领先。2022 年，唐钢公司入选国家工信部智能制造示范工厂。

图 24-14　河钢智能“无人化”料场

图 24-15　高端钢材智能制造示范工厂

石钢公司依托河钢自主研发的 WeShyper 工业互联网平台，构建了涵盖销售、生产、质量、物流、采购、设备、能源、环保、安全等“全流程、全业务、全层级、全联通、全天候”绿色短流程特钢智能制造示范工厂，在全面支撑石钢公司各项技经指标大幅提升的同时，借助工业互联网平台强大能力，全面提升示范工厂能力复用与持续迭代能力。2021 年，石钢公司入选国家工信部智能制造示范工厂，2022 年，入选国家工信部“数字领航”企业名单。

构筑全覆盖智慧模式。在河钢衡板，基于工业互联网云平台 MindSphere，打造产线数字孪生系

图 24-16　石钢绿色短流程特钢智能制造示范工厂

统，充分利用数字模型、传感器信息进行数据输入，对真实系统进行集成性、多学科、多尺度、概率性仿真，反映并预测实体装备和产品的全生命周期活动和属性。系统构建了以数据为核心决策的企业战略部署、日常运营和管理、营销服务为一体的大数据综合服务模式，颠覆了企业传统业态模式，为企业创造真正的数据价值，加速产业数字化进程。

三、责任成效

（一）荣获“可持续发展优胜者企业”

河钢以环境、社会、管理和经济等全领域的优异表现，荣获世界钢铁行业“可持续发展优胜者企业”称号，是世界钢铁工业在可持续发展领域的最高荣誉，成为 2018 年以来唯一获此项殊荣的中国企业。

图 24-17　河钢荣获世界钢铁行业“可持续发展优胜者企业”称号

（二）蝉联国际化程度最高的钢铁企业

近年来，河钢集团形成了“四钢两矿一平台”全产业链海外发展格局，实现“全球拥有资源、全球拥有市场、全球拥有客户”，奠定了基于全球“营销服务、钢铁制造、技术研发”三大平台的国际化竞争优势。目前，河钢集团拥有境外参、控股企业70多家，控制运营海外资产超过100亿美元，海外员工约1.3万人，本地化雇佣比例99.8%，成为我国国际化程度最高的钢铁企业，继续保持中国钢铁行业国际化发展领军者地位，连续15年位列世界企业500强，2023年位列第229位。

（三）智能制造矩阵持续壮大

河钢集团积极构建面向钢铁工艺全流程智能制造示范工厂，树立钢铁行业智能制造新典范。目前，唐钢、石钢、河钢矿业、承德钒钛等4个工厂、5个场景入选工信部智能制造示范工厂和优秀场景，石钢入选工信部“数字领航”企业名单。人工智能、大数据、5G、边缘计算等智能技术与钢铁深度融合，河钢的智能制造矩阵正在持续壮大，赋能钢铁不断实现智能化新提升、绿色化新发展。

（四）入选“上市公司ESG先锋100”

6月13日，中央广播电视总台财经节目中心联合国务院国资委、全国工商联、中国社科院经济研究所、中国企业改革与发展研究会等权威机构部门，举办2023年首次“中国ESG（企业社会责任）发布”活动，正式发布《年度ESG行动报告》。河钢集团控股上市公司河钢股份入选“中国ESG上市公司先锋100”榜单，展现出国有企业在ESG管理、实践、信息披露等多个领域的卓越成效。

四、展望

绿色低碳发展是推动中国钢铁工业高质量发展的终极目标，河钢作为世界钢铁行业领军企业之一，锚定“双碳”目标，顶层设计、全面布局，持续引领行业低碳绿色发展，积极为钢铁行业低碳转型贡献“河钢方案”，引领“钢铁让世界更美好”的全新实践。

数字技术和智能制造的广泛应用，正在把钢铁产业由宏观向微观推进，让有限的资源创造最大的价值。面向未来，河钢将智能制造作为企业依靠技术升级实现跨越发展的有力支撑，让河钢的产品不仅仅囿于钢铁本身，更成为传递企业自身技术价值与科技智慧的载体，实现自我的历史性突破。

河钢集团坚持“高端化、智能化、绿色化”发展，纵向推进钢铁产业链条向高端制造延伸，横向推进同类业务结构性重组，加快实现“钢铁向材料、制造向服务”转型。未来，ESG将凝聚更多共识、释放更强动能。河钢将始终坚持以服务国家战略为导向，积极践行ESG理念，将ESG融入集团生产运营，承载低碳、绿色、智能等创新元素的未来钢铁，用绿色钢铁创造人类更可持续发展的美好未来。

25 探索绿色转型之路，打造老工业区复兴典范

首钢集团有限公司

首钢坚持以习近平生态文明思想为指导，以奥运为契机，匹配首都城市发展功能定位，深入贯彻落实老工业区转型“产业结构调整、城市更新改造、绿色低碳转型”等要求，充分发挥企业核心功能优势，将首钢园建设成为全球规模最大的以企业为主体实施的工业区复兴典范。首钢将社会责任及符合资本市场可持续发展理念的ESG要求融入公司经营发展战略，以工业遗存活化利用和新兴产业培育融合为依托，聚焦包括文化、产业、生态、活力在内的“四个复兴”绿色转型发展理念，推动产业升级与绿色发展相互融合的中国式现代化新路径。首钢园通过资源活化利用、减碳降碳改造、棕地治理等多项措施，打造中国首个C40“正气候发展项目”、全球第19个正气候项目，向世界展示中国“正气候”样板成效。面向未来，首钢园将围绕“一模式、一典范、一高地、一支点”建设目标，锚定践行“双碳”、工业遗存活化利用、产业创新、资产保值增值等工作，探索园区开发建设和运营管理的可持续发展，引领老工业区绿色转型发展的新路径，为建设人与自然和谐共生的现代化国家源源不断地汇入“首钢智慧”和“首钢力量”。

一、背景

（一）首钢以老工业区改造为切入点，助推中国式现代化视野下的ESG建设

党的二十大报告中明确提出，中国式现代化是人与自然和谐共生的现代化，深刻指明推动经济社会绿色低碳发展是实现高质量发展的关键环节。在全国生态环境保护大会上，习近平总书记对绿色低碳发展如何推动高质量发展做了进一步指示，强调高水平保护是高质量发展的重要支撑，实现高水平保护的关键就是要以绿色为引领，统筹产业结构调整、污染治理、生态保护、应对气候变化，推进生态优先、节约集约的绿色低碳发展。我国绿色低碳发展系列要求与ESG理念中所强调的“以生态环境保护推动可持续发展”高度契合、密切相关，首钢紧紧把握绿色低碳发展方向，将ESG理念深刻融入企业生产经营，着力打造老工业区绿色转型示范区，率先打造生态文明绿色发展新标杆。

（二）首钢积极响应国家奥运战略和首都城市发展功能定位进行搬迁和产业转型

首钢人传承“敢闯、敢坚持、敢于苦干硬干”，发扬“敢担当、敢创新、敢为天下先”的首钢精神，积极响应国家和北京市发展整体战略规划，坚持绿色转型，进行搬迁和产业调整。2005年，首钢自觉服从国家奥运战略和首都城市发展功能定位，率先实施钢铁业搬迁调整。2010年，为推动

首都发展转型和环境保护，首钢主厂区全面停产，被北京市政府授予“功勋首钢”称号。2016年，北京冬奥组委入驻首钢园区，首钢园绿色转型迎来转折点。首钢园紧紧围绕首都“四个中心”的功能定位，创新打造集“科技+”“消费中心”“体育+”的商业模式，建设北京国际科技创新中心新高地、北京国际消费中心城市新支点。园区改造过程中同步推动企业员工转型发展，为所在区域旧有街区赋予崭新生命力，有效推动了企业经营及经济社会可持续发展；发挥区位优势，与北京城市副中心呈东西两翼发展之势，营造“看得见山，望得见水，记得住首钢”的特色城市风貌。

（三）首钢园作为“全球工业区复兴典范”，持续推动园区绿色循环低碳发展

习近平总书记强调，“绿色循环低碳发展，是当今时代科技革命和产业变革的方向，是最有前途的发展领域”。作为首个以企业为主体进行的全球规模最大的老工业区改造项目，首钢园积极践行国家有关部门关于老工业区绿色转型发展路径要求，全面推进企业搬迁改造、培育发展新产业、治理修复生态环境、加强工业遗存保护再利用等重要任务，将园区建设成为奥林匹克运动推动城市发展、工业遗存再利用和工业区复兴的典范，打造首都文化新地标。作为中国首个C40“正气候发展项目”，坚持“高起点、可考量、可实施”的发展路径，在区域统筹、全过程发展、经济环境社会全面绿色发展等方面引领中国生态城市建设向深层次迈进，在打造产城融合发展园区的道路上形成了“首钢模式”。伴随“双碳”目标加速落地、ESG行动蓬勃发展，首钢园将在建设美丽中国、促进全球可持续发展中发挥更重要的作用。

二、具体实践

（一）坚持绿色低碳，探索老工业区转型新方案

高质量发展是全面建设社会主义现代化国家的首要任务，绿色发展是我国从速度经济转向高质量发展的重要标志。首钢园是中国首个C40“正气候发展项目”的成功实践，减碳减排成效显著；投身奥运建设及服务保障，体现国有企业使命担当；制定绿色生态规划体系，为首都可持续发展提出首钢方案，为首钢走高质量发展之路奠定坚实基础。

1. 打造国内首个C40“正气候发展项目”，实现园区绿色国际化高质量发展

（1）完成首钢园C40“正气候”净负碳排放目标

在北京市石景山区政府支持下，首钢园申报成为中国第一个、全球第十九个C40“正气候发展项目”。编制《首钢正气候发展项目路线图》，明确零碳、零废、工业遗存再利用、适应气候变化的重点工作，通过建设用地、周边道路与公共空间的设计、建造与运营管理，实现内部节能减排，同时基于建筑节能、可再生能源利用、绿色交通、废弃物处理，达到最大化的外部减排量，使项目运营期达到正气候的净负碳排放效果。

（2）与国际企业及专业协会开展园区绿色节能可持续发展合作

积极探索与国际企业及科研机构展开能源合作路径，符合国家碳中和目标战略。广泛拓展中欧合作渠道，中欧双方陆续签订《中欧能源合作路线图》《关于落实中欧能源合作的联合声明》等合作协议；打造中欧能源创新产业集群，形成产、学、研、用一体的国际创新交流平台；与美国绿色建筑委员会签署《战略合作框架协议》，实现中美绿色建筑在项目认证、绿色培训、人才培养等方

面的交流与合作。

2. 服务重要赛事，响应国家和城市重大发展战略

（1）投身奥运建设

服务国家重大赛事的举办，抓住筹办冬奥会历史性机遇，完成冬奥场馆及配套设施的建设和运维保障工作。在场馆及配套设施建设方面，遵循绿色发展理念，改造西十冬奥广场，为冬奥组委提供办公会议空间，实现工业遗存可持续利用；建造比赛场馆首钢滑雪大跳台，并作为奥运遗产，永久性保留和使用。在冬奥运维保障方面，主要承担基础设施保障、能源系统保障等场馆基础保障工作，形象景观、清废处理等场馆赛事运行工作，环境卫生、安全稳定等外围综合保障，国家队训练保障工作。

图 25-1 首钢滑雪大跳台

图 25-2 西十冬奥组委办公区

（2）推动京津冀协同发展

首钢贯彻落实习近平总书记对推动京津冀协同发展作出的重大战略部署，将钢铁业搬迁到河北省曹妃甸地区，同时建设曹妃甸现代产业发展试验区，构建首钢园与曹妃甸“双园区绿色生态联动机制”：打造两个园区统筹的绿色投资平台和工作机制，形成体制机制联动；确立投资优先原则，推动研究人才和绿色生态开发经验交流联动；协同制定招商政策，共享技术资源，实现产业联动；发挥北京首钢园区科技研发优势，利用曹妃甸园区地理区域特点，创新合作模式，落实资源协同联动。

（3）落实北京城市总体规划要求

为落实北京城市总体规划，按照中心城“减量提质、增绿留白”的要求，首钢园总建筑规模在原规划批复基础上减量200万平方米，总绿地面积增加70公顷，其中长安街西延线两侧带状绿地宽度增加至45~130米，形成长安街西延线绿色生态带，沿永定河整合拓展既有绿地，规划形成1平方公里首钢湿地公园。南区划定战略留白区，用地面积约23.4公顷，预留建筑面积40万平方米，为北京市发展预留空间。

（4）助力园区城市更新建设

在积极保护、利用原有工业遗存的基础上，融入符合时代发展需求的新功能，探索实现城市复兴新路径，首钢园已成为北京城市深度转型的重要标志。开展《首钢工业区现状资源调查及其保护利用的深化研究》，确定强制保留、建议保留工业建筑和构筑物，划定1.96平方公里的保留再利用区域；开展园区城市风貌研究和首钢建筑风貌研究，形成功能定位与风貌构想、评价与指引、实践与示范的完整体系；规划统筹现状山水景观环境营造和工业资源活化保护，划定北区空间结构，打造“山—水—工业遗存”共存的独特景观格局。

图25-3　首钢园“山—水—工业遗存”共存的景观格局

3. 重视顶层设计，构建园区绿色规划体系

（1）制定绿色生态专项规划

以“创新传统工业区生态转型发展模式，创新生态城区建设管理模式，建设老工业基地生态转型发展的国际典范区”为绿色生态发展目标，以包括发挥区域正效应、全过程生态发展、重构生态建设体系、传承文化与活力、重塑生态景观环境和智慧转型与管理在内的6条主线和19个方面规划路径为支撑，提出66项具体生态指标，用以指引首钢园全生命周期的生态示范区建设。

（2）构建绿色交通体系

道路规划“以保定路”，协调路网建设与工业遗存保护的关系，结合现状道路肌理规划路网走向，适度改造厂区内现状道路，实现小街区、密路网的城市肌理，道路网密度 8.4 公里/平方公里，道路面积率达到 28.5%，交通承载力位于 0.4～0.6 之间，为较适宜状态。规划“空中—地面—地下”三层立体化慢行网络，步行和自行车路网密度不低于 22 公里/平方公里。区域内部绿色出行比例不低于 95%，对外绿色出行比例不低于 70%。发展绿色公共交通系统，500 米范围公交站点覆盖率达到 100%。规划轨道交通车站 6 站，轨道交通 750 米覆盖率达到 95%，站点 500 米范围内的开发采用“公交导向发展（TOD）”模式，提高市民到达站点的方便性和可达性，引导绿色出行。

（3）棕地治理规划及研究

构建实施了《老工业区棕地治理分级分类管理体系》，指出要充分结合项目开发建设时序，分区域分批次划分地块，开展园区棕地修复治理；以风险管理为导向，采用“重管控，轻修复”的绿色生态修复理念，对棕地实行分类管理，针对高风险区域进行“源清除土壤修复”，针对低风险区域采用“源削减风险管控”；建立完善后期管理体系，设置检测井、监测点对废水、废气长期监测，并制定二次污染防治措施和应急预案。

（4）制定规划及建筑改造标准规范

针对首钢园区工业建筑的特点，参与编制并发布了《既有工业建筑物绿色改造评价标准》，针对既有工业建筑，构建民用化绿色改造指标体系，规定减碳降碳技术，为工业遗存绿色改造领域的规范化做出了开创性贡献。参与编制《老旧厂房更新改造规划设计标准》（已进入评审阶段），对老旧厂房更新改造中价值评估、工程设计、绿色建筑及安全健康等多方面进行引导，实现改造建筑性能的提升，弥补了北京市在老旧厂房更新改造工作中指导规范和标准的空白。

图 25-4 《既有工业建筑物绿色改造评价标准》专家评审会

北京市地方标准

DB

既有工业建筑物绿色改造评价标准

Assessment standard for green retrofitting of existing industrial building

北京市住房和城乡建设委员会
北京市市场监督管理局
联合发布

图 25-5 《既有工业建筑物绿色改造评价标准》

（二）技术模式创新，建设京西高端产业新高地

习近平总书记强调，“实施创新驱动发展战略，最根本的是要增强自主创新能力”。首钢园通过“四个复兴”“全流程体系”等管理创新支撑新时代首都城市复兴新地标建设，通过绿色建筑、棕地治理等技术创新推动园区绿色城市产业新变革，通过产业及文化平台建设，实现科技、消费、体育等产业业态升级，拓展“产城融合”老工业区转型新功能，打造“一体四翼六维”的产业服务体系，以创新能力不断促进园区核心功能优势发挥。

1. 管理创新，聚力建设新时代首都城市复兴新地标

（1）聚焦“四个复兴”，带动京西地区转型发展

首钢以“四个复兴”作为最重要的绿色转型发展理念，为京西地区转型发展注入源源不断的活力。聚焦文化复兴，老工业城市历史发展脉络有效传承。按照工业遗存能保则保、能用则用、分区分类、保用结合的原则，塑造西部山、水、工业特色整体风貌。聚焦产业复兴，区域转型势能加速集聚。以聚焦“科技+”“体育+”产业为原则，聚力打造科幻产业聚集区、国家体育产业示范区，推动产业生态持续优化。聚焦生态复兴，西部城市生态骨架初步形成。以绿色低碳园区建设为基本原则，逐步构建水域景观体系、永定河生态带、后工业景观休闲带建设的大尺度生态格局。聚焦活力复兴，“工业锈带”加速向“生活秀带”蝶变。通过承办服贸会等重要活动，打造人气聚集新高地，形成多元场景在内的特色消费生态，打造消费升级新空间。

（2）建立园区开发平台，打造“管理全流程”体系

首钢结合可持续发展战略，打造集规划、设计、建设、运营、管理的一体化管理体系。充分利用单一开发主体及平台公司整体统筹、高效协同、规范管理的优势，整合内部资源，构建用能结构，同时搭建数字化信息系统，健全能源管理机制，在全生命周期中，坚持贯彻落实绿色生态理念，实现园区转型和平台发展的同步推进。

（3）重视安全环保管理，严守安全红线底线

首钢高度重视安全环保管理，全力为冬奥场馆提供安全服务保障。在安全环保管理方面，制定

《北京园区开发运营管理平台安环生产责任制》，加强北京园区开发建设全过程安全、环保统一管理；实施安环生产网格化管理，引导员工提高认识、增强站位、把牢红线，守住底线；加强基层安全教育培训，提升员工应急处置能力；完善检查与考核制度，加强监督监察。在冬奥服务保障方面，全面落实安保红线防控有关要求，严格执行闭环管理措施；落实巡检制度，完成冬奥会安全保障任务。

2. 技术创新，推动园区绿色城市产业新变革

（1）冬奥建筑技术创新

首钢以绿色技术创新回应了奥林匹克可持续诉求。首钢滑雪大跳台自主研发人因分析技术、新型特殊性能钢材、大型构件高精度装配建造技术、赛道基准面与雪面控制技术等，结合科学办赛与赛后利用，在部分技术领域实现国际领先，其中基于新型特殊性能钢材的大型构件高精度装配建造技术，实现了钢材耐腐蚀性能提升 62.5%，防火涂层厚度减薄 20%，赛道装配率 100%，工期缩短近 30%。西十冬奥广场采用多项绿色生态技术，严格执行国家绿色建筑设计标准。节能上采用光伏发电、一体化污水处理技术等多项最新减排技术；节水上采取雨水回收利用系统和中水处理系统等非传统水源利用措施；节材上利用厂区原有设备材料和首钢自产钢材等。

（2）棕地治理技术选择创新

首钢针对棕地治理展开了技术研究，本着快速、高效、成熟、可靠，同时兼顾修复成本的原则，选择适合园区的治理技术。异位热脱附处置技术将土壤运输至负压气膜大棚，在回转窑中加热，使有机污染物分离；原位燃气热脱附技术对土壤扰动较小，通过加热与气相抽提技术配合，使污染物气化从土壤分离，经抽提进行负压收集。

3. 业态创新，拓展“产城融合”老工业区转型新功能

（1）搭建多领域交流平台

承办多场国际国内大型活动，搭建多领域的交流合作平台。承办服贸会，建设 15 个展馆，展馆按照反复利用、综合利用、持久利用的原则，聚焦园区产业定位，实现会后可持续运营。承办中国科幻大会，首钢联合 40 家企业、高校、科研机构共同组建全国首个“科幻产业联合体”（目前已扩容至 54 家），成为行业交流、合作以及展示的重要平台。承办西山永定河文化节，以三高炉为载体，通过大型交响音诗画的节目形态推进了西山永定河文化带建设。

图 25-6　服贸会

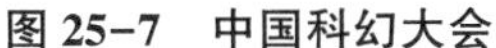
图 25-7　中国科幻大会

图 25-8　西山永定河文化节

（2）促进多业态融合发展

首钢园以园区“科技+”“消费中心”“体育+”产业定位为出发点，形成产业聚集及孵化效应，促进多业态融合发展。大力培育“科技+”产业，构建以“科技+”为主导，应用场景为特色，高端商务服务、科技服务业为支撑的高精尖产业生态体系，初步形成科幻、人工智能、互联网 3.0、航空航天等特色产业集群。涵养“多场景”特色商业生态，形成集餐饮、酒店、零售、展览、体验等多元场景于一体的特色消费生态，自动驾驶、裸眼 3D、元宇宙前沿技术体验、科技冬奥等新消费场景，满足群众消费新需求。进一步发展“体育+”产业，用好北京冬奥遗产，承接各类大型体育赛事活动，同时面向社会开放，开展多业态、多元化经营，服务全民健身。

（三）工业遗存盘活，演绎园区低碳发展新路径

在 2023 年 7 月召开的全国生态环境保护大会上，习近平总书记指出，要加快推动发展方式绿色低碳转型，坚持把绿色低碳发展作为解决生态环境问题的治本之策，加快形成绿色生产方式和生活方式，厚植高质量发展的绿色底色。首钢园实施高标准绿色建筑项目，联合孵化企业实施绿色运营模式，构建园区绿色生态体系；通过建筑、生活垃圾回收利用打造园区循环经济，以工业遗存活化利用、打造园区景观生态、棕地开发利用等方式，多措并举盘活老工业区资产，推动园区实现低碳可持续发展。

1. 重视低碳技术，构建园区绿色新生态

（1）实施高标准绿色建筑项目

从“节地与室外环境、节能与能源利用、节水与水资源利用、节材与材料利用、室内环境质量”五个方面考虑，高标准实施绿色项目建设，已建成建筑 100%达到绿色建筑标准，其中三星级认证建筑达到 55%，LEED 金级及以上认证建筑达到 15%。

（2）推动孵化企业实施绿色运营模式

联合孵化企业探索绿色运营模式，打造特色打卡点，传播绿色理念。建设麦当劳零碳餐厅，打造“绿色发展引擎”，从绿色餐厅、绿色供应链、绿色包装到绿色回收，为顾客提供全方位的绿色体验。打造 RE 睿·国际创忆馆，通过数字综合展演系统、全景声系统、数据监测系统、AI/VR/AR 关键技术的综合应用，以及展览、展馆的复制、IP 的延展应用，形成工业遗存更新活化的可持续模式。

图 25-9　麦当劳零碳餐厅

图 25-10　RE 睿 · 国际创忆馆

（3）打造国际高端人才宜居宜业平台

结合工业遗存与现代风貌，打造新首钢国际人才社区。社区室内采用装配式预制构件与可再循环材料，减少建材用量，降低建材生产相关的隐含碳排放，室外采用本地植物进行乔灌草复层绿化，结合良好的场地室外通风环境，以降低热岛强度，将实现“国际人才聚集区、人才政策试验区、创新创业示范区、宜居宜业典范区”。

2. 探索资源利用，响应循环经济新要求

（1）建筑垃圾资源化利用

利用原钢渣处理生产线改造建成“首钢建筑垃圾资源化处理项目”，是北京首座全封闭建筑垃圾资源化处理生产线。采用建筑垃圾“就地拆除、就地运输、就地处理、就地利用”的闭路循环模式，将建筑垃圾再生骨料经加工后制成建材制品，回用于园区道路、建筑改造和新建等工程，实现既有建筑垃圾循环利用率90%以上。实施过程中产生的废钢运送至曹妃甸进行废钢回收，进行钢铁冶炼，实现充分循环利用。

（2）生活垃圾分类回收利用

利用鲁家山循环经济基地实现生活垃圾分类回收利用，生活垃圾分类收集率100%；原生生活垃圾零填埋，非住宅餐厨垃圾资源化利用率100%。未来，园区预计每天产生可用于发电垃圾量73.4吨，年上网电量750万千瓦时。

3. 守护生态安全，打造活化利用新典范

（1）工业遗存活化利用

打造多个工业遗存活化利用示范项目，设计运用城市织补理念，以新旧材料对比、新旧空间对比，延续老首钢“素颜值”的工业之美。三号高炉改造保留高炉本体、热风炉、重力除尘器等核心构筑物；首钢工舍智选假日酒店原为首钢三高炉空压站、返焦返矿仓、低压配电室、N3-18转运站4个工业建筑；香格里拉酒店保留了原首钢电力厂主厂房的框架结构和汽轮机基础，实现了工业风与绿色可持续理念有机结合。

图25-11　三号高炉

图25-12　首钢工舍酒店

图25-13　香格里拉酒店

（2）生态景观多样呈现

随着石景山、群明湖、首钢空中步道、群明湖大街等景观提升及工业改造项目完成，首钢园已呈现山水融合、风景优美的“生态复兴”新形象。石景山改造通过育植原有物种等手段打造良好山体景观，改造后集开放城市空间、郊野山林景观、滨河生态绿地、寺庙园林等于一身，与永定河打造成为一体化的山水生态体系。群明湖改造后保留了包括冷却塔等在内的珍贵工业遗存，牌楼、石拱桥等历史文化遗存，同时满足区域雨水调蓄功能。首钢空中步道利用钢铁生产时期现状架空工业管廊及通廊系统改造而成，可提供不同层次的观景、休憩、健身体验。群明湖大街以绿色、智慧、工业文化为设计理念，采用雨水收集池、彩色透水混凝土等技术，打造首钢园首段亲自然的“景观绿道”。

图 25-14　石景山

图 25-15　空中步道

图 25-16　群明湖大街

图 25-17　群明湖

（3）治理棕地有效利用

对原厂区部分棕地进行治理开发与利用。其中焦化厂改造的服贸会展区设计上发挥首钢园鲜明的场地特点，打造聚落式会展场所，形成“一轴四廊多点”的景观结构，将工业遗存与服贸文化相结合，使参观者感受工业风貌的传承、历史文化的延续。金安桥片区改造的金安科幻广场，旨在打造北京市科幻产业集聚区，重点引入科幻、互联网 3.0、人工智能、航空航天类相关企业，形成工业风貌与低密度花园办公相结合的特色片区。

三、实践成效

（一）立足园区功能定位，彰显一流企业价值创造

1. 服务国家重大战略，彰显企业价值

习近平总书记指出，“国有企业是中国特色社会主义的重要物质基础和政治基础，是党执政兴

国的重要支柱和依靠力量”。首钢主动服务国家和城市战略发展需要，在奥运建设及保障、匹配北京市城市更新发展等方面都贡献了“首钢力量”，彰显了国有企业的价值担当。

（1）奥运建设及保障运维，助力国家体育强国建设

顺利完成首钢滑雪大跳台、冬训中心等奥运场馆及配套设施建设，以及场馆基础保障、场馆赛时运行、外围综合保障、国家队训练保障四大保障服务，并在赛后承办国际冬季运动博览会，吸纳600多家国内外品牌参展，接待超过16万人次；此外，首钢滑雪大跳台在赛后可持续利用方面，积极回应奥林匹克可持续诉求，全年接待游客参观打卡100余万人次，举办3V3篮球赛、轮滑公开赛、定向越野赛等赛事活动，并将于2023年底举办国际雪联单板及自由式滑雪世界杯，助力国家体育产业发展。

相关奖项见图25-18至图25-22。

图25-18　党中央、国务院联合授予首钢“北京冬奥会、冬残奥会突出贡献集体奖”

图25-19　北京冬奥组委、中共北京市委、北京市人民政府联合授予首钢“2022年冬奥会、冬残奥会北京市先进集体”称号

图25-20　首钢滑雪大跳台荣获“华夏建设科学技术奖”

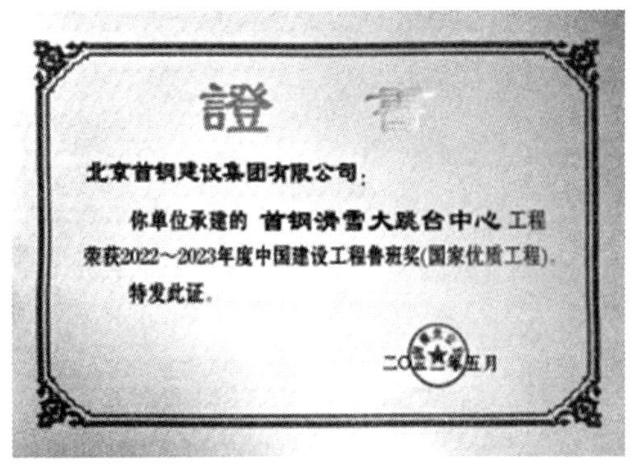

證　書

北京首钢建设集团有限公司：

你单位承建的 首钢滑雪大跳台中心 工程荣获2022～2023年度中国建设工程鲁班奖(国家优质工程)。

特发此证。

二〇二三年五月

图 25-21　首钢滑雪大跳台荣获“中国建设工程鲁班奖”

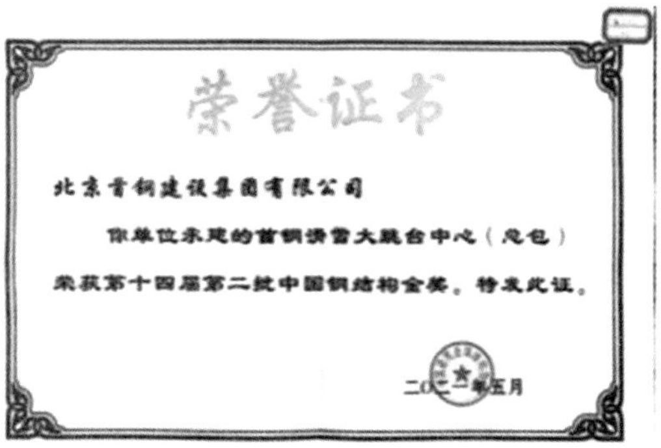

荣誉证书

北京首钢建设集团有限公司

你单位承建的首钢滑雪大跳台中心（总包）荣获第十四届第二批中国钢结构金奖。特发此证。

二〇二一年五月

图 25-22　首钢滑雪大跳台荣获“中国钢结构金奖”

相关第三方证言见图 25-23 至图 25-24。

图 25-23　国际奥委会主席巴赫致信感谢首钢团队对 2022 年北京冬奥会的支持

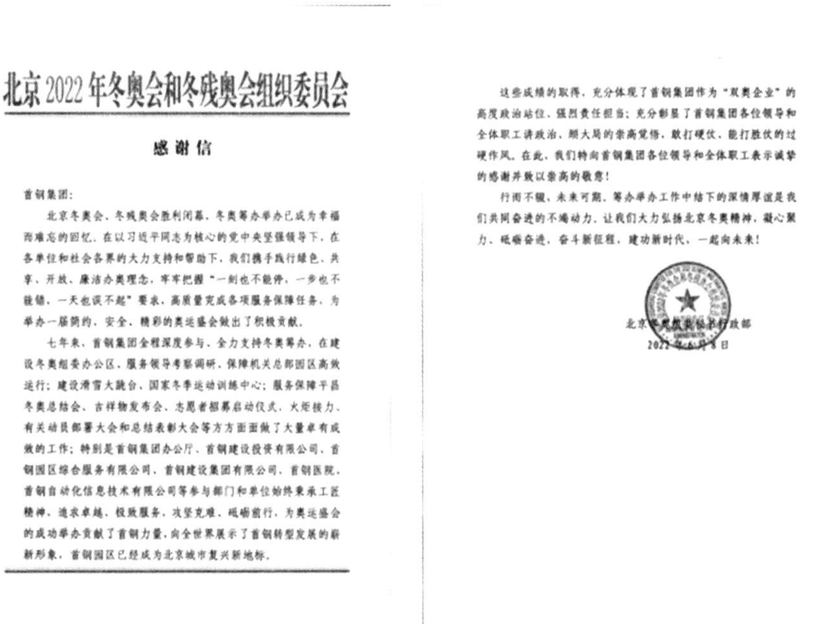

北京 2022 年冬奥会和冬残奥会组织委员会

感谢信

首钢集团：

北京冬奥会、冬残奥会胜利闭幕，冬奥筹办举办已成为幸福而难忘的回忆。在以习近平同志为核心的党中央坚强领导下，在各单位和社会各界的大力支持和帮助下，我们携手践行绿色、共享、开放、廉洁办奥理念，牢牢把握“一刻也不能停，一步也不能错，一天也误不起”要求，高质量完成各项服务保障任务，为举办一届简约、安全、精彩的奥运盛会做出了积极贡献。

七年来，首钢集团全程深度参与、全力支持冬奥筹办，在建设冬奥组委办公区、服务领导考察调研、保障机关总部园区高效运行；建设滑雪大跳台、国家冬季运动训练中心；服务保障平昌冬奥总结会、吉祥物发布会、志愿者招募启动仪式、火炬接力、有关动员部署大会和总结表彰大会等方方面面做了大量卓有成效的工作；特别是首钢集团办公厅、首钢建设投资有限公司、首钢园区综合服务有限公司、首钢建设集团有限公司、首钢医院、首钢自动化信息技术有限公司等参与部门和单位始终秉承工匠精神，追求卓越、极致服务，攻坚克难、砥砺前行，为奥运盛会的成功举办贡献了首钢力量，向全世界展示了首钢转型发展的崭新形象，首钢园区已经成为北京城市复兴新地标。

这些成绩的取得，充分体现了首钢集团作为“双奥企业”的高度政治站位、强烈责任担当；充分彰显了首钢集团各位领导和全体职工讲政治、顾大局的崇高觉悟，敢打硬仗、能打胜仗的过硬作风。在此，我们特向首钢集团各位领导和全体职工表示诚挚的感谢并致以崇高的敬意！

行而不辍，未来可期。筹办举办工作中结下的深情厚谊是我们共同奋进的不竭动力。让我们大力弘扬北京冬奥精神，凝心聚力、砥砺奋进，奋斗新征程，建功新时代，一起向未来！

北京[illegible]政部

2022 年[illegible]日

图 25-24　2022 北京冬奥组织委员会致信感谢首钢为奥运会做出的积极贡献

（2）园区城市更新建设，服务城市发展战略需要

城市更新建设取得阶段性成果，在推动城市转型、塑造城市公共空间格局、改善区域生态环境、提升群众幸福感和获得感等方面取得了良好成效。以首钢园为发展引擎，加快推动了京西地区转型发展，为城市构建新发展格局奠定了重要基础。首钢园已成为北京城市深度转型的重要标志和具有国际影响力的城市更新项目，相关工作荣获 2017 年中国人居环境范例奖、2018 国际卓越规划奖等 9 项国内外奖项。习近平总书记在考察首钢园时充分肯定了首钢园打造新时代首都城市复兴新地标工作成果。

相关奖项（规划类）见图 25-25 至图 25-30。

图 25-25　首钢园城市更新改造项目荣获“中国人居环境范例奖”

图 25-26　首钢园北区荣获国际规划协会“规划优异奖”

图 25-27　首钢园城市更新项目荣获英国皇家规划协会“卓越规划奖”

图 25-28　首钢园北区详细规划荣获香港绿色建筑协会“环保建筑大奖优异奖”

荣誉证书

首钢老工业区转型发展规划实践——北区详细规划

获 2017 年度全国优秀城乡规划设计奖（城市规划）

一等奖

图 25-29　首钢园北区详细规划荣获“全国优秀城乡规划设计奖一等奖”

2017 年度北京市优秀城乡规划设计奖

一等奖

图 25-30　首钢园北区详细规划荣获“北京市优秀城乡规划设计奖一等奖”

相关奖项（实践类）见图 25-31 至图 25-32。

北京城市更新最佳实践评选

最佳实践项目

图 25-31　首钢园获评“北京城市更新最佳实践项目”

图 25-32　首钢园获评“城市更新优秀案例”

第三方证言见图 25-33 至 25-34。

图 25-33　国际奥委会主席巴赫多次盛赞首钢园改造“作出了极佳的示范”

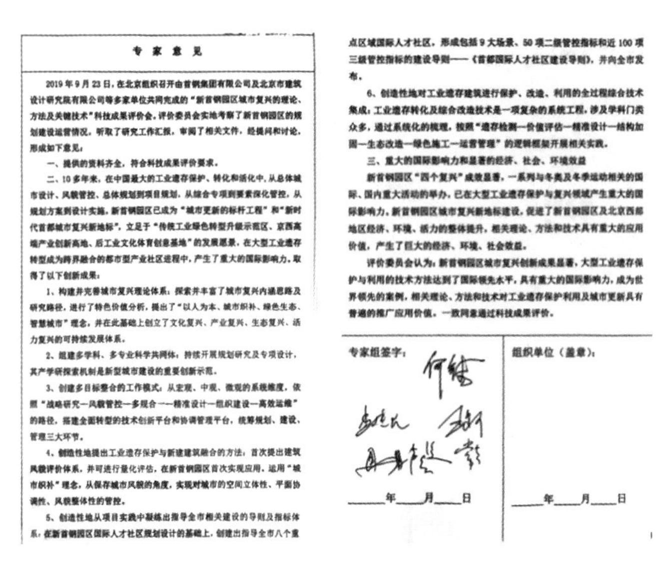

专 家 意 见

2019年9月23日，在北京组织召开由首钢集团有限公司及北京市建筑设计研究院有限公司等多家单位共同完成的“新首钢园区城市复兴的理论、方法及关键技术”科技成果评价会，评价委员会实地考察了新首钢园区的规划建设运营情况，听取了研究工作汇报，审阅了相关文件，经提问和讨论，形成如下意见：

一、提供的资料齐全，符合科技成果评价要求。

二、10多年来，在中国最大的工业遗存保护、转化和活化中，从总体城市设计、风貌管控、总体规划到项目规划，从综合专项到要素深化管控，从规划方案到设计实施，新首钢园区已成为“城市更新的标杆工程”和“新时代首都城市复兴新地标”，立足于“传统工业绿色转型升级示范区、京西高端产业创新高地、后工业文化体育创意基地”的发展愿景，在大型工业遗存转型成为跨界融合的都市型产业社区进程中，产生了重大的国际影响力，取得了以下创新成果：

1、构建并完善城市复兴理论体系：探索并丰富了城市复兴内涵思路及研究路径，进行了特色价值分析，提出了“以人为本、城市织补、绿色生态、智慧城市”理念，并在此基础上创立了文化复兴、产业复兴、生态复兴、活力复兴的可持续发展体系。

2、组建多学科、多专业科学共同体：持续开展规划研究及专项设计，其产学研探索机制是新型城市建设的重要创新示范。

3、创建多目标整合的工作模式：从宏观、中观、微观的系统维度，依照“战略研究—风貌管控—多规合一—精准设计—组织建设—高效运维”的路径，搭建全面转型的技术创新平台和协调管理平台，统筹规划、建设、管理三大环节。

4、创造性地提出工业遗存保护与新建建筑融合的方法：首次提出建筑风貌评价体系，并可进行量化评估，在新首钢园区首次实现应用，运用“城市织补”理念，从保存城市风貌的角度，实现对城市的空间立体性、平面协调性、风貌整体性的管控。

5、创造性地从项目实践中凝练出指导全市相关建设的导则及指标体系：在新首钢园区国际人才社区规划设计的基础上，创建出指导全市八个重点区域国际人才社区，形成包括9大场景、50项二级管控指标和近100项三级管控指标的建设导则——《首都国际人才社区建设导则》，并向全市发布。

6、创造性地对工业遗存建筑进行保护、改造、利用的全过程综合技术集成：工业遗存转化及综合改造技术是一项复杂的系统工程，涉及学科门类众多，通过系统化的梳理，按照“遗存检测—价值评估—精准设计—结构加固—生态改造—绿色施工—运营管理”的逻辑框架开展相关实践。

三、重大的国际影响力和显著的经济、社会、环境效益

新首钢园区“四个复兴”成效显著，一系列与冬奥及冬季运动相关的国际、国内重大活动的举办，已在大型工业遗存保护与复兴领域产生重大的国际影响力，新首钢园区城市复兴新地标建设，促进了新首钢园区及北京西部地区经济、环境、活力的整体提升，相关理论、方法和技术具有重大的应用价值，产生了巨大的经济、环境、社会效益。

评价委员会认为：新首钢园区城市复兴创新成果显著，大型工业遗存保护与利用的技术方法达到了国际领先水平，具有重大的国际影响力，成为世界领先的案例，相关理论、方法和技术对工业遗存保护利用及城市更新具有普遍的推广应用价值，一致同意通过科技成果评价。

专家组签字：

____年____月____日

组织单位（盖章）：

____年____月____日

图 25-34　百年首钢·城市复兴论坛上国内外专家、院士给予首钢城市更新“创新成果显著，大型工业遗存保护与利用的技术方法达到了国际领先水平，具有重大的国际影响力，成为世界领先的案例”的评价，并联名签字

2. 坚持深化改革创新，彰显产业价值

习近平总书记指出：“国有企业要深化改革创新，努力建成现代企业。”首钢园在绿色转型的过程中，传承首钢改革创新传统，推出工业遗存活化利用改造和多元化产业置换实施措施，以产业升级推动区域转型，彰显首钢园的产业价值。

（1）工业遗存活化利用，实现国有资产保值增值

积极开展整合遗存活化利用工作，利用精煤车间等85项旧有建筑，利用三高炉等196项旧有构筑物和设备。从2010年至2023年6月，累计从拆除管道、设备、钢结构中回收废钢20.15万吨。其中，西十冬奥广场作为最具代表性的工业遗存改造项目，利用旧有建筑面积41569.34平方米，占总建筑面积的57.23%，节省土方约43653立方米，共获得国内外20余项奖项。

西十冬奥广场相关奖项见图25-35至图25-38。

图 25-35　西十冬奥广场 N3-3 转运站项目荣获“LEED CI 铂金级”认证

图 25-36　西十冬奥广场联合泵站项目荣获“LEED CS 金级”认证

图 25-37　西十冬奥广场获评“优秀工业遗产保护利用示范案例”

图 25-38　西十冬奥广场获评“全国绿色建筑创新奖一等奖”

（2）多元化产业置换，实现老工业区转型升级

持续推进产业置换，目前在园企业 270 余家，科幻、元宇宙、虚拟现实、人工智能等“科技+”企业占比 80%，实现百度、京东、美团等企业无人车入园测试，科幻产业集聚区建设呈现初步成果，园区产业结构实现整体转型升级。

相关认证见图 25-39 至图 25-40。

图 25-39　首钢园打造成国内首个 5G 示范园区

图 25-40　中关村（首钢）人工智能创新应用产业园揭牌

产业建设见图 25-41 至图 25-42。

图 25-41　首钢园自动驾驶

图 25-42　首钢园中关村科幻产业创新中心

3. 注重节能减碳建设，彰显环境价值

绿色低碳转型和可持续发展成为企业高质量发展的必由之路。首钢园全面落实北京绿色生态示范区的评价指标体系，坚持正气候的中长期可持续发展战略（碳中和、零外排、零废物），实现单一主体整合“绿色基建+绿色建筑”。通过由注重地块“内部”节能减排转变为带动地块“外部”碳排放抵偿效果，提升北京城市环境承载能力，创造项目外部效益。碳减排总量为 28. 5 万吨二氧化碳/年，彰显了园区环境价值。

（1）加强资源循环利用，展现“正气候”样板成效

首钢厂区停产后，原有建构筑物建筑面积约 182 万平方米，规划拟保留强制、建议保留及重要工业资源建构筑物建筑面积约 75 万平方米，约占现状总建筑面积的 41%。规划拟保留现状绿地约 104 公顷，约占现状绿地总量的 67%。在园区开发过程中对保留的建构筑物及现状绿地进行循环利

用，实现节能减排。

将减碳降碳原则应用到多个建设改造项目中，西十冬奥广场项目采用多项节能技术和可再生能源系统，围护结构计算负荷较国家标准降低 15%，每年可节水约 4000 吨，节电约 131.65 万千瓦时，节煤约 460.8 吨，减少二氧化碳排放量约 1148 吨，减少二氧化硫排放量约 35 吨，减少氮氧化合物约 17 吨，减少碳粉尘约 313 吨。首钢滑雪大跳台项目采用自主研发的新型特殊性能钢材与高强度结构钢组合，节省用钢量 9.75%，减少碳排量约 950 吨。

开展多项资源利用工作，“首钢建筑垃圾资源化处理项目”有效实现既有建筑垃圾循环利用率 90%以上，年处理建筑垃圾 100 万吨，年产再生骨料 83 万吨。园区道路和广场项目共使用 12 万平方米再生砖。

（2）棕地修复及治理，守护绿水青山

创新构建园区棕地治理分级分类体系，目前已对北区共计 22 个棕地展开修复工作，完成污染土清挖运输约 49.3 万立方米，原位修复土壤约 13.6 公顷，有效实现焦化厂、金安桥片区、制氧厂、脱硫车间等项目区域棕地修复及开发利用。

棕地治理相关奖项见图 25-43 至图 25-44。

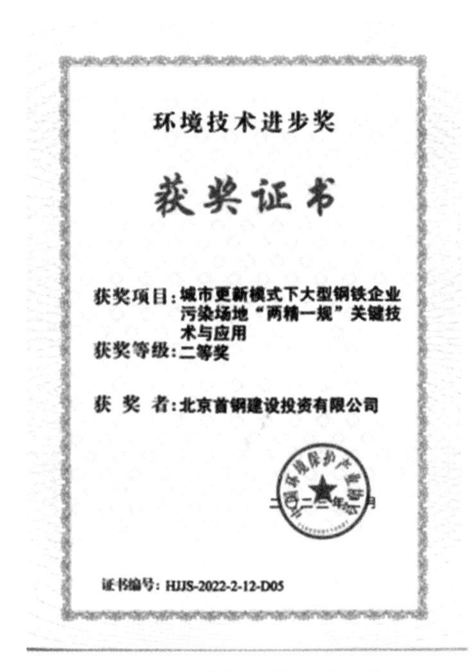

环境技术进步奖

获奖证书

获奖项目：城市更新模式下大型钢铁企业污染场地“两精一规”关键技术与应用

获奖等级：二等奖

获 奖 者：北京首钢建设投资有限公司

证书编号：HJJS-2022-2-12-D05

图 25-43　首钢园棕地治理获评“环境技术进步奖二等奖”

北京市科学技术奖

科学技术进步奖

证　书

为表彰北京市科学技术奖获得者，特颁发此证书。

项目名称：大型复杂污染场地精准修复与风险管控关键技术研究及应用

奖励等级：二等奖

获 奖 者：北京首钢建设投资有限公司

图 25-44　首钢园棕地治理获评“北京市科学技术进步奖二等奖”

4. 传承百年工业精神，彰显民生价值

国务院国资委指出，国有企业要在履行社会责任中发挥模范带头作用。首钢园在进行异地搬迁后妥善做好员工安置，帮助员工转型，履行针对员工的企业社会责任；发挥产城融合功能定位，延续老首钢街区的原有文化，结合工业文化、冬奥文化和创新文化，建设成为首都文化新地标，提升了老职工生活和工作的幸福感，优化了周围社区居民的居住条件，创造了更多的民生价值。

（1）妥善安置员工，助力员工转型发展

钢铁主流程搬迁至河北后，首钢对留守北京地区的员工进行精细化分流安置，探索转岗安置

新模式，为员工提供再就业机会。成立园区管理部，为9000多名职工在环境公司、体育公司、园区服务公司等十余家单位提供内部转岗机会。组织员工进行转岗职业技能培训，带动职工转型发展。

传统产业工人再就业案例有：部分工人从炼钢工人转型为制冰师，为国家冰壶集训队提供制冰、扫冰服务保障；部分工人从高炉炉前工转型为冬奥组委办公区安保主管，负责保障组委会的顺利运转；部分工人从天车工转型为园区服务公司讲解员，向来访嘉宾讲述奥运精神、冰雪文化和首钢故事。

（2）产城融合发展，服务人民美好生活

首钢园在转型过程中改善了园区生活环境和配套设施，以绿化升级、垃圾分类等措施促进厂区向社区、街区转变，提升了社区居民的生活品质；保留了老工业区的“工业文化记忆”，展现了首钢的“人文情怀”，提升了首钢老职工的幸福感；为周围居民和游客提供了集娱乐、体育、文化展览等功能为一体且环境优美的休闲场所，满足了服务市民美好生活的需求。近年来，首钢园还入选全国关心下一代党史国史教育基地、工业文化研学实践教育基地和北京市党员教育培训现场教学点，2023年首钢园申报的“工业遗存活化利用　服务人民美好生活”项目实践，获评国家文物局“文物事业高质量发展十佳案例”。

首钢园面向社会公众开放后，举办各类文化商业活动、专业论坛及学术会议、体育赛事等400余场，累计入园客流量达1100万人次，促进产旅融合发展，成为人文景观与工业景观相互交织的北京网红打卡地。服贸会展区接待参观人数27万余人，吸引“线上+线下”1万多名展商参展，非服贸会期间承办中国国际警用装备博览会、世界雷达博览会、中国国际金融展等大型展会，占北京市展会总数20%；三高炉、首钢滑雪大跳台、冰球馆等举办西山永定河文化节、北京新年倒计时、星光奖飞天奖等一系列活动。

图25-45　中国国际警用装备博览会

图 25-46　2023 新年倒计时活动

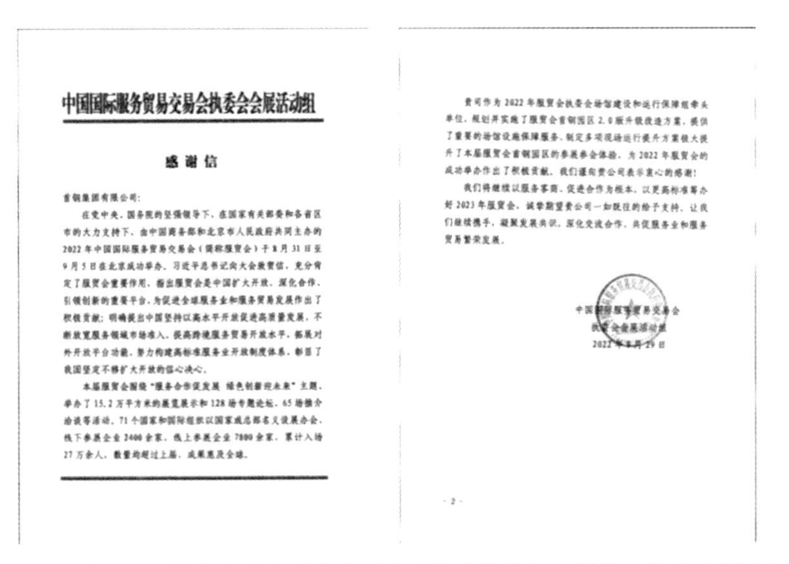

中国国际服务贸易交易会执委会会展活动组

感谢信

首钢集团有限公司：

在党中央、国务院的坚强领导下，在国家有关部委和各省区市的大力支持下，由中国商务部和北京市人民政府共同主办的2022 年中国国际服务贸易交易会（简称服贸会）于 8 月 31 日至 9 月 5 日在北京成功举办。习近平总书记向大会致贺信，充分肯定了服贸会重要作用，指出服贸会是中国扩大开放、深化合作、引领创新的重要平台，为促进全球服务业和服务贸易发展作出了积极贡献；明确提出中国坚持以高水平开放促进高质量发展，不断放宽服务领域市场准入，提高跨境服务贸易开放水平，拓展对外开放平台功能，努力构建高标准服务业开放制度体系，彰显了我国坚定不移扩大开放的信心决心。

本届服贸会围绕“服务合作促发展 绿色创新迎未来”主题，举办了 15.2 万平方米的展览展示和 128 场专题论坛、65 场推介洽谈等活动，71 个国家和国际组织以国家或总部名义设展办会，线下参展企业 2400 余家，线上参展企业 7800 余家，累计入场 27 万余人，数量均超过上届，成果惠及全球。

贵司作为 2022 年服贸会执委会场馆建设和运行保障组牵头单位，规划并实施了服贸会首钢园区 2.0 版升级改造方案，提供了重要的场馆设施保障服务，制定多项现场运行提升方案极大提升了本届服贸会首钢园区的参展参会体验，为 2022 年服贸会的成功举办作出了积极贡献。我们谨向贵公司表示衷心的感谢！

我们将继续以服务事商、促进合作为根本，以更高标准筹办好 2023 年服贸会，诚挚期望贵公司一如既往的给予支持，让我们继续携手，凝聚发展共识，深化交流合作，共促服务业和服务贸易繁荣发展。

中国国际服务贸易交易会
执委会会展活动组
2022 年 8 月 29 日

图 25-47　中国国际服务贸易交易会执委会致信感谢首钢为服贸会做出的积极贡献

（二）迭代优秀经验模式，发挥先行示范表率作用

1. 打造绿色转型重要示范

首钢聚焦“绿色生态示范区”建设，紧抓“传统工业绿色转型升级示范区”定位，践行 C40“全球正气候发展示范项目”，聚力打造具有首钢特色的绿色转型重要示范模式。明确顶层设计，制定园区绿色生态专项规划、筹划园区绿色交通体系、制定园区绿色建筑改造评价标准，提供绿色转型方案；展开绿色行动，进行园区棕地治理体系构建创新、实现建筑和生活垃圾高效率回收利用、推动园区产业置换等重点工作，演绎绿色转型生动实践；加强绿色合作，与国际企业开展交流合作，积极开展奖项申报工作，拓展绿色转型国际视野，通过“引进来+走出去”双渠道打造绿色转

型先进示范样本。

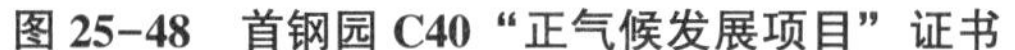
图 25-48　首钢园 C40“正气候发展项目”证书

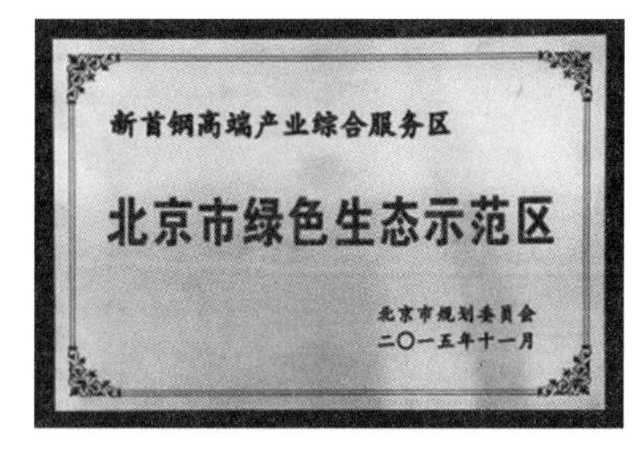

图 25-49　首钢园获评“北京市绿色生态示范区”

2. 打造行业发展先进示范

积极打造“国家体育产业示范区”，被纳入“中关村国家自主创新示范区”等多个试点，并努力筹备“LEED 认证集中示范区”建设工作，为建设行业发展先进示范提供了行之有效的“首钢经验”。统筹实施管理，打造园区开发平台，建立“管理全流程”体系，提供产业转型及多业态发展实施方案；多元产业融合，大力发展“科技+”“体育+”产业，打造生态消费体系，为老工业区产业转型升级拓展思路；加强多方交流，承办北京文化论坛、中国城市规划学会城市设计年会、京西地区发展论坛等多项不同行业的大型活动，发挥首钢园核心优势，搭建多行业交流融合平台。

图 25-50　国家体育总局与首钢联手建设“国家体育产业示范区”

3. 打造城市更新优秀示范

围绕园区城市更新建设、人居环境提升等方面，通过推动文化、产业、生态和活力四个方面的全面复兴，打造“新时代首都城市复兴新地标”，为建设具有国际影响力的城市更新项目率先示范。制定统筹规划，形成“多规合一”规划管控体系，制定园区资源调查和保护利用方案，构建首钢建筑风貌研究体系，规划统筹现状山水景观环境营造和工业资源活化利用；强调以“保”定“建”，坚持工业遗存保护优先，针对不同类别工业建构筑物采取不同保护与修补方案，完成三号高炉、西十冬奥广场等具有代表性的项目改造，推动特色空间功能转换。

（三）记录里程碑大事纪，感受“双碳”征程荣誉时刻

首钢园从明确转型方向阶段，到落实转型要求阶段，再到引导转型实施阶段，记录下多个关于绿色低碳、产业升级、城市更新等方面的关键性事件，见证了园区在践行“双碳”征程上的累累硕果。

表 25-1　首钢绿色转型历程和规划引导大事件表

阶段	时间	事件
明确转型方向（2005—2010 年）	2005 年	国务院批复《首钢实施搬迁、结构调整和环境治理方案》。
	2007 年	北京市政府批复《首钢工业区改造规划》。
	2010 年 12 月	首钢北京厂区钢铁主流程全面停产，被北京市政府授予“功勋首钢”称号。
落实转型要求（2011—2015 年）	2012 年 1 月	北京市政府“十二五”规划提出，将“首钢工业区”调整为“新首钢高端产业综合服务区”。
	2013 年 3 月	北京市新首钢高端产业综合服务区发展建设领导小组正式成立。
	2013 年 5 月	首钢老工业区列入国家发展改革委老工业区搬迁改造试点。
	2013 年 12 月	西十筒仓改造作为首钢老工业区既有工业资源更新改造第一个项目开工。
	2013 年 12 月	首钢鲁家山循环经济基地（国内首家致力于城市固废高效处理的国家级循环经济示范园区、世界单体一次投运规模最大的垃圾焚烧发电厂）试运行。
	2014 年	建成投产北京市第一条示范生产线——首钢建筑废弃物资源化处理项目。
	2015 年 4 月	建设国内第一个年产 18 万吨的钢铁冶金工业污染场地热脱附土壤修复示范项目。
	2015 年 4 月	获评住建部和科技部第三批国家智慧城市试点。
	2015 年 11 月	获评北京市绿色生态示范区。
引导转型实施（2016—2023 年）	2016 年 5 月	北京冬奥组委首批工作人员入驻首钢西十筒仓办公区。
	2016 年 6 月	第二届中美气候智慧型/低碳城市峰会确定首钢成为中国第一个、全球第十九个 C40“正气候发展项目”。
	2017 年 10 月	《新首钢高端产业综合服务区（北区）详细规划》获北京市政府批复。
	2018 年 8 月	时任北京市委书记蔡奇在首钢调研时提出“新首钢地区要打造新时代首都城市复兴新地标”。
	2018 年 10 月	首钢北京园区自动驾驶服务示范区启动，成为打造城市型产业社区的一个新起点。
	2018 年 12 月	首钢与中关村科技园区合作共建“中关村（首钢）人工智能创新应用产业园”揭牌。
	2019 年 2 月	习近平总书记到首钢园区视察慰问，对园区的规划建设、产业转型、风貌保护、生态建设等方面给予肯定，作出重要指示。
	2020 年 11 月	第五届中国科幻大会在首钢园举行，首钢园正式挂牌全国首个科幻产业集聚区。
	2021 年 9 月	2021 年中国国际服务贸易交易会专题展及相关会议论坛在首钢园举办，实现工业文化与展会文化深度融合。
	2021 年 9 月	2021 年中国科幻大会开幕式发布，全国首个科幻产业联合体在首钢园科幻产业集聚区成立。
	2022 年 1 月	习近平总书记来到位于首钢园区的北京冬奥运行指挥部调度中心，对筹办备赛作出重要指示，这是党的十八大以来，总书记第二次来到首钢园区。

续表

阶段	时间	事件
引导转型实施（2016—2023年）	2022年2月	北京冬奥会期间，从首钢园国家冬季训练中心走出的参赛队伍勇夺3金、1银、1铜，首钢滑雪大跳台见证中国队两枚雪上项目金牌的诞生。
	2022年3月	习近平总书记评价“首钢大跳台是绿色转型，钢铁产业转型变成了体育产业”。
	2023年5月	市委书记尹力会见国际奥委会主席巴赫，称首钢园区成为城市复兴新地标。

四、未来展望

首钢园的发展建设与国家发展紧密相连。因夏奥而生，首钢实施搬迁调整完成了从“山”到“海”的跨越；因冬奥而兴，首钢老工业区更新改造实现了从“火”到“冰”的转变。首钢园正在成为面向未来、面向年轻人、面向国际化的活力空间和发展热土。后续将自觉服从北京市“四个中心”功能建设，融入“五子”联动，以落实“双碳”节能减排为目标，打造全球领先的绿色生态建设的首钢模式；以保护和传承工业风貌为目标，打造世界瞩目的老工业区复兴和工业遗存再利用的首钢典范；以加快推进高端产业集聚为目标，打造北京国际科技创新中心的首钢高地；以活化并提升资产运营效益为目标，打造北京国际消费中心城市的首钢支点。探索园区开发建设和运营管理的可持续发展，引领老工业区绿色转型发展的新路径，打造“一起向未来”的城市复兴新地标，为建设人与自然和谐共生的现代化国家源源不断地汇入“首钢智慧”和“首钢力量”。

26 大数据减碳进行时——阿里巴巴借平台生态打造数字循环经济

阿里巴巴集团控股有限公司

作为数字科技平台企业，阿里巴巴开创性地提出企业自身和价值链碳排放之上的“范围 3+”商业生态碳排放的概念，和“15 年带动生态减碳 15 亿吨”的生态减排目标，协同多方面合作伙伴实现成规模的减碳创新。

在科学衡量方面，和专业机构合作发布了和国际一流对标的范围 3+减碳计量的科学分析框架，在国内外引领相关的标准制定。在践行减碳创新方面，在多样的行业和场景中推动实际减碳，全球率先通过第三方独立审计披露范围 3+减碳量，2023 财年达到 2290.7 万吨。还通过 88 碳账户体系和低碳友好商品体系，带动 409 个品牌、191 万种商品及 1.87 亿用户共同参与减碳，充分发挥平台生态的力量，从供给侧和消费侧推动向数字循环经济转型。

一、范围 3+减排提出的背景

自 2015 年联合国通过了历史性的《改变我们的世界：2030 年可持续发展议程》，应对气候变化和非均衡发展等全球性挑战已成人类共识，但我们离实现这些目标仍遥远。近年来，在新冠疫情、地缘冲突和气候变化带来的连锁冲击下，全球发展出现系统性的倒退，人类发展指数（HDI）三十多年来首次连续两年下降，发展的不均衡在国家间和国家内地区间都有扩大趋势。与此同时，全球生态退化并没有明显缓解的趋势，温室气体排放仍在增加，减排的节奏距离实现巴黎协定目标仍有巨大差距。

习近平总书记指出，实现碳达峰碳中和，是贯彻新发展理念、构建新发展格局、推动高质量发展的内在要求，是一场广泛而深刻的经济社会系统性变革。这一过程中也涉及大量的利益相关者，各方在不同可持续发展目标上的诉求往往交错难分。为此，除了清晰的政策导向，还需要在发展前提下，与各方有意愿参与且受益的市场机制紧密结合，并充分发挥科技创新的力量，才有可能真正缓解挑战。这也定义了阿里巴巴作为一家数字科技平台企业应当承担的社会责任，及在其中可以发挥的空间。

党的二十大报告强调，要推动绿色发展，促进人与自然和谐共生，加快发展方式绿色转型，深入推进环境污染防治，提升生态系统多样性、稳定性、持续性，积极稳妥推进碳达峰碳中和。积极开展碳排放披露和减碳创新，促进碳中和的实现，是企业参与到绿色发展中、践行 ESG 并实现自身的可持续发展最重要的方面。阿里巴巴作为中国的数字科技平台企业，正在发挥科技创新的力量和平台经济的优势，将可持续发展融入商业设计，与各个利益相关方紧密联动，积极承担社会责任。

我们坚信，数字化平台是建设数字循环商业生态的优质土壤。我们的目标，一方面是推动企业尤其中小企业在发展前提下实现绿色低碳生产，一方面是支持最广泛的消费者向更可持续的消费方向转变，并在消费和生产之间建立正循环，带动生态伙伴共同践行减碳。

为此，2021 年阿里巴巴在互联网企业中率先发布《碳中和行动报告》，提出三大承诺：第一，做好绿色阿里巴巴，不晚于 2030 年实现自身运营（范围 1 和范围 2）碳中和；第二，做强绿色价值链（范围 3），不晚于 2030 年协同上下游价值链实现碳排放强度比 2020 年降低 50%；第三，做大绿色生态（范围 3+），用平台的方式，通过助力消费者和企业，激发更大的社会参与，到 2035 年的 15 年间，带动生态累计减碳 15 亿吨。

二、范围 3+减排是什么

从整个经济社会的视角看，企业碳排放从范围 1 到范围 2，再到范围 3，企业对于自身减碳责任的认定不断升级扩大。一个企业的范围 3，源自其他企业的范围 1 和 2，这种“双重核算”的底层逻辑，既鼓励每个企业在更大范围内承诺，同时也有利于在企业之间形成更大的减排协同，从而尽可能多地助力全社会的碳中和进程。简言之，不跟其他企业协同，范围 3 很难达成碳中和。

数字平台的出现，为这一协同提供了更多的可能性。平台企业可以通过提供各种技术和商业创新，通过设立规则和生态协同，影响平台参与者的行为和决策，由此推动更大的减排，但这样的作用还没有体现在平台建设方和运营方的范围 1、范围 2、范围 3 衡量之内。

基于阿里巴巴的平台模式和生态，2021 年 12 月，我们在《阿里巴巴碳中和行动报告》中开创性地提出“范围 3+”概念和“15 年带动生态减碳 15 亿吨”的平台生态减排目标。所谓范围 3+，是指在目前平台企业的范围 1、范围 2、范围 3 以外，平台生态中更广泛参与者产生的碳排放。

范围 3+是范围 1、范围 2、范围 3 概念的自然延伸。如图 26-1 所示，我们希望借助范围 3+，拓展对碳排放的关注视角，将其从单个企业的供应链延伸到更广的平台经济商业生态，甚至更大范围，促进平台上企业和消费者更清晰地认知各自的减碳潜力，并努力承担相应的减碳社会职责。这一创新尝试对我们的能力和投入提出了更大的挑战，但潜在的全社会减碳效果也更大。

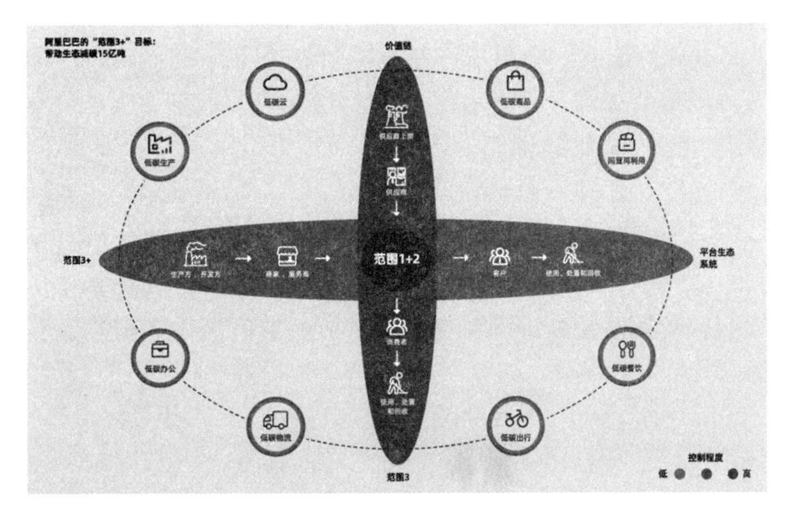

图 26-1 “范围 3+”

因为“范围 3+”没有既定标准，需要在建立科学、透明、可衡量标准的同时推进减碳，是探索递进的过程。2023 财年，我们在发布《范围 3+减排：超越价值链的企业气候行动方法学》基础上，实现经审计后的减碳量达 2290.7 万吨，并初步规划出后续减碳路径，为范围 3+目标的最终实现打下了基础。

三、积极实践范围 3+

我们积极推进既定的碳中和目标高质量实现。通过推动能源转型、鼓励科技创新和建设参与者生态，实现了自身运营净碳排放下降和价值链碳强度下降的“双降”目标。2023 财年是我们从 0 到 1 带动生态减碳的第一年，经过权威第三方审计的减碳量达到 2290.7 万吨。相当于 100 万中国家庭一年温室气体排放的总和。在带动减排上，我们取得了三方面的重要进展。

（一）科学衡量方面，和专业机构合作，对外公布了范围 3+减碳科学衡量的分析框架，定义了“赋能减排”（数字化提效减碳）和“带动减排”（通过平台机制设计带动参与者减碳）两条实现路径

实现碳达峰碳中和，是以习近平同志为核心的党中央统筹国内国际两个大局作出的重大战略决策。计量、标准是国家质量基础设施的重要内容，是资源高效利用、能源绿色低碳发展、产业结构深度调整、生产生活方式绿色变革、经济社会发展全面绿色转型的重要支撑，对如期实现碳达峰碳中和目标具有重要意义。

《建立健全碳达峰碳中和标准计量体系实施方案》中指出：“开放融合，协同共享。充分发挥部门、地方、行业、企业作用，加强产学研用结合，促进计量、标准等国家质量基础设施的协同发展和综合应用。积极参与国际和区域计量、标准组织活动，加强计量、标准国际衔接，加大中国标准国外推广力度，促进国内国际协调一致。”

在《范围 3+：超越企业价值链的减排行动》报告的基础上，我们联合中国标准化协会、中环联合认证中心，申请立项《企业范围 3+温室气体减排核算和报告通则》的团体标准，实现了“范围 3+”从概念提出到标准建立的关键一步。

我们围绕以上八个减碳路线，联合第三方专业机构，共同开发了 102 个场景的减碳计量方法学，并体系化地逐步将场景的减碳方法学发展成为官方标准[①]。截至 2023 年 3 月 31 日，我们主导推动或参与编制的全国团体标准立项已达 28 个。

案例 1

建设低碳友好商品认证体系与商品减碳标准，助力低碳商品发展

我们联合中国质量认证中心、中国标准化研究院等权威第三方机构，建设认证采信体系和减碳标准体系来助力低碳商品发展。围绕商品全生命周期建设“第三方认证采信体系”，并发布《阿里巴巴低碳友好商品体系》，该体系涵盖碳中和商品、低碳原材料、低碳包装、低碳物流、节

① 官方标准包含团体标准、地方标准、行业标准及国家标准。

能使用等多个减碳的关键环节与举措，目前已采信17个低碳相关认证与标签。同时，按照商品不同品类开发减碳计量标准，已形成《高效节能产品减碳量评估技术通则》《减碳量评估技术要求　包装产品》等团体标准。

（二）实际减碳方面，范围3+并没有先验标准，需要一边开发具体场景的减碳方法学，一边采取实际行动推动减碳。范围3+减碳实施的第一年，我们减碳量达到2290.7万吨，同时初步探索出完成长期减碳目标的路线图

2023财年是达成“范围3+”15年目标的基建年。我们首先联合权威机构对外发布了《范围3+减排：超越价值链的企业气候行动方法学》，明确了带动和赋能生态减碳两大减碳类别，并以此搭建减碳基础。

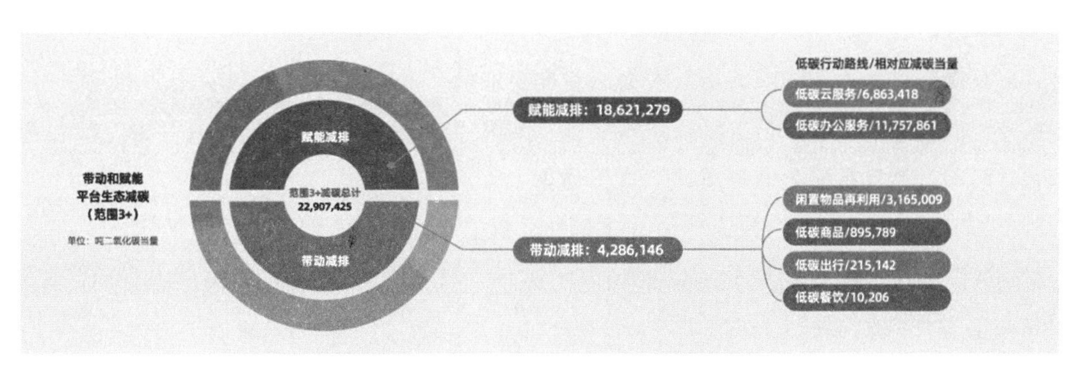

图 26-2　带动和赋能生态减碳

在“带动减碳”和“赋能减碳”两大减碳类别之下，我们共梳理出九条具体的减碳路线。

1. 带动减碳

我们积极借助平台机制，分别从行为和商品两个层面引导和带动个人和企业主动减排，建立低碳生活和消费的场域：重点从低碳出行、低碳餐饮、闲置再利用、低碳商品、生活随手减碳五个关键路线进行。分别通过减量（Reduce）、替代（Replace）或回收（Recycle）维度实现减碳，平台的积极措施带动了这些行为的发生。

（1）低碳出行：通过高德地图中“绿色出行板块”，引导用户选择“步行、骑行、公交、地铁”等更低碳的出行方式。截至2023年3月31日已覆盖包括北京、上海、广州、深圳、武汉、成都、重庆等16个城市，带动超3000万用户低碳出行。2023财年，低碳出行带来的减碳量达21.5万吨。

（2）低碳餐饮：饿了么提供“无需餐具”选项，以此减少一次性用品用量和碳排放。消费者每一次主动选择无需餐具，都可在88碳账户体系中获得相应的减碳量和碳积分，并可兑换各类权益。截至2023年3月31日，饿了么平台上的无需餐具订单已超14亿单。

（3）闲置物品再利用：我们倡导消费者在不影响生活质量的前提下，选择使用闲置物品。在闲置物品交易平台“闲鱼”上，针对22个品类的闲置物品和6个品类的回收物品，进行减碳量计量和消费者激励，包括手机数码、美妆日化、母婴玩具等。2023财年，闲置物品再利用带来的减碳量达314.2万吨。我们鼓励消费者在菜鸟驿站取件时将纸箱留下，供驿站工作人员二次使用。在消费

者寄件时，提供专门的“旧箱寄件”选项，引导消费者参与循环经济。2023 财年，菜鸟驿站数字化记录的纸箱回收再利用的数目达 2382 万个。为鼓励消费者参与其中，菜鸟共免费发放超 200 万个（份）鸡蛋、纸巾和大米等相关物品。

（4）低碳商品：我们在低碳友好商品的页面介绍中添加减碳标识来清晰引导消费者对这类商品的购买。截至 2023 年 3 月 31 日，超 1 亿用户在淘宝平台上选择了家电、快消、食品等多品类的低碳商品。2023 财年，购买低碳友好商品带来的减碳量达 89.6 万吨。同时通过 88 碳账户，集中为消费者展现多样的低碳商品供给并提供权益，让消费者便捷选择。

（5）生活随手减碳：让减碳可持续，关键是用户心智建设和理念改变。因此，我们不断发掘生活中随手减碳的场景和方式，降低消费者低碳环保的门槛。在 88 碳账户上，我们倡导并激励用户从身边做起，养成生活中随手关灯、自带杯、光盘等低碳行为习惯。通过小改变、小激励，创造守护地球的大价值。

2. 赋能减碳

我们不断挖掘数字科技的减碳增效潜力，帮助企业和产业实现减碳，当前主要涵盖了企业使用低碳云服务、低碳办公服务、低碳物流解决方案及低碳生产解决方案四个领域。相比社会基准线，这些解决方案和产品具有显著低碳属性，直接强化了客户的减碳能力。

（1）低碳云服务：根据 Carbon Trust（碳信托）2022 年的《阿里云碳效能报告》，从本地化部署机房和服务器的传统模式切换到阿里云国内的客户，可避免 85.5%的碳排放。我们的云计算在 2023 财年赋能客户减碳 686.3 万吨。

（2）低碳办公服务：钉钉帮助企业客户员工在线完成工作协同，大幅降低见面所需的各种资源消耗，从而减少碳排放。钉钉专门推出面向企业客户员工的碳普惠产品“钉钉碳减排”，为员工的低碳办公行为提供可视化可量化的窗口。2023 财年，钉钉的数字化办公服务赋能客户减碳达 1175.8 万吨。

（3）低碳物流解决方案：菜鸟发挥数字技术和物流平台优势，对生态伙伴提供数字化回收的全链路能力。2022 年 7 月，伊利与菜鸟签署绿色战略合作协议，依托“全链路减碳数字化系统”，共建旧包装的绿色回收链路，覆盖消费者参与、转运清点、回收再造、预测模型的整个环节。2022 年 9 月，菜鸟联手耐克在全国开展上门旧鞋回收，并在 30 个校园驿站开展到站回收。同时，在浙江、安徽、湖南、广西四省邮政管理局支持下，菜鸟开展了邮政快递行业的数字化碳资产管理系统试点，推动行业科学减碳。首个试点系统已在安徽上线。

（4）低碳生产解决方案：能耗和碳的管理平台“能耗宝”，通过数字化技术快速监测能耗、记录分析碳排放并提供相应的能耗建议，帮助企业尤其中小型出口企业，在生产端减碳，构建绿色竞争力。同时，相比传统形式的碳盘查，能耗宝可节省约 75%的时间和 90%的费用。截至 2023 年 3 月 31 日，能耗宝已为全球 2580 家企业提供服务；再以赋能电力能源行业的低碳转型为例。2023 年 2 月，和南方电网签订《人工智能技术在电力调度应用合作备忘录》，共同推动云计算、大数据、人工智能技术在电力调度业务中的研究应用，实现安全、可靠、绿色的发展目标。2023 年 3 月，升级与国家电力投资集团的全面战略合作，互补能力的同时，让“新能源+”和“绿色数智+”帮助到更多行业。

（三）同样有意义的是，通过88碳账户体系和低碳友好商品体系，带动409个品牌、191万种商品及1.87亿用户共同参与减碳，从而实现我们的初衷，即充分发挥平台生态的力量，从供给侧和消费侧推动向数字循环经济转型

我们将创新的商业实践和体系化的减碳标准结合起来，通过平台机制和参与者生态推动标准在更多场景和人群中的广泛应用。

针对消费者的"88碳账户"：作为阿里巴巴"1+N"碳账户体系，依托丰富场景的触达优势，不断挖掘数字化减碳场景，88碳账户为消费者呈现低碳生活全貌，覆盖餐饮、出行、办公、购物、闲置回收等多个生活侧面，并基于持续开发的减碳计量标准，将用户在阿里巴巴多端产生的减碳行为予以记录和衡量。同时，88碳账户以守护地球心愿为价值出发点，通过减碳小激励和低碳主题活动，激发用户形成减碳习惯。2023财年，1.87亿用户通过88碳账户1+N体系参与到减碳行动中。

针对商品的"低碳友好商品体系"：2022年10月，我们推出低碳友好商品体系。通过建立认证采信体系和商品减碳计量标准体系，并在淘宝天猫平台上应用，不断丰富低碳商品供给。截至2023年3月31日，淘宝天猫平台已有409个品牌的共计191万个低碳友好商品，涉及41个一级类目[①]。我们正带动越来越多的商家在商品全生命周期践行低碳实践。

积极参与政府主导的个人自愿减排创新模式：依据《广东省碳普惠交易管理办法》及《广东省节能空调减碳核算规则》，汇集申报了节能空调场景下的广东省碳普惠自愿核证减排量。高德地图通过参与建设北京交通绿色出行一体化服务平台（北京MaaS平台[②]），积极引导公众低碳出行。2023年6月，高德地图的"绿色出行碳普惠项目"被生态环境部评选为"美丽中国，我是行动者"2023年提升公民生态文明意识行动计划十佳公众参与案例。

案例2

从"减碳友好行动"到"88减碳日"

充分发挥平台机制，通过带动消费者选择低碳生活方式和低碳消费，加速促进供给方提供绿色低碳循环的产品和商业模式。

2022年7月，阿里巴巴集团推出"减碳友好行动"，截至2023年3月31日，已与快消、家电、食品等多行业的23个国际国内品牌企业联合推进该行动。

2022年11月，阿里巴巴集团进一步推出集品牌建设、消费者教育和低碳消费为一体的"88减碳日"，与品牌集团共同建立低碳消费心智，打造全新的低碳消费专属场景。截至2023年3月31日，阿里巴巴集团已与资生堂集团、伊利集团分别开展了"88减碳日"活动。

---

① 一级类目是指淘宝天猫平台上针对商品的基础分类。

② Maas，Mobility as a Service，出行即服务。

四、范围 3+的展望

范围 3+减排也正在成为全球碳中和领域的热点之一。今年 4 月份，在日本举行的七国集团（G7）年度会议上，东道主日本成功说服了 G7 的其他成员正式接受了“避免排放”这一概念。避免排放和范围 3+减碳在概念上高度一致，G7 参考的避免排放的指导原则来自范围 1、2、3 计量体系的共同发起方世界可持续发展工商理事会（WBCSD）。2023 年 4 月以来，阿里巴巴和世界可持续发展工商理事会（WBCSD）就双方的概念和计量方法论做了深入交流。同时，在 6 月份的天津夏季达沃斯会议上与 WBCSD、世界资源研究所（WRI）及世界经济论坛（WEF）共同探讨推动范围 3+减碳标准和国际相关标准的比较和融合，成为全球广泛认可并愿意践行的标准。

接下来，阿里巴巴将继续深挖业务潜力，和生态合作伙伴一起，不断深化和拓展范围 3+减碳的新领域，努力实现范围 3+的目标。同时，在国内持续开展相关标准的立项和制定工作，在国际上与 WBCSD 合作，在选定的行业开展范围 3+标准的应用以扩大影响力，与各行各业的领军企业一起，带动更多的减碳创新，面向全球讲好中国的碳中和故事。

27 数智减碳新样本——新奥集团全要素减碳新实践

新奥集团股份有限公司

ESG 倡导的企业可持续发展理念，是商业文明不断进步的标志。新奥集团作为一家伴随国家改革开放成长起来的民营企业，始终把“创建现代能源体系，提高人民生活品质”作为事业初心和目标愿景，在孜孜不倦探索事业发展的道路上，新奥将可持续发展的理念深刻融入公司的战略和日常运营中。随着智能时代的到来，基于新理念、新模式和新技术，新奥全面创新智能低碳的发展战略和业务模式，努力开创一条符合国家发展要求、有新奥特色的高质量发展之路。

一、智能低碳升级，建设绿色生态环境（E）

（一）探索落地需求侧牵引的创新型减碳机制，致力于拉动形成全社会广泛参与的“碳经济”

针对传统的供给侧思维模式下，因内驱动力不足造成的全社会控排减碳尝试和探索不理想的问题，新奥创新提出需求侧牵引的减碳思想。

基于每个人都享有平等的碳权利的原点，以数字碳币的方式，把碳权公平地分配给个人，消费者在购买商品时用“货币+碳币”支付，自然更愿意购买低碳的商品，低碳生产的企业就能够实现销量和收入的增长，减碳也就有了可持续的动力。落地这一需求侧牵引的减碳理念，要着力构建三个支撑：一是政府通过顶层设计，将碳币公平发放到个人碳账户；二是利用物联网、人工智能、区块链等技术，准确记录每个人的碳足迹，为碳交易提供支持；三是开发便捷的数智工具进行碳交易。

需求侧牵引的创新型减碳机制的落地，一是将助力实现共同富裕，通过消费多、碳耗高的人向消费少、碳耗低的人购买碳权，能够为低收入群体提供基本收入保障；二是为经济发展提供新引擎，大众低碳生活、企业低碳生产会产生大量新需求，将拉动生产设备全面升级换代，推动高效装备、低碳能源等产业快速发展；三是支撑经济高质量发展，机制的运行涉及碳权的分配、交易与碳足迹的准确记录，以及低碳产业的发展，都离不开数智技术的支撑，这将加速数智技术与人民生活生产的深度融合，助力各行各业形成产业智能，提升产业整体能力，进而满足人们高品质生活需求，同时推动各行各业高质量发展；四是加速“双碳”目标落地，以低碳消费拉动企业低碳生产，通过企业自愿减碳，实现经济社会低碳绿色发展。

以需求侧牵引的创新型减碳思想为指导，新奥打造了新奥伙伴低碳办公体系。通过盘查伙伴在

“食（膳食）、驻（办公空间）、行（通勤+商务出行）、用（办公资产）、基础办公（会议、文件办理）”等办公全场景下碳排放量的情况，为每位伙伴开设碳账户，发放数量相同的碳配额，并通过各类数智产品获取伙伴的碳足迹，核算伙伴碳账户中的碳配额。在此基础上，建立碳交易平台，让高排放的伙伴向低排放的伙伴购买碳配额，从而拉动伙伴主动减碳。目前，这一机制已经在新奥集团启动落地，预计通过未来三年低碳办公体系的运行，将促进新奥伙伴行政办公开支降低 30%，同时形成成熟的需求侧牵引的减碳模式，向全社会推广落地，打开低碳经济发展新空间。

（二）以客户需求为牵引，以智能技术和自主能源技术创新为驱动，为客户提供智能低碳的产品和服务

新奥凭借在清洁能源领域多年的业务领先实践和专业技术研发，利用智能技术，因地制宜为客户提供包括碳中和液化天然气、氢能、光伏、生物质等在内的多种清洁能源方案，在提升客户可再生能源利用率和节能减排的同时，实现能源经济效益最大化，提升能效水平，助力社会经济生态绿色低碳发展。

在碳中和液化天然气领域，新奥基于天然气全场景生态的深耕实践，对标行业及国际碳中和能源产品以及碳中和液化天然气业务发展情况，坚持推进 LNG 全产业链碳排核算及减排研究，积极探索 LNG 全生命周期的碳中和。2022 年，新奥股份舟山接收站牵头积极参与了团标《碳中和天然气评价与认证》的编制工作；基于天然气产业智能平台，开发了碳中和 LNG 数字化产品，助力为客户交付具有全足迹碳标签 LNG 产品的能力，并大大提高碳中和液化天然气产品的客户定制水平。

在氢能的研发和应用领域，新奥多年来积极布局氢能全产业链并投入研发，在制氢工艺研究和生产、氢储运、氢能项目工程建设等方面都取得了一定的成果。在产业链上游，以技术研发、工艺设计及装备制造为牵引，形成不同规模不同工艺的高效氢气制备解决方案，尤其在天然气制氢领域进行了大量技术探索，同时公司发挥强大市场优势和泛能业务专长，挖掘客户用氢场景，发掘副产氢资源，为客户提供氢能、天然气等综合用能解决方案。截至 2022 年底，新奥已拥有 14 项专利技术，40 余个制氢工程项目经验，覆盖煤制氢、天然气制氢、电解水制氢在内的所有主流氢能制取路径。此外，新奥还在天然气掺氢领域进行技术探索，为客户提供氢能、天然气等综合用能解决方案。

在光伏领域，新奥以智能技术为支撑，致力为客户提供光伏供能方案，在提升客户可再生能源利用率和节能减排的同时实现能源经济效益最大化，助力绿色低碳发展。2022 年，由新奥能源提供的光伏项目实现批量落地，年度累计签约超 1000MW，投评 850MW，建设及并网项目 430MW。

在生物质领域，新奥始终高度重视生物质能源技术的发展，拥有十余年生物质领域供能服务沉淀，在生物质燃料收储管理、技术设计、设备选型、投资运营方面沉淀了丰富经验。新奥根据不同地区生物质资源使用的政策要求并联合生态圈资源，为客户定制化提供生物质直燃、半气化、全气化等多种技术方案，解决客户多场景应用需求。截至 2022 年底，已将生物质能技术成功应用于 11 个项目，装机规模 431MW，年供能量共计实现 93.58 万吨蒸汽。

在储能领域，2022 年以来，新奥持续加大储能项目的基础建设，提高储能设施投资力度，与配电网形成互补并通过储能进行动态调节，以“清洁能源+储能”模式打造区域新型电力系统，提升电网对可再生能源的消纳能力，推进能源低碳转型。投运 1 个 2MWh 配电网储能项目，在建 3 个储能项目（共计 4.6MWh）。

依托智能技术和自主能源技术创新，新奥以客户需求为牵引，以能量全价值链开发利用为核心，打造因地制宜、清洁能源优先、多能互补，用供一体的智能化低碳解决方案，为工业企业、园区、建筑、交通等不同客户提供“能碳一体化”智能解决方案。

“能碳一体”智能解决方案通过智能技术来实现，包括能碳融合计量、能碳协同诊断、实时运行控制和能碳耦合交易等一系列的智能产品和应用。具体而言，首先通过一套能源设备设施智能物联系统，基于实时精准、不可篡改的能源数据获取碳数据，实现能碳融合计量；利用智能算法，依托泛能指数量化评价，通过泛能仿真对客户的能源系统进行诊断，提出最优的节能降碳方案；结合物联数据和诊断方案，打通客户的生产计划系统，匹配设备设施负荷变化，通过边云协同及智能控制，实现运行过程中能效更优、排放更低；通过智能算法准确地预测能源需求和碳排数据，打通能源电力交易和碳交易两个市场，以更低的成本参与市场交易，实现客户低碳目标的同时获取更多减碳收益。

“能碳一体”智能解决方案，一是实现能碳数据的统一计算分析，通过智能物联，实现能源总览、碳排统计、区域和重点能耗设备统计、多维数据的可视化展现、报表报告一键生成、嵌入国内外核算标准和海量排放因子库的精准碳排计算、自动生成全生命周期产品碳足迹报告等；二是各种能源设备设施的智能运维，实时监控配电、供热、空压、制冷、光伏和储能等能源设备设施，建立设备设施数字孪生的物模型，实现故障主动告警、快速消缺，保障安全高效运行；三是实现企业碳资产的价值优化管理，集成 200 余种碳减排方法学，帮助评估碳减排项目的收益，制定碳减排目标与碳减排路径；按需预测要抵消的碳排放量，推荐碳资产配置策略；基于碳市场行情分析，供需预测，推荐最佳交易策略，实现碳资产价值最大化。

截至 2023 年上半年，新奥已累计投运规模泛能项目 252 个，其中融合可再生能源项目 116 个，可再生能源供能比例约 21%。2023 年上半年，新奥所提供的低碳解决方案为客户减少能源消耗超过 127 万吨标准煤，降低 492 万吨二氧化碳排放，助力客户低碳转型并提升竞争优势。

（三）持续推进甲烷控排

作为以能源为主业的新奥，深知甲烷减排的重要性，积极在公司运营的全流程推进甲烷控排工作，竭力回收储运与输配气过程中的挥发气（BOG），在国内的各个场站应用激光云台甲烷检测装置，大大提高了甲烷泄露的检测效率，最大限度地降低工程和运营过程中天然气的排放和泄露，最大限度地减少了甲烷排放对周边生态环境的影响。

2022 年，新奥开展了行业领先的加气站场景甲烷排放实测研究，为新奥的进一步甲烷控排奠定坚实基础。公司已制定城市燃气甲烷管理减排行动，明确了在甲烷控排领域的短中长期目标。新奥能源加入“甲烷减排指导原则”（MGP）组织，与北京燃气、埃克森美孚等公司共同减少甲烷排放，力争在 2025 年与联盟伙伴共同将天然气生产过程甲烷平均排放强度控制在 0. 25%以下；以 2019 年为基准，到 2030 年城市燃气业务板块办公及运营场景温室气体排放强度减少 20%。

舟山接收站建设 4 台槽车泄压回收装置，通过设置 BOG 回收系统与接收站的 BOG 总管连接，将 LNG 槽车内的低温 BOG 通过卸车臂及管道卸载至接收站内 BOG 系统，有效回收槽车内残留的 BOG，并降低槽车加液的安全风险。平均每车回收约 0. 11 吨天然气，按照一天开展 75 车次泄压回收，每日约回收 8 吨天然气，2022 年全年减少天然气直排 2630 吨，减少碳排放约 7 万吨二氧化碳当量。“新奥普陀号”加注船通过加装多余蒸发气体 BOG 处理能力 300kg/h 的气体燃烧装置

（GCU），回收利用船舶在加注过程中除发动机消耗外产生的 BOG。经过半年多实船验证，GCU 装置满足技术、安全和环境方面的规范要求，实现了天然气的“零排放”，是一艘“环境友好”型 LNG 加注船。

新奥与中国石油大学开展加气站场景下的甲烷排放实测研究，以青岛新奥为试点开展工作，针对城市燃气场景可能存在甲烷排放的各个场景进行了实测，完成了 6 个 LNG 加气站场景及 2 个燃气门站场景的甲烷检测工作并编写检测报告，参与编制并发表了关于 LNG 加气站甲烷排放相关的学术论文，并以甲烷检测结论为基础，支持国家及行业标准编制的工作，促进行业学术研究信息交流与资源共享。

二、数智赋能生态伙伴，共创绿色发展未来（S）

（一）安全运营，筑牢发展基石

安全是使命是责任，是新奥文化中一以贯之的最基本要求。新奥始终牢固树立安全生产运营的底线思维。随着数智时代的发展，新奥致力于通过数智技术重构安全管理模式，解决传统安全管理的痛点和难点问题，提升安全绩效，实现安全发展。我们坚持“看得见、知重点、有人管”的安全数智化九字方针，秉承“场景是基础、物联是关键、数据是资源、平台是载体、智能是目的、安全是保障”的数智理念，打造产业—数智融合、运营安全技术牵引的产业物联网新模式。通过“物联感知+生产过程预警示险+快速响应”，实现安全生产工作由被动转为主动，彻底变革安全“人盯人、人管人、事后管理”的传统模式，实现从生产安全和数智安全的双向赋能，演进到“全场景安全”的实践与落地，提升了企业本质安全水平。

新奥能源建立了以“智能运营中心为脑，多业务场景为端”的安全数智化管理体系。已上线安全数智化平台，建立管网、厂站、工程、户内、泛能在内的五大业务场景和 108 个子场景，并设置相应示险工程师。已有安全运营中心成员企业 44 家，安全数智化标准与指引 182 项，物联设备 50000 余个，视频接入 1400 余个。数智安全平台借助物联感知设备，可实时传输业务运营以及相关用户的操作行为数据至智能运营中心，通过数据采集和 AI 智能分析，筛查企业重点安全风险，进行预警示险、安全纠偏，持续提升公司安全风险管理能力。

新奥股份能源生产业务采用自动化控制系统、AAS 高级报警管理系统、激光云平台、红外探测监控、设备动态监测系统，使工艺生产全过程安全可控，线下线上全方位推进双重预防机制平台、智慧视频 AI 识别、特殊作业电子化、智能巡检、超声波泄漏、人员定位，提升了本质安全管理水平；舟山接收站将危化品 LNG 运输充装环节进行全流程智能化监管，完成船舶靠岸、储罐监测、装车、管输 4 类安全场景关键风险闭环上线，初步构建起基于物联和数据驱动的安全防控体系；低碳贸易运输业务上线危货导航、驾押护照、AI 误报识别、运力评级，支撑 389 条危货经验线路及 1337 个风险路段标注，支撑驾押人员线上承运安全培训，完成 200 台运力的安全评估，保障上线车辆无重大安全事故发生；工程建造业务通过上线工程数字化赋能系统，对施工过程的风险点进行全方位的控制，做到主动预警和示险。应用工程球机、智能安全帽、工程慧眼等物联设备和工程实况直播、AI 识别等技术，全方位监控施工关键工序，实时管控危险作业流程，实现了工程场景全流程可视化控制与数据留痕。危险作业 100%挂接球机，平均一次焊接合格率提升至 95%，因安全问题共清退23家合作企业与14名监理，99.2%的工程人员及89.3%的监理人员已通过资质认证。

新绎控股以北海康乐旅游港安全数智化体系建设为试点，秉持将安全融于业务的理念，实现业务与安全的同频、闭环管理。针对北海康乐旅游港的四大场景和12个子场景，聚焦七大痛点问题，定义了20个风险场景的监测预警处置闭环。以“大、智、物、移、云”为基础构建多元化的感知体系、智能化的管控流程、全闭环的管理模式，从风险源头开始治理，对生产运营流程进行标准化管控，特别是通过物联感知手段，强化了事故发生前的预警和风险提示，有效地将事故阻断在萌芽状态，建设安全态势感知一张网、风险管控一张网，应急处置一张网、过程管控一张网，极大地改善了安全生产条件，有力保障了游客的生命财产安全。

与此同时，新奥还在积极构建行业通用的安全心数智安全理正平台，基于双重预防机制，建设安全风险知重点的逻辑，初步研发了安全地图智能产品，基于物联（包括移动感知）感知生成安全风险地图，并生成风险等级图；借助AI、大数据、物联网等数智技术，打造风险动态识别和隐患根因治理的智能引擎，帮助更多角色知晓安全重点，实现全场景问题闭环。通过打造安心师智能机器人，实现数（安全地图）法（解决方法）联动，创建安全认知智能模式，基于感知的每一个风险点自动推荐解决方法，并落实到具体人。将安全管理量化，帮助各角色有效感知安全态势；在提升角色安全智能能力的过程中，根据数据标签识别角色安全能力及能力短板，按需提供安全知识，提升角色安全技能，提高角色能岗匹配率。

与此同时，新奥积极打造“知行合一、人人自驱”的安全文化，强调全员安全主体责任落实和主动培养安全意识。通过定期开展总经理安全能力评估、领导班子走一线等活动持续提升安全领导力；借助餐厅、走廊、宣传栏、电脑开机屏、网站等多种媒介广泛进行安全宣传；通过组织开展各类安全技能比武、知识竞赛等活动，持续营造令行禁止的安全执行文化氛围。

（二）数智赋能，助力产业生态绿色发展

基于“源自客户、成就彼此、共创生态”的新奥之道，在落地产业互联网战略的过程中，新奥充分发挥头雁效应，联合上下游生态伙伴，启动打造“有责任的生态圈”，通过与生态伙伴一起共创生态，更好地服务客户、服务社会。近年来，围绕品质化、低碳化、数智化的发展方向，新奥重点打造了质量生态、绿色生态和智能生态。

1. 构建质量生态

作为一家以城市燃气运营为主营业务的企业，维护和保障管网基础设施安全至关重要。其中，对于城市燃气相关的钢管、PE管、燃气报警器等材料质量有极高的要求。同时，数智时代的客户需求已经从有没有转为好不好、优不优的品质化需求。对此，新奥集团致力于打造全链质控为核心的质量生态，以质量数智化为抓手，贯通家庭与企业，通过全链质控能力推动产业链质量提升，满足客户品质化的产品和服务需求。

据此，新奥着力以全链质控为核心，打造“质采智购”供应链生态平台，覆盖3000家以上供应商、300个大类、4000余个细分类目的商品。通过智能物联技术达到生态互联、数据贯通，实现产品从原材料/生产/交付的全链质量可视可控，确保物资供应链的稳定和可持续发展，切实保障客户权益。在新奥主导构建的质量生态内，供应商通过全链质量追溯、全链质量控制，切实提升自身产品的质量，实现产品质量自证，推动企业可持续发展。

2. 构建低碳生态

作为清洁能源企业，新奥始终坚持以低碳产品理念牵引产业链上下游，共同打造低碳生态，为客户提供绿色优质产品。

以天然气产品为例，我们深耕天然气全场景生态，对标行业及国际碳中和能源产品以及碳中和LNG业务发展情况，坚持推进LNG全产业链碳排核算及减排研究，积极探索LNG全生命周期的碳中和。同时，新奥着力打造天然气产业智能生态平台——好气网，推进碳中和LNG数智产品的开发，赋能各生态伙伴为客户提供具有全生命周期碳标签的LNG产品及碳中和LNG定制服务。

3. 构建智能生态

新奥自2014年开始，不断探索实践产业数智化转型，并逐步明确通过将行业最佳实践打造成为产业智能能力，更好地为客户提供系统性的智能体方案，推动产业能力升级。围绕产业智能，新奥坚持与生态伙伴进行联合共创。基于“人有我用、人缺我补”，依托新奥各产业互联网平台，打造能力互补、共建共赢的产业智能生态。

在能碳领域，通过泛能网平台聚合了智能设备商、集成服务商、软件服务商在内的近240家合作企业，形成了多领域、品类丰富的端侧智能生态。在新奥的蒙牛智慧能源项目中，联合上海中如和上海双良两家控制集成商，共同完成了三个工厂的智能中控系统建设，帮助蒙牛工厂实现生产降本增效的同时，有效提升了企业的数智化运营能力。

在天津业务落地过程中，新奥聚合优质智能产品生态伙伴，围绕“智能质量管理、供应链上下游智能协同、供应链智能减碳”的主线，与汽车零部件企业天津鹏翎集团、生物制药企业天津力生制药、钢铁企业天津荣程集团等行业龙头企业，围绕生产、物流、仓储、安环等场景开展产业智能共创，探索产业互联网平台运营模式，助力龙头企业打造绿色低碳智能灯塔工厂，并共同面向其产业链进行智能产品推广，推动产业链上下游企业的绿色低碳、数智高质量发展。

（三）助学强师，勇担企业社会责任

捐资助教是新奥公益慈善事业的起点，也是新奥资助的重中之重，至今教育支出在新奥公益慈善的捐赠中仍能达到六成左右。新奥对教育领域的公益捐赠投入多、时间长、模式多，捐助覆盖小学、中学到高等教育的完整教育培养体系，逐步形成了“建校工程”“励志工程”“素质工程”等有区分、有融合的助学强师品牌公益项目。

1. 北京大学工学大楼及新奥奖教金、讲席教授基金项目（建校工程、素质工程）

2015年7月8日，新奥公益慈善基金会与北京大学教育基金会签订协议，捐赠2亿元专项支持北大工学院办公和研发大楼的建设；连续10年每年捐赠500万元，累计捐赠5000万，用于设立奖教金和讲席教授基金。2023年5月4日，北大工学院办公和研发大楼正式挂牌启用；捐赠基金支持了百余位教授，为北京大学人才引进、学科建设、人才培养做出了贡献，其中，新奥工学讲席教授12人、新奥工学青年杰出学者基金3人、新奥工学奖教金获得者97人。工学院与新奥集团通过博士后联合培养机制实现课题的合作与成果的应用，增设了博士后联合培养基金，迄今联合培养了3位博士后，有5名技术骨干入学北京大学工程博士项目。为加强双方交流学习，新奥还成为北京大学思政基地、学生实习实践基地，开展了业界导师项目。

2. 天津大学新奥智能感知大厦捐建项目（建校工程）

2022年9月16日，新奥集团与天津大学在天津签署捐赠协议，捐赠人民币2亿元，与天津大学共同建设建筑面积原则上不小于5万平方米的教学科研大楼。该大楼主要用于智能感知、人工智能、物联网、功能材料等领域的教学与科研，为相关学科的发展创造更好的硬件环境。

3. 南开大学互联网认知科研大楼捐建项目（建校工程）

为树立南开大学在认知科技领域的学科和专业影响力，聚合南开大学各学院的优秀人才，吸引国内外相关高端领军人才，打造创新中心空间载体，提供良好的科研环境，推动认知科技技术创新，2023年7月10日，新奥公益慈善基金会与天津南开大学教育基金会签订捐赠协议，向南开捐赠2亿元用于南开大学建设建筑面积原则上不小于5万平米的科研大楼，该大楼主要用于在产业互联网相关认知科技领域的科研与教学。

4. 中国科学技术大学核学院新奥基金项目（素质工程、励志工程）

为助力中国科学技术大学核科学技术学院的教育发展，激励学生奋发创新，鼓励教师学者积极开展聚变相关技术研究，2021年1月，新奥公益慈善基金会与中国科学技术大学教育基金会签订捐赠协议。捐赠资金命名为“中国科学技术大学核学院新奥基金”，主要用于设立新奥奖学金、新奥奖教金、新奥博士后培养基金和新奥青年学者基金。学校使用该基金奖励了核学院本科生、硕士研究生38人，奖励教职员工10人，奖励新奥青年学者4人，奖励博士后4人。

5. 新奥校园俱乐部项目（励志工程）

作为“励志工程”的重点项目，为引导和鼓励学生奋发向上、全面发展，近几年基金会在中国石油大学、大连理工、重庆大学、哈尔滨工业大学、东北大学等高校设立奖（助）学金，开展“校园俱乐部”项目，帮助和激励了数千名学生努力学习、提升技能、开拓眼界、适应社会，在高校人才培养中发挥着积极的促进作用。

三、自主技术创新驱动，支撑ESG工作落地

伴随国家“双碳”目标的提出，基于对自然界碳循环的理解，新奥构建了相互协同支撑的“低碳—零碳”的能源技术布局；同时融合人工智能技术，升级核心发展理念为“碳中和+数智化”，进入研发2.0时代。

（一）基于我国能源禀赋，加快清洁低碳技术创新

新奥自主开发了煤加氢气化联产甲烷和芳烃技术、粉浆耦合气化技术等多项适合不同煤质的煤炭清洁高效利用技术，主要技术和经济指标国际领先，并在内蒙古达拉特旗开展了世界首套最大规模的工业化创新工程实践，均已完成工程可靠性和技术先进性的验证。

煤加氢气化联产甲烷和芳烃技术利用高挥发分煤制取天然气，副产芳烃油品，实现煤炭梯级利用、全价开发。已完成400吨/天加氢气化工业示范装置设计，已成功示范运行。该技术研发获得国家863计划项目、“十三五”国家重点研发计划等持续支持；2015年通过河北省科技成果转化服务中心组织的技术成果鉴定，达到国际领先水平。

粉浆耦合气化技术实现了煤粉、煤浆在同一反应器内耦合气化，拓宽了煤种适应性，有效提高了气化效率。开发了1500吨/天工业示范装置工艺软件包，建立了完整的自主知识产权体系；依托内蒙古鄂尔多斯煤基低碳生态循环产业示范基地，建成工业示范装置，已实现200天长周期连续稳

定运行；该技术获得 2021 年鄂尔多斯市科技重大专项支持，2022 年通过中国煤炭加工利用协会组织的性能考核和技术评价，达到国际领先水平。

（二）以商业化逻辑，探索零碳技术创新落地

聚变能源是人类社会的终极清洁能源。新奥以聚变能商业化为目标，于 2017 年开始致力于聚变技术研发。经过对全球聚变领域各种路线方案的前期研究和探索，确定了球形环氢硼聚变技术路线。拟通过“实验—点火—发电”三个阶段实施，计划 2035 年实现聚变发电，“让聚变能源发的第一度电在中国实现”。

截至目前，新奥已累计投入 30 亿元用于聚变能研发，建成“河北省紧凑型聚变重点实验室”，构建了开放式的生态研发模式，以及国际一流的聚变技术研究基地、人才培养基地、学术交流及产学研合作基地。

2019 年，建成国内首座中等规模球形环物理实验装置“玄龙—50”，在主机、电源、控制、真空等方面实现自有知识产权、技术自主可控。该装置能够开展百千安培等级等离子体电流放电实验，现已累计开展物理实验 2.4 万次。2022 年，新奥启动了整体参数国际领先的球形环新装置——“和龙”的规划与建设。目前已完成工程选址与项目环评，启动了部分工程和设施建设。计划投资 40 亿元，在四年内建成。旨在通过该装置，解决球形环氢硼聚变的各项关键技术，进而与特高压、人工智能、分布式新能源等新技术、体系充分融合，形成一体化的系统解决方案。

基于零碳能源材料的开发需求，新奥还建成了国际一流的材料研发平台，组建了由海外高层次专家带队、专业性强、学科完整的材料研发团队，拥有专业实验室及先进材料制备设备，在高温超导、聚变材料、热电材料方面取得显著成果。自主研发的多种材料性能达到行业先进水平，已为国家深空领域探索提供千余组材料模块及专属设备。

四、创新理正体系，提升 ESG 水平（G）

新奥视员工为企业可持续发展的基石，每位员工都拥有共同的身份——新奥事业伙伴。新奥基于数智时代下产业形态、商业环境、人文特点的颠覆变化，回归“客户主权、员工主动”的企业本质，创造性地提出并持续升级理正理念，重构人才激发体系。以实现客户主权为牵引，创造并升级主动创值、满意分享的客创一体化机制，通过生态聚合、平台获能、自主成长、多劳多得，激发伙伴主动，构建共同致富的新型生产关系。

1. 以客户为牵引、生态聚合，激励合伙干事业

回归为客户创值的业务场景，细分生态化的角色图谱，覆盖近 70 个工作领域、300 个工作场景、536 个专业方向，形成多元化的事业发展通道。以此为基础，创新并落地城市燃气服务网格、数智化产品、产业数智化项目等具象化合伙模式，打造合伙文化，激励员工主动发现客户需求、为客户创值，共担、共创、共享，实现个人及事业的价值；以开放的数字化平台和事业机会代替传统的人力资源调配方式，让伙伴动态了解创值机会、找到更合适的平台，按需聚合，激活人才动能，实现人才自主流动。

目前，新奥每年发布内部事业机会 260 多个，发生跨部门、跨区域、跨行业公司流动的伙伴逾 2200 人次。

2. 自主学习、平台获能，助力伙伴轻松高效创值

聚焦数智化能力提升，采用专家知识技术赋能、产智融合平台研讨、训战结合沉淀能力、指向应用问题解决等方式对员工进行赋能。通过“GPT认知与应用”“业数融合·产品拍案工坊”“技术标准与应用能力提升”等培训项目开展面向全员及专业技术人员的数智能力提升。

聚焦事业领军人才的培养，实施后备企业一把手培养项目，结合时代特点进行培养方案设计，重点聚焦业务破局力、生态协同力和自我进化力的培养，通过线上线下课程学习、课题研讨及报告等行动学习方式，持续培养和储备新时代的业务领军人才。

在专业人才培养方面，聚焦泛能微网业务，对市场、技术、交付、运营四类核心角色通过线下集训、课题研讨、专家辅导等手段进行系统化的培养，并匹配建设了相应的学习资源，促进能碳业务专业人才的专业能力提升。基于伙伴自主学习成长需求，为人才激发、安全、财务、政联等各类专业人才打造培养项目，建设自主学习资源，助力专业技术人才持续提升专业能力。

在此基础上，新奥依托数智技术，规划、建设数智时代的“伙伴获能平台”，打造各类能力专区，沉淀各类优质学习资源，打造基于角色能力的智能推送、智能搜索，帮助员工实现精准、敏捷获能，赋能员工能力提升，激发各类人才的持续涌现。

2022年度，新奥累计组织实施人才培养项目114个，培训109369人次，人均学习时长6.2小时。

3. 理想牵引、丰富标签、激发自主再成长

基于“我的理想、榜样”，牵引伙伴找到自己的理想和目标，激发伙伴意愿，持续自驱提升创值和能力。其中，创新“经验值+能量豆”的自主成长理念，将不同创值领域与场景的标准要求具象化，让伙伴动态地看到自己当前状态及与当前目标的差距，通过创值贡献与持续修炼，不断积累经验值、能量豆，自动实现主动多创值、自驱促成长，实现能力识别—创值验证—自主成长一体化。同时，基于公司产业数智化战略落地牵引，设计业务数智化伙伴的快速成长通道，激发创值动力、加速人才成长。近三年，新奥每年约有超过1700多名伙伴实现自主成长，在新奥的事业平台上不断释放更大的价值。

支撑伙伴的自主再成长，新奥借助数智技术，搭建人才标签平台，通过标签大数据及活动轨迹，让伙伴实时看到自己及其他伙伴的变化，让每位伙伴都有机会能够被找到、被看见，增加多元创值的可能性，并在持续创值中实现标签的自发涌现。其中，围绕伙伴发展全生命周期，建构“基本标签、角色标签、创值标签、能力标签、修炼标签、文化标签、印象标签”的“6+1”标签框架；通过打造人才标签数智产品，支撑人才标签全生命周期管理机制，将业务实践总结的标签形成“建标签、用标签、管标签”的规范链路；通过人才搜索、伙伴全貌看板展示、贴标管理平台等功能，持续积累伙伴在新奥各种活动的标签数据，应用到多样化的场景中。截至目前，伙伴全貌已囊括三大模块、41个指标，已有81个指标入库人才搜索，标签总人次累计有37万。同时，伙伴通过多角色履职履责、专业项目、跨界创新创值，获得多维度多方反馈，持续获得多角度的成就反馈，激发不断创新、创值成长。

4. 价值穿透、自主创值，实现满意分享

随着数智时代的到来，事业蓝图的实现由过去的资源主导转变为能力主导。新奥的价值识别评估分享体系，践行“激发伙伴主动、实现满意分享”的理念，牵引伙伴主动提升能力、主动创值，多创值、多分享，与企业共同成长、共同致富。

约定创值分享调整，打破过往根据上一年的创值评估的“固化”调整，升级迭代为与能力及预期创值相结合、基于能力提升及预期创值提升进行的调整，从而激发伙伴主动提升能力、主动认领创值目标。同时，差异化不同能力特征群体，以新奥股份为例，调整资源优先向低收入一线伙伴倾斜，使新奥的一线伙伴因新奥而拥有体面的生活。

能力延展新角色，牵引不同创值角色聚合到生态组织，多创值合伙分享。首先，通过“价值衡量—分享”模型，计算预期分享总量，形成预期创值、预期分享的共识；其次，根据共识规则，在个人创值账户中，累计不同创值角色在不同合伙场景的贡献；最后，年终基于实际创值情况，创值账户统一盈余结算。

围绕短中长期价值定位，当期创值，基于当期增量利润，当期超额分享；远期发展，如模式创新与升级，分享股权增值收益，远期持续分享。

（二）承载理正理念，打造 iCome 理正平台

作为新奥理正理念落地的数智化平台和组织文化阵地，新奥创新打造了 iCome 平台，承载 5 万多内外部生态伙伴基于客户成功目标的协同创值。

iCome 提供了以生态组织为载体的目标制定、快速组队、创值留痕、评估、分享、自主成长等能力，以平台化方式支持数智产品打造、小微项目、投资项目等多种差异化创值场景。强大的开放平台能力，已经为伙伴提供了 300 多个智能能力。同时 iCome 提供了低门槛的无代码能力，方便每位伙伴基于自己的想法自主搭建智能能力。以人为中心，通过角色聚合每位伙伴创值需要的智能能力，动态为每位伙伴提供智能化的角色工作台方便伙伴创值。

除此之外，新奥基于 iCome 打造数智时代的开放、创新的文化场域。每位伙伴都可以通过“ta 说”在 iCome 上畅所欲言发表自己的观点，交流客户创值经验心得，“组织号”可以让每个生态组织展示组织的风采和最佳的创值案例、传递伙伴声音。

2023 年是全面落实党的二十大精神的开局之年，面向未来，新奥将牢牢把握产业经济发展和数智升级的重大机遇，坚定推进创新升级，在可持续发展理念引领下，持续探索落地公司在环境、社会及治理等多方面的高质量发展新模式，携手所有同仁和伙伴共同谱写中国式现代化的产业发展新篇章。

把绿水青山变成金山银山——天合光能“光伏+”模式助力构建ESG生态

天合光能股份有限公司

党的二十大报告指出，要推动绿色发展，促进人与自然和谐共生。推动经济社会发展绿色化、低碳化是实现高质量发展的关键环节。要贯彻新发展理念，着力推进高质量发展，推动构建新发展格局。天合光能深入贯彻落实习近平总书记在首个全国生态日的重要指示，做“绿水青山就是金山银山”理念的积极传播者和模范践行者，高度重视提升ESG（环境、社会、公司治理）体系建设和实践绩效。

天合光能以科技创新推动ESG体系建设，不仅至尊系列等组件产品实现生命周期低碳管理，更在全国多个地区应用牧光互补、畜光互补、农光互补等“光伏+”模式，保护生态，实现绿电供能，助力乡村振兴和农村、农民现代化。

天合光能将废弃矿山进行绿色低碳化改造，采取新能源开发与矿山生态治理有机融合的方式，既把荒山废矿打造成绿水青山，又将绿水青山变成“金山银山”。在沙漠、戈壁、荒漠地区建设风电光伏大型基地项目，是“十四五”新能源发展的重中之重，作为大基地多场景解决方案领军者，天合光能全面覆盖沙漠、戈壁、荒山荒坡、采煤沉陷区、水面、滩涂等多种复杂场景，提供不同应用环境下的最优解决方案，构建新能源发电、生态修复、帮扶利民、生态旅游、荒漠治理等多位一体循环发展模式，将无人的荒漠变成光能绿洲。

天合光能还在甘肃、河北、四川等地区开展了光伏扶贫工作，结合地方产业特点、资源优势，选择具备光伏建设条件的贫困地区积极开展光伏扶贫项目。

未来，天合光能将坚持积极稳健的发展策略，更多承担企业公民的社会责任，关心员工、关爱地球，与合作伙伴、各利益相关方合作共赢，共同为低碳发展、绿色发展、可持续发展贡献更多力量。

一、案例背景

习近平总书记多次强调，“积极稳妥推进碳达峰碳中和”，“构建清洁低碳安全高效的能源体系”，“积极有序发展光能源、硅能源、氢能源、可再生能源”，“能源的饭碗必须端在自己手里”。

面对全球各国的能源安全和转型要求，碳中和成为国际战略要素，是全球企业必须顺应的大趋势。在这样一个风险与机遇并存的时代，面对全球宏观经济发展、地缘政治与脱碳目标的多重压力和影响，我们亟须提升有效应对多维度、跨系统、不确定性能源安全和发展潜在风险的能力，在全球ESG（环境、社会和治理）体系大环境下保持长期高质量的可持续性发展。天合光能作为光伏领域的领先企业，肩负企业的责任与担当，加强科技创新、产品创新，推动绿色发展，推动光伏扶贫，推动乡村振兴，助力全球的可持续发展和节能减排，助力构建中国特色 ESG 生态。

二、ESG 实践案例

（一）科技创新，推动绿色发展

天合光能始终坚持创新驱动发展，长期以来秉承可持续发展理念，利用自身产品、技术创新和制造能力等方面的优势来促进可持续发展。天合光能通过一系列“第一”引领行业向前，在光伏电池转换效率和组件输出功率方面先后 25 次创造和刷新世界纪录。天合光能是中国光伏技术领域首个获得国家技术发明奖和中国工业大奖的光伏企业。天合光能全系列 210 至尊组件获得德国莱茵 TÜV 授予产品碳足迹认证，至尊系列产品的碳足迹数值范围为 395~430kg/kW，兼具更优性能和更低碳，领先行业，助力全球绿色发展。

天合光能义乌工厂获得 2022 年度零碳工厂（I 型）证书，成为光伏行业首家经权威机构认证的零碳工厂。天合光能先后荣获国家绿色工厂、国家绿色设计产品、国家工业产品绿色设计示范企业、国家级绿色供应链管理企业，成为常州首家绿色制造体系大满贯企业。

图 28-1　零碳工厂认证证书颁发仪式

1. 天合光能获 210 组件 LCA 认证，至尊系列组件实现生命周期低碳管理

万物各得其和以生，各得其养以成。守护蓝色地球——我们赖以生存、共同的、唯一的家园，就是保护人类自己。天合光能成立 25 年来，既是绿色能源的传播者，也是绿色发展的践行者；不仅通过光伏组件生产清洁电力，也着力让生产制造的过程更绿色低碳。

天合光能全系列 210 至尊组件获得德国莱茵 TÜV 授予的光伏组件 LCA 认证，成为首个完成 210 光伏组件通用 LCA 认证的光伏企业。而且，凭借 210mm 硅片的优势，至尊系列组件实现制造环节的单位碳排放全行业最低。

LCA认证即Life Cycle Assessment生命周期评估（下称LCA），基于ISO14040/ISO14044的生命周期评价方法和要求，对测评标的进行科学严苛的检测。天合光能提交检测并获证的产品涵盖从至尊小金刚410W到至尊670W全系列单晶P型210尺寸光伏组件；制造工厂包含全球各主要生产基地。

根据调查周期内实际生产数据，TÜV莱茵全面地评估天合光能210至尊系列光伏产品在生命周期内的碳排放等指标。

凭借210大尺寸硅片的优势，天合光能至尊系列组件在制造环节单位（每瓦）碳排放全行业最低。国内光伏组件平均碳排放每瓦550g以上，而天合光能210至尊组件碳排放值在不使用特殊硅料的情况下，为每瓦400g以内，碳排放强度相比国内平均水平下降超过30%，以30年产品生命周期为例，天合光能至尊系列组件的度电排放因子低于0.01，处于行业绝对领先地位，而火电的碳排放是其100倍以上。

与常见的碳足迹认证不同，天合光能还基于LCA对至尊组件的能源消耗、原材料消耗、酸雨、富营养化、环境毒素、废弃物等十多种影响全球生态环境的指标进行了全面分析。结果显示，至尊组件均表现卓越。

减少碳排放是全球大趋势，将持续影响各行各业的产品与技术研发、生产与供应链管理等。经过低碳认证的产品，将成为客户决策的重要依据。天合光能210至尊系列组件通过LCA评估，将为客户提供碳足迹等环境表现数据，助力客户碳中和目标的达成。

LCA认证只是天合光能低碳进程的一个环节，还将通过产品低碳设计、优化能源管理体系、提高能源使用效率等方面，履行减少碳排、绿色发展的社会责任。除了自身绿色发展，天合光能也将因此推动产业链节能减排。

在国内“双碳”和全球碳中和政策的背景下，光伏产品碳足迹也得到越来越多的关注和重视，很多国家将碳足迹引入经济发展的考量范畴。天合光能十分注重对组件的生产制造生命周期内的各个环节碳排放的把控。天合光能将持续致力于低碳可持续发展，在为全球客户带去绿色能源的同时，进一步降低产品全生命周期碳排放，共同呵护绿色家园。

水清，天蓝，万木峥嵘，地球之风光旖旎无限。天合光能将与各方携手保护生命共同体，持续用绿色科技助力全球低碳，用太阳能造福全人类。

2. 天合光能获钛和认证零碳工厂，携手至尊系列组件共建零碳新世界

天合光能（义乌）科技有限公司在中国节能协会组织的“首届中国碳金融论坛”上获得了由钛和认证集团颁发的2022年度零碳工厂（Ⅰ型）证书，成为光伏行业首家经权威机构认证的零碳工厂。该认证不仅展示了天合光能既往25年可持续发展的卓越成就，更体现天合支撑绿色发展理念的技术、产品、设备、流程管理全维度的零碳实践，引领行业绿色发展，加速全行业节能减排步伐。

作为可持续发展的先行者和倡导者，天合光能始终积极践行全球减排协议。此次，天合光能义乌基地作为零碳工厂试点，从产品设计、碳足迹管理、能源管理、设备改造、工艺升级到数字化智能化管理系统优化，全方位布局绿色零碳供应链。立足于科学化、系统化管理，义乌基地2022年度的单位产量碳排放量（tCO_2e/MW）比2021年下降21.77%，单位产品耗电量（kWh/MW）下降9.51%。

2023年4月11—12日，零碳工厂授权评价机构——钛和认证依据《零碳工厂评价规范》，从合规要求、管理要求、基础设施、能源和碳排放智能信息化管理系统、能源和资源使用、产品生态设计、温室气体减排实施、碳抵消实施八项一级指标对义乌基地进行了详细的评估和审核，义乌基地最终获得了综合评分 79.68（该等级满分为 80 分）的高分，自主减排后完成了对直接温室气体排放和输入能源间接温室气体排放抵消 50%，成功获得了由钛和认证集团颁发的 2022 年度的零碳工厂证书，成为太阳能行业首位获第三方授权评价机构认证的零碳工厂企业。

早在 2022 年 5 月，天合光能全系列 210 至尊组件获得德国莱茵 TÜV 授予的光伏组件 LCA 认证，成为首个完成 210 光伏组件通用 LCA 认证的光伏企业。且凭借 210mm 硅片的优势，至尊系列组件实现制造环节的单位碳排放全行业最低。同年 10 月，天合光能全系列 210 至尊组件再获德国莱茵 TÜV 授予产品碳足迹认证。

从产品设计到生产再到使用，天合光能致力于在每个环节为社会降低碳排放，加速达成碳中和目标，在为全球客户带去绿色能源的同时，进一步降低产品全生命周期碳排放，共同呵护绿色家园。天合光能将与各方携手保护生命共同体，持续用绿色科技助力全球低碳，用太阳能造福全人类。

3. 天合光能荣获中国欧盟商会“脱碳领航者”大奖

天合光能凭借在引领低碳转型、应对气候变化领域的努力和取得的成果，尤其是企业在运营层面的出色脱碳表现以及成功的脱碳最佳实践，从 65 家参赛企业的激烈角逐中脱颖而出，成功荣获“脱碳领航者”大奖，这一奖项是对天合光能在长期践行全球减碳倡议，助力国家“双碳”目标和《巴黎协定》气候雄心目标实现的高度认可。

中国欧盟商会可持续商业奖项秉承联合国可持续发展目标与中国环境保护政策，对企业可持续发展事业的参与度和长期影响展开评估。今年的可持续商业奖共设 7 个类别：循环经济先锋奖、脱碳领航者奖、多元包容领航者奖、杰出环境表现奖、乡村振兴先锋奖、韧性行业与基础设施创新先锋奖和持续发展尽职调查先锋奖，其中脱碳领航者奖旨在表彰企业在引领低碳转型、应对气候变化方面所做的努力和取得的成果，为更多企业实现碳减排、鼓励绿色发展、助力可持续发展提供优秀案例。今年共有 65 家企业申请参赛，其中 17 家申请企业脱颖而出成功获奖。

天合光能长期以来一直秉承可持续发展理念，采取多种方法来减少碳排放，并利用自身产品、技术创新和制造能力等方面的优势来促进可持续发展。展望未来，天合光能将继续践行“用太阳能

图 28-2　天合光能获奖情况

造福全人类”的企业使命，努力成为全球光伏智慧能源解决方案领导者，助力新型电力系统变革，创建美好零碳新世界。

4. 天合光能致力于打造“国家清洁能源产业高地”的标杆，得到青海省委省政府高度认可

天合光能落实东西部协作决策部署，在青海打造了“源网荷储一体化的低碳产业园”，加快推进以新能源为主体的新型电力系统的落地，助力构建光伏产业与零碳新能源的协同发展新格局，助力打造“国家清洁能源产业高地”。

天合光能零碳产业园通过青海省政府协调西宁和海南州发展共享经济，在海南州选址建设电源点，同时由国网建设线路至南川工业园区接入，实现源网荷储一体化。

目前，天合光能在青海已实现拉晶、切片、电池、组件全产业链项目全面贯通，加速形成 N 型一体化产业布局。产出的 210 高效电池将投用于新一代至尊 N 型 700W 系列组件。未来，高效 210+N 将持续引领光伏行业步入 700W+时代。

天合光能积极普及企业使用绿电绿证意识并加强企业交易绿电绿证的积极性，推动国际绿证的市场应用。探索打通中国绿证与国际绿证的壁垒，从支持企业层面绿证绿电实现与探索园区层面绿证绿电认证两个层面先行先试，积极支持青海省绿电开展工作。立足国内，面向国际，协同青海省能源局编制完成《2023 年青海推动绿电价值实现工作方案》。

天合光能依靠技术创新优势，把握历史性发展机遇，主动服务和融入新发展格局，依托资源优势和发展基础，与青海省政府共同开创地企互利共赢发展的新局面，全力以赴为青海构建国家清洁能源产业贡献天合智慧和力量。

（二）助力乡村振兴，共同富裕

2023 年年初，中共中央、国务院公开发布《关于做好 2023 年全面推进乡村振兴重点工作的意见》。这是党的二十大胜利召开后发布的首个指导“三农”工作的“一号文件”，体现了以习近平同志为核心的党中央对“三农”工作的高度重视，传递出重农强农的强烈信号。

党的十八大以来，以习近平同志为核心的党中央坚持把解决好“三农”问题作为全党工作的重中之重。提升农村绿电供应能力、发展乡村可再生能源一直是中央有关部门及地方省份的重点聚焦工作，“十四五”可再生能源发展规划提出，积极推动屋顶光伏、农光互补、渔光互补等分布式光伏发展，强调“实施千家万户沐光行动”，利用建筑屋顶、院落空地、田间地头、设施农业、集体闲置土地等推进风电和光伏发电分布式发展，提升乡村就地绿色供电能力。

2023 年中央一号文件及《规划》的提出，为光伏发电产业与“三农”融合、助力乡村振兴指明了方向。在一系列利好政策的支持下，分布式光伏扎根千乡万村，实现了规模和效益的双丰收，在巩固扶贫成果、增加农民收入、改善乡村生态、助力“双碳”政策等方面，发挥了巨大的作用。

2022 年全国光伏发电新增并网容量 87.4GW，作为推动落实乡村振兴战略的重要力量，户用分布式光伏占比达到了 30%。农民在自己闲置的屋顶以自装或合作共建的形式安装光伏设备，建成“光伏电站”，实现发电的自发自用，余电上网或全额上网。据行业数据统计，户用光伏为每户家庭每年增收 1000~10000 元不等。中国现在能够安装光伏的屋顶，初步统计，至少是 8000 万户，所以这是有着巨大空间的市场，未来的减碳空间广阔。作为光伏行业领先企业，天合光能积极助力农村分布式光伏发展，助力乡村振兴。

1. 无畏“高海拔”，高原绿电带动生态富民——中核尼木 60MW 牧光互补储能光伏发电项目

该项目位于西藏自治区拉萨市尼木县境山岗村和河东村，海拔高度 4228 米，所在地气温气压低，空气稀薄、干燥，日温差大，受高海拔山地光伏电站地形制约，其建设场地地表起伏不平，施工难度大，对运输、施工、设备选择等都有着专门的要求。项目采用“牧光互补+储能”的开发利用模式，不仅可以有效解决当地用电需求，还将提高当地群众收入，对促进当地经济发展、优化资源配置、保护生态环境具有重要意义。

经仔细选型，最终天合光能 210 超高功率组件脱颖而出，中核尼木 60MW 牧光互补储能光伏发电项目采用了天合光能 655W 及 660W 超高功率组件。以高可靠、高发电、高功率、高效率保障供电需求，帮助当地牧民增收致富，有力助推乡村振兴发展。

项目运营期内年预计平均发电量为 10188 万千瓦时，每年可节约燃烧标准煤约 3 万吨，减少二氧化硫排放量约 0.2 万吨，减少二氧化碳排放量约 8 万吨。牧光互补模式下，可提高土地利用率，延长牧场寿命；同时，光伏与养殖行业的结合将促进我国养殖业由粗放型向现代化和集约型转移，让养殖舍内能够拥有很好的生长空间。

光伏电站不仅带来了生态的良性循环，还提供了脱贫致富的参考思路。牧光互补模式对土地资源实现高效利用，带动荒漠、荒山坡等区域的经济发展，改善光伏电站周边生态环境，达到经济、环境效益双赢。在保护生态环境的同时，有效促进养殖户收入稳定性，实现绿电供能、生态保护、经济发展“三丰收”。让贫瘠高原上的不毛之地生出“绿意葱茏”和“黄金万两”。

图 28-3　光伏电站

2.“光伏茶园”照亮致富路——云南西双版纳农光互补光伏茶园 51MW 项目

该项目为中国首座与茶园结合的太阳能光伏电站，是云南省农光互补示范项目，于 2015 年并网发电。项目选用了天合光能 51MW 双玻组件，打造“农光互补”光伏茶园，是茶园也是电站。

项目场址为茶园，在茶树上架设天合的透明双玻组件，既不影响茶树生长，还将空间立体高效利用，大大提高土地和光能利用率，实现农业与光伏产业的互补。

项目每年减排二氧化碳 80000 吨，年发电量 8000 万千瓦时，项目选用了天合光能 Duomax 双玻

组件197800块。这些双玻组件正反两面皆由钢化玻璃构成，既对极端气候与恶劣环境具有较高的适应性，又能抵御湿气和农药的腐蚀。双玻组件所构成的光伏系统也能为茶园提供良好的光线和温度控制，改善农作物生长环境。

光伏农业是一种新的土地综合利用方式，是传统农业与清洁能源紧密结合的产物，项目不改变土地属性，不但有利于生态环境的保护，缓解用地矛盾，还可产生清洁电力，扩大供电可再生能源比例，实现双向效益。

图28-4　光伏茶园

3.“棚下养殖、棚上发电”致富新思路——双辽畜光互补电站

双辽电站是天合光能在东北地区的首个电站项目，也是天合光能在“光伏+”项目中的又一尝试。光伏与畜牧业结合形成“畜光互补”的新优势。双辽项目位于吉林省中部的双辽市辽西街鹿场，项目全部采用天合光能组件，共计89040片。项目选择“固定倾角”和“部分可调”两种安装方式。

该项目地选址平整开阔无遮挡，辐照条件好，适合发展多种业务模式；草原地带，无粉尘污染，减少清洗组件的投入，有效降低运维成本。电站建成后，电站所在区域可发展畜牧业，在单位面积上创造更大的经济价值；且太阳能清洁能源的特性也保证了电站运营环保无污染，维持牧区生态系统平衡，有助于畜牧业的发展。

当光伏与畜牧业相遇，“棚下养殖、棚上发电”的模式不仅利于生态环境的改善，缓解用地矛盾，使畜牧业绿色发展，还可利用光伏产生清洁电力，实现光伏发展和农业生产双向效益。

4. 光伏发电“点亮”乡村振兴——广西河池市大化瑶族自治县板兰村屋顶光伏发电项目

该项目位于广西河池市大化瑶族自治县板兰村，由中国大唐援建的屋顶光伏发电项目顺利实现全容量并网发电。该项目全部采用天合光能全新一代至尊超高功率光伏组件，单片功率可高达670瓦，项目在河池市属于第一个村级大型屋顶分布式光伏发电项目，也为板兰村带来了“大化县光伏第一村”的美誉，在提供清洁电力的同时，还为村民增收提供了新渠道，筑牢拓展脱贫攻坚成果，引领乡村振兴。

图 28-5　双辽畜光互补电站

板兰村屋顶光伏项目采用“自发自用、余量上网”模式，充分利用板兰村委与板兰小学教学楼屋顶面积建设分布式光伏，初步规划总容量达 700kW，采用天合光能 670W 超高功率组件，搭配使用组串式逆变器。一期项目建成后，每年可为电网提供清洁电能 64.26 万千瓦时，每年可节约标准煤约 200.49 吨，减少 CO_2 排放量约 640.67 吨。此外，每年还可减少大量的灰渣及烟尘排放，节约用水，并减少相应的废水排放，节能减排效益显著。670W 组件让板兰村的村民们在有限的屋顶上“晒”出了更多阳光收益，带来了更多发电量，更多收益，板兰村屋顶光伏项目每年将给村集体经济带来 20 万元左右的收入，成为村民降低用能成本、促进减支增收的新渠道。

天合光能作为大基地场景解决方案领军者，天合光能因地制宜将智慧能源解决方案带给越来越多的用户，不断带来高可靠、高效率、高发电、高价值的产品，持续降低光伏发电单位成本，为光伏系统解决方案的多场景应用提供更优解，在各个场景播撒绿色能源的种子。

图 28-6　光伏系统

（三）发挥科技优势，变废为宝

天合光能发挥自身科技优势与产品优势，将废弃矿山进行绿色低碳化改造，采取“新能源+矿山生态治理”有机融合的方式，既把荒山废矿打造成绿水青山，又将绿水青山变成“金山银山”，为企业未来可持续发展提供了新的思路。废弃矿山基地通过生态治理重获新生，变身光伏电站，绘出一幅幅清洁低碳的美好图景。

1. 点“光”成“金”，废金矿上生“黄金”——国能藤县桃花光伏发电项目

该项目位于广西壮族自治区梧州市藤县平福乡桃花矿区，该地区由于广西喀斯特地貌，其地形较为复杂，低山、丘陵、平原错综分布。项目采用了天合光能210至尊高功率组件，其具有的创新技术能够适配更多应用场景，即使是山地、不规则地等复杂地形也能灵活布置。

该项目首次并网容量17.44MWp，年上网电量达2373万千瓦时，可节约标准煤约0.75万吨、减少二氧化碳排放约1.88万吨，能有效实现节能减排、降本增收。天合光能至尊超高功率组件兼具高功率、高效率、高发电量及高可靠性四大核心要素，有效降低光伏发电的单位成本，在提高项目收益率的同时，为电站运营保驾护航。

该项目所在地拥有丰富的矿产资源，曾为当地输送了大量的矿产资源，在如今“碳达峰、碳中和”目标的引领下，加速当地生态环境治理进程，废弃矿山的绿色低碳化改造势在必行。

图28-7　国能藤县桃花光伏发电项目

2. 德国170MW电站项目并网，废弃矿场重现盎然绿意

在欧洲，天合光能与开发商GP JOULE合作，为其在“棕地”进行的环保用途改造提供支持。建设光伏电站是对场地进行改造并再次利用的有效方法，使用天合光能至尊组件则为能源转型和气候保护做出更为积极的贡献。天合光能210至尊组件集合了无损切割、多主栅、高密度封装等先进技术，具备高功率、高效率、高发电量和高可靠性等产品优势，更有极其优异的低辐照性能，结合

当地阴天较多的天气特点，可取得优异的发电量增益，进一步降低度电成本。

“棕地”是指由工业经济活动后留下的受到污染的土地。一些曾经作为垃圾填埋场、有毒废弃物垃圾场或采煤沉陷区，由于土壤已被污染，对人和野生动物易构成威胁，因此重新开发的难度很大。克莱特维茨矿场位于德国勃兰登堡州席普考村（Schipkau），是欧洲最大的“棕地”之一。该矿场规模庞大，从 1914 年一直运营到 2018 年。场地曾一度遭到严重污染，而且靠近德国人口众多的首都柏林。因此，GP JOULE 计划将其改造成太阳能光伏电站，以更加可持续的方式为周边社区供电。

此次 170MW 克莱特维茨光伏电站项目是欧洲地区环保事业的重要组成部分，为进一步推进未来绿色发展做出了重大贡献。天合光能 210 至尊组件能够为任何希望改造受污染区域的国家和城市带来诸多益处，秉持开放创新和全力追求卓越的理念，天合光能已将赋能环境修复提升到了全新的水平，持续为全球环保事业输送更多天合力量。

图 28-8　克莱特维茨光伏电站项目

（四）光伏治沙，生态环保

2022 年初，国家发展改革委、国家能源局发布《“十四五”现代能源体系规划》，规划指出，要在风能和太阳能资源禀赋较好、建设条件优越、具备持续整装开发条件、符合区域生态环境保护等要求的地区，有序推进风电和光伏发电集中式开发，加快推进以沙漠、戈壁、荒漠地区为重点的大型风电光伏基地项目建设。根据相关文件，以库布齐、乌兰布和、腾格里、巴丹吉林沙漠为重点，以其他沙漠和戈壁地区为补充，综合考虑采煤沉陷区，规划建设大型风电光伏基地。目前，依据大基地规划的第一批约 9700 万千瓦的基地项目已全面开工、部分已建成投产，第二批基地部分项目陆续开工，第三批基地已形成项目清单。

在沙漠、戈壁、荒漠地区建设风电光伏大型基地项目，是“十四五”新能源发展的重中之重，作为大基地多场景解决方案领军者，天合光能完美覆盖沙漠、戈壁、荒山荒坡、采煤沉陷区、水面、滩涂等多种复杂场景，提供不同应用环境下的最优解，构建新能源发电、生态修复、帮扶利民、生态旅游、荒漠治理等多位一体循环发展模式，将无人的荒漠变成光能绿洲。下一步，将全力推动、加大力度规划建设新能源，建设以沙漠、戈壁、荒漠为基地作为载体的新能源供给消纳体系。

1. 点亮“沙戈荒”——大基地多场景解决方案领军者天合光能给出最优解

我国光照资源最好的地区，除西藏外，其他绝大部分位于三北地区。特别是西北，一方面是我国沙漠、戈壁、荒漠分布的主要区域，另一方面具备风能太阳能资源丰富、建设条件好、土地属性单一等多重优势。在上述地区建设光伏大基地，除了充分发挥当地自然资源优势外，还可以探索风电光伏治沙、防风、固草，生态系统保护和修复，构建新能源发电、生态修复、帮扶利民、生态旅游、荒漠治理等多位一体循环发展模式，提高新能源发电项目适应性和社会收益率，推动东西部区域协调发展，促进共同富裕。

很多光伏项目不仅有发电的需求，还被赋予了防风固沙、生态修复、土地复合利用等责任。从地区分布看，大基地通常都位于新能源可用土地面积排名靠前的省份，但随着相关部门对土地资源的管理越来越严格，这些地区可用于安装光伏的土地日益稀缺，土地租金不断攀升。因此，在项目开发阶段，就要从生态友好、成本可控的角度进行考量和设计，实现更高的综合收益。

如何实现上述目标？开源、节流二者不可或缺。开源，就是提升单位面积土地的全生命周期发电量，获取更高的电费收入；节流，就是合理降低电站建设投资和后期运维投入，摊薄各项非技术成本。特别是光伏进入6.0时代后，以天合光能为代表的先进光伏企业通过采用大尺寸硅片、电池，将P型组件功率提升到600W以上，同时采用低开路电压设计，让更高组串功率、更低BOS成本成为现实。考虑到大基地项目通常为央国企投资，对收益率的要求相对严格，基于600W以上超高功率组件的系统解决方案无疑让更多光伏项目具备经济性，为新型电力系统建设奠定基础。

值得注意的是，天合光能并不单单是一家组件生产制造企业，作为大基地多场景解决方案领军者，可以完美覆盖沙漠、戈壁、荒山荒坡、采煤沉陷区、水面、滩涂等多种复杂场景，提供不同应用环境下的最优解。

为了确保产品与系统可靠性，天合光能对600W以上组件边框、跟踪支架进行了加固，并采用多项专利技术，降低故障率。以支架为例，采用天合专利球形轴承技术，很好地解决了立柱弯曲、地势起伏、沉降、基础施工偏差可能带来的安装质量隐患，减小风沙卡住转轴的几率，非常适合沙漠地区。据测试，该技术不仅明显提升跟踪系统长期户外使用的性能稳定性，还能较传统圆柱形轴承系统提升15%的安装效率。

对于西北戈壁地区的大型光伏电站，除了大风（可能伴随沙砾），还要面对低温、雨雪冰雹等不利因素，可靠性要求大幅提升。为此，天合光能对自家产品进行了“一标五严”极限加严测试。结果表明，无论是35mm冰球撞击、-40℃极限低温、17级飓风还是2.8m不均匀雪载，都无法对产品性能造成重大损伤，组件外观完好、无隐裂，顺利通过绝缘、湿漏电等一系列测试。

随着光伏发电在电力系统中的占比逐年提升，各地开始要求新建电站按一定比例配置储能，以保障电网稳定运行。对于沙漠、荒漠这样昼夜温差较大的严苛环境，常规电池的寿命往往大打折扣。天合经过反复实验，采用“一簇一散热”方案，每簇独立控温，内部均衡热管理，将集装箱内温差控制在8℃以内，确保电池寿命和可靠性。

这样的产品理所当然得到了电站投资企业的认可和支持。青海大柴旦 100MW 光伏电站业主——协合新能源相关负责人表示，该项目地处德令哈市以西、海拔 3400 米的青藏高原荒漠地带，占地面积 3250 亩，海拔高、风沙大、温差大，自然环境十分恶劣，对产品品质和可靠性要求异常苛刻。经过严格评估和比对，他们最终选择了兼具更高发电量和更高可靠性的 210 至尊 670W 系列组件和 3. 5MWp 大子阵方案，大幅减少土地租金、支架、变压器、交流线缆等 BOS 成本，从而实现更优 LCOE。建成后，项目每年可提供绿色电能约 22 万兆瓦时，减少二氧化碳排放约 20 万吨，将无人的荒漠变成光能绿洲。

在全球“碳中和”共识下，以光伏为代表的可再生能源正成为最受欢迎的能源形式之一。对我国而言，通过建设风电光伏大型基地项目，可以把西北荒漠地区改造成绿洲和大型清洁能源基地，充分利用国土资源，增加电力供应，实现经济效益、社会效益、环境效益的多赢。相信大基地会成为“十四五”“十五五”时期大型光伏项目的重要形式，也期待更多优秀企业、更多高效产品和系统解决方案能在大基地建设中大放异彩，加速“碳中和”进程。

图 28-9　风电光伏大型基地项目

2. 光伏治沙，还养了一群“光伏羊”

西部治沙作为中国的百年大计，国家投入了大量人力物力来探索治理方案，而用光伏治沙的新奇理念，正是二十一世纪治沙探索的成果。

光伏组件板能遮蔽阳光直射，有效降低 20%~30%的地表水蒸发，并且能降低风速，清洗组件的用水还可以给植被浇水，这为当地牧草提供了更为适宜的生长环境，长出来的地表植被又可以反过来固沙保水。

生态环境的改善对光伏电站也是助益良多，扬尘大风的减少可以在增加电站发电量的同时大大减少光伏部件的损耗。随着水草丰茂，光伏板下不仅能长草，而且还可以养羊，此前央视刷屏的“光伏羊”，就是光伏治沙的最好代言人。

天合跟踪曾参加建设青海共和黄河水电特高压项目，装机容量是 477MW，安装了 4 种规格的开拓者 1P 跟踪支架以适应不同地形需求。该项目采用的开拓者 1P 跟踪支架搭载阻尼系统，可提升 20%的工作风速，特殊的倒置阻尼设计，有效防止沙尘进入；天合专利球形轴承从容应对沙丘移动和沉降，特殊的防尘漏沙最大程度避免轴承积沙卡死故障；控制 & 驱动系统通过严格测试达到

IP65防尘防水等级，可完全防止粉尘进入。面对严苛的沙漠环境，依旧持续稳定运行。

开拓者1P还可匹配清洗机器人和天合智慧云，减少沙尘沉积遮挡发端损失的同时支持远程监控故障告警，提高运维效率；该项目年发电量950GW/h，相当于26.6万户家庭的总耗电量。

在一片蓝色海洋中，曾经的“不毛之地”，早已成为绿草和白羊的欢乐场，植被在光伏板下迎风而长，白羊在其中啃草撒欢，俨然形成一幅人间美景。

图28-10　光伏羊

（五）社会责任，全球认可

天合光能一直积极承担企业社会责任，持续披露企业社会责任报告。2018年12月，在第十一届中国企业社会责任报告国际研讨会上，《天合光能2017年度企业社会责任报告》荣获“金蜜蜂2018优秀企业社会责任报告—成长型企业奖”。2020年12月天合光能获得人民日报社指导、人民网主办的“2020人民企业社会责任绿色发展奖”。2021年8月，天合光能再次被授予2021年度EcoVadis企业社会责任成就银奖。这一奖项为2021年光伏企业参评获得的最高奖项，充分肯定了天合光能作为一名负责任的企业社会公民在推动可持续发展方面所做的贡献。秉承“用太阳能造福全人类”的初心梦想，天合光能将坚持积极稳健的发展策略，更多承担企业公民的社会责任，关心员工、关爱地球，与合作伙伴、各利益相关方合作共赢，共同为低碳发展、绿色发展、可持续发展贡献更多力量！

1. 绿色发展，共担共创共享

天合光能致力于成为全球光伏智慧能源解决方案的领导者，助力新型电力系统变革，创建美好零碳新世界，以“太阳能造福全人类”为使命，坚持践行绿色发展理念，用清洁能源守护绿水

图 28-11　2021 年度 EcoVadis 企业社会责任成就银奖

青山。

天合光能建立了完善的质量管理体系（ISO90001）、环境管理体系（ISO140001）、能源管理体系（ISO50001）、企业温室气体排放核算（ISO14064），系统地管控生产经营过程中的可能出现的质量、环境、能源风险，满足客户对产品质量和环境保护的要求。公司承诺落实《产品监管政策》，将产品质量、环境保护落实到我们产品生命周期的每一个阶段。

2020 年，天合光能顺利获得了由美国 UL 与意大利 EPD 颁发的 3 个系列组件产品的环保产品声明认证，以负责任的态度和方式保护我们的员工、客户和社区。2020 年 12 月 12 日，在人民日报社指导、人民网主办的“2020 人民企业社会责任高峰论坛暨第十五届人民企业社会责任奖颁奖典礼”上，天合光能凭借对可持续发展的突出贡献荣获“绿色发展奖”。

2022 年初天合光能与世界自然基金会瑞士（北京）代表处（WWF）、一个地球自然基金会共同发起“清洁能源多 1 小时”（Clean Energy for Earth）倡议，该倡议是全球最大的环保公众活动“地球一小时”（Earth Hour）2022 年在中国发起的一项新的倡议活动，旨在倡导个人、社区、企业和政府积极参与清洁的可再生能源利用和宣传，为国家和地区提供绿色、清洁及可再生能源解决方案，有效应对气候变化。从 2016 年到 2022 年，天合光能在中国拥有的光伏电站累计产生了 66.7 亿千瓦时的清洁能源电力，相当于减少二氧化碳排放量约 483 万吨。截至 2023 年第二季度，天合光能业务覆盖全球 160 多个国家和地区，光伏 210 组件出货量全球第一，光伏组件全球累计出货量超 150GW，相当于 6.5 个三峡水电站的装机量，每年可以生产清洁能源电力 2025 亿千瓦时，每年的二氧化碳减排总量 2 亿吨，二氧化硫减排总量 608 万吨，碳粉尘减排总量 5508 万吨，约等于在全球种了 110 亿棵树。

2. 关爱员工，与奋斗者同行

为更好地应对激烈市场竞争，形成全体员工共同干事业、共享好未来的良好氛围，公司在 2019 年底推行奋斗者文化，不断强化并形成体系。以奋斗为本，激发组织活力，培养奋斗者队伍，以健康工作、快乐工作为目标，倡导修身、齐家、兴企、造福天下的理念，致力于营造员工积极向上、与时俱进、相互尊重和信任的高品质工作环境。天合光能持续建立、健全长效激励约束机制，制定了限制性股票激励计划。公司为员工提供专业的培训教育、完善的绩效薪酬制度，全方位保障员工合法权益。公司建立了领先的职业健康与安全管理体系（ISO45001），依法为员工缴纳社会保险和住房公积金，并为员工提供涵盖补充医疗、意外伤害、重疾及定期寿险在内的补充组合商业险（部分保障涵盖员工家属），为员工本人及其家属提供一份补充安全保障。为了弘扬工厂运营所在地的民族文化，丰富员工的业余文化生活，在当地的传统节日都准备了各种体现节日特色的活动，在报告年中，举办了多种多样的融合了中西方文化的主题节日活动，有女神节、青年节、母亲节、儿童节、父亲节、端午节、中秋国庆、圣诞节等节日型线上线下活动。公司为了提供健康社区的环境，定期安排如瑜伽课、艾灸课等兴趣班，以及员工子女夏令营活动、艺术学习课、读书分享活动等。8 月 7 日正值盛夏，公司为员工提供的公益艾灸课在炎炎夏日分享了燥热天气艾草降火的概念和现场体验。公司组织了丰富多彩的文娱活动、慰问帮助困难员工、员工身心健康赋能服务等，提升员工的归属感和幸福感，营造良好的劳逸结合、身心健康的工作氛围。

图 28-12 天合光能六一 & 端午亲子活动

3. 回馈社会，致力同行共进

（1）光伏扶贫捐赠

天合光能在经营发展的同时，始终不忘企业社会责任，以多种形式造福百姓、回馈社会，积极响应中共中央、国务院关于乡村振兴、光伏扶贫的政策号召，作为我国十大精准扶贫工程之一，光伏扶贫在脱贫攻坚期担任着无可替代的重要角色，利用太阳能的优势，既发展了绿色清洁能源又实现了精准务实扶贫，实现扶贫、自然生态、社会与经济收益的多丰收。作为光伏行业的领跑者，天合光能也持续积极响应国家精准扶贫、产业扶贫的号召，凭借雄厚的技术实力与可靠的产品应用，深入开展光伏扶贫，建起一个个村电站、大型集中电站、户用模式、屋顶电站等光伏扶贫项目。分别在甘肃、河北、四川等地区开展了光伏扶贫工作，结合地方产业特点、资源优势，选择具备光伏建设条件的贫困地区积极开展光伏扶贫项目。如甘肃武威 100 兆瓦扶贫电站，一期惠及东乡县 800 户贫困户，二期惠及 13 个县市共计 3200 户贫困户。

2020 年 10 月，户用光伏扶贫项目登陆丰宁县于杨木栅子乡高栅子村和黑牛山村，在每个村建设 9.2 万元村级电站；为黑山嘴镇 13 户、汤河乡 10 户、胡麻营镇 10 户、小坝子乡 10 户，共计 43 户，每户捐献 1.2 万元，用于分户式光伏建设。2020 年 5 月 6 日，央视新闻直播间报道了天合光能在四川省甘孜州雅江县建设光伏扶贫电站，采用了高效单晶切半组件，帮助当地贫困村脱贫、拿到集体经济分红，收入稳定。

2021 年天合光能捐资 500 万元驰援河南抢险救灾及灾后重建工作；承建的“绿色益惠——澜湄合作光伏离网发电项目”之柬埔寨工程建设完成，为当地学校提供清洁电力；为“西部乌镇”项目选择购房的 350 户村民捐赠家电，共计 350 套 1050 件，总价值近 180 万元等，实施精准扶贫、推动乡村振兴、助力共同富裕。

（2）教育扶贫

社会的可持续综合发展核心之一是全民的教育质量。天合光能通过教育捐赠和创业基金的设立，升级绿色科技的创新技术和提高贫困地区的教育设施。产业技术革命的发展需要基础技术研发的不断突破，设立在天合光能总部的“一室两中心”，即光伏科学与技术国家重点实验室、新能源物联网产业创新中心和国家企业技术中心，在前沿技术领域的研究方面始终处于行业领先水平，不断在绿色能源的开发中生成技术输出。

2018 年天合光能“思源阳光创业基金”向贵州黔西县新仁乡群益村捐赠建设文化活动中心，于 2019 年 12 月正式落成，可惠及周边群众 2 万余人，在当地社区创造更多就业机会。

2019 年 7 月，天合光能参加印度 World On Wheels 公益活动，改造大巴车顶安装太阳能组件，为车内 PC 电脑供电，为印度边远农村孩子普及计算机知识。2020 年 10 月天合光能股份有限公司向南京大学捐资 100 万元，设立天合光能前沿科学基金。基金旨在支持南京大学化学化工学院国际学术研究和校企创新合作，助力学院邀请国际知名学术专家开展新能源领域学术交流和研讨。因为天合光能在西部贫困学子就业支持、创业帮扶、提高学习课程教育质量等方面作出的突出贡献，在 2020 年脱贫攻坚总结表彰大会上，中华思源工程扶贫基金会为天合光能颁发“脱贫攻坚爱心集体”荣誉称号。

图 28-13　向南京大学捐款签约仪式

（3）携手抗疫，共克时艰

新冠疫情爆发以来，天合光能成立了冠状病毒预防与监控应急响应工作组，建立了指挥、政府对接、员工防疫管控、防控机制监督、防疫物资保障、后勤保障/行政防疫、物流防疫管控、制造防疫管控等多个层面的防疫工作组，建立了疫情日报会议制度，对在防疫过程中的各项工作举措进行落实。公司指派了相应的工作组人员负责，在疫情源头控制和主动预防上建立了完善的应急处理流程。公司发挥全球化优势，调集全球资源采购抗疫物资，通过江苏省慈善总会定向捐赠给江苏省赴武汉医疗队、上海复旦华山医院、第五人民医院赴武汉医疗队，以及南京、常州、盐城、宿迁各地新冠肺炎定点收治医院。随着海外新冠疫情的扩大，公司向西班牙、日本、马尔代夫捐赠口罩等医疗物资。

在疫情肆虐的时期，天合光能“思源阳光创业基金”向陕西宜君县中医医院捐赠20万元用于当地的新冠防疫治疗工作；向江苏省卫健委、南京鼓楼医院、江苏省人民医院、常州第三人民医院、盐城第一人民医院、仙桃第一人民医院、复旦大学附属上海第五人民医院、复旦大学附属华山医院、南京二院等捐赠新冠防疫物资，包括医用口罩、护目镜、防护服、呼吸机、防毒面罩、医疗手套等。

2022年4月，在新冠疫情防控的关键时刻，天合光能心系上海，尤其是上海高校师生的健康和生活，为助力高校抗击疫情，天合光能为复旦大学和上海交通大学各捐资50万元，共100万元人民币用于高校购买防疫物资，支持高校新冠疫情防控工作。

自1997年成立以来，天合光能始终秉持用太阳能造福全人类的使命，从为西藏等地建设捐助光伏电站，到设立阳光思源基金；从支援汶川抗震救灾，到为武汉疫情捐赠医护物资；从驰援河南水灾抢险救灾到助力上海高校抗击疫情，我们始终不忘初心，牢记使命，努力履行企业社会责任。未来，我们将继续履行责任，在聚焦扶贫、创业就业、社会服务等板块的同时，积极探索企业公益慈善的系统化建设，致力于构建一个可持续的企业社会责任体系，用太阳能造福全人类！

三、未来展望

2023年全国两会上，全国人大代表、天合光能董事长高纪凡提出了《推动建立中国特色的ESG国际标准和生态体系，引领中国企业走好高质量可持续发展之路》的人大议案和倡议。他表示随着全球各国能源安全和转型要求，碳中和成为国际战略要素，是全球企业必须顺应的大趋势。在这样一个风险与机遇并存的时代，我国的跨国企业在面对全球宏观经济发展、地缘政治与脱碳目标的多重压力和影响下，亟须提升有效应对百年未有之大变局下多维度、跨系统、不确定性能源安全和发展潜在风险的能力，在全球ESG（环境、社会和治理）体系大环境下保持长期高质量的可持续性发展，有步骤有计划地顺应能源结构的改革。

（一）推动中国可持续性发展国际准则的制定和引导

中国是全球最大的贸易国，同时也是最大的清洁能源市场和新能源设备制造国，水电、风电、光伏发电和生物质发电装机规模均已稳居全球首位，为中国和全球绿色低碳转型创造了必要的基础。由中国主导制定ESG国际标准，具备全球发展的战略视角和定位高度，行业产业链的全面完整性提供了可充分考虑ESG准则兼容性和灵活性的依据。目标在于能建立国际化的标准，用于指导和规范针对所有利益相关方、环境和经济产生重大积极影响的可持续发展事项。同时，可持续性发展报告的披露准则应以企业价值创造为重心，企业应将可持续性视为一个价值驱动因素，而不仅是满

图 28-14　全国人大代表、天合光能董事长高纪凡在两会

足监管的要求，引导企业自发自觉、逐步建立起 ESG 管理的体系和能力，成为中国企业走出去的新核心竞争力。

（二）制定规则的机构需要具备充分的监督职能和多元性特征

可建立与全球标准机构包括联合国组织在内的沟通交流平台，由相关政府和监管部门主导，联合和鼓励央国企和行业头部民企参与 ESG 标准的制定，充分收集各行业 ESG 信息，建立分行业领域的 ESG 指标库和大数据平台，提供 ESG 信息披露、绩效评级和投资建议指引，分区域分行业分阶段地逐步推进 ESG 的实践。

（三）培育和规范国内具有领先理念和评级体系顶层设计能力的 ESG 评级机构

积极引导资本市场对于企业 ESG 表现的合理客观评价，吸引资本流入有序发展、充分竞争的行业和产业链，让 ESG 回归本源和初衷，帮助企业识别可持续性发展的实质性风险因素和机会，与投资者做好充分披露和沟通。引导中国的 ESG 投资走向全球范围内的全面实践，实现跨越式发展，帮助中国企业拓展海外更多优质项目和国际合作机会，实现多方共赢。

（四）加大可持续发展税收政策的引导

碳达峰和碳中和是一个系统工程，相关行业需要转型升级，可持续发展税收政策作为系统工程中的重要政策支持，同样需要转型升级：借鉴国际经验，兼顾国内情况，系统性地建立和规范绿色税制；对低碳排放及相关技术发展和转型加大相关税收优惠力度，利用税收给予明确的经济利益导向，对相关新能源行业精准优惠和扶持。例如对可再生能源发电基础设施的企业所得税优惠适当延长，对风力发电 50%即征即退的增值税优惠推广到其他可再生能源发电。在电力领域，除对光伏发电及相关技术的税收优惠外，可以考虑对可接纳大规模可再生能源的智能电网改造、分布式发电和储能技术给予税收优惠。

（五）强化国内 ESG 金融、绿色金融和保险的践行需求

在国内建立健全绿色低碳的循环经济体系、大力发展绿色金融的大背景下，ESG 作为践行绿色

金融的重要手段，已受到监管机构和投资者的高度重视。金融行业作为我国绿色金融发展的主力军，有必要加强ESG研究与实践，为绿色产业和ESG表现绩效优良的企业提供更高效的金融服务、更优利率的信用保险和融资解决方案，支撑新能源行业可持续性发展的战略需求。

我们将通过推动和辐射新能源行业上下游产业链、供应链的ESG管理体系的构建，来积极参与中国特色的ESG生态体系建设，准确把握中央推进能源革命，实现“双碳”目标的定位、重点和方向，有序推动光伏、储能等新能源市场布局，努力走好新能源企业高质量发展之路，为打造中国新能源的全球战略高地和国际影响力贡献一份绵薄之力！

29 智慧生态化，生态智慧化——广联达打造生态智治发展新范式

广联达科技股份有限公司

广联达科技股份有限公司（以下简称广联达）坚持以习近平中国式现代化思想为指引，深入贯彻落实习近平生态文明思想和“生态经济和数字经济深度融合发展”的生态经济发展要求，秉承“追求全体员工的物质和精神幸福，用科技创造美好的生活和工作环境”的企业使命，高度重视ESG（环境、社会、治理）价值实现，将企业ESG责任与行业可持续发展、国家生态文明建设实践需求相结合，积极融入国家“双碳”战略，积极探索数字技术与生态环境深度融合，立足“智慧的生态化、生态的智慧化”，创新提出智慧生态“双基因融合、双螺旋发展”理论体系，打造生态智治发展新范式，促进形成生态文明、经济文明和社会文明的深度融合发展新理念、新路径。在习近平生态文明思想集中体现地、长江经济带绿色发展示范区的广阳岛建设中，以智慧生态建设模式为引导，持续推动可推广可复制的智慧生态模式，打造生产、生活、生态绿色发展模式，使自然、经济、社会系统全面融合，实现复合生态系统。助力中国式现代化，为推动我国经济社会可持续发展、人与自然和谐共生做出贡献。

一、案例背景

习近平总书记强调，生态兴则文明兴，生态衰则文明衰。“生态文明是工业文明发展到一定阶段的产物，是实现人与自然和谐发展的新要求。”建设生态文明是中华民族永续发展的千年大计，关系人民福祉、关乎民族未来，功在当代、利在千秋。

我国正大力开展生态环境建设，并以习近平生态文明思想为引领推动生态发展。以生态为核心、走绿色发展之路，是落地生态文明建设的关键举措。在第75届联合国大会上，习近平主席庄严承诺：“二氧化碳排放力争于2030年前达到峰值，努力争取2060年前实现碳中和。”

广联达积极践行习近平生态文明思想，提出了复合生态系统理论。该理论认为，生态是包括人类社会在内的多种类型生态系统的复合系统。其中，自然子系统、经济子系统、社会生态子系统相生相克，相辅相成，通过结构整合和功能整合实现耦合关系和谐有序发展，最终实现生态文明的持续高效进步。复合生态系统理论奠定了广阳岛生态智治新模式的理论基础。

广阳岛位于重庆中心城区东部，是长江上游最大的江心绿岛，面积10平方公里。2017年以来，重庆市深入践行习近平生态文明思想，贯彻“共抓大保护，不搞大开发”方针，停止了广阳岛内房地产开发。将广阳岛定位为“长江风景眼，重庆生态岛”，实现了由大开发向大保护的生态蝶变。广阳岛的生态修复与治理中存在“生态家底不清晰、风险发现不及时、生态评价不量化、生态修复

不精细、生态管理不高效、生态体验不智慧”六大问题亟待解决。

立足“长江风景眼、重庆生态岛”的高远立意和丰富内涵，从全局谋划一域、以一域服务全局出发，围绕“重庆生态岛”山水林田湖草生命共同体，广联达提出生态环境建设“双基因融合、双螺旋发展”智慧生态理念，深入调查岛内外自然生态、历史人文和现状建设本底，结合大数据、人工智能等新型信息技术的快速发展，帮助摸清底数、优化布局、系统支撑，进行科学性规划，在数字空间中构建与自然实体生态相孪生的数字虚体生态，两者虚实映射、同生共长，用信息技术实现复合生态系统，最终实现智慧生态发展目标。同时，进一步总结广阳岛项目经验，推动新模式的可示范、可推广、可复制，践行广联达在ESG责任方面的创新作为和责任担当，有力支持了我国生态文明持续改善，推动了生态文明智慧化建设，引领了智慧绿色人文新风尚，取得瞩目成效。

二、具体实践

（一）广阳岛项目背景

广阳岛位于重庆市南岸区铜锣山、明月山之间的长江段，枯水期全岛面积约10平方公里，三峡大坝175米蓄水位线面积约6平方公里，是长江上游面积最大的江心绿岛和不可多得的生态宝岛。

2016年前，这里曾被列为房地产重点开发区域，一度规划了超过300万平方米的房地产开发量，推土机下，岛内原有生态系统遭到破坏。2016年1月，推动长江经济带发展座谈会在重庆召开。习近平总书记强调：“要把修复长江生态环境摆在压倒性位置，共抓大保护，不搞大开发。”作为长江上游的重要生态屏障，重庆此后叫停广阳岛原有的房地产开发，进行重新定位和规划。

经过多轮研讨，最终将其定位为“长江风景眼、重庆生态岛”。将广阳岛在内168平方公里范围划定为广阳岛绿色发展片区，进行整体规划建设，广阳岛启动了从大开发到大保护的大转变。

智慧广阳岛属于广阳岛生态修复与治理的重点工程之一，经过几年的系统建设、实施和应用，现在，广阳岛智慧生态体系已实现生态价值提升、运维降本增效并引领生态治理方式根本变革。2022年，智慧广阳岛入选《全球可持续发展商业案例库：绿色低碳典范案例》，并在第二十届联合国气候变化大会“中国角”边会发布。

智慧广阳岛项目共分二期建设：智慧广阳岛（一期）综合利用5G、物联网、大数据和人工智能等新型信息技术，建立了广阳岛EIM（Ecology Information Modeling，生态信息模型）数字孪生平台，并打造”智慧生态、智慧建造、智慧风景和智慧管理”四大数字应用场景。在此基础上，智慧广阳岛（二期）项目的建设重点开始转向“生态保育、场馆运维、游客服务、全岛综治”四个方面，聚焦全岛长效运营，全面构建“一体化智慧治理中心”。

在广阳岛，生态监测网络搭建完成，实现环境质量实时监测、自动预警、动态评估。生境（环境）指数提升20%以上（21.04~22.04）；岛内部分水质提升至Ⅱ类水。记录鸟类种类由64种提升到191种，生态健康度提升15%（21.08~22.08）。一期完成后，广阳岛生态价值指数提升6%。

在生态运营方面，通过生态大脑实现全岛集中管理，人员数量降低30%，事件处置时长缩短

50%，交通违规率降低 50%。生态修复工程同时支撑 19 个项目、115 家参建单位、6120 用户在线监管，修复工程进度加快 20%，施工过程“0”事故发生。“一部手机游广阳”实现民众服务与生态科普，21 年 10 月来累计 26 万游客通过手机预约上岛。

在生态建筑方面，目前，岛内新建四栋绿色建筑即将完工，按照绿色建设设计要求，在运营期，碳减排对比同类基准建筑可降低 10%，能耗对比同类建筑可降低 10%。

广阳岛的颠覆式转变归功于广联达基于 ESG 发展理念和扎实的专业实力对广阳岛的智慧生态体系的整体规划与建设。

（二）广联达的 ESG 发展理念

广联达作为数字建筑平台服务商，深耕行业 25 载，秉承“用科技创造美好的工作和生活环境”的企业使命，在国家建设数字中国的战略背景和建筑行业“工业化、绿色化、数字化”方向引领下，主动投身应对全球气候变化的行动中，将 ESG 基因深植于企业战略目标，注重以数字化技术赋能建筑行业全生命周期的绿色低碳发展，提供建筑全生命周期的数字化解决方案，创新开发碳计量产品、开展碳管理课题研究，推动建筑行业新材料、新设备、新能源使用，打造建筑领域可持续发展绿色生态圈和生态建设新模式。成为中国建设工程信息化领域首家且唯一主板上市公司，荣获金牛奖“2021 年度最具投资价值奖”、2023 年 BMC 第五届“中国卓越管理公司奖”。持续入选碳科技 60、沪深 300ESG、沪深 300ESG 领先等指数，2023 年 7 月，入选“中国 ESG 上市公司科技创新先锋 30”企业榜单，9 月荣获第十七届中国上市公司价值评选“ESG 百强”荣誉。

ESG 绿色发展理念和建筑领域专业系统数字化支撑能力方面的优势帮助广联达在可持续发展绿色生态圈领域持续发力，这在广阳岛的规划设计建设运维全过程得到了充分的体现，并最终促成了智慧生态建设的广阳岛模式的形成。

（三）广阳岛项目指导思想

对广阳岛的建设，时任市委书记要求：“深入贯彻习近平总书记视察重庆重要讲话精神，强化上游意识、担起上游责任，坚定不移走生态优先、绿色发展之路，筑牢长江上游重要生态屏障”，“坚持高起点、高标准、高质量推进广阳岛片区长江经济带绿色发展示范建设”。

广阳岛的发展定位与广联达的 ESG 发展目标不谋而合。为实现广阳岛发展新要求，在生态文明、数字时代背景下，广联达牢牢把握广阳岛的“生态”主题，结合自身业务优势，明确建设的指导思想为：通过以生态为核心、智慧为手段，绿色发展为目标，创新一套可复制可推广的广阳岛生态智治新模式。

广阳岛生态智治模式，重在利用 5G、物联网、大数据、人工智能等现代信息技术实现智能化，生态文明与智慧手段结合，强调人主动顺应自然，建立智慧系统，融合人的创造性、智慧性，对人类生活形态、自然环境、生产关系以智慧生态形式进行系统化重组再造，以 ESG 发展理念推动生态、经济与社会更好地融合发展。

（四）广阳岛项目建设目标

为实现生态智治模式，广联达认为，广阳岛必须在建设之初就要同时规划好生态、经济、社会三方面价值目标实现过程。为此，广联达为广阳岛规划了三个维度的建设目标：生态维度，保证生态系统在保护修复的基础上质量明显改善；生活维度，保障人民群众生活场景与生态环境和谐共生，增强社会效益；生产维度，要有经济效益保障广阳岛运营管理的绿色可持续发展。具体来说，就是“生态智治、绿色发展、智慧体验、长效运营”。

首先，基于EIM（Ecology Information Modeling）数字孪生平台，对各类生态要素进行数字化建档和在线化监测，实现生态档案、生态监测、生态模拟、综合分析等核心功能，构建全面感知、分析优化、智能决策、自动改善的生态智治体系。

其次，构建生态修复工程全要素、全周期、全参与方的监管体系。实现对广阳岛规划、建设、运营、管理的可视化、可量化、可优化，保障生态修复工程全过程、全要素、全参与方高效管理，支撑生态科学规划、生态高效治理和生态动态评估，实现绿色发展。

再次，搭建上岛预约、智慧导览、生态科普、游戏互动等全过程的智慧化服务体系。提供“吃住行游购娱”线上线下一体化的智慧便民服务，增加社会效益的同时，建立健全绿色低碳循环发展的经济体系，促进广阳岛生态经济社会价值共赢发展。

第四，构建智慧生态管理体系。通过智慧生态大脑建设，对全岛生态设施、生态要素、生态建筑的集中管理、远程调度和科学决策。不断改进和协调各系统之间的关系，让生态系统和谐有序、功能整体效益达到最优，促进社会、经济与环境间复合生态关系的可持续发展。

最后，为提升广阳岛模式的社会价值，追求构建具有普适意义的智慧生态模式。对广阳岛的建设不仅仅是完成局部地区的生态建设，更重要的意义在于以此为试点，对广阳岛的建设经验归纳总结，提炼出可复制可推广的生态治理发展新范式，充分体现广阳岛片区长江经济带绿色发展示范引领作用。更进一步，力争将广阳岛模式推广成为人与自然和谐共生绿色发展的新模式。

（五）建设内容

1. 构建全域互联的新基建

应用5G技术，建设覆盖全岛的通信网络，支撑生态检测、安防监控等智能化设施的数据高速传输；通过激光雷达等多种遥感技术，结合地面调查，建设数据中心，掌握生态本底，支撑智慧广阳岛系统应用，累计形成包含生态本底、遥感数据、基础底图、模型数据、专题数据产品等空间大数据资产；接入水质、气象空气、物候相机、鸟类监测等194套生态监测设备，建设覆盖全岛的生态物联监测网络、安全防护网络体系，保证生态运行状态数据实时感知，即时获得；集成AI平台，用于动物声音影像自动识别、安防、交通等智能化管理场景中，并持续训练，提升准确度。

2. 搭建EIM数字孪生平台

借助于广联达在数字建筑方面的优势，在广阳岛项目中基于BIM、CIM、3DGIS等技术融合，集成数据中台、物联中台、时空中台三大中台，搭建EIM数字孪生平台。实现多源数据融合、海量高效处理、数据实时共享、数据可视化等，打造生态环境数字化基础底座（见图29-1），支撑智慧场景应用。

3. 共建四大智慧管理场景

在EIM数字孪生平台上，广联达结合ESG发展理念，综合考虑环境、经济、社会价值，在广阳岛推出四大智慧管理场景。

智慧生态管理，联合中科院，创新提出广阳岛生态指标体系，构成生态本底数据库。在此基础

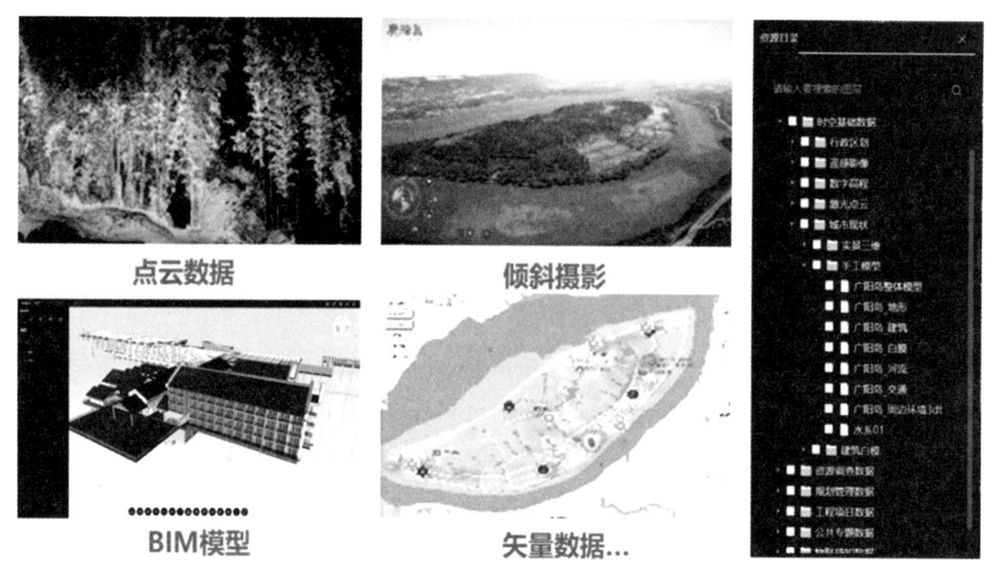

图 29-1　数字孪生平台

上，建立生态智能监测网络，实现生态状况实时掌握、生态风险动态预警、生态问题及时处置。以生态中医院新模式，构建智慧生态综合治理系统，持续指导生态改善。

智慧建造管理，实现全岛工程项目从规划、设计、建造到运维的全过程、全要素、全参建方的智慧建造管理。运用 BIM 技术，实现虚拟建造，定制全案式数字化解决方案；从项目投资、进度、质量、安全等多维度出发，形成与实体建筑孪生的数字建筑产品，支持可视化、精细化、智能化的运维管理。

智慧风景管理，打造线上线下一体化的生态智慧体验新模式，高水平构建住业游乐购全场景集，真正实现“一部手机知广阳”，传播生态理念，增强人与自然和谐共生发展。

智慧运营管理，基于 EIM 平台，实现全岛人、事、物的集中管理、远程调度和协同联动，通过建立“细胞级多方联动的精细化管理”新模式，打造韧性安全的广阳岛。具体包括：通过统一的人事物运维管理平台，对全岛水务、环卫、清洁能源、安防交通等设施集成管控、预警、调度和考核；基于物联网、智能设备等技术，对大河文明馆、国际会议中心、长江书院建筑进行高效运行监管，建设绿色建筑指标，融入生态指标体系，指导运维。

4. 建设广阳岛整体智治中心

建设实体广阳岛运营管理中心，开发全岛整体智治系统，基于 EIM 平台，全面集成智能监测、远程呼叫、人工智能、数据分析、智慧设施等信息化技术，打造智慧巡检、智慧报警、智慧控制、智慧调度、智慧服务五大综治系统，夯实全岛智慧化管理的基础管理功能。全面打造人、事、物的闭环管理，实现人员协同调度、事件闭环处置、设备实时报警，全面提升全岛综合运营管理效率、降低运营成本，最终实现人事物 3 个闭环管理。

三、创新成果

广阳岛智慧生态项目充分利用了广联达“智慧+绿色”的优势，打造出绿色发展新模式。在项目建设的全过程，广联达获得了以下多项收获。

（一）创新智慧生态理论体系

生态文明的核心是“人与自然和谐共生，天地人合一”的世界观，智慧技术是利用5G、物联网、大数据、人工智能等现代信息技术实现智能化，生态文明与智慧手段结合要求我们在生态环境治理中更加注重统筹兼顾：“芯屏器核网”全产业链硬件要素体系、“云联数算用”软件要素体系、“住业游乐购”服务体系，三方面全景融合，相互补充、相互支撑，形成“智慧生命共同体”。生态与智慧融合形成“双基因融合，双螺旋发展”的智慧生态理论（见图29-2）。

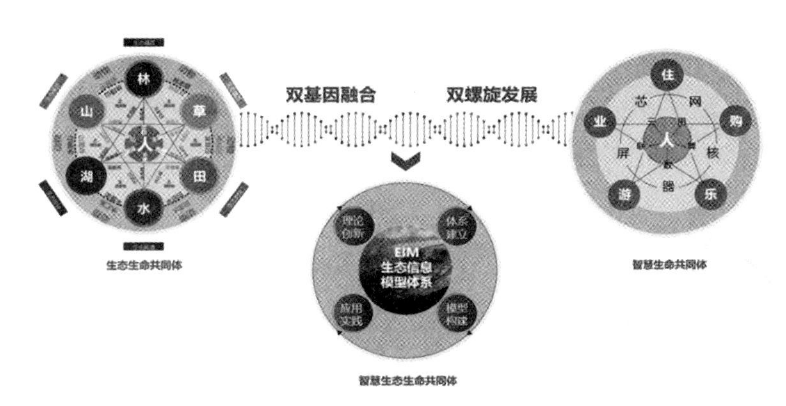

图29-2 “双基因融合，双螺旋发展”智慧生态理论示意图

基于智慧生态理论，广联达为广阳岛设计了智慧生态治理体系。该体系以智慧生态理论为引导，以EIM数字平台为支撑，基于智能化硬件基础实现对生产、生活、生态的全过程、全要素、全参与方中医整体观管理模式（见图29-3）。

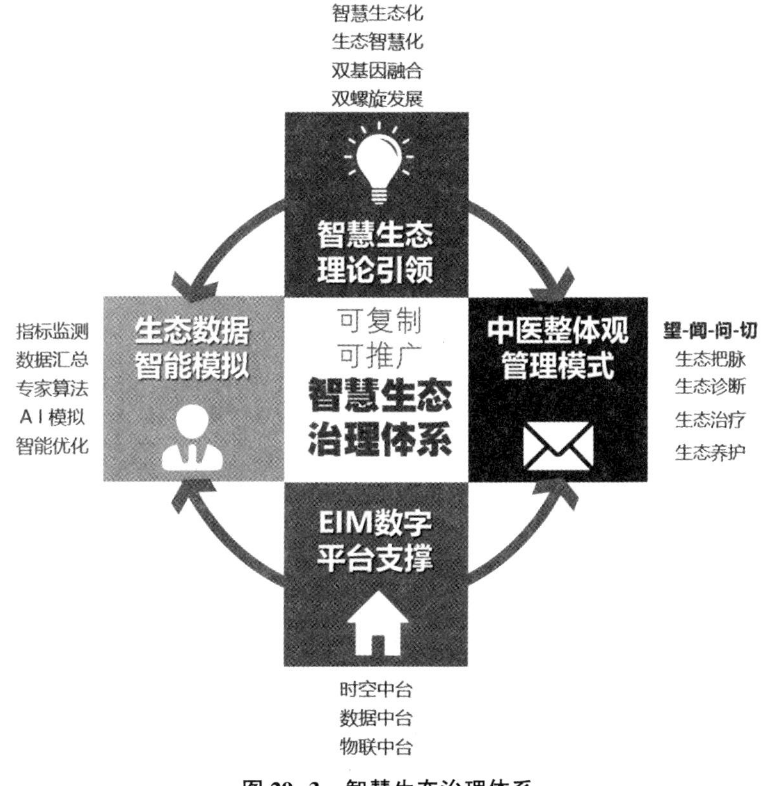

图29-3 智慧生态治理体系

智慧生态治理体系对人类生活形态、自然环境、生产关系以智慧生态形式进行系统化重组再造，以智慧手段为支撑，通过建立新方法、新范式，开展科学的生态规划、高效的生态治理、优质的生态服务，让生态环境质量优良、生态系统健康、资源循环低碳，推动生态高质量发展。

（二）提炼智慧生态指标体系

广阳岛智慧生态指标体系包含“智慧生态指标体系”和“生态价值核算体系”两大体系，五大分类指标，18 个“评价指标”，66 类“计算指标”和 108 项“检测项目”。可用于指导生态监测，实现生态质量动态评估、生态问题精准诊断、生态治理持续优化。

在智慧生态指标体系（图 29-4）中，宏观上，依据复合生态系统理论，五大指数融合生态和经济、建设与运维等多维目标。从指标体系的微观层次上看，根据广阳岛智慧建设的目标，选取核心作用突出、关联性强、指导作用显著，体现空天地、全要素、自动化和智能化的指标，重视当前十分重要的广阳岛生态保护指标以及潜在升值空间大的战略指标，并致力于现实工作与长远战略思考结合，突出简明、系统性强、指向明确的特征。

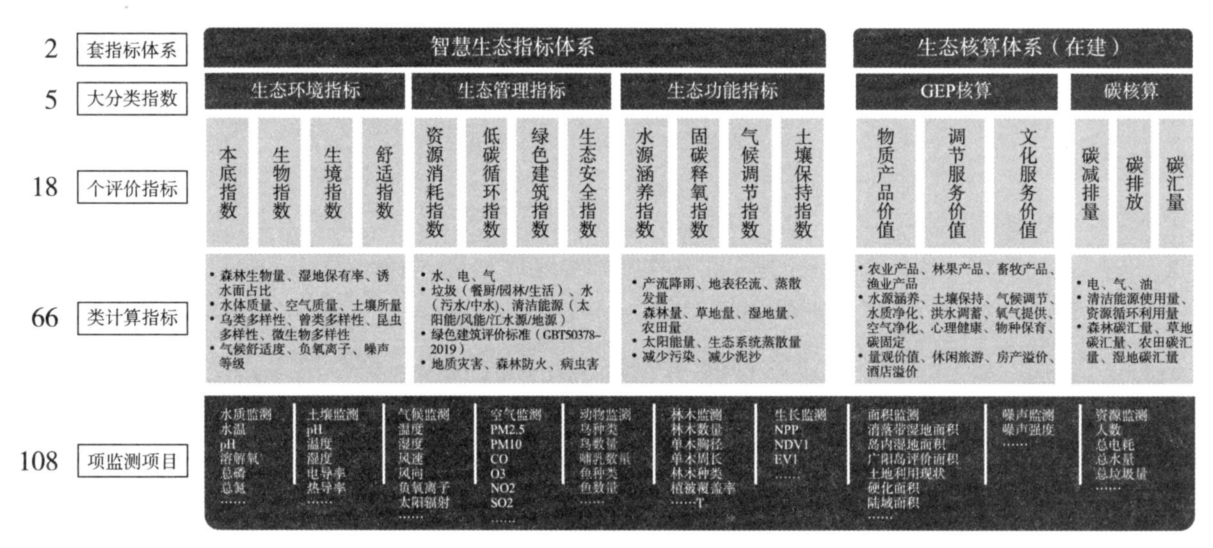

图 29-4　智慧生态指标体系

（三）构建 EIM 平台技术体系

构建自主可控的 EIM 数字孪生基础平台，涵盖时空中台/物联中台/大数据中台三部分，实现多源数据融合、海量高效处理、数据实时共享、数据可视化等。基于数字孪生的生态信息模型体系（EIM），实现岛域空间、建筑空间、生态空间的集成，并汇聚生产、生活和生态的感知数据，综合运用感知、计算、模拟等信息技术，通过硬件和软件定义工具，对物理生态空间进行描述、诊断、分析和决策，进而实现物理生态空间（自然生命共同体）与数字生态空间（智慧生命共同体）的交互映射，达到以实映虚、以虚控实的效果。形成八大技术支撑能力，按照生态的“物联感知、存储管理、监测预警、分析模拟、管理决策”业务流程体系对信息化方面的需求，构建集全域感知、数据管理、交互可视化、监测预警、智能分析、模拟仿真、开发扩展、可靠安全等八大能力为一体的能力体系，为生态的规划、治理和服务全过程进行“智慧”赋能，提升生态建设管理服务水平。

（四）形成生态智治管理模式

引入“生态中医院”的“望闻问切”模式，通过物联网实时获取水、土、气、生等生态运行数据，融和生态本底数据、生态指标体系、生态模拟分析、生态智能管护、生态动态评估、生态智慧大脑等功能，实现生态健康全面感知、生态问题专家诊疗、生态运维高效智能、生态价值精准计量的闭环管理。

（五）探索生态价值转化新思路

“人不负青山，青山定不负人。绿水青山既是自然财富，又是经济财富。”广阳岛模式为产业生态化、生态产业化作出示范，把“绿色+”融入经济社会发展各方面、全过程，积极发展绿色产业、推广绿色建筑、打造绿色家园，着力打造数字经济、循环经济、生态经济三大高地。智慧生态通过“两化两数”的融合发展，形成新的智慧生态产业，丰富生态产业图谱。

从绿色经济角度，智慧生态推动区域生态建设成效提升，促进区域价值提升，由点及面，形成正向生态建设循环；从数字经济角度，智慧生态不断积累生态信用大数据，支撑精确开展生态补偿、生态交易等，促进生态交易发展。同时两者互相促进，绿色经济建设是数字经济发展的前提，数字经济促进绿色经济建设（图 29-5）。

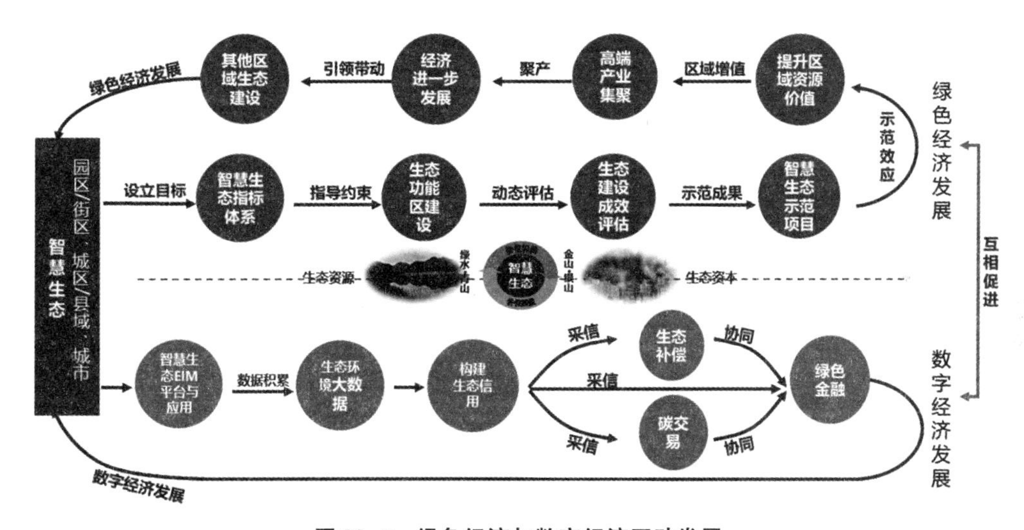

图 29-5　绿色经济与数字经济互动发展

四、广联达智慧生态系统未来展望

通过广阳岛项目的建设，广联达创新了智慧生态治理体系——通过智慧化手段构建“三全、三化、三新”的生态建设发展新范式，高效打造宜居的生态环境（图 29-6）。并在建设过程中探索出了“生态产业数字化”和“智慧绿色人文”的新路。广阳岛的经验可以从三个方面加以推广。

首先，持续推广智慧生态治理新模式。广联达将进一步总结广阳岛项目经验，逐步优化形成可示范、可推广、可复制的智慧生态治理新模式。并以广阳岛为起点，以小见大，推动从“广阳岛”到“广阳湾智创生态城”再到整个重庆、西南乃至长江流域的智慧生态建设。同时拓展适用范围，

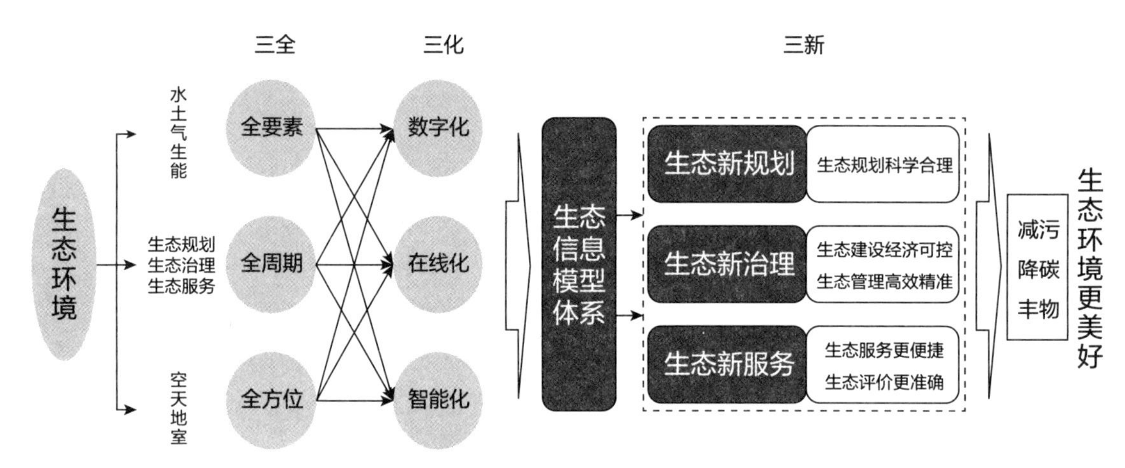

图 29-6　生态建设发展新范式

积极开拓以生态保育、科普教育、市民休憩为主的城市生态型公园、城市生态示范区、河湖湖泊生态功能区、国家自然保护地体系的智慧化治理业务。

其次，助力以生态产业数字化推进绿色低碳转型。广阳岛项目充分体现了生态产业数字应用助推资源的最优利用与高效分配，持续降低经济发展带来的资源环境代价。一方面发挥数字化对生态产业的支撑作用，另一方面培育数字化和生态环保相融合的新兴产业，加快数字技术在节能环保、自然生态管护领域的应用。广阳岛模式可以持续推广到智慧城乡、智慧林草、智慧海洋、智慧水利、智慧环保等各个领域，推动以生态环保数据精准监测、科学决策辅助和智能环保设备研发等专业化服务的智慧产业发展，聚焦生态领域减污、降排、生态保护和修复等重大需求。

最后，助推以数字生活引领公众绿色低碳人文生活新风尚。党的二十大报告提出，倡导绿色消费，推动形成绿色低碳的生产方式和生活方式。在促进节能、降碳、减污的同时，也应持续提升全民增强节约意识、环保意识、生态意识，让践行绿色低碳生活方式成为行动自觉。广阳岛项目在解决生态建设问题的同时，其打造的绿色住业游乐购全场景构建了广阳岛绿色低碳人文生活新风尚，培养公众树立了绿色智慧生活理念，引导鼓励公众积极践行绿色低碳、文明健康的生活方式，是一次有意义的尝试。在未来，可以进一步优化此模式，助力“用科技创造美好生活”。

编织农民健康防护网——复星集团“五个一”工程助力乡村医疗

上海复星医药（集团）股份有限公司

作为一家创新驱动的全球家庭消费产业集团，上海复星高科技（集团）有限公司智造健康、快乐、富足的幸福生活。坚持服务社会、人民和国家，与时代同频共振，益行善举。在追求商业价值的同时，复星不忘“修身、齐家、立业、助天下”的初心，高度重视提升ESG（环境、社会、公司治理）绩效。2017年，复星响应中央号召，基于自身产业基础，把“健康暖心—乡村医生项目”作为上海复星公益基金会（以下简称复星基金会）的重要项目。项目主要工作聚焦乡村医生群体，坚持守护、激励、赋能，做深做透“五个一”工程：开展一个乡村医生保障工作、推出一个乡村医生能力提升工程、救助一批大病患者、组织一批暖心乡村医生评选、升级一批智慧卫生室。项目开展以来，已覆盖16个省、市、自治区的78个县，累计派出366人次驻县帮扶，守护2.5万名乡村医生，惠及300万基层家庭。切实推动企业社会责任战略，持续创造价值、服务社会，助力乡村振兴。

一、案例背景

习近平总书记在党的二十大报告中提出：全面推进乡村振兴。全面建设社会主义现代化国家，最艰巨最繁重的任务仍然在农村。坚持农业农村优先发展，坚持城乡融合发展，畅通城乡要素流动。

复星植根于中国，成长于全球，是国内少数既具备深厚科技与创新能力，又具有全球运营与投资能力的企业。复星在30年前创立之初就提出“修身、齐家、立业、助天下”的价值观。党中央发出至2020年消灭绝对贫困、一定让广大农村地区百姓实现“两不愁、三保障”的号召后，复星基于自身的产业基础，把乡村医生项目作为上海复星公益基金会（以下简称复星基金会）的重要项目，在基层卫生健康领域承担起了更大的责任。

复星基金会聚焦健康领域开展扶贫工作，于2017年12月，在国家卫生健康委扶贫办（现为乡村振兴办）的指导下，联合中国光彩事业基金会、中国人口福利基金会等，启动了“健康暖心—乡村医生项目”(以下简称乡村医生项目)。致力于瞄准精准扶贫的薄弱环节——农村人口的基本医疗保障需求，切实实施乡村医生项目，守护、激励、赋能乡村医生。通过全方位的立体帮扶计划，为贫困地区培养并留住合格的乡村医生，减少因病致贫返贫，进一步提升基层医疗卫生服务水平和公共卫生服务可及性，助力国家脱贫攻坚和乡村振兴战略。

党的二十大提出乡村振兴的有关要求：加快建设农业强国，扎实推动乡村产业、人才、文化、生态、组织振兴。

为进一步贯彻落实中央关于乡村振兴的决策部署，乡村医生项目把脱贫攻坚成果与乡村振兴有效衔接，依托复星力量，在帮扶乡村医生的基础上，致力于乡村振兴，促进乡村发展。

二、具体实践

（一）扶助村医发展，守护村民健康

“五个一”工程作为乡村医生项目的常态化帮扶举措，围绕开展一个乡村医生保障工作、推出一个乡村医生能力提升工程、救助一批大病患者、组织一批暖心乡村医生评选、升级一批智慧卫生室开展日常工作。项目开展以来，乡村医生项目已覆盖16个省、市、自治区的78个重点帮扶县，累计派出366人次驻县帮扶，守护2.5万名乡村医生，惠及300万基层家庭。2021年8月27日，中央农村工作领导小组办公室和国家乡村振兴局公布了国家乡村振兴重点帮扶县名单，名单涉及西部10省区市160个县。其中，乡村医生项目78个项目县中有21个县为公布名单中的国家乡村振兴重点帮扶县，约占乡村医生所有项目县的三分之一。

1. 守护、赋能、激励乡村医生

守护乡村医生扎根基层。复星保德信人寿作为复星集团旗下人寿保险公司，认识到乡村医生常年外出巡诊，但绝大部分村医尚无意外风险方面的保障。加之不少乡村地处山区，工作环境特殊。因此，复星保德信人寿决定对纳入项目范围的所有村医予以意外险和重疾险捐赠，为乡村医生提供健康保障，截至2023年7月，累计发放意外险保单67206份，重疾险已承保40571份。

赋能乡村医生提升水平。首先，为鼓励乡村医生考取“乡村医生全科执业（助理）医师资格证”，特设“龙门梦想计划”，由上海复星公益基金会对乡村项目县里考取乡村全科执业助理医师资格证的村医，进行3000元/人次的奖励。施行计划以来，不断提升乡村医生考证意识、激励乡村医生报名参加考试，已激励900余名考取村医取得执业证书，取得成效显著。持续助力完成2025年执业（助理）医师占乡村医生人数比例达至45%的目标。推进基层医疗人才扩容，促进乡村医疗卫生服务体系完善。其次，乡村医生项目也在不定期开展村医培训。截至2023年7月，累计开展线下培训112场。线下培训村医20832人。线上培训平台同步开展，参训村医5182人次。小班进修制培训11场。2022年1月，复星基金会与复星医药共同发起的《乡村医生口袋书》正式发布，并捐赠10个项目县村医。2022年8月19日“中国医师节”当天，项目上线了“名医开讲啦”系列公开课，截至2022年末已开展5期，村医观看量超70万人次。

激励乡村医生有所作为。复星基金会联合中国人口福利基金会开展暖心乡村医生、暖心乡镇卫生院院长及青年榜样的评选活动，拟在全国范围内寻找一批扎根基层、服务百姓、深受群众信任与喜爱的新时代基层卫生工作者。通过初筛、初评、终评、网络点赞等环节，最终选出一批优秀案例，以榜样激励乡村医生有所作为。自2019年2月18日“2018年十大暖心乡村医生和十大乡镇卫生院院长”发布以来，截至2022年，已评选出62名“暖心乡村医生”“暖心乡镇卫生院院长”等荣誉并给予上万元现金奖励并安排赴复星旗下和睦家医院、佛山禅城医院以及中山医院、新华医院等进行免费进修。2023年评选工作依旧秉承初心，持续进行中。

2. 救助、管理、促进村民健康

大病救助帮扶千家万户。通过中国大病社会救助平台，帮助驻点县搭建便捷化、现代化、人性化的对接载体与传播渠道，向帮扶县提供大病救助筹款。与中国大病社会救助平台合作以来，共收集316例大病案例，总捐助金额1040.68万元，项目按照5：1的配捐比例，配捐金额已达171.70万元。

为提升基层健康水平，项目已为32个县设立乡村医生慢性病签约管理，发放奖励基金637.2万元。

智慧卫生室惠及广大村民。为提升乡村卫生室医疗水平，让帮扶县村民可以实现在家门口就医，乡村医生项目共升级建设310间村智慧卫生室、试点未来诊所14所、建设智慧生态健康工程20所。极大改善了基层的就医环境，提升了基层医疗卫生服务水平。办公桌、取暖器等村卫生室内部相关设备捐赠投入更是超过了298万。

3. 激发、构建、完善乡村新生态

为完善基层健康生态链，项目以乡村医生为主导，在开展“五个一”工程的同时，构建供养中心与共育中心，也激发了当地对于提升居民健康的意识，共同致力于构建、完善乡村健康新生态。

（1）建设扶助老人的共养中心

在我国的偏远乡村，老年人多以居家养老为主，年轻一代大批量的外出务工使得留守老人、留守儿童等成为多数农村家庭的现状。为应对日趋严重的人口老龄化现象、让更多的农村老年人得到照顾、尽可能缓解农村老年人愈发严重的健康问题，北京泰康溢彩基金会与上海复星公益基金会经一系列市场调研与社会需求发掘打造出了以老年人健康养老为核心的公益项目。

共养中心项目以村卫生室为载体，依托对村民最熟悉的乡村医生，建设共养中心村卫生室。为老年人群提供学习和活动的场所。将老年人对村医的信任与他们贫乏的养老生活结合起来，让老年人家属学会科学养老，老年人健康生活。

（2）建设关爱母婴的共育中心

针对乡村母婴人群缺乏科学孕育知识的现状，宝宝树于2019年发起了“乡村宝宝树计划”。通过在线下建设共育中心，发挥宝宝树线上内容优势，定期开展儿童陪伴、科学孕育知识普及等活动。截至目前已在永胜县、德钦县建立共育中心，2021年又新设立了澜沧县岩因村共育中心。

（3）项目落地调动基层建设劲头

项目也调动了地方政府的发展劲头，在一定程度上撬动了地方政府更多的关注和投入。例如某地在申请项目卫生室升级建设的资助时，根据当地的情况与需求，提出打造村卫生室、村文化广场、便民服务结合的医疗文化娱乐休闲等为一体的利民生态系统；卫生室升级建设后也会逐步解决村卫生室中的一些其他需求，例如解决乡村医生在村卫生室的值班、就餐问题，提供话费补贴等补助减轻村医经营压力，改善工作环境，更好地服务人民。

（二）助力乡村振兴和共同富裕

1. 消费帮扶助力产业振兴

乡村医生项目落地以来，通过消费帮扶助力乡村振兴。采购优质农产品总金额超212万。

助农产品《粒粒皆热爱》咖啡就是一个典例。2022年，乡村医生项目联合云南当地专业的咖啡品牌艾哲，开启守护村医梦想的新赛道——首款复星基金会乡村振兴特色助农产品《粒粒皆热爱》咖啡豆，礼盒来自云南省普洱市澜沧县乡村医生姚芳的家乡，这是基金会发力乡村振兴领域的重要尝试，也是姚芳口中“能让自己踏实干村医”的保障性收入来源之一。11 月中旬，姚芳和她的咖啡套装还出现在上海音乐厅的复星基金会十周年公益盛典上。这一助农行动，希望发挥双方优势，提升云南咖啡原产地价值，助力当地产业振兴。

此外，为助力当地乡村振兴，复星基金会与鼎睿团队携手，调研当地茶叶种植情况及生产流程，并结合当地特色升级茶叶包装，帮助当地村民打造电商平台，提高茶叶的知名度，帮助永平茶叶进入大众消费市场。当地纯天然的优质茶叶销路得到拓宽。在推广永平茶叶过程中，当地农民实现了增收，对乡村振兴和农业产业升级也有了更深入的了解。

2. 项目驻点助力人才振兴

基层健康医疗方面结构主体、关系机制方面的改善，最终将使乡村医生项目的功能作用得到积极稳定的发挥。乡村医生项目形成的对乡村医生的守护、赋能和激励的体系网络在一定程度上改善了乡村医生的执业处境，有助于村医人才队伍的稳定，使基层人才可以留下来、留得住。对保障农村居民的基本医疗和公共卫生需求，促进乡村人才振兴起到积极的作用。

自乡村医生项目落地以来，号召毕业大学生深入基层锻炼自己，联合团中央青年志愿者行动中心及团省（市）委派驻西部计划大学生志愿者 120 名。驻点志愿者作为乡村医生项目当地代表，工作具有较高的自主性与发展空间，能力得到提升与锻炼。此外，队员在工作过程中，挖掘联络当地人才，为当地有创业团队的大学生提供支持，形成驻点地人才库，促进当地可持续发展。

复星成员企业派驻全职骨干员工 74 名，湖北基层健康系统工作人员 8 名。累计派出 366 人次驻县帮扶，共覆盖全国 16 个省、市、自治区的 74 个县。帮扶队员所带来的不同于驻点县内部的工作方式和发展方法也为项目县的发展注入了新鲜血液。

3. 项目发展助力文化振兴

（1）携手项目——用音乐带动项目和地方发展

在项目发展的过程中，深入基层创新多样化发展路径，用特色文化宣传的同时，也让当地特色文化“走出去”。

2022 年 99 公益日期间，复星基金会携手腾讯首次推出的小红花音乐会，特邀请“乡村医生守护者”张震岳、“关爱豆蔻大使”戴佩妮献唱，为两个项目筹款助力，总计 483 万人观看，筹得善款约 80 万元，创新公益活动，集结社会力量参与到助力乡村振兴发展的行列中来。

2023 年五一假期，“音乐+旅行+生活方式+公益”方式开展的丽江简单假日生活节在玉龙雪山脚下举行。这一由云南省文旅厅指导、上海复星公益基金会和简单生活节联合举办的活动，首次将露天音乐会和公益市集、自然露营等元素结合。在活动拥抱各种当下年轻人生活方式的同时，微纪实影片在此展映。近万名参与者和到场的音乐家们，共同参与到为乡村医生助力的行动中来，在音乐节上，让乡村公益被更多人看见；让当地景色被更多人知晓，创意产品亮相公益市集，销售农产品。提高当地经济效益，促进当地乡村振兴发展。

（2）医心相伴——湖北蕲春未来希望幼儿班项目

促进当地教育发展，2021 年 8 月，在了解湖北省蕲春县幼儿教育发展的需求之后，复星基金会与上海互济公益基金会建立合作，投入 80 万元，支持未来希望幼儿班项目在湖北省蕲春县覆盖 4 个幼儿班。项目致力于改善幼儿教育的环境、提高幼儿教师水平，丰富幼儿在校生活，改善幼儿教育质量。

除此之外，复星公益成长体验营项目以复星基金会乡村医生健康扶贫项目为依托，在其参加的52个国家级脱贫县里，选择合适的区域地点，组织城市与当地儿童深度交流互访、共同学习、践行公益的学习型体验式成长项目。我们会在每年寒、暑假期间，优选城市儿童前往山区，和当地的学生一起学习知识、体验当地特色文化，共同实践公益之心，期待所有的参与者能在实际体验中收获心灵的成长。

（三）践行企业社会责任

1. 在危难时刻挺身而出

面对新冠疫情的肆虐，上海复星公益基金会联合上海复星医药（集团）股份有限公司、河南真实生物科技有限公司共同发起“乡村暖冬计划”，为乡村医生提供了阿兹夫定药品的捐赠，缓解农村地区用药紧张情况，为农村老人提供防疫屏障。为更有针对性地指导乡村医生在农村地区开展新冠感染诊疗服务，上海复星公益基金会和上海广慈转化医学研究发展基金会组织全国多个医院的专家，启动“乡村暖冬计划·村医新冠防治培训”，为乡村医生录制相关培训课程。除了观看培训以外，还提供了在线协助乡村医生开具处方的通道，通过复星健康乡村医生云守护平台在线处方解决了无法开具处方得到药品的问题。“乡村暖冬计划”阿兹夫定药品捐赠投入超过3688万。

2021年7月，河南极端强降雨天气，造成多地受灾，对民众的人身和财产安全造成极大威胁。复星基金会宣布捐赠5000万元人民币资金和物资，紧急驰援河南尤其是郑州等受洪灾影响严重地区。截至2021年12月31日，驰援河南行动已捐赠物资共计约1945万元，助力成员企业捐赠物资共计约806万元，总投入2778万元（仓储、物流等投入尚未计入）。

2. 企业发展与公益相伴

复星基金会与复宏汉霖、万邦医药等复星集团成员企业合作，邀请国内知名医疗专家及医院管理团队，对当地村医、村民进行疾病预防、诊断及治疗方法的公益培训，开展疑难病例会诊、义诊，对医院管理及科室建设进行沟通指导，实地考察村卫生室，慰问困难村医。2021年，项目举办义诊4场，邀请义诊专家30名，义诊患者240人次。

2023年3月23日，为帮助部分偏远地区学校添置和更新图书，丰富孩子们的精神文化生活，南京钢铁股份有限公司（以下简称南京钢铁）共青团组织开展了“书香化雨传真情·童心筑梦畅未来”图书捐赠公益活动，该活动由南京钢铁共青团主动发起，南京钢铁各单位员工参与，南京钢铁对口帮扶县安徽省金寨县，江西省乐安县、广昌县和于都县卫健委及南京钢铁派驻的“星光合伙人”——复星基金会乡村医生项目驻点队员给予支持。此次捐赠活动共组织募集了爱心图书3000余本，经南京钢铁共青团志愿者精心挑选后，1800余册幼儿图本、儿童成长及青少年教育类等特色读本统一从江苏省南京市寄送至安徽省金寨县，江西省广昌县、于都县和乐安县的部分中小学生手中。

2023年，德邦证券以联名形式联合博南山茶业有限公司打造特色包装茶袋，沪滇千里一线牵，茶香萦绕促振兴，购入2万元白茶茶球宣传推广，并精心策划了一场理论与实践并存的“茶农培训”。以理论教农，以技术促农，从源头提升茶农种植茶叶、管理茶园、制作茶球、品尝茶汤和改进提高的能力，真正意义上做到扶贫扶农落入黄土地，乡村振兴开出灿烂花。

除此之外，还有很多项目外捐赠公益，例如对于日常药品、医疗器械等物资捐赠超过770万元中西部乡村小学教育文体物资捐赠超过 134 万元，儿童夏令营等特色活动投入超过 328 万元。

3. 复星人不忘初心“助天下”

在复星党委的统筹领导下，复星全球合伙人每人至少对口帮扶一个县。多位复星全球合伙人践行“助天下”的初心，足迹踏遍乡村医生项目县，累计下乡 58 场次，走访村卫生室、慰问村医、贫困户，聆听村医故事、了解基层卫生建设，共话乡村振兴发展之道，并捐赠医疗物资、卫生室办公设备、爱心教育物资等，确保做好乡村振兴工作的基础，深挖“旅游+产业”潜力，实现企业效益和当地经济协调发展，推动农文旅体康产业深度融合发展，培育乡村旅游新产品新业态新模式，助力实现共同富裕。

自乡村医生项目落地实施开始，乡村医生项目不断完善项目的志愿者队伍的人才建设与管理建设，打造高质量志愿服务团队。各位来自企业的青年志愿者们作为项目县驻点队员，服务基层医务者、服务乡村医生、协助建立基层医疗系统，并在实践过程中形成特有的管理模式。队伍根据项目县所在省、市、自治区以及队员分工职责，设置不同的区域组与部门。设立周会与月会，更好地了解项目县乡村医生以及基层医疗系统的需求，提供帮扶工作。南钢积极参与乡村医生项目的开展，累计派出 25 位青年志愿者加入基层农村的健康振兴工作当中。

三、未来展望

（一）扎根乡村，深层次探索挖掘项目可发展公益

当下，正处于国家巩固拓展脱贫攻坚成果同乡村振兴有效衔接的重要时期，在《中共中央国务院关于全面推进乡村振兴加快农业农村现代化的意见》的指引下，复星基金会将继续深化帮扶内容，巩固脱贫成果，以实现基层农村的健康振兴为己任。进一步迭代升级乡村医生项目，拓展帮扶区域和内容，提升村医技术能力。为广大基层人民提供更有力、更可持续的医疗服务，助力“健康中国梦”早日实现。

在项目内容上，通过调整项目工作方式与目标。进一步发挥项目内容的作用，提升工作成效。在村医培训方面，将结合“龙门梦想计划”提升当地乡村全科执业助理医师持证率方面的成效，把活动重点从考后激励转移到考前激励和培训上来，创新培训的方式与内容，以院长进修班的形式支持卫生院院长的学习与进步。

在宣传方面，要提升“优秀村医推选”工程对村医的影响和对社会公众的影响，在推选、评选之外进一步完善后续的宣传机制，将村医群体内部的宣传和社会公众的外部宣传两手抓。要调整宣传的内容和方式，更好把握村医群体的心理特点，提升“优秀村医推选”在提高村医职业荣誉感和工作积极性方面的作用。

在培训方式上，创新线上平台。在线上线下联合各类考前培训资源做试点和探索。

（二）吸引人才，进一步优化人才挖掘与工作管理

基于时代发展对于乡村振兴的要求，未来将招募返乡毕业大学生以区域乡村振兴运营经理的身份进行驻点工作。鼓励返乡毕业大学生扎根广阔基层，有所作为，共同建设美丽乡村。在负责好乡村医生常规项目时，挖掘乡村振兴有关的产业资源、人才资源、文化资源、生态资源、组织资源。

促进当地可持续发展。鼓励返乡毕业大学生在家乡创新创业，促进项目的进步以及区域的发展。在此基础上，进一步形成驻点人才库。

（三）助力振兴，进一步探索项目战略模式价值点

在乡村振兴时期，工作重点将从帮扶转移到生活质量的提升以及振兴人的振兴上来。

在发展方向上，基于已对于对脱贫县覆盖较广、干预措施较为全面，相对其他项目与项目县已形成更深度稳定的连接的现状，项目将把方向转移到高质量发展上来，注重发展的成效与可持续发展价值。

在生活质量的提升方面，项目将在立足于乡村医生、基层医疗卫生的领域的基础上，加强对基层医疗卫生服务水平和质量提升的关注。要重新检视目前各主要活动的目标、实际成效和主要内容，进行活动内容、目标的升级，对齐基层医疗卫生服务水平和质量提升的方向；要加强对基层医疗卫生服务体系和乡村医生困境的调查分析，在干预措施的升级上建立起相互关系，使干预措施之间能够产生更系统的影响力，更有力地发挥公益项目的补充性作用，回应更深远的需求和问题，真正对应项目为农村基层留住合格村医人才的目标。

项目也将进一步探索当地政府人员、在地社会组织的参与性和自主性，推动红十字会、社会工作者等在地公益组织的合作与发展。

此外，目前项目整合社会力量探索的共育中心、共养中心以及产业振兴方面的尝试，也是乡村振兴时期具有潜在价值的重要内容。村卫生室在承担基本诊疗和基本公共卫生功能之外，拓展升级为村级健康管理中心、公共活动中心，既能改善村医的执业状况，也能更好地满足农村居民需求、激发农村社区活力，是大有可为的方向。

在人的振兴方面，项目基于目前拥有乡村医生（包括暖心村医）、驻点队员等人才资源，有进一步探索和作为的良好基础。除项目内容上更有力地回应村医人才留存方面的问题外，也将进一步调动乡村医生或者优秀、骨干乡村医生的自主性，在项目设计和实施中更多纳入服务对象的参与，探索村医、村民互助的可能性，把乡村医生和产业振兴建立连接起来。